T0140633

böhlau

Umwelthistorische Forschungen

Herausgegeben von
Bernd-Stefan Grewe, Martin Knoll und Verena Winiwarter

in Verbindung mit
Franz-Josef Brüggemeier, Christian Pfister und Joachim Radkau

Band 7

Robert Groß

Die Beschleunigung der Berge

Eine Umweltgeschichte des Wintertourismus in
Vorarlberg/Österreich (1920–2010)

Böhlau Verlag Wien Köln Weimar

Gedruckt mit freundlicher Unterstützung
des Alpenvereins Österreich
der Grünen Bildungswerkstatt Vorarlberg
des Amts der Vorarlberger Landesregierung (Abt. IIb) und des Vorarlberg Museums.

Bibliografische Information der Deutschen Nationalbibliothek:
Die Deutsche Nationalbibliothek verzeichnet diese Publikation in der
Deutschen Nationalbibliografie; detaillierte bibliografische Daten sind
im Internet über http://dnb.de abrufbar.

Umschlagabbildung: Skifahrer am Sennigratlift auf der Kapellalpe bei Schruns. Im Hintergrund die
Zimba mit Steinwandgrat und Zwölferkamm. Foto Risch-Lau (1966), Sammlung Risch-Lau, Vorarlberger Landesbibliothek.

Korrektorat: Constanze Lehmann, Berlin
Umschlaggestaltung: Michael Haderer, Wien
Satz: Bettina Waringer, Wien
Druck und Bindung: Hubert & Co., Göttingen
Printed in the EU

Vandenhoeck & Ruprecht Verlage | www.vandenhoeck-ruprecht-verlage.com

ISBN 978-3-412-51168-5

Inhalt

Vorwort und Danksagung

It is valuable to see what has come out of the project after reviewing the application some years ago. [...] It is particularly good to see how this was adapted as the research progressed, first to explore relations between farming and tourism practices, second to analyse how the acceleration in numbers of tourists was organised and impacted on landscapes, and third [...] how „skiers' bodily motion sequences' were disciplined as part of this.[1]

Diesem Buch liegt das dreijährige Forschungsprojekt „How skiers' sensations shaped Alpine valleys during the 20th century" (P24278-G18) zugrunde, das vom Fonds zur Förderung der wissenschaftlichen Forschung (FWF) gefördert und im Rahmen einer Dissertation an der Alpen-Adria Universität Klagenfurt, Wien, Graz durchgeführt wurde. Die eingangs zitierten Worte stammen von einer/einem anonymen GutachterIn, die/der sich 2016 zum Projektendbericht äußerte. Das Projekt war mit rund € 120.000.– dotiert und wurde im Dezember 2011 bewilligt. Die Entscheidung des FWF beendete meine sehr prekär finanzierte Tätigkeit als Umwelthistoriker von einem Tag auf den nächsten, ermöglichte eine sehr prägende institutionelle Anbindung und stattete mich mit einem bis dahin undenkbaren Selbstverständnis als Umwelthistoriker aus. Den KuratorInnen und MitarbeiterInnen des FWF bin ich zu großem Dank verpflichtet. Danken möchte ich auch dafür, dass die bereitgestellte Fördersumme eine abgesicherte Existenz bei gleichzeitiger Konzentration auf die Forschungstätigkeit ermöglichte. Gleichzeitig ermöglichte die Förderung durch den FWF einen gelegentlichen und sehr lehrreichen Rollentausch vom Tourismusforscher zum Touristen. Die Reisen in Regionen, die weniger industrialisiert sind als die Vorarlberger Alpen machten mir bewusst, welch große Bedeutung der Tourismus für die Menschen in peripheren Gebieten hat. Auch in Österreich wird jeder sechste Euro in der Tourismus- und Freizeitwirtschaft verdient. Der Tourismus allein, abzüglich der Einnahmen durch den Freizeitkonsum der InländerInnen, machte 2011 rund 7,4 Prozent des Bruttoinlandprodukts (BIP) aus. Rechnet man zur direkten die indirekte Wertschöpfung der

---

1 N. N., Gutachten zum Endbericht des FWF-Projekts „How skiers' sensations shaped Alpine valleys during the 20th century", Projektnummer P24278-G18, übermittelt durch Monika Maruska an Verena Winiwarter am 26.9.2016, S. 1.

Tourismus- und Freizeitwirtschaft, verdoppelt sich der Anteil der Einnahmen auf
etwa 15 Prozent des BIP (2011). In absoluten Zahlen entspricht dies 44 Milliarden
Euro. Der Tourismus schafft auch Arbeitsplätze. Schätzungen zufolge sind in ihm
rund 300.000 Erwerbspersonen tätig, davon rund 190.000 im Beherbergungs- und
Verpflegungssektor. Der übrige Teil arbeitet in Transport-, Zuliefer- oder Unter-
haltungsbetrieben, die es ohne den Tourismus nicht gäbe. Fast jeder fünfte Arbeits-
platz in Österreich ist direkt oder indirekt von Tourismus- und Freizeitwirtschaft
abhängig. Gerade in Gebieten, in denen wenige Alternativen existieren, stellt der
Tourismus einen unverzichtbaren Arbeitsmarkt dar.[2] Eine umwelthistorische Analyse des Tourismus ist schon wegen seiner wichtigen Impulse für den Arbeitsmarkt
ein gesellschaftsrelevantes Unterfangen.

Die wissenschaftliche Reflexion der Wirkungen und Nebenwirkungen speziell
des Wintertourismus auf Mensch und Natur erfordert viel professionelle Distanz,
um sich nicht auf den ausgetretenen Pfad „Wirtschaft versus Naturschutz" zu
beschränken. In Verena Winiwarter fand ich ein ausgezeichnetes Vorbild. Sie unterstützte die Idee einer umwelthistorischen Tourismusforschung von Beginn an vor-
behaltlos und förderte mich sowohl in der Erarbeitung des FWF-Projektantrags
als auch während des gesamten Dissertationsprozesses und darüber hinaus. Ihre
bemerkenswerte Begeisterungsfähigkeit, die Lust an der intellektuellen Auseinandersetzung und ihre Eigenheit, meine Fähigkeiten stets etwas optimistischer einzuschätzen, als ich dies selbst tue, haben mir sehr geholfen. Obwohl Verena Winiwarter mannigfaltige Verpflichtungen zu erfüllen hatte, bemühte sie sich um ein
ideales Arbeitsumfeld für mich. Sie schulte mich im Umgang mit den unterschied-
lichsten Öffentlichkeiten, wie dem ORF und WissenschaftlerInnen verschiedens-
ter disziplinärer Herkunft. Ihr verdanke ich eine gelungene Integration in die
Fakultät für Interdisziplinäre Forschung und Fortbildung (IFF), das Zentrum für
Umweltgeschichte (ZUG) und den Environmental History Cluster Austria (EHCA).
Auch der internationalen wissenschaftlichen Vernetzung, etwa auf Konferenzen
der „European Society of Environmental History" (ESEH) und dem „International Consortium of Environmental History Organizations" (ICEHO) schenkte
Verena Winiwarter während des gesamten Dissertationsprozesses und darüber
hinaus größtes Augenmerk. Dafür möchte ich mich an dieser Stelle bedanken.

Die erste Station in diesem Prozess führte mich an das Institut für Soziale Ökologie (SEC) der Alpen-Adria Universität Klagenfurt, Wien Graz. Mit diesem Ins-

---

2   Wirtschaftskammer Österreich, Bundessparte Tourismus und Freizeitwirtschaft (Hg.),
     Tourismus in Österreich. Eine gesamtwirtschaftliche Betrachtung, siehe: URL: https://
     www.wko.at/Content.Node/branchen/oe/Tourismus_in_Oesterreich_2012.pdf (6.2.17),
     Link nicht mehr abrufbar.

titut verband mich zu diesem Zeitpunkt bereits eine längere Beziehung als Studierender. Umso erfreulicher war es, dass die InstitutsleiterInnen Marina Fischer-Kowalski und später Helmut Haberl mich vom ersten Arbeitstag an wohlwollend und interessiert aufnahmen. Sie boten mir eine institutionelle Heimat und förderten meine Arbeit nach Möglichkeit, wenngleich die vorgelegte Dissertation kaum der Kerntätigkeit der SEC, nämlich der Erarbeitung quantitativer Nachhaltigkeitsindikatoren entspricht. Diese Bereitschaft von Marina und Helmut, methodische, konzeptuelle und soziale Diversität zuzulassen, ist aus meiner Sicht eine der größten Stärken der SEC. Besonderer Dank gilt auch meinem Kollegen Martin Schmid, der sich stets um Anschlussfähigkeit des sozialökologischen Paradigmas innerhalb der sehr heterogen strukturierten Umweltgeschichte bemüht hat. Sein Beitrag zum Entwurf des Konzepts des sozionaturalen Schauplatzes und seine Offenheit, mögliche Anschlusspunkte zur Sozialgeschichte und zu ökologischer Theoriebildung zu diskutieren, halfen mir sehr. Darüber hinaus waren Martins Erfahrung, seine pragmatische Haltung und sein Humor in so manch schwieriger Situation sehr hilfreich. Auch der Alpen-Adria Universität Klagenfurt, Wien, Graz bin ich für die bereitgestellte finanzielle Unterstützung zu großem Dank verpflichtet.

Die SEC und die IFF, in die diese bis März 2018 eingebettet war, haben aufgrund ihres interdisziplinären und problemorientierten Fokus sehr interessante Charaktere, mit für den Wissenschaftsbetrieb oft untypischen Biografien angezogen. Diese haben mich begeistert und in der Idee bestärkt, an einer relevanten und gesellschaftlich wirksamen Wissenschaft zu arbeiten. Mein Dank gilt hier besonders Ulli Weisz, Christoph Virgl, Gabi Miechtner, Willi Haas, Andrea Sieber und Gert Dressel, mit denen ich wichtige Einsichten aber auch zahlreiche lustige Momente teilen durfte. Helga Weisz verließ die SEC leider bereits vor meiner Zeit als Projektmitarbeiter. Dennoch fand sie in ihrer sehr konzisen Art bei ihren sporadischen Besuchen in Wien immer die richtigen Worte. Möge sich die neue institutionelle Heimat der SEC, das Department für Wirtschafts- und Sozialwissenschaften der Universität für Bodenkultur (BOKU), für das Institut und insbesondere die Wiener Umweltgeschichte zu einem ähnlich gedeihlichen Umfeld entwickeln.

Ein derartiges Dissertationsprojekt inklusive einer Projektanstellung erfordert neben intellektueller Unterstützung vor allem auch viele helfende Hände in der Administration. Hier möchte ich zu allererst meinen tiefen Dank an Anna Wögerbauer aussprechen, die mit einer Engelsgeduld ausgestattet ist und mich immer wieder auf den Boden der Zeit- und Budgetpläne zurückgeholt hat. Nicht minder wichtig war die Hilfe von Gerda Hoschek. Obwohl ich diese durch meine Unfähigkeit, korrekt ausgefüllte Reiseabrechnungsformulare einzureichen, gelegentlich in den Wahnsinn trieb, verlor Gerda nie die Geduld mit mir. Selbiges gilt für Ilse Schilk, die mir mit der für BuchhalterInnen typischen Akribie und einer gehörigen Portion Humor begegnete. Sollte ich mich jemals dazu entschließen, eine Bibliothek zu eröffnen, würde ich mir wünschen, dass diese von Bernhard Hammer und Harry Daniel geführt wird. Ich kann nicht sagen, wie viele Bücher und Artikel die beiden ohne Wenn und Aber für mich aus Bibliotheken der ganzen Welt bestellt haben und nie ein böses Wort darüber verloren, wenn ich die Leihfrist wieder einmal überschritt.

In der Zeit des Doktorates war die „Doctoral School of Social Ecology" (DSSE) jener organisatorische Rahmen, innerhalb dessen ich mit den SEC-DissertantInnen in Berührung kam. Speziell das Format der „Peer Seminare" bot die Möglichkeit, jenseits des alltäglichen Institutsbetriebs themenübergreifend über Konzepte und Methoden zu diskutieren. Im Rahmen der DSSE möchte ich besonders meinen KollegInnen Tamara Fetzel, Sylvia Gierlinger, Dino Güldner, Friedrich Hauer, Petra Machold, Sofie Mittas, Michael Neundlinger, Maria Niedertscheider, Dominik Noll, Gudrun Pollak, Angelika Schoder, Christina Spitzbart, Michaela Theurl und Dominik Wiedenhofer danken. Ohne diese wäre die Zeit am Institut nur halb so schön gewesen.

Im Frühjahr 2014 verbrachte ich ein viermonatiges ERASMUS-Praktikum am „Department of Culture and Global Studies" der Universität Aalborg/Dänemark. Dort nahm mich Bo Poulsen unter seine Fittiche. Er organisierte zahlreiche Treffen mit KollegInnen, die an vergleichbaren Problemstellungen arbeiteten, ermöglichte eine intensive Auseinandersetzung mit der Zunft der HistorikerInnen und führte mich in unzähligen Gesprächen an die Gepflogenheiten dänischer Lebensart heran. Bo machte mir klar, wie wichtig und ergiebig Fragen der Landeigentumsverhältnisse für die Tourismusgeschichte sind, indem er mich zu Vergleichen zwischen der Küste Nordjütlands und den Vorarlberger Alpen ermutigte. Für diese Unterstützung bin ich sehr dankbar.

Nicht minder prägend waren die zahlreichen Begegnungen mit Martin Knoll. Er hat meine Begeisterung für technische Infrastrukturen in Skigebieten geteilt, hat mir klug und aufmerksam bei Konzeptualisierungsfragen beiseitegestanden und hat auf Kongressen und Workshops stets den Historiker im Humanökologen herausgefordert. Durch Martin wurde mir bewusst, dass mechanische Aufstiegshilfen ein unerforschtes, aber ergiebiges Feld darstellen. Mit diesem Wissen begann ich technische Fachzeitschriften zu sichten. Etwa zeitgleich leitete Martin eine Ausschreibung für ein dreimonatiges Gaststipendium am Graduiertenkolleg „Topologie der Technik" (GK TDT) der TU Darmstadt weiter. Diese Bewerbung entpuppte sich als großer Glücksgriff. Das GK TDT war ein von der Deutschen Forschungsgemeinschaft (DFG) finanziertes, interdisziplinäres Unterfangen. HistorikerInnen, SoziologInnen, PhilosophInnen und TechnikerInnen mit sehr unterschiedlichen disziplinären Zugängen verständigten sich dort über Konzepte und theoretische Zugänge. In Darmstadt wurde ich mit technik-, bild- und sozialhistorischen Herangehensweisen konfrontiert, ohne die diese Arbeit in der vorliegenden Art und Weise undenkbar gewesen wäre. Ganz besonderer Dank gilt hier Dieter Schott, Mikael Hård, Jens Ivo Engels, Catarina Caetano da Rosa sowie Karsten Uhl für ihr Interesse und ihre Zeit. Mit Pauline Gabillet, Silke Vetter-Schultheiss, Kristin Zech, Andrea Perthen, Aino und allen Kolleginnen des GK TDT durfte ich viele schöne Stunden verbringen, die meinen Aufenthalt in Darmstadt zu einem besonderen Erlebnis machten.

Intensive Unterstützung erfuhr das Projekt auch aus dem Bundesland Vorarlberg. Alois Niederstätter, der das Institut für sozialwissenschaftliche Regionalforschung leitet, subventionierte die Dissertation, lange bevor es dazu ein Projekt gab. Er sprang auch später auf unbürokratische Art und Weise ein, wenn Not am Mann war. Zudem ermöglichte er in seiner Funktion als nationaler Forschungspartner und Landesarchivar großzügigen Zugang zu allen Schätzen des Vorarlberger Landesarchivs und hatte stets ein offenes Ohr für meine Anliegen. Herzlichen Dank dafür. Mein Dank gilt auch Ulrich Nachbaur, der mir in mehreren Gesprächen die Organisation der Vorarlberger Landesverwaltung näher brachte. Nicht minder bedeutsam waren die vielen helfenden Hände im Lesesaal des Vorarlberger Landesarchivs, vor allem von Alexandra Gmeinder, Robert Demarki und Cornelia Albertani, die wahre Aktenberge aus den Archivspeichern herbeischafften. Obwohl sie sich immer freuten, mich zu sehen, schien mir, dass sie Grund hatten froh zu sein, wenn meine Archivbesuche ein Ende nahmen. Ihnen möchte ich meinen Dank aussprechen, nicht nur für die Aushebung der Akten, sondern auch dafür, dass sie sich immer Zeit für „a Schwätzle" nahmen. Diese Form der persönlichen und wenig formalisierten Betreuung ist eine große Stärke des Vorarlberger Landesarchivs.

Die Abteilung Wissenschaft und Weiterbildung der Vorarlberger Landesregierung, die diese Dissertation mehrere Male mit finanzieller Förderung bedachte, ermöglichte einen systematischen Zugang zum Bestand des Bildpostkartenverlags Risch-Lau und damit die reiche Bebilderung dieser Arbeit. Dafür bin ich nicht zuletzt im Namen der LeserInnen zu großem Dank verpflichtet. Dank möchte ich auch Norbert Schnetzer von der Vorarlberger Landesbibliothek aussprechen, der sich davon überzeugen ließ, dem Forschungsgegenstand Bildpostkarte über die Dissertation hinaus größere Aufmerksamkeit zu schenken und dieses Vorhaben auch finanziell unterstützte. Manfred Kopf von der Abteilung für Raumplanung der Vorarlberger Landesregierung befürwortete die keineswegs selbstverständliche Akteneinsicht. Katharina Lins von der Naturschutzanwaltschaft Vorarlberg stellte dankenswerter Weise wichtige Informationen zur Verfügung. Auch aus den Talschaften Vorarlbergs ist mir großes Interesse entgegengebracht worden. Hier möchte ich mich bei Michael Kasper und Andreas Brugger vom Montafon Archiv bedanken. Auch dem Österreichischen Staatsarchiv gebührt großer Dank.

Archivierte Verwaltungsakten bilden zweifelsohne das Grundgerüst dieser Dissertation. Die aufgezeichneten Erinnerungen mehrerer ZeitzeugInnen lieferten aber letztlich den Stoff, ohne den viele dieser Geschichten oft nur ein mageres Gerippe geblieben wären. Hier möchte ich mich ganz besonders bei Irene und Gustav Türtscher aus Damüls bedanken, die mich ohne zu zögern in ihr Haus einluden und an ihren Erinnerungen teilhaben ließen. Helmut Feuerstein und Helmut Tiefenthaler gaben mir die Möglichkeit, an einem gemeinsam verbrachten Nachmittag wichtige Stationen ihrer Tätigkeit als Landesraumplaner Revue passieren zu lassen. Ähnliches gilt für Alexander Cernusca, den ich in Innsbruck besuchte und der mir aus seiner Zeit als Naturschutzgutachter und Ökologieprofessor erzählte. Heinrich Sandrell bewirtete mich in seinem Haus in Gaschurn mit ausgezeichnetem „Sura Käs" und erzählte mir aus seiner Zeit als Pistenraupenfahrer. Außerdem hatte ich die Möglichkeit, zwei Nachmittage mit Österreichs „Schneipapst" Michael Manhart zu verbringen, um in die technischen Details von Skigebietsplanung und Beschneiungsanlagen einzutauchen. Ihm bin ich insofern zu besonderem Dank verpflichtet, da er sich im Gegensatz zu anderen Skigebietsbetreibern nicht von der Berufsbezeichnung **Umwelthistoriker** [Hervorhebung R. G.] abschrecken ließ, sich offen zeigte und mir bei jedem Besuch ein Paket mit Informationsmaterial mitgab. Jede dieser Begegnungen hat mich weit über den bloßen Informationsaustausch hinaus bereichert, wofür ich sehr dankbar bin. Ich hoffe, dass das vorliegende Ergebnis den teils sehr unterschiedlichen Standpunkten der InterviewpartnerInnen gerecht wird.

„Last but not least" möchte ich meinen Dank an jene Menschen aussprechen, die das Gelingen dieser Arbeit durch Mitarbeit ermöglicht haben. Tamara Fetzel und Horst Dolak haben mit großem Eifer und Kreativität eine GIS Datenbank aufgebaut. Christoph Plutzar ist kurzfristig eingesprungen, um Abbildungen zu produzieren. Irene Pallua stand dem Projekt durch ihre Expertise in Statistik bereit. Michael Bürkner hat geholfen, Seilbahnstatistiken zu digitalisieren, das werdende Manuskript in verschiedenen Stadien gelesen und kritisch kommentiert. Er war aber stets auch ein ermutigender und weitsichtiger Freund. Nikola Langreiter war mir in der abschließenden Phase als Lektorin eine wichtige Hilfe, indem sie meine oft kreative Auslegung der deutschen Grammatik in geordnete Bahnen lenkte. Ganz besonderer Dank geht auch an Alois, der als Freund und Partner alle Höhen und Tiefen des Dissertationsprozesses miterlebt hat und dennoch nicht verzagte. Schließlich möchte ich an dieser Stelle meinen Eltern Franz und Klara aufrichtigen Dank dafür aussprechen, dass sie mich in der intensiven Schreibphase aufgenommen und alles nur erdenklich Mögliche unternommen haben, um mir den

Rücken freizuhalten und mich in meinem Weg zu bestärken. Das werde ich euch nie vergessen!

Bereits während des Dissertationsprozesses trat eine Mitarbeiterin des Böhlau Verlags an mich heran und bekundete Interesse an dem werdenden Manuskript. Dieser Interessensbekundung bin ich gerne gefolgt, da dieser Verlag die Reihe „Umwelthistorische Forschungen" beheimatet, die ich für ihre qualitativ hochwertigen Beiträge sehr schätze. Den HerausgeberInnen dieser Reihe bin ich überdies sehr verbunden, da sie mir die Möglichkeit gaben die Dissertationsschrift in einem renommierten Verlag für ein breiteres Publikum zugänglich zu machen. Martin Knoll hat eine zusätzliche, anonyme Begutachtung in Auftrag gegeben. Die wertschätzende Rückmeldung der GutachterIn freute mich und die akribische Sichtung des Textes half mir, einige sprachliche „Buckel" im Text zu glätten und die Qualität des Buchmanuskripts zu verbessern. Gleichzeitig, das soll an dieser Stelle nicht unterschlagen werden, bereitete mir der Eifer der GutachterIn einen gewissen Arbeitsaufwand, für den die österreichische Forschungsförderungslandschaft keine unbürokratischen Finanzierungsmöglichkeiten bereitstellt. Wer seine Dissertation zu einem Buchmanuskript umarbeiten will, ist entweder auf das Verständnis der Eltern, Erspartes oder das Entgegenkommen des Arbeitsmarktservices (AMS) in Form von Bildungskarenz oder Arbeitslosenunterstützung angewiesen. In meinem Fall stimmte Helmuth Trischler vom Münchner Zentrum für Wissenschafts- und Technikgeschichte des Deutschen Museums zu, dass ich die Überarbeitung im Rahmen eines Stipendiums ebendort vornahm, was die Fertigstellung des Buches maßgeblich beschleunigte. Danke auch dafür!

Der aufmerksamen LeserIn wird auffallen, dass der folgende Text ab Abschnitt 2 nicht in genderneutraler Schreibweise, sondern maskuliner Form verfasst wurde. Abbildung 1 soll diese Entscheidung erläutern helfen.

Das Foto wurde vom Vorarlberger Landesfotografen Helmut Klapper am 16.2.1981 während der Seilbahntagung in Bregenz im Hotel Germania aufgenommen. Das Bild zeigt die „graue Eminenz" der Skiliftindustrie in Vorarlberg. Es sind beispielsweise der Seilbahnindustrielle Konrad Doppelmayr, der Landespolitiker Sigfried Gasser und eine ganze Reihe von Entscheidungsträgern aus Wirtschaft und Verwaltung abgebildet. Frauen sucht man hier vergebens. Damit will ich nicht sagen, dass Frauen keine geschichtstragende Rolle innehatten, allerdings kommen sie in den für diese Geschichte verwendeten Quellen nicht zu Wort. Angesichts derartig patriarchal dominierter Zeiten wäre eine Analyse von Männlichkeitskonstruktionen unter Seilbahnbauern, Skiliftbetreibern oder Verwaltungsbeamten im Sinne von Judith Butler (doing gendered technology) ein äußerst lohnendes For-

Abbildung 1: Seilbahntagung 1981 im Hotel Germania in Bregenz.

schungsfeld, worauf ich selbst bereits hingewiesen habe.[3] Die Verwendung genderneutraler Sprache im empirischen Teil des Texts würde aber eine Ausgewogenheit zwischen den Geschlechterrollen suggerieren, die nicht durch die Quellen gestützt wird. Daher verwende ich ausschließlich die männliche Form, da diese die patriarchal dominierten Strukturen zwischen 1920 und 2010 am besten wiedergibt; selbst wenn diese in den jüngsten Jahren vermehrt zur Disposition steht.

Vor Ihnen, geschätzte LeserIn, liegt – dank der erwähnten und einiger weiterer unerwähnter HelferInnen die erste Umweltgeschichte des Vorarlberger Skitourismus. Ich kann nur hoffen, dass dieser neue Blick auf die Vorarlberger Geschichte Sie zu überzeugen vermag.

---

3   Robert Groß, Essentialisierung als Kritik? Rezension von Scheiber U. (2015), BERGELEBEN. Naturzerstörung – Der Alptraum der Alpen. Eine Kritik des Tourismus im Tiroler Ötztal, Verlag Peter Lang, Frankfurt a. Main. In: Neue Politische Literatur. Berichte aus Geschichts- und Politikwissenschaft 61/1 (2016), S. 109–110.

1. Einleitung

Es war das erste Mal, dass im Tal das dumpfe Knattern von Dieselmotoren wieder-
hallte. [...] Eine Seilbahn würde errichtet werden. Eine mit elektrischem Gleichstrom
betriebene Luftseilbahn, in deren lichtblauen Holzwaggons die Menschen den Berg
hinaufschweben und den Panoramablick über das ganze Tale genießen würden. Es
war ein gewaltiges Vorhaben. [...] Ein Höhenunterschied von tausenddreihundert
Metern musste überwunden werden, Schluchten mussten überbrückt und Felsüber-
gänge gesprengt werden.[4]

Seitdem vor wenigen Tagen die blaue Liesl bei ihrer Probefahrt vorsichtig ruckelnd,
jedoch ohne weitere Zwischenfälle zum ersten Mal emporgeschaukelt war, schienen
die Berge etwas von ihrer Mächtigkeit eingebüßt zu haben. Und es würden noch weitere Bahnen folgen. [...] [D]arunter eine haarsträubende Konstruktion, die vorsah,
Passagiere mitsamt ihren Rucksäcken und Skiern statt in Waggons in freischweben-
den, hölzernen Sessel zu befördern.[5]

Er [ein Bauarbeiter der Seilbahnfirma] sah sich als ein kleines, aber gar nicht mal so
unwichtiges Rädchen einer gigantischen Maschine namens Fortschritt, und manch-
mal vor dem Einschlafen stellte er sich vor, wie er im Bauch dieser Maschine saß, die
sich unaufhaltsam ihren Weg durch Wälder und Berge bahnte, und wie er in der Hitze seines eigenen Schweißes zu ihrem stetigen Vorankommen beitrug.[6]

Die Straße war breiter geworden. Mehrmals täglich und oft sogar in kurzen Abständen knatterten Motoren heran [...]. In allen Farben glänzende Automobile kamen
durch den Taleingang herangesaust und spuckten auf dem Dorfplatz Ausflügler, Wanderer und Skifahrer aus. Viele der Bauern vermieteten Fremdenzimmer und aus den
meisten Ställen waren die Hühner und Schweine verschwunden. Stattdessen standen
jetzt Skier und Stöcke in den Koben und es roch nach Wachs statt nach Hühnerkacke
und Schweinemist.[7]

---

4   Robert Seethaler, Ein ganzes Leben (Berlin 2014), S. 15.
5   Ebenda, S. 57–58.
6   Ebenda, S. 60–61.
7   Ebenda, S. 97.

Die Einwohnerzahl des Dorfes war seit dem Krieg auf das Dreifache angewachsen und die Menge der Gästebetten hatte sich fast verzehnfacht, was die Gemeinde veranlasste, neben dem Bau eines Ferienzentrums mitsamt Hallenbad und Kurgarten auch die längst überfällige Vergrößerung des Schulgebäudes umzusetzen.[8]

Ein halbes Leben oder fast vier Jahrzehnte später, nämlich im Sommer des Jahres neunzehnhundertzweiundsiebzig, […] beobachtete [er], wie hoch über seinem Kopf die silbrig glänzenden Gondeln der ehemaligen Blauen Liesl zügig und nur von einem kaum hörbaren Sirren begleitet dahinschwebten. Oben auf der Plattform öffneten sich die Gondeltüren mit einem langgezogenen Zischen und entließen einen Haufen Ausflügler, die in alle Himmelsrichtungen auseinanderströmten und sich wie bunte Insekten überall auf dem Berg verteilten […] wie sie in Turnschuhen und kurzen Hosen über die Felsen sprangen, ihre Kinder auf die Schultern nahmen und in ihre Fotoapparate hineinlachten. Er hingegen war ein alter Mann, zu nichts mehr zu gebrauchen und froh, sich noch einigermaßen aufrecht fortbewegen zu können. Er war schon so lange auf der Welt, er hatte gesehen, wie sie sich veränderte und sich mit jedem Jahr schneller zu drehen schien, und es kam ihm vor, als wäre er ein Überbleibsel aus einer längst verschütteten Zeit, ein dorniges Kraut, das sich, solange es irgendwie ging, der Sonne entgegenstreckt.[9]

Robert Seethaler erzählt in seinem Buch „Ein ganzes Leben" eine für Dörfer im Alpenraum sehr typische Geschichte, die die Kraft des Tourismus und seiner Infrastrukturen eindrucksvoll verdeutlicht. Am Beginn dieser Geschichte standen dieselbetriebene Baumaschinen, die sich „im Namen des Fortschritts" ihren Weg durch die Alpen bahnten und ein Netzwerk aus Straßen, Hotels, Seilbahnen und Skiliften hinterließen. Am gegenwärtigen Ende dieser Geschichte sind die Alpen von rund 430.000 Kilometern Straßen und Eisenbahntrassen überzogen. Auf diesen Verkehrswegen reisen Jahr für Jahr an die 120 Millionen Gäste in die Berge. Das Bezwingen der Höhen ermöglichen nicht zuletzt die etwa 11.000 Skilifte und Seilbahnen. 40.000 Kilometer Skipisten – das entspricht etwa dem Umfang der Erde – gewährleisten Skilauf auf präpariertem Schnee.[10] Schneekanonen konsumieren rund 95 Millionen Kubikmeter Wasser, um das gewinnbringende Weiß zu erzeugen. Eine Stadt mit 1,5 Millionen Einwohnern könnte damit ein ganzes Jahr

---

8   Ebenda, S. 138.
9   Ebenda, S. 56–60.
10   Johannes Schweikle, Piste frei für die Ski-Industrie, in: Greenpeace Magazin Ausgabe 2.04, siehe URL: https://www.greenpeace-magazin.de/piste-frei-f%C3%BCr-die-ski-industrie (6.8.2018).

lang ihren Wasserbedarf stillen.[11] Schon diese exemplarischen Zahlen können den Einfluss des Tourismus auf die Alpen demonstrieren.

In Robert Seethalers Buch wird die Transformation der Alpen zur Kulisse, vor deren Hintergrund sich die berührende Biografie des Alpenbewohners und späteren Seilbahnmitarbeiters entfaltet. Auch die vorliegende Arbeit nährt sich in vielerlei Hinsicht aus meinen eigenen biografischen Bindungen zur Untersuchungsregion und zum Untersuchungsobjekt.

Ich war sechs Jahre alt, als ich meinen ersten Winterurlaub in Damüls erlebte. Meine Eltern schrieben mich Mitte der 1980er Jahre für die Zeit der ‚Energieferien‘ (Semesterferien) in einen Kinderskikurs ein und während mein Vater seiner Tätigkeit in einer Schweizer Textilfabrik nachging, verbrachten mein Bruder und ich gemeinsam mit unserer Mutter eine Skiwoche in Damüls. […] Damüls erlebte in dieser Zeit gerade den großen Tourismusboom. Es gab dort bereits große Sessellifte, die uns bis zum Hohen Licht, dem höchsten Punkt des Skigebiets, hinaufführten […]. In dieser Woche wohnten wir bei unserer Großtante Regina Bertsch, in einem sehr einfachen, alten Damülser Bauernhaus. Tante Regina zog in den 1950er Jahren nach Damüls und lebte wie die meisten Damülser ein Leben in einer bäuerlichen Großfamilie, das von der Landwirtschaft und der privaten Gästebeherbergung geprägt war; dementsprechend erzählte sie uns eine Menge Geschichten über ihre Gäste und vermittelte uns bäuerliches Alltagswissen. […] Mein Kontakt zum Bregenzerwald, wo Damüls liegt, riss [auch in den folgenden Jahren nicht] ab, schließlich stammt meine Mutter aus dem Hinterbregenzerwald und erlebte den ‚Woud‘ (Bregenzerwald) aus einer Perspektive, die man heute nur noch aus Heimatkundemuseen kennt. Ihren Erzählungen verdanke ich ein ungefähres Bild über Mühen und Besonderheiten des agrarischen Lebens der Kriegs- und Nachkriegsjahre.[12]

Dieses von meiner Mutter mündlich überlieferte Wissen, die beim Skifahren gemachten Erfahrungen, die Fähigkeit Vorarlberger Dialekte zu verstehen sowie die Kenntnis der Vorarlberger Mentalität haben einerseits den Zugang zum Feld erleichtert, andererseits machten mir die, mit eigenen Augen wahrgenommenen, Veränderungen in Vorarlberger Bergdörfern klar, wie groß der Einfluß des Tourismus auf die Alpen ist.

---

11   N. N., Schneekanonen trocknen die Alpen aus, siehe URL: http://www.welt.de/wissenschaft/article818483/Schneekanonen-trocknen-Alpen-aus.html (6.8.2018).

12   Robert Groß, Wie das 1950er Syndrom in die Täler kam. Umwelthistorische Überlegungen zur Konstruktion von Winterlandschaften am Beispiel Damüls in Vorarlberg (Roderer, Regensburg 2012), S. 7–8.

Die Intensität dieses Einflusses ist hoch und hoch ist vor allem auch die Geschwindigkeit, mit der der Tourismus die im 19. Jahrhundert zumeist noch agrarisch geprägten Regionen der Alpen in Wintersportdestinationen verwandelte. Auch die Vorarlberger Alpen, um die es hier geht, verwandelten sich. Der Vorarlberger Historiker Michael Kasper und der Kunsthistoriker und Jurist Andreas Rudigier konstatieren für die Gemeinde Damüls, die Menschen, „die aus der Landwirtschaft kamen" seien mit „Lichtgeschwindigkeit [...] in das Tourismuszeitalter gerast."[13] Diesem Befund kann kaum widersprochen werden. Man müsste aber ergänzen, dass das Tempo, mit dem der Tourismus agrarisch geprägte Regionen verwandelte, im 20. Jahrhundert viele gesellschaftliche Bereiche erfasste. Viele Indikatoren für sozioökonomische Makrotrends – etwa des Wachstums der Weltbevölkerung, des globalen Bruttoinlandsprodukts, des Energie-, Wasser- und Düngemittelkonsums, von Telekommunikation, Transport und Tourismus – zeigen das Bild einer großen Beschleunigung.[14] Zweifellos verbesserte die Mobilisierung von Kapital, Material und Energie mittelfristig die Lebensverhältnisse von Menschen in einigen Industrienationen. Die globalen Nebenwirkungen stellen die Wohlstandsgewinne jedoch in Frage. Im Zeitraum von wenigen Jahrzehnten mussten terrestrische und marine Ökosysteme in gigantischem Ausmaß der industrialisierten Produktionsweise weichen. Die Oberflächentemperatur des Planeten kletterte infolge des Eintrags an Treibhausgasen in die Atmosphäre sukzessive auf Rekordhöhe. Ein Ende dieses gefährlichen und in Langzeitperspektive wohl auch sehr teuren Trends[15] ist gegenwärtig nicht absehbar.[16]

UmwelthistorikerInnen haben für diese Phänomene den Begriff der „Great Acceleration" geprägt, der „Großen Beschleunigung" der Welt – ausgelöst von Menschen –, die innerhalb von zwei bis drei Generationen die Erde völlig verändert hat. Der Niederländische Chemiker Paul Crutzen schlug 2000 vor, die planetare Wirkmächtigkeit von Menschen seit Beginn der Industrialisierung an die Seite geologischer Kräfte, wie z. B. die Plattentektonik zu stellen. Die Erde sei in ein

---

13   Michael Kasper, Andreas Rudigier (Hg.), Damüls. Beiträge zur Geschichte und Gegenwart (Damüls 2013), Buchklappentext.

14   Will Steffen, Wendy Broadgate, Lisa Deutsch, Owen Gaffny, Cornelia Ludwig, The trajectory of the Anthropocene. The Great Acceleration. In: The Anthropocene Review 2/1 (April 2015), S. 1–18, hier S. 4.

15   Vgl. Juan Carlos Ciscar et al., Physical and economic consequences of climate change in Europe. In: PNAS 108/7 (2011), S. 2678–2683; Karl Steininger, Martin König, Birgit Bednar-Friedl, Lukas Kranzl, Franz Prettenthaler, (Hg), Economic evaluation of climate change impacts. Development of a cross-sectoral framework and results for Austria (Springer, Cham u. a. 2015).

16   Steffen et al., The trajectory, hier S. 7.

neues Erdzeitalter, das Anthropozän eingetreten, dessen Ende nicht absehbar sei. Sicher sei jedoch, dass die Auswirkungen der Großen Beschleunigung in einem gewissen Maße irreversibel seien.[17] Debatten um die Auswirkungen der Großen Beschleunigung wurden bislang primär anhand statistischer Daten zur globalen Entwicklung seit Beginn der Industrialisierung und bezüglich deren Nebenwirkungen auf das System Erde diskutiert. Diese Studie stellt einen ersten Versuch dar, das Konzept der Großen Beschleunigung ins Kleine zu übersetzen, die Beschleunigung dabei raumzeitlich zu verorten und damit in ihren sozialen, ökologischen, ökonomischen und politischen Dimensionen in einer Fallstudie zum alpinen Wintertourismus im Alpenraum zu historisieren.[18] Damit wird es möglich, die regionalen und sektoralen Spezifika der Großen Beschleunigung herauszuarbeiten.

1.1   DAS ERKENNTNISINTERESSE

Die Große Beschleunigung, die die Welt seit Beginn der Industrialisierung im späten 18. Jahrhundert verwandelte,[19] wurde in vielen Teilen der Alpen insbesondere durch den sich im 19. Jahrhundert verbreitenden Tourismus bewirkt. Dem bald nach 1900 aufkommenden Wintertourismus ist wegen der technischen Infrastrukturen, die er benötigt, eine besondere Innovationskraft inhärent. An dessen Beginn stand die Skitour; ein stundenlanger Aufstieg ermöglichte eine einzige Abfahrt. Skitouren waren ein Vergnügen, das aufgrund seiner kognitiven, physischen, zeitlichen und ökonomischen Anforderungen auf kleine Bevölkerungsgruppen beschränkt war. Die Erfindung und Verbreitung von mechanischen Aufstiegshilfen veränderte den Sport völlig und machte die winterlichen Berge attraktiv für viele. Eine Spirale von Modernisierung, Ausweitung und Intensivierung begann sich nun zu drehen, an deren vorläufigem Ende gänzlich verwandelte Peripherien stehen. Diese Entwicklung wirft viele Fragen auf. Wie wurden aus nur auf Saumpfaden erreichbaren Dörfern in den Alpen, die von der Abwanderung bedroht waren, Orte des internationalen Skitourismus? Was geschah im Zuge dieser Transformation mit den alpinen Landschaften? Welche Rolle spielten mechanische Aufstiegshilfen? Wie veränderte sich im Zuge der Großen Beschleunigung das Ver-

---

17   John R. McNeill, Peter Engelke, The great acceleration. An environmental history of the anthropocene since 1945 (The Belknap Press of Harvard University Press, Cambridge 2014), S. 5.

18   Vgl. Kathleen D. Morrison, Provincializing the Anthropocene. In: SEMINAR 673 (September 2015), S. 75–80.

19   Vgl. Jürgen Osterhammel, Die Verwandlung der Welt. Eine Geschichte des 19. Jahrhunderts (C. H. Beck, München 2009).

hältnis zwischen Landwirtschaft und Tourismus? Das Forschungsinteresse gilt damit auch den Konkurrenz- und Konfliktsituationen der raumzeitlichen Überlappung von Landnutzungsmustern in den Bergen.

Im Fokus dieser Untersuchung stehen nicht nur die Auswirkungen von gerade im Wintertourismus häufig technisch vermittelter Handlungsmächtigkeit der Akteure auf die Berge. Im Folgenden gehe ich auch der Frage nach der Rolle von Natur für das Handeln und die Entscheidungen der Akteure im Wintertourismus nach.[20] Während BergbäurInnen in den höhenbedingt kurzen Vegetationsperioden im Sommer den Großteil ihres Ertrages erwirtschaften mussten und müssen, kann Wintertourismus über einen größeren Teil des Jahres hinweg einkommensrelevant sein. Die Akteure sind dabei aber auf spezifische Wettermuster angewiesen, um erfolgreich zu wirtschaften. Auch daraus ergeben sich wichtige Fragen. Wie gingen die Akteure bislang mit dieser Abhängigkeit von der Natur um? Mit welchen Strategien versuchten sie den Einfluss von Natur auf die Tourismusindustrie abzuschwächen? Wie erfolgreich waren diese Maßnahmen und welche Konsequenzen hatten sie für die Transformationsdynamik in den Bergen? Die verwendeten Quellen – das sind unter anderem Zeitschriftenartikel, Verwaltungsakten, Statistiken, Bilder und Karten sowie Interviews mit Informanten – müssen auch hinsichtlich der Wirkmächtigkeit von Böden, Öko- und Hydrosystemen befragt werden. Als Ergebnis ist vorwegzunehmen, dass die in der Literatur häufig erklärend strapazierte Innovationskraft einzelner, vor allem männlicher Akteure, nicht selten in Reaktion auf durch Technik erzeugte Probleme einsetzte, also Ausdruck einer Reparaturnotwendigkeit war, die durch die Beschleunigung der Berge entstand.

1.2   DREI UNTERSUCHUNGSGEBIETE IM ÖSTERREICHISCHEN BUNDESLAND VORARLBERG

> Jedes Land, jede Landschaft kann nur verstanden werden, wenn man ihre naturräumlichen Voraussetzungen kennt und ihre Geschichte beachtet.[21]

Vorarlberg, Österreichs westlichstes Bundesland, ist ein typisches Gebirgsland, das durch „hohe naturräumliche Vielfalt auf engem Raum" charakterisiert ist.[22] Etwa

---

20   Vgl. Verena Winiwarter, Martin Knoll, Umweltgeschichte. Eine Einführung (Böhlau, Stuttgart/Köln 2007), S. 133.

21   Mario F. Broggi, Georg Grabherr, Biotope in Vorarlberg. Endbericht zum Biotopinventar Vorarlberg (Vorarlberger Verlagsanstalt, Dornbirn 1991), S. 36.

22   Ebenda.

zwei Drittel der Landesfläche liegen über 1000 Meter Meereshöhe, rund 16 Prozent über 2000 Meter. Nur ein Fünftel der Landesfläche eignet sich für die intensive agrarische Nutzung. Diese Flächen befinden sich überwiegend auf den Talböden und an den Hanglagen des Rheintals und Walgaus.[23] Die Lage des Bundeslands am nördlichen Rand des Alpenbogens prägt das Klima. Es ist typisch mitteleuropäisch, wenngleich die mittleren Temperaturen niedriger sind als etwa in Süddeutschland. Niederschläge treten im Sommer häufiger und intensiver auf als im Winter. Dagegen sind die Winter kalt und schneereich, wobei die typischen Fröste der Zentralalpen in Vorarlberg fehlen.[24] Wie überall im Gebirge sinken die mittleren Temperaturen mit steigender Höhenlage, Niederschlagsmenge und Strahlungsintensität nehmen zu.[25] Vorarlberg ist außerordentlich reich an Gewässern und Mooren.

> Es gibt insgesamt 2000 Bächlein, Bäche, Flüßchen und Flüsse, die einen Namen haben, über 100 Seen, wovon die meisten Hochgebirgsseen sind (65 % liegen über 2000 m). [...] Die vielen ‚Möser‘ und ‚Rieder‘ [Dialektausdrücke für Moor, R. G.] in den Flurnamenkarten[26]

lassen erahnen, dass früher noch viel mehr Moore vorhanden waren. Während das feuchte Klima im Sommer die Landwirtschaft und den Tourismus eher hemmt, sind die Bedingungen für den Wintertourismus aufgrund der großen Schneemengen und der langen Sonnenscheindauer geradezu ideal.

Die Landesfläche Vorarlbergs ist in 96 politische Gemeinden gegliedert und umfasst 2601 Quadratkilometer. Etwa die Hälfte davon liegt oberhalb von 700 Höhenmetern. Sämtliche in dieser Arbeit analysierte Gemeinden (Lech, Damüls, St. Gallenkirch und Gaschurn) und ihre Skigebiete liegen deutlich höher. Die mittlere Höhe der 20,9 Quadratkilometer großen Gemeinde Damüls im Bregenzerwald beträgt 1622 Meter, die von Lech (89,97 Quadratkilometer) erreicht 1444 Meter. Die Gemeinden Gaschurn und St. Gallenkirch im Montafon umfassen 175,28 beziehungsweise 127,99 Quadratkilometer und liegen mit 979 und 878 Metern Seehöhe vergleichsweise niedrig.[27] Diese Höhenlagen bringen spezifische Umweltbedingungen mit sich. Bis zur Mitte des 19. Jahrhunderts waren die Gemeinden agrarisch geprägt. Die Haushalte mühten sich vielfältig, um ein meist karges wirtschaftliches

---

23 Ebenda.
24 Ebenda.
25 Ebenda, S. 39.
26 Ebenda, S. 41.
27 Statistik Austria (Hg.), Der Blick auf die Gemeinde, siehe URL: http://www.statistik.at/ web_de/services/ein_blick_auf_die_gemeinde/index.html (6.8.2018).

Auskommen zu finden. Erwerbskombinationen aus Milchwirtschaft, Schaf- und Viehzucht, Schweine- und Hühnerhaltung, Ackerbau, Forstwirtschaft, Säumerei, gemeinsam mit Hausindustrie oder saisonaler Arbeitsmigration waren die Basis.[28]

Diese hochdifferenzierte Lebensweise, die sich seit der Besiedelung der Gemeinden im Mittelalter herauskristallisiert hatte, geriet in der zweiten Hälfte des 19. Jahrhunderts unter Druck, als die Täler Vorarlbergs von der Industrialisierung erfasst wurden.

Ab 1853 führte eine Eisenbahn von Nürnberg nach Lindau und auf der Schweizer Seite gab es bereits ab 1857 eine Eisenbahn bis nach Rheineck. Im Jahr 1872 fuhr die erste Eisenbahn zwischen Bludenz und Lochau und ab 1884 wurde der Arlbergtunnel eröffnet, der Vorarlberg mit der übrigen Monarchie verband. Die Anknüpfung des Vorarlberger Rheintals an die industriegesellschaftlichen Zentren in Deutschland, der Schweiz und Österreich veränderte die Lebens- und Wirtschaftsweise der Menschen in Vorarlberg völlig. Einerseits kamen nun preisgünstige Importwaren wie Baumwolle, Getreide und Kartoffeln nach Vorarlberg, andererseits konnten Vorarlberger Produkte rascher und billiger exportiert werden. Die Textilindustrie im Rheintal boomte und zog immer mehr Menschen von ihren ,Hoamaten' im Gebirge in die Täler. [...] Dagegen verzeichneten die Rheintalgemeinden zwischen 1869 und 1910 ein beträchtliches Bevölkerungswachstum von 40 Prozent.[29]

Da vor allem junge Menschen abwanderten, reduzierte sich die verfügbare Arbeitskraft. Infolge der drastischen Entvölkerung veränderte sich die Landnutzung in den Gemeinden. Die arbeitsintensiven Kartoffeläcker verschwanden völlig, die Weiden wurden kleiner, der Viehbestand verringert und Grenzertragsflächen nicht mehr kultiviert. Häuser, Scheunen, Speicher und Ställe wurden im besten Fall verkauft, in der Regel verfielen sie.[30]

Die alpine Peripherie Vorarlbergs „war im Zuge der Industrialisierung und [...] [des] Wirtschaftswachstum[s] in den Tälern zu einem Problemfall geworden. Auf den Wohlstand in der Mitte des 19. Jahrhunderts folgte zu Beginn des 20. Jahrhunderts eine relative Verarmung der Dörfer."[31] Die französische Anthropologin Lucie Varga, die in den 1930er-Jahren einige Sommer in Vorarlberger Tälern ver-

---

28   Robert Groß, Damüls im Strom der Modernisierung. In: Michael Kasper, Andreas Rudigier (Hg.), Damüls. Beiträge zur Geschichte und Gegenwart (Damüls 2013), S. 247–285, hier S. 250–258.

29   Ebenda, S. 258–259.

30   Ebenda, S. 259.

31   Ebenda.

bracht hatte, charakterisierte die Situation als „schlimme Krise"[32] des österreichischen Dorfes. Dieses „musste neue Absatzmärkte suchen und finden. Die Mentalitäten und Sozialstrukturen haben sich tiefgreifend verändert. Neue Eliten haben sich herausgebildet. Alte Autoritäten wurden von neuen abgelöst. Elemente städtischer Herkunft sind in ein bis dahin ländliches Milieu eingedrungen."[33] Während ein beträchtlicher Anteil der Bewohner die Dörfer verließen, um sich eine Existenz in den Tälern aufzubauen, tauchten

> gegen 1920 [...] neue Elemente im Dorfleben auf [...]. Gemeint sind die deutschen Touristen. [...] Noch heute gelten die Deutschen in dieser Gegend als ideale Touristen. Da sie keine großen Ansprüche an Zimmerkomfort und Bewirtung haben, sind sie leicht zufrieden zu stellen. Sie brauchen nur zwei Dinge: reichliche Portionen und mehrere Zeitungen. [...] Und schon begannen auch die Bauernjungen immer häufiger, auf die Berge zu steigen. Die Skier, die man schon während des Krieges benutzt hatte, wurden nach und nach von ferienhungrigen Städtern erneut importiert.[34]

Durch den Anstieg des Tourismus begann sich die wirtschaftliche Situation zu verbessern.

Im Jahr 1930 schrieb Andrä Baur über die Situation in Lech:

> Heute werden die jungen Lecher wieder eher daheim bleiben, seit sie als Skilehrer, Führer, Träger usw. im Fremdendienst lohnenden Nebenverdienst finden, [wobei] die unvermeldliche neue Verschuldung Lechs im Ausbau des Fremdenverkehrs [...] zu größter Sparsamkeit und Wirtschaftlichkeit [zwingt] [...].[35]

Aus Damüls war Ähnliches zu vernehmen. Arnold Feuerstein prophezeite, dass die Verbreitung des Tourismus im Gebirge ähnlich revolutionär umwälzend wirken werde wie die Industrialisierung der Täler.[36] Die Entwicklung von Gaschurn und St. Gallenkirch verlief etwas anders. Zwischen 1925 und 1930 errichteten die Vorarlberger Illwerke dort ein erstes Speicherkraftwerk; 1938 folgte der Bau des Silvrettaspei-

---

32 Lucie Varga, Zeitenwende. Mentalitätshistorische Studien 1936–1939, hg. von Peter Schöttler (Suhrkamp, Frankfurt a. Main 1991), S. 146.

33 Ebenda.

34 Ebenda, S. 153.

35 Andrä Baur, Entvölkerung und Existenzverhältnisse in Vorarlberger Berglagen (Beiträge zur Wirtschaftskunde der Alpenländer der Gegenwart, Bregenz 1930), S. 46.

36 Arnold Feuerstein, Damüls. Die höchste ständige Siedlung im Bregenzerwald (Geographischer Jahresbericht aus Österreich XIV/XV, Leipzig/Wien 1929), S. 23–24.

chers.[37] Der Ausbau der Wasserkraft und der Aufbau eines touristischen Angebots in allen vier Gemeinden brachte die Entvölkerung 1923 zum Stillstand und läutete die demografische Kehrtwende ein. In Lech nahm die Bevölkerung zwischen 1869 (436 Personen) und 2010 (1466 Personen) um das dreieinhalbfache zu. Im selben Zeitraum wuchs die Bevölkerung in Gaschurn von 1101 auf 1503 Personen und in St. Gallenkirch von 1316 auf 2268 Personen, was in Summe einem Wachstum um das 1,6-fache entspricht. Damüls, das deutlich stärker von Abwanderung betroffen war als die anderen drei Gemeinden, lag 2010 mit 326 Einwohnern etwas unter dem Höchststand von 1869 (383 Personen). Parallel dazu stiegen die Nächtigungen steil an und der wirtschaftliche Schwerpunkt verlagerte sich auf den Tertiärsektor. In Damüls lag der Anteil der im Tourismus tätigen Wohnbevölkerung 2001 bei 83 Prozent, in Lech bei 89 Prozent und in St. Gallenkirch und Gaschurn bei 61 Prozent.[38]

Eine wichtige Basis für den Strukturwandel in den Untersuchungsgebieten war die Gründung der Skiliftbetriebe. Die erste Skiliftgesellschaft in Lech wurde 1938 gegründet. Sie baute den ersten Schlepplift Österreichs im Lecher Ortsteil Zürs. Weitere Skilifte folgten. Im Winter 1954/55 ging in Lech eine der ersten Skischaukeln Österreichs in Betrieb, der sogenannte Weiße Ring, der die Ortsteile Lech, Zürs und Oberlech verband.[39] In den Gemeinden St. Gallenkirch und Gaschurn wurden ab 1947 Skilifte gebaut. 1971 fusionierten die Liftgesellschaften beider Gemeinden, die seither auch räumlich durch das Skiliftnetzwerk verbunden sind.[40] Der erste Kleinschlepplift wurde in Damüls 1949 eingerichtet;[41] dem ging auch hier die Gründung einer Gesellschaft voraus. Seit 2009 betreibt Damüls mit der Nachbargemeinde Mellau eine tälerübergreifende Skischaukel.[42] Vorarlberg beheimatet außerdem einen der weltweit wichtigsten Seilbahnproduzenten, der heute den Namen „Doppelmayr-Garaventa Group" trägt und auf allen Kontinenten vertreten ist.[43] Das Bundesland war 2011 die durch Skilifte und Seilschwebebahnen am dichtesten erschlossene Region alpenweit.[44]

---

37   Wolfgang Ilg, Vorarlberg. Kleines Land mit großer Wirtschaftskraft. Ein Überblick über Aufbau und Leistungen der Vorarlberger Wirtschaft (Ruß, Bregenz 1972), S. 69.

38   Ski Zürs AG (Hg.), Die Geburtsstunde einer Skidestination. Von der Vision zu einem der schönsten Skigebiete der Welt (Holzer Druck und Medien GmbH & CoKg, Lech 2014), S. 121.

39   Skilifte Lech Ing. Bildstein Gesellschaft (Hg.), 50 Jahre Skilifte Lech (Höfle, Dornbirn 1988), S. 4.

40   Silvretta Nova (Hg.), Chronologie einer erfolgreichen Entwicklung. Unveröffentlichte Zusammenstellung der Silvretta Nova Bergbahnen AG (2004).

41   Robert Groß, 1950er Syndrom, S. 52.

42   Ebenda, S. 60.

43   Doppelmayr/Garaventa Group (Hg.), Die Doppelmayr/Garaventa Group, siehe URL: https://www.doppelmayr.com/unternehmen/ueber-uns/ (6.8.2018).

44   Johannes Rauch, Anfrage des Abgeordneten zum Vorarlberger Landtag, Bregenz am

Welches Untersuchungsgebiet würde sich also im Lichte des oben formulierten Forschungsinteresses besser für eine Rekonstruktion der Beschleunigung der Berge eignen als Vorarlberg? Der Anteil des Wintertourismus am Bruttoregionalprodukt des Bundeslands liegt etwas unter dem österreichischen Durchschnitt und deutlich niedriger als in sehr stark vom Tourismus abhängigen Regionen.[45] Wie aber bereits die Zahlen aus den Untersuchungsgemeinden erahnen lassen, dominiert lokal die Tourismusindustrie die Alltagswelt der DorfbewohnerInnen. Auch Vorarlberger WirtschaftspolitikerInnen haben ein sehr großes Interesse am Wintertourismus, ist diese Branche doch stark mit anderen Wirtschaftssektoren und der regionalen Entwicklung vernetzt.

1.3   BAUSTEINE EINER UMWELTHISTORISCHEN PRAXISTHEORIE

UmwelthistorikerInnen analysieren die Beziehung von Gesellschaften und Natur in ihrer historischen Dimension und verbinden diese Analyse mit jener der gesellschaftlichen Wahrnehmung von Natur.[46] Diese Kombination kann dazu beitragen, gegenwärtige Umweltprobleme besser zu verstehen. Das Paradigma des anthropozentrischen Exzeptionalismus, das besagt, dass nur Menschen über Kultur verfügen und sich daher von den grundlegenden biogeophysikalischen Gesetzen und Zwängen emanzipieren könnten, hat die Geschichtsschreibung bis in die 2. Hälfte des 20. Jahrhunderts dominiert.[47] Innerhalb dieses Paradigmas waren nur entsprechend einseitige Forschungsfragen und bestimmte Hypothesen legitim.[48] UmwelthistorikerInnen begannen seit den 1980er-Jahren, diese reduktionistische Perspektive aufzubrechen. In den 1990er-Jahren folgten Versuche, die komplexen Wechselwirkungen zwischen Gesellschaften und Natur zu konzeptualisieren. Der US-amerikanische Umwelthistoriker Donald Worster schlug für umwelthistorische Studien drei Interaktions- und Analyseebenen vor. Zuerst nennt er die Analyse der Wahr-

---

14.2.2011, siehe URL: http://suche.vorarlberg.at/vlr/vlr_gov.nsf/0/9D7CD31AA1780C1 DC12578370054A63A/$FILE/29.01.147.pdf (6.8.2018).

45   Amt der Vorarlberger Landesregierung (Hg.), Verkehrskonzept Vorarlberg 2006 – Mobil im Ländle. In: Amt der Vorarlberger Landesregierung (Hg.) (Schriftenreihe Raumplanung Vorarlberg Band 26, Bregenz 2006), S. 19, siehe URL: http://www.vorarlberg.at/pdf/verkehrskonzeptvorarlberg.pdf (6.8.2018).

46   Winiwarter, Knoll, Umweltgeschichte, S. 115.

47   Verena Winiwarter, Historical studies in human ecology (ungedr. Habilitation, Universität Wien 2002), S. 28.

48   William R. Catton, Riley E. Dunlap, Paradigms, theories and the primacy of the Hep-Nep distinction. In: The American Sociologist 13/4 (1978), S. 256–259.

nehmung von Natur als Ökosystem, die bis dato den Naturwissenschaften vorbehalten war, etwa der Ökologie oder der Biologie. Mindestens so wichtig sei (2) ein Verständnis von Gesellschaften, das von den klassischen Kategorien der Historiografie ausgehe, wie Ethnie, Klasse, Geschlecht, Alter, Gesundheitszustand der Individuen einer Gruppe oder dem Modus der Produktionsweise, also ob es sich um Jäger- und Sammler-, Agrar- oder Industriegesellschaften handelt. Als dritte Ebene schlug Worster die Analyse historischer Naturwahrnehmungen in Form symbolischer Codes, Ethik, Recht und Mythen vor, die eine kognitive Karte der Welt und ihrer Ressourcen ergeben würden. Als eine der großen Herausforderung bezeichnete er schließlich, diese drei Aspekte miteinander zu verbinden.[49] So würde anthropozentrischer Exzeptionalismus jedenfalls vermieden werden, vielmehr würde dieser Ansatz HistorikerInnen vor Augen führen, dass der Mensch nur eine von vielen Spezies sei, die unsere soziale Existenz formten.[50]

Aus dem Vorschlag Donald Worsters ergibt sich die Forderung und Schwierigkeit des „epistemologischen Brückenschlages zwischen Natur- und Geisteswissenschaften".[51] Die Sozialökologinnen Marina Fischer-Kowalski und Helga Weisz fordern für die Umweltwissenschaften im Allgemeinen „a common epistemological basis that can serve as a bridge between the social and the natural sciences and that presents itself as accessible for both sides. This demands sufficiently complex notions of both society and natural systems […] that would be, in other words, neither ‚naturalistic' nor ‚culturalistic."[52] Ähnlich betont die Umwelthistorikerin Verena Winiwarter: „Das Erkenntnisinteresse der Umweltgeschichte an der Rekonstruktion vergangener Naturzustände und Prozesse kann nicht auf der Grundlage eines innerhalb der Geschichtswissenschaften nicht vertretbaren ‚Realismus' positivistisch umgesetzt werden."[53] Interdisziplinär anschlussfähige Begriffe und Konzepte hätten ein großes Potenzial für das Erarbeiten einer gemeinsamen Sprache.[54] Dementsprechend folgt hier die Klärung der in dieser Arbeit verwendeten Begriffe und Konzepte.

---

49   Donald Worster, The vulnerable earth. Toward a planetary history. In: Donald Worster (Hg.), The ends of the earth. Perspectives on modern environmental history (Cambridge University Press, Cambridge 1988), S. 3–22.
50   Winiwarter, Historical Studies, S. 30.
51   Martin Knoll, Die Natur der menschlichen Welt. Siedlung, Territorium und Umwelt in der historisch-topografischen Literatur der Frühen Neuzeit (De Gruyter, Berlin 2013), S. 96.
52   Marina Fischer-Kowalski, Helga Weisz, Society as hybrid between material and symbolic realms. Toward a theoretical framework of society-sature interactions. In: Advances in Human Ecology 8 (1999), S. 215–251, hier S. 216.
53   Winiwarter, Knoll, Umweltgeschichte, S. 116.
54   Ebenda.

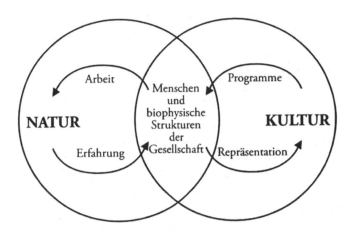

Abbildung 2: Sozialökologisches Interaktionsmodell.

Einen ersten Ausgangspunkt der Herangehensweise an durch touristische Infrastrukturen transformierte Alpentäler bietet das sozialökologische Interaktionsmodell der Wiener Schule der Sozialen Ökologie. „Fischer-Kowalski und Weisz
gehen in der von ihnen vorgeschlagenen Modellvorstellung der Gesellschaft als
symbolisch-materialer Hybridstruktur davon aus, dass Kultur […] und Natur […]
dichotomisch sind."[55] Zentral für die Analyse der Wechselwirkungen zwischen
Gesellschaften und Natur ist die – in Abbildung 2 grafisch dargestellte – Überlappungszone beider Systeme, die im Modell menschliche Körper, Landschaften, biophysische Infrastrukturen und Nutztiere enthält.

Die beschriebene Überlappungszone zwischen kultureller und materieller Welt kon-
stituiert sich in einem Prozess der Interaktion, in dem Teile der materiellen Welt
angeeignet und in den kulturellen Wirkungszusammenhang integriert werden, wobei
kulturelle Kontrolle über Teile der materiellen Umwelt etabliert wird. Art und Umfang
der materiellen Kontrolle werden durch das kulturelle System bedingt, das bestimmte materielle Umwelten wie Organismen, Objekte oder Gebiete als sich selbst zuge-
hörig beschreibt und seinen Umgang mit diesen Umwelten intensiv reguliert. Die
Ausübung kultureller Kontrolle manifestiert sich auch materiell und hat konkreten
Wandel der Umwelt zur Folge. Im menschlichen Handeln und in der menschlichen
Erfahrung überlagern sich kulturelle und naturale Momente untrennbar.[56]

---

55   Knoll, Die Natur, S. 97.
56   Ebenda, S. 98.

Welche Rolle spielt der menschliche Körper im sozialökologischen Interaktionsmodell?

Menschen sind aufgrund ihrer Körperlichkeit in der Lage, physikalische Arbeit zu
verrichten und so die materielle Welt gemäß ihrer kulturellen Programme zu verändern. [Sie] kolonisieren auf diese Weise den Raum und die Natur nach gewissen Vorstellungen und schaffen so gleichzeitig neue Umwelten, in denen sie Erfahrung sammeln können. Diese Erfahrungen […] reichen von der Wahrnehmung von Umweltfaktoren über bestimmte Körperwahrnehmungen […], die schließlich kulturell ver-
arbeitet werden, wie der untere Bereich in der Graphik zeigt. Als Träger von Kultur
verleiht der Mensch den gemachten Erfahrungen kulturelle Bedeutung. Der kulturell
gedeuteten Erfahrung geht eine sensorische Wahrnehmung voraus, die aufgrund der
Beschaffenheit der Sinnesorgane stets mit Reduktionen biologischer Natur verbunden ist. Daneben sind es auch soziokulturelle Wertsetzungen, die den Blick der Menschen auf ihre Welt selektiv werden lassen. Über den Weg der sinnlichen Wahrnehmung gelangen bestimmte Wahrnehmungsinhalte bildlich oder sprachlich vermittelt
in den kulturellen Speicher der Menschen, aus dem wiederum ‚Programme‘ für den
Umgang mit der materiellen Welt, der Natur, bereitgestellt werden. Diese sind ihrerseits mit einem Set an kulturellen Bewertungen behaftet, sodass es durchaus dazu
kommen kann, dass ein ‚Programm‘ nicht nur eine ‚Gebrauchsanweisung‘, sondern
auch ‚Fühlanweisungen‘ beinhaltet, die beim Ausführen der Handlung (im Modell
als Arbeit bezeichnet) handlungsleitend sind. Mit dem Handlungsvollzug erlebt der
Akteur seine eigene Handlungsfähigkeit bestärkt, was ihm mitunter positive Gefühle verschaffen kann und Motivation für weitere Handlungen bereitstellt.[57]

Das sozialökologische Interaktionsmodell bietet ein „nicht-hierarchisches, inter-
aktionsbezogenes Konzept von Wechselwirkungen zwischen Kultur und Natur,
das für die Umweltgeschichte sehr hilfreich ist“,[58] so Winiwarter. Der große Wert
liegt aus meiner Sicht vor allem darin, dass es die oft schwierige interdisziplinäre
Kommunikation zwischen Natur-, Sozial- und GeschichtswissenschaftlerInnen in
gemeinsamen Forschungsvorhaben zu erleichtern vermag. Auf der Basis des sozialökologischen Interaktionsmodells arbeiteten MitarbeiterInnen der Wiener Schule der sozialen Ökologie die Konzepte des „sozialen Metabolismus“ und der „Kolonisierung“ aus, die für eine biophysisch orientierte Umweltgeschichte hilfreich
sein können.

---

57   Robert Groß, 1950er Syndrom, S. 34.
58   Winiwarter, Knoll, Umweltgeschichte, S. 129.

Die Idee des sozialen Metabolismus geht auf Karl Marx zurück.[59] Er regte eine Debatte über das Wesen der Arbeit als materieller Austauschprozess zwischen Gesellschaften und Natur an. Diese Debatte wurde von VertreterInnen der *Industrial Ecology* in den 1960er-Jahren aufgegriffen.[60] In den 1990er-Jahren entwickelten VertreterInnen der Wiener Forschungsgruppe eine Reihe von Indikatoren, mit denen es möglich wurde, biophysische Austauschprozesse zwischen Gesellschaft und Natur, also den sozialen Metabolismus, empirisch abzubilden.[61] Solche Abbildungen ähneln der volkswirtschaftlichen Gesamtrechnung, ermöglichen aber im Gegensatz dazu, die biophysische Geschichte von territorialen Einheiten nachzuvollziehen.

Abbildung 3 zeigt zur Veranschaulichung der Leistung solcher Indikatoren die in Österreich seit 1830 für technische Prozesse aufgewendete Energie pro Kopf als einen Teilaspekt des sozialen Metabolismus.[62]

Der Energieverbrauch hat pro Kopf zwischen 1830 und 2010 um den Faktor acht zugenommen. Die Zeitreihe macht zudem den graduellen Wandel der energetischen Basis vom Holz zur Kohle und seit den 1950er-Jahren zu Erdöl, Erdgas und Elektrizität sichtbar. Weiterhin wird offensichtlich, dass sich die ÖsterreicherInnen mittels neuer Energieträger von Holz als Energielieferant lösten.[63] Die Darstellung lässt klare Rückschlüsse auf die seit 1830 relevanten Modi der Produktionsweise zu: Bewegte sich die österreichische Gesellschaft bis Mitte des 19. Jahrhunderts mehrheitlich im biomassebasierten, agrargesellschaftlichen Modus, wurde dieser sukzessive – durch die Nutzung der Kohle – vom industriegesellschaftlichen Modus und – mit der steigenden Bedeutung von Erdöl, Erdgas und Elektrizität – in der zweiten Hälfte des 20. Jahrhunderts von einem postindustriellen Modus

---

59   Karl Marx (2010). Capital. A critique of political economy (Vol. I). E-Book siehe URL: www.marxists.org/archive/marx/works/1867-c1/ (Originalausgabe von 1867), zitiert nach: Marina Fischer-Kowalski, Helga Weisz, The Archipelago of Social Ecology and the Island of the Vienna School. In: Helmut Haberl et al. (Hg.), Social Ecology. Society-nature relations across time and space (Human-Environment Interactions 5, Springer International Publishing, Cham 2016), S. 3–28, hier S. 4.

60   Robert. U. Ayres, Allen. V. Kneese, Production, consumption and externalities. In: American Economic Review 59/3 (1969), S. 282–297; N. Georgescu-Roegen, The entropy law and the economic process (Harvard University Press, Cambridge 1970).

61   Fischer-Kowalski, Weisz, The Archipelago, S. 4.

62   Damit sind sämtliche Vorgänge der industriellen Produktion, der Mobilität, des Heizens etc. gemeint. Hier nicht abgebildet sind in Nahrung und Tierfutter gespeicherte Energie.

63   Fridolin Krausmann, Helmut Haberl, Land-use change and socioeconomic metabolism. A macro view of Austria 1830–2000. In: Marina Fischer-Kowalski, Helmut Haberl (Hg.), Socioecological transitions and global Change. Trajectories of social Metabolism and land use (Edward Elgar Publishing, Cheltenham u. a. 2007), S. 31 59, hier S. 37.

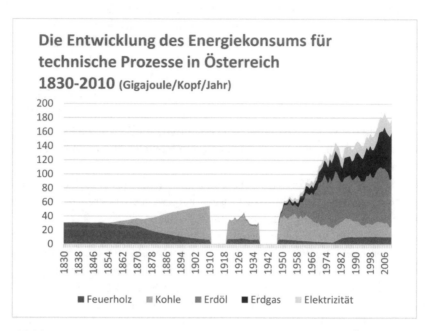

Die Entwicklung des Energiekonsums für technische Prozesse in Österreich 1830-2010 (Gigajoule/Kopf/Jahr)

■ Feuerholz   ■ Kohle   ■ Erdöl   ■ Erdgas   ■ Elektrizität

Abbildung 3: Die Entwicklung des Konsums an technischer Energie in Österreich.

abgelöst.[64] Die so sichtbar gemachte Veränderung der energetischen Basis der österreichischen Gesellschaft ist nicht mit einer monokausalen oder gar energetisch-reduktionistischen Erklärung für die Wechselwirkung zwischen Menschen und Natur zu verwechseln.[65] Abbildung 3 soll die Aufmerksamkeit auf die materielle Qualität der Artefakte richten, mit denen sich Menschen im 20. Jahrhundert umgeben.

Zusammenfassend lässt sich sagen, dass das Verhältnis menschlicher Körper zur Welt durch neuartige Materialien, eine überwältigende Vermehrung der Zahl materieller Artefakte und eine drastische Verkürzung von deren Lebensdauer strukturiert wird – bei gleichzeitiger Ablöse der Recycling- durch eine Wegwerfmentalität.[66] Sinn und Identität werden in der Industriegesellschaft mehr denn je durch materielle Artefakte konstruiert. Diese Konstruktionsprozesse mittels Mate-

---

64   Ebenda.
65   Donald Worster, A round table. Environmental History. In: Journal of American History 76/4 (1990), S. 1130–1131, hier S. 1130.
66   Christian Pfister, Das 1950er Syndrom – die Epochenschwelle der Mensch-Umwelt-Beziehung zwischen Industriegesellschaft und Konsumgesellschaft. In: GAIA 3/2 (1994), S. 71–90, hier S. 76.

rialität beschleunigen in einer positiven Rückkopplung den materialenergetischen Durchsatz von Gesellschaften.[67]

Dazu kommt die bereits angesprochene „Kolonisierung von Natur". Von Kolonisierung wird dann gesprochen, „wenn Gesellschaften in natürliche Systeme eingreifen, um deren gesellschaftlich erwünschten Output zu erhöhen (Produktionskolonien), oder wenn sie Infrastrukturen errichten, um gesellschaftliche Funktionen dauerhaft zu sichern (Funktionskolonien)."[68] Menschen intervenieren auf verschiedenen Ebenen und Skalen in die natürliche Umwelt; mittels Domestikation, Züchtung und Genmodifikation wird das Erbgut von Organismen verändert. Die Kolonisierung verändert Eigenschaften von Molekülen, Zellen, Organismen in deren Form und Verhalten. Auch in Ökosysteme wird kolonisierend eingegriffen, wenn etwa Wälder für landwirtschaftliche Zwecke gerodet werden.[69]

Für die Umweltgeschichte hat vor allem Martin Schmid das Konzept der Kolonisierung operationalisiert. Am Beispiel der Trockenlegung des Donaumooses, eines Feuchtgebiets im heutigen Bayern, zeigt er, dass Kolonisierung des natürlichen Systems dort den Menschen eine über Jahrhunderte dauernde Verpflichtung auferlegte, die sozialökologischen Nebenwirkungen der Intervention zu managen.[70]

---

67   Der Soziologe Tim Dant hat auf die Bedeutung von Materialität für das Soziale hingewiesen. Er beobachtet eine stetig wachsende Zahl an immer komplexeren Objekten, mit denen wir interagieren und die unsere materielle Reichweite enorm vergrößert haben. Die ausgeweitete materielle Basis verlangt nach stets ausgeklügelteren Erhaltungsmaßnahmen. Gleichzeitig hat sich die symbolische Qualität von Materialität gewandelt, da Menschen in der Spätmoderne Objekte nutzen, um sich von anderen sozialen Gruppen abzugrenzen und sozialen Status anzuzeigen, siehe: Tim Dant, Materiality and society (Open University Press, Maidenhead 2005); siehe auch: Daniel Hausknost, Veronika Gaube, Willi Haas, Barbara Smetschka, Juliana Lutz, Simron J. Singh, Martin Schmid, ‚Society can't move so much as a chair!' – Systems, structures and actors in Social Ecology. In: Helmut Haberl et al. (Hg.), Social Ecology. Society-nature relations across time and space (Human-Environment Interactions 5, Springer International Publishing, Cham 2016), S. 125–147, hier S. 132.

68   Verena Winiwarter, Gesellschaftlicher Arbeitsaufwand für die Kolonisierung von Natur. Zitiert nach: Robert Groß, Wie das ERP (European Recovery Program) die Entwicklung des alpinen, ländlichen Raumes in Vorarlberg prägte. In: Social Ecology Working Paper 141 (2013), S. 1–24, hier S. 9.

69   Marina Fischer-Kowalski, Karl-Heinz Erb, Core concepts and heuristics. In: Helmut Haberl et al. (Hg.), Social Ecology. Society-nature relations across time and space (Human-Environment Interactions 5, Springer International Publishing, Cham 2016), S. 29–61, hier S. 46.

70   Martin Schmid, Long-term risks of colonization. The Bavarian ‚Donaumoos'. In: Helmut Haberl et al. (Hg.), Social Ecology. Society-nature relations across time and space (Human-Environment Interactions 5, Springer International Publishing, Cham 2016), S. 391–410.

Der Umwelthistoriker streicht heraus, dass Gesellschaften im Vorgang der Kolonisierung nicht nur natürliche Systeme neu organisierten, sondern sich letztlich selbst kolonisierten, etwa zwecks Erhaltung eines trockengelegten Feuchtgebietes.[71] Ähnlich sahen dies Theodor Adorno und Max Horkheimer bereits 1969: „Jeder Versuch, den Naturzwang zu brechen, indem Natur gebrochen wird, gerät nur umso tiefer in den Naturzwang hinein. So ist die Bahn der europäischen Zivilisation verlaufen."[72] Diese Idee einer dialektischen Bewegung aus Naturbeherrschung und Naturzwang bildet sich auch in dem Konzept der Risikospirale ab, das häufig in Zusammenhang mit der Kolonisierung natürlicher Systeme genannt wird. Rolf Peter Sieferle und Ulrich Müller-Herold formulieren mit der Risikospirale eine Theorie, die den Zwang zum Management nicht-intendierter Nebenwirkungen als treibende Kraft von Geschichte etabliert.[73] „Die Risikospirale ist eine Anti-Fortschritts-Erzählung. Sie ist auch eine präzisierte Form der ‚Nebenwirkungs'-Erzählung."[74] Diese Nebenwirkungen beinhalten zumeist negative Konsequenzen für Ökosysteme. Viele Umweltgeschichten, die vom Verlust der Artenvielfalt, von Erosion, der Zerstörung von Ökosystemen durch industrielle Aktivitäten, Siedlungs- oder Straßenbau handeln, lassen sich als ‚Nebenwirkungs'-Erzählungen konzeptualisieren. Es gibt aber auch positive Nebenwirkungen, wie Winiwarter am Beispiel der ehedem breiten und nur kontrolliert passierbaren Grenzzonen zwischen Ost- und Westeuropa ausführt: „Die ehemaligen Todesstreifen des geteilten Europas sind heute ein großes Naturschutzgebiet und durch ihren nahezu ununterbrochenen Verlauf von besonderer Bedeutung für den Artenschutz."[75]

Worin liegt nun der besondere Wert der diskutierten Ansätze für die Analyse alpiner Täler, die im Laufe des 20. Jahrhunderts zu Wintersportgebieten transformiert wurden? Der deutsche Kultur- und Umwelthistoriker Sieferle regte bereits in den 1990er-Jahren an, Landschaftsgeschichtsschreibung anhand der in Abbildung 3 skizzierten sozialmetabolischen Regimes in jene der Agrargesellschaft und der Industriegesellschaft zu strukturieren. In der kleinteilig strukturierten Agrikulturlandschaft lebten Menschen auf Basis lokaler Ressourcen an die jeweiligen Umweltbedingungen angepasst. Diese Landschaftsform dominierte Mitteleuropa bis zum Ende des 19. Jahrhunderts und war von einer spezifischen Qualität:

---

71   Ebenda, S. 392.
72   Theodor Adorno, Max Horkheimer, Dialektik der Aufklärung. Philosophische Fragmente (Fischer, Frankfurt a. Main 1969), S. 19.
73   Rolf Peter Sieferle, Ulrich Müller-Herold, Überfluß und Überleben. Risiko, Ruin und Überleben in primitiven Gesellschaften. In: GAIA 5/3–4 (1996), S. 135–143, hier S. 141.
74   Winiwarter, Knoll, Umweltgeschichte, S. 144.
75   Ebenda.

Niemals war die Wirklichkeit der Landschaft ästhetisch so reich, so voller Besonderheit und Abwechslung wie in der Zeit agrarischer Kulturen. Allerdings war dies ein Reichtum, der sich nur dem Vergleich von Ort zu Ort erschloß. Der bäuerliche Mikrokosmos als solcher war von einer Enge und Borniertheit, deren Beharrlichkeit eben die Voraussetzung dafür bot, daß der schweifende Blick von außerhalb so viele Unterschiede sah.[76]

In ihrer Grundstruktur konservativ, war die Agrikulturlandschaft ein „stationäre[r] Zustand, der von stetem Wandel innerhalb der räumlichen Begrenzungen gekennzeichnet war".[77] Innerhalb der energetisch auf Biomasse basierten Agrikulturlandschaft bildeten sich – ausgehend von den Kohlebergwerken – durch Eisenbahnkorridore verbundene Industrieinseln heraus.[78] Diese steigerten den Differenzierungsgrad der Landschaften und forcierten die demografische und ökonomische Ungleichentwicklung zwischen Stadt und Land. Der Tourismus als Sommerfrische oder Kur- und Gesundheitstourismus kann als eine Nebenwirkung der punktuell in den Städten und Industriequartieren verdichteten Material- und Migrationsströme verstanden werden. Die Eisenbahnlinien erlaubten den TouristInnen temporäre Fluchten aus den Industrieinseln oder dem städtischen Umfeld, brachten neues Kapital in die Alpentäler und schufen Wahrnehmungskorridore, entlang derer sich die romantisch konnotierte Landschaftswahrnehmung der Agrikulturlandschaften ausbildete, die die Tourismuswerbung bis in die Gegenwart prägt. Die als „weiße Kohle" bezeichnete Elektrizität, die den sozialen Metabolismus Österreichs ab dem Ende des Ersten Weltkriegs vermehrt bestimmte, erweiterte die touristische Mobilität mittels Seilbahnen ins Vertikale. Während sich agrarisch geprägte Alpenregionen aufgrund der Topografie lange Zeit der Ausbreitung der Industrielandschaft widersetzten,[79] waren touristische Hotspots wie Davos, Bad Gastein, Kufstein oder der Semmering schon zu Beginn des 20. Jahrhunderts sozialmetabolische Außenstellen der Industrieinseln, dominiert von Kohle, Elektrizität, Stahl und Glas. Die Mechanisierung der Landwirtschaft verwandelte arbeitsintensive großfamilial organisierte Bauernhöfe in rational kalkulierende und primär von Agrarförderungen lebende Einpersonen-Nebenerwerbsbetriebe.[80] Kolo-

---

76   Rolf Peter Sieferle, Rückblick auf die Natur. Eine Geschichte des Menschen und seiner Umwelt (Luchterhand, München 1997), S. 121.

77   Ebenda, S. 17. Zitiert nach: Robert Groß, 1950er Syndrom, S. 17.

78   Vgl. Hansjörg Küster, Geschichte der Landschaft in Mitteleuropa. Von der Eiszeit bis in die Gegenwart (C. H. Beck München, 2010).

79   Vgl. Werner Bätzing, Die Alpen. Geschichte und Zukunft einer europäischen Kulturlandschaft (C. H. Beck München, 2015).

80   Hubert Weitensfelder, Vom Stall in die Fabrik. Vorarlbergs Landwirtschaft im 20. Jahr-

nisierende Eingriffe in Ökosysteme, in deren Hydrologie und die Pedosphäre, die sich zu Beginn des 20. Jahrhunderts noch auf die Industrieinseln beschränkten – wie Geländebauten und Infrastrukturen der Wasserver- und Abwasserentsorgung –, breiteten sich infolge stetig sinkender Energiepreise[81] in der zweiten Hälfte des 20. Jahrhunderts in den alpinen Agrikulturlandschaften aus. Der „zivilisatorische und ökologische Dualismus"[82] zwischen hochkonzentrierten Industrierevieren und agrarisch geprägten Gebieten ebnete sich völlig ein, „während Reste der Kulturlandschaft nur noch in künstlichen Reservaten [und dem nicht durch mechanische Aufstiegshilfen erschlossenen Hochgebirge] überlebten".[83] Das damit verbundene Management der Kolonisierungsnebenwirkungen schuf instabile Zustände: „Es handelt sich um Transformationen, die sich permanent weitertransformieren",[84] diagnostizierte Sieferle. Laut Werner Bätzing ist die Verkehrserschließung die wohl wichtigste Voraussetzung für die Transformation der alpinen Agrikulturlandschaften in Kulturlandschaften des Dienstleistungssektors.[85]

Die Konzepte des sozialen Metabolismus und der Kolonisierung natürlicher Systeme sind vor allem für Fragen der veränderten Mobilität und Siedlungsweise, der Landnutzung sowie des Wasser-, Boden- und Biodiversitätsmanagements nützlich. Diese Eingriffe in die natürlichen Systeme entfalteten in Skigebieten positive und negative Nebenwirkungen. Die Skiliftbetreiber verbuchten höhere Gewinne und konnten mehr Arbeitsplätze bereitstellen. Die materiellen Lebensverhältnisse der Menschen verbesserten sich. Es stieg aber auch der Kapitalbedarf, um die Eingriffe überhaupt vornehmen zu können. Die Kolonisierung der schrägen Flächen wurde aufgrund der stetig gestiegenen Energie- und Materialverfügbarkeit immer stärker intensiviert, löste ihrerseits aber Nebenwirkungen aus, die den SkiliftbetreiberInnen stets neue Kolonisierungsstrategien abverlangten. In dieser Dynamik bildet sich die Risikospirale als treibende Kraft von Transformation geradezu idealtypisch ab. Im Glauben, die Verletzlichkeit der Unternehmen durch kolonisierende Eingriffe zu senken, gerieten die wirtschaftlichen Akteure gegen Ende des 20. Jahrhunderts in einen immer weiterreichenden Zwang, neue Interventionen zu setzen.

---

hundert. In: Ernst Bruckmüller et al. (Hg.), Geschichte der österreichischen Land- und Forstwirtschaft im 20. Jahrhundert. Bd. 2 Regionen, Betriebe, Menschen (Ueberreuter, Wien 2003), S. 11–66.

81   Vgl. Pfister, Das 1950er Syndrom, S. 71–90.
82   Sieferle, Rückblick, S. 208–209.
83   Ebenda.
84   Ebenda, S. 213.
85   Bätzing, Die Alpen, S. 139.

Im Unterschied zu anderen Disziplinen, die das Soziale durch Technologie vermittelt an die Natur rückbinden, lehnen dies die VertreterInnen der Wiener Schule der Sozialen Ökologie ab: Falls Interaktionen zwischen Gesellschaften und Natur technologisch vermittelt konzeptualisiert werden, mache dies Technologie zum Agens menschlicher Geschichte. Dies würde laut Karl-Heinz Erb und Marina Fischer-Kowalski lineare Fortschrittserzählungen einer wachsenden Kontrolle über natürliche Prozesse begünstigen und Natur auf eine passive Größe reduzieren. Das Konzept der Kolonisierung sei symmetrischer, indem es Eingriffe in natürliche Systeme als Ketten einer koevolutionären Dynamik verstehe, die niemals der vollständigen sozialen Kontrolle unterliege, was wiederum den Fokus auf gesellschaftliche Reaktionen auf Probleme lenken würde.[86]

In der vorliegenden Arbeit gehe ich davon aus, dass die Umweltgeschichte von Wintersportgebieten nur unzureichend verstanden wird, wenn der Technik kein zentraler Stellenwert, ja vielleicht sogar Handlungsmächtigkeit zugeschrieben wird. Eher erscheint mir, dass ForscherInnen durch die systemtheoretisch angeleitete Analyse kolonisierender Eingriffe und sozialmetabolischer Austauschbeziehungen zwischen Gesellschaften und Natur eine epistemologische Reduktion vornehmen, im Zuge derer die treibenden sozialen Kräfte der gesellschaftlichen Transformation aus dem Blickfeld geraten. Im Gegensatz zur systemisch fokussierten Landnutzungsforschung ist die Geschichte von Skigebieten als Geschichte verschiedener AkteurInnen zu schreiben, die landwirtschaftliche Flächen in Mobilitätslandschaften verwandeln. Menschliche Körper werden technisch vermittelt zur Ressource für die Skiliftbetreiber, Nächtigungs-, Verpflegungs- und Unterhaltungsbetriebe. Die Kolonisierung menschlicher Körper für wirtschaftliche Zwecke war bis dato kein Thema sozialökologischer Forschung. In der tourismushistorischen Forschung, die zumeist aus der Feder von Kultur- oder Wirtschafts- und SozialhistorikerInnen stammt, sind die Konzepte Kolonisierung und Sozialer Metabolismus wenig anschlussfähig. Die sozialökologische Begriffsbildung wird in dieser Arbeit insofern berücksichtigt, als sie das Skigebiet als ein System begreift, in welchem In- und Outputs[87] menschlicher Körper organisiert werden müssen. Der engere Fokus liegt auf der Frage, wie menschliche Körper und die Materialität im Skigebiet miteinander verzahnt wurden, welche ökologischen, sozialen und ökonomischen Wirkungen und Nebenwirkungen diese Integration mit sich brachte und welchem historischen Wandel sie unterlag.

---

86   Siehe: Fischer-Kowalski, Erb, Core Concepts, S. 55.
87   Vgl. Helmut Haberl, Method précis. Energy flow analysis. In: Helmut Haberl et al. (Hg.), Social Ecology. Society-nature relations across time and space (Human-Environment Interactions 5, Springer International Publishing, Cham 2016), S. 212–216, hier S. 215.

Um einen Mittelweg zwischen sozialökologisch inspirierter Umweltgeschichte und einer stärker technikhistorischen Perspektive einzuschlagen, setzt diese Arbeit eine praxistheoretische Herangehensweise ein. So soll die Entwicklung von Skigebieten hinsichtlich ihrer sozialen und naturalen Zusammenhänge rekonstruiert werden. Insbesondere die alltagshistorisch orientierte Geschichtswissenschaft greift seit den späten 1980er-Jahren[88] auf das „praxistheoretische Vokabular zurück, um die Routinen in Unternehmen, die Formen der Verwendung technischer und medialer Artefakte […] oder etwa das ‚doing culture' in alltäglichen Zeitpraktiken zu rekonstruieren".[89] Auch ProtagonistInnen der neueren Wissenschafts- und Technikforschung bedienen sich des praxeologischen Methodeninventars, beobachtet der Soziologe und Kulturwissenschaftler Andreas Reckwitz.[90] Das Soziale sind für PraxistheoretikerInnen

> die ‚sozialen Praktiken', verstanden als know-how abhängige und von einem praktischen ‚Verstehen' zusammengehaltene Verhaltensroutinen, deren Wissen einerseits in den Körpern der handelnden Subjekte ‚inkorporiert' ist, die andererseits regelmäßig die Form von routinisierten Beziehungen zwischen Subjekten und von ihnen ‚verwendeten' materialen Artefakten annehmen.[91]

Die praxistheoretische Herangehensweise setzt weder Kultur oder Diskurse noch Akteure oder soziale Strukturen als treibende Kraft historischer Prozesse. Vielmehr lenkt sie den Fokus der Analyse auf den prozessualen Charakter menschlicher Handlungen und auf die Rolle von Materialität für die Durchführung und Verstetigung menschlicher Handlungsroutinen.

Den Anstoß zur Integration der Praxistheorie in die Wiener Umweltgeschichte lieferte Theodore Schatzki, der 2003 den interaktionsorientierten Ansatz der Wiener Schule der Sozialen Ökologie kritisierte. Die analytischen Qualitäten des sozialökologischen Interaktionsmodells seien unbestritten. Auch würde es sich als kommunikatives Werkzeug für die Zusammenarbeit von Natur- und Geisteswissenschaftlerinnen eignen. Die Trennung von Natur und Kultur würde aber zur Onto-

---

88   Vgl. Alf Lüdke (Hg.), Herrschaft als Soziale Praxis. Historische und sozial-anthropologische Studien (Veröffentlichungen des Max-Planck-Instituts für Geschichte 91, Vandenhoeck & Ruprecht, Göttingen 1991).
89   Andreas Reckwitz, Grundelemente einer Theorie der Sozialen Praktiken. Eine sozialtheoretische Perspektive. In: Zeitschrift für Soziologie 32/4 (August 2003), S. 282–301, hier S. 282.
90   Ebenda, S. 284.
91   Ebenda, S. 289.

logisierung dieser Differenz einladen.[92] Der Regional- und Umwelthistoriker Martin Knoll meint,

> Schatzki [folge] der Latourschen Forderung nach Abschaffung der konzeptuellen Unterscheidung zwischen Natur und Gesellschaft. […] Jede menschliche Aktivität ist demnach Teil von Praktiken und geschieht im Zusammenhang mit materiellen Arrangements. […] Unter ‚materiellen Arrangements' versteht Schatzki Arrangements von Menschen, Artefakten, Organismen und Dingen, wobei die Unterscheidung zwischen Artefakten und Dingen sich danach richtet, ob menschliche Aktivitäten sie absichtlich oder in erheblichem Umfang beeinflusst [sic!]. Menschliches Wirken in der Vergangenheit figuriert ausschließlich in vielfältigen möglichen Verknüpfungen von Praktiken und Arrangements (‚practice-arrangement nexuses'). Diese ‚practice-arrangement nexuses' bilden den sozialen Schauplatz (‚social site').[93]

In Schatzkis Konzeption wird die Nutzung von Technologie als Weg definiert, um soziale Schauplätze zu managen und in diese einzugreifen. Da Technologien dazu dienen, Praktiken und Arrangements zu managen, also Schauplätze handzuhaben und zu steuern, wie Verena Winiwarter und Martin Schmid betonen, enthält Technologie auch ein reaktives Moment. Änderungen im naturalen System wirken – vermittelt über die Arrangements – auf die Praktiken, worauf Menschen wiederum mit technischen Mitteln reagieren. Ein Skigebiet lässt sich als sozialer Schauplatz beschreiben. Gestaltet einE UnternehmerIn ein solches Gebiet als Kombination von Skiliften, Skipisten und den Praktiken des Skilaufens unter Einsatz von Material und Energie und bleibt in den folgenden Jahren der Schnee aus, kann dieseR etwa mit dem Bau von Beschneiungsanlagen reagieren, um regulierend in den Schauplatz einzugreifen. Natürliche Systeme vermitteln also ebenso sehr zwischen Menschen und Technologien, wie Menschen zwischen technischen und natürlichen Systemen oder Technologien zwischen der Natur und der Gesellschaft vermitteln.[94] Schatzki sieht Soziales, Natur und Gesellschaft als Systeme, die in Resonanz stehen. Falls eine Veränderung in einem der drei Systeme auftritt, transformieren sich die anderen in einer koevolutionären Dynamik, was wiederum den sozialen Schauplatz transformiert.[95] „Diese Metamorphose des sozialen Schauplatzes ist, so Schatzki, Geschichte."[96] Um die vollständige Durchdringung von

---

92 Schatzki, Nature and technology, S. 87.
93 Knoll, Die Natur, S. 99.
94 Schatzki, Nature and technology, S. 92.
95 Ebenda.
96 Verena Winiwarter, Martin Schmid (2008), Umweltgeschichte als Untersuchung sozionaturaler Schauplätze? Ein Versuch, Johannes Colers ‚Oeconomia' umwelthistorisch zu

Sozialem und Naturalem hervorzuheben, schlagen Winiwarter und Schmid dafür entsprechend den Begriff des sozionaturalen Schauplatzes vor.[97]

Knoll adaptierte jüngst das Konzept des sozionaturalen Schauplatzes für die Analyse der heute wintertouristisch geprägten Gemeinde Mittelberg in Vorarlberg. Er versteht Tourismusdestinationen als in

> überregionale Infrastrukturnetzwerke der Mobilität integriert. […] An den Zugängen zu diesen Netzwerken […] müssen verschiedene Mobilitätstypen synchronisiert und Übergänge [zwischen diesen] organisiert werden. […] Daher lassen sich Tourismusdestinationen als Schauplätze studieren, deren infrastrukturelle Ausstattung diese Synchronisations- und Organisationsleistungen zu erbringen hatte und hat.[98]

Knoll nimmt in seiner Adaption des sozionaturalen Schauplatzes Bezug auf deren zeitliche Dynamik. Er konzipiert den touristischen Schauplatz als „dynamische[n] Knotenpunkt menschlicher Praxis und wie auch immer gestalteter Materialität"[99], die miteinander synchronisiert werden müssen. Ansätze einer solchen Denkweise finden sich auch in Bernhard Tschofens Arbeit zu den Alpen. Der Kulturwissenschaftler analysiert unter anderem Tagebücher des Alpinisten Karl Blodig, der „[g]leichsam mit dem Chronographen in der Hand, die besten Zugverbindungen nutzend, […] seine exakt kalkulierten Fluchten aus der Arbeitswelt"[100] unternahm. Diese Zeitrationalität unterscheide den Augenarzt Blodig von seinen Vorgängern, sei aber charakteristisch für den Habitus der Alpinisten im frühen 20. Jahrhundert.[101] An anderer Stelle beschreibt Tschofen die im Winter in den Alpen längst zur Gewohnheit gewordenen samstäglichen Verkehrsstaus, die aus der Überlagerung des Urlauberschichtwechsels und des Tagestourismus resultierten.[102] In seiner Ethnografie der Seilbahnfahrt überträgt Tschofen die Vorgehensweise der Analyse von Landschaftswahrnehmung und raumzeitlicher Dynamik Wolfgang Schivelbuschs auf die Seilbahnfahrt.[103] Deren Faszination entstehe aus der dyna-

---

interpretieren. In: Thomas Knopf (Hg.), Umweltverhalten in Geschichte und Gegenwart. Vergleichende Ansätze (Attempto, Tübingen 2008), S. 158–173, hier S. 160.

97   Vgl. Knoll, Die Natur, S. 98–108.

98   Martin Knoll, Touristische Mobilitäten und ihre Schnittstellen. In: Ferrum 88 (2016), S. 54–93, hier S. 86.

99   Ebenda, S. 84.

100   Bernhard Tschofen, Berg – Kultur – Moderne. Volkskundliches aus den Alpen (Sonderzahl, Wien 1999), S. 91.

101   Ebenda.

102   Ebenda, S. 76.

103   Bernhard Tschofen, Die Seilbahnfahrt. Gebirgswahrnehmung zwischen klassischer Alpenbegeisterung und

misierten Aneinanderreihung statischer, panoramatischer Einzelbilder, so Tschofen. Die technische Beschleunigung des Sehens erzeuge die Sensation der Seilbahnfahrt. Auch hier spielt, wiewohl indirekt, die Zeit eine Rolle, etwa wenn Schivelbusch in seiner Arbeit von einer „Vernichtung von Raum und Zeit"[104] durch die Eisenbahn spricht.

Der amerikanische Kultur- und Umwelthistoriker Andrew Denning argumentiert in seiner Analyse der Geschichte des Wintersports, dass sich im Skilauf, wie in allen anderen Lebensbereichen, bereits zu Beginn des 20. Jahrhunderts eine transnationale Kultur der Beschleunigung durchgesetzt habe. Ähnlich wie Tschofen argumentiert Denning, dass sich die Modernität der Kultur der SkiläuferInnen unter anderem an deren Zeitrationalität ablesen lasse, die im Falle des Skilaufs auch den Naturbezug der SkiläuferInnen verändert habe. „Alpine Modernism", wie er diese neue Ideologie des 20. Jahrhunderts nennt, habe nicht nur den Diskurs über die Mensch-Umweltbeziehung der SkiläuferInnen geprägt, sondern auch die materielle Transformation der Alpen stimuliert.[105] Mechanische Aufstiegshilfen und Techniken des Schneemanagements versteht er als materielle Effekte der Ideologie von „Alpine Modernism",[106] die das Verhältnis von Menschen zur Natur veränderten. Es sei die Folge der zunehmenden Kapitalisierung, dass die Skilifte zu Netzwerken verknüpft und die Landschaften zu monokulturell genutzten Wintersportlandschaften transformiert wurden, deren BetreiberInnen Schwankungen des Wetters durch Pistenbauten, Schneemanagement und Beschneiungsanlagen abfederten, so Denning.[107] Durch die Zuspitzung seiner Interpretation auf eine Ideologie der SkiläuferInnen und auf das Konzept der monokulturellen Wintersportlandschaften, das er vom Sportgeografen John Bale entlehnt,[108] verliert Denning aber aus dem Blick, das Skigebiete Arrangements sind: Skilifte und -pisten sind unablösbar eingebettet in alpine Ökosysteme, in die Lebensrealität von BergbäuerInnen, TouristikerInnen und PendlerInnen, ebenso wie in politische und

---

moderner Ästhetik. In: Burkhard Pöttler, Tourimus und Regionalkultur (Buchreihe der Österreichischen
 reichischen
Zeitschrift für Volkskunde 12, Wien 1994), S. 107–128, hier S. 112.

104 Wolfgang Schivelbusch, Geschichte der Eisenbahnreise. Zur Industrialisierung von Raum und Zeit im 19. Jahrhundert (Fischer, Frankfurt a. Main 1989), S. 35.

105 Andrew Denning, Skiing into modernity. A cultural and environmental history (University of California Press, Oakland 2015), S. 180.

106 Andrew Denning, Alpine modern. Central European skiing and the vernacularization of cultural modernism, 1900–1939. In: Central European History 46 (2014), S. 850–890, hier S. 890.

107 Vgl. Denning, Skiing, S. 131–182.

108 Andrew Denning, From sublime landscapes to „white gold". How skiing transformed the Alps after 1930. In: Environmental History 19 (January 2014), S. 78–108, hier S. 85.

ökonomische Regelwerke, und müssen mit diesen Realitäten synchronisiert werden.

Obwohl die Bedeutung der mechanischen Aufstiegshilfen für die Mobilität von Menschen durchaus mit der Massenmotorisierung und der Zivilluftfahrt vergleichbar ist,[109] wurden diese, mit Ausnahme der großen, prestigeträchtigen und kulturell als Einzelleistungen signifikanten Seilschwebebahnen, von HistorikerInnen bislang völlig vernachlässigt. Dieser Marginalisierung als Forschungsgegenstand unterliegen die mechanischen Aufstiegshilfen ebenso wie die funktional dazu analoge Technik der Förderbänder. Förderbänder waren für die Mechanisierung der industriellen Produktion und deren Effizienzsteigerung unerlässlich, bemerkte Sigfried Giedion bereits 1948. Henry Ford setzte Förderbänder seit den 1910er-Jahren in Automobilfabriken ein.[110] Ihre Funktion bestand und besteht in der Ermöglichung eines ununterbrochenen Produktionsprozesses, wobei maschinell gestützte Produktionsschritte zeitlich aufeinander abgestimmt werden.[111] Die Geschwindigkeit, mit der Förderbänder betrieben wurden, war der Ansatzpunkt für das *scientific management,* das unter anderem der US-amerikanische Ingenieur Frederick Winslow Taylor entwickelte, um ArbeiterInnen bestmöglich zu nutzen.[112] Bereits 2006 stellte der deutsche Historiker und Soziologe Hasso Spode eine Verbindung zwischen fordistischen Konzepten der Unterbringung und der sozialen Organisation des Massentourismus her. Er untersuchte die Planung des niemals eröffneten „Kraft durch Freude'-Seebades der 20.000" in Prora auf Rügen.[113] In neueren Publikationen zur Mechanisierung der Fleischproduktion erweist sich das Studium der Fördertechnik als anschlussfähig an human- und sozialökologische Diskussionen.[114]

---

109 Georg Rigele, Sommeralpen – Winteralpen. Veränderungen im Alpinen durch Bergstraßen, Seilbahnen und Schilifte in Österreich. In: Ernst Bruckmüller, Verena Winiwarter (Hg.), Umweltgeschichte. Zum historischen Verhältnis von Gesellschaft und Natur (Schriften des Institutes für Österreichkunde 63, Öbv & Hpt, Wien 2000), S. 121–150, hier S. 134.

110 Siegfried Giedion, Mechanization takes command. A contribution to anonymous history (W. W. Norton & Company, New York 1948), S. 78.

111 Ebenda, S. 78.

112 Ebenda, S. 79.

113 Hasso Spode, Fordism, mass tourism and the Third Reich. The ‚Strength Trough Joy' seaside resort as an index fossil. In: Journal of Social History 38/1 (2004), S. 127–155.

114 Amy J. Fitzgerald, A social history of the slaughterhouse. From inception to contemporary implications. In: Human Ecology Review 17/1 (2010), S. 58–69; Anna Williams, Disciplining animals. Sentience, production, and critique. In: International Journal of Sociology and Social Policy 24/9 (2004), S. 45–57.

So wie Förderbänder unterlagen Skilifte einem rasanten historischen Wandel. Ihr Betrieb wurde durch IngenieurInnen, Liftfirmen und -betreiberInnen rationalisiert und ihre Förderkapazität erhöht. Die fortwährende Leistungssteigerung der Skilifte verlangte nach neuen Formen der Integration in soziale Praktiken. Die Steigerung der Effizienz durch Förderbänder ging mit neuen Formen der Integration in körperliche Handlungsroutinen einher. Darauf weist der Technik- und Sozialhistoriker Karsten Uhl in seiner Studie zur humanen Rationalisierung in deutschen Industriebetrieben hin. Uhl bezeichnet diese Integration als Normierungsprozess der ArbeiterInnen.[115] Repression, Motivation und Aktivierung standen dabei in einem Verhältnis zueinander, das Uhl als Form der Machtausübung konzipiert.[116] „[Repression und Motivation/Aktivierung] waren zudem eng mit dem technologischen Wandel verzahnt: Neue Technologien erforderten beziehungsweise ermöglichten neue Formen der Machtausübung, die ihrerseits wiederum eine Grundlage für die Einführung neuer Technologien darstellten."[117] In weiterer Folge argumentiert Uhl mit Bezug auf Foucault, dass die Macht „auf eine Optimierung der Potentiale, auf eine ‚Vervollkommnung, Maximierung oder Intensivierung' der von ihr geleiteten Prozesse abzielt".[118] Diese Macht wird im Tourismus dort wirksam, wo das Ziel die Regulation und Disziplinierung der Menschen ist.[119] Der Sportsoziologe Robert Gugutzer betont:

> In der Fabrik wird körperliche Arbeit in einzelne Handgriffe zerlegt, in der Schule der Körper ruhig gestellt, im Sport einzelne Körperteile einem präzisen und kalkulierten Training unterzogen etc. und in all diesen Fällen ist damit ein produktives Ergebnis verknüpft: ökonomische, pädagogische und sportliche Effizienz und Effektivität.[120]

Der disziplinierte Körper ist vor allem ein produktiver, effektiver und nützlicher Körper.[121]

John Urry entwarf mit seinem Konzept des *Tourist Gaze* eine ebenfalls von Foucault inspirierte Theorie des Tourismus. Der britische Soziologe bezieht sich

---

115 Karsten Uhl, Humane Rationalisierung? Die Raumordnung der Fabrik im fordistischen Jahrhundert (Transcript, Bielefeld 2014), S. 11.
116 Ebenda, S. 12.
117 Ebenda, S. 16.
118 Ebenda, S. 17.
119 Vgl. Alain Corbin, Meereslust. Das Abendland und die Entdeckung der Küste (Wagenbach, Berlin 1994).
120 Robert Gugutzer, Soziologie des Körpers (Transcript, Bielefeld 2015), S. 64.
121 Ebenda.

auf die Fotografie, die er als eine „desire-producing power knowledge machine" betrachtet.[122] Die Fotografien von touristischen Destinationen lösten bei BildbetrachterInnen das Begehren aus, den eigenen Körper an die touristischen Orte zu bewegen.[123] Die Disziplinierung des Sehens durch den touristischen Blick bringe TouristInnen dazu, sich in einer bestimmten Weise konform zu den Erwartungen zu verhalten, ähnlich jenes *clinical gaze*, den Foucault in den 1970er-Jahren konzipierte. Dies in erster Linie, um Fragen der Macht und Disziplinierung von Menschen nicht mehr von einem zentralen Punkt ausgehend zu denken.[124] Die hier präsentierten Überlegungen gehen über Urrys Perspektive hinaus. An wintertouristischen Schauplätzen werden Praktiken beschleunigt. Die Tempi der verschiedenen Mobilitätsformen müssen synchronisiert werden, um höhere Beförderungsleistungen zu erbringen. Der Fokus der Arbeit wurde daher auf die soziotechnischen Adhäsionskräfte gelegt, die skiläuferische Praktiken und wie auch immer gearteten Materialitäten – im Sinne Schatzkis – zusammenhalten.

Der Thematik der Beschleunigung widmete sich der Soziologe Hartmut Rosa, der mit seiner Beschleunigungsthese bestehende soziologische Modernisierungstheorien erweitert. Die technische Beschleunigung, also die „intentionale Beschleunigung eines zielgerichteten Prozesses mittels des Einsatzes einer neuen Technik" ist für den Skitourismus besonders relevant.[125] Rosa stellt grundlegend fest, dass die Temporalität von Praktiken „so gut wie nie von uns als den individuellen Akteuren bestimmt, sondern fast immer in den kollektiven Zeitmustern und Synchronisationerfordernissen der Gesellschaft vorgezeichnet"[126] ist. Die Beschleunigung eines Teilbereichs bleibt daher nur dann „sozialverträglich, wenn sich entsprechende Temposteigerungen an den strukturellen und kulturellen Schnittstellen ohne Zeitverluste ‚übersetzen' lassen".[127] Andernfalls desynchronisieren sich die Teilbereiche, was zur „Verlangsamung als dysfunktionaler Nebenfolge"[128] führen kann. Der Verkehrsstau ist ein typisches Beispiel einer dysfunktionalen Verlangsamung. UmwelthistorikerInnen sprechen hier von Nebenwirkungen der sukzessiven Beschleunigung. Dieser führt in aller Regel zur Forderung nach höheren Transportkapazitäten, wie Knoll am Beispiel der Davoser Parsenn-Bahn darlegt.[129]

---

122 John Urry, Jonas Larsen, The Tourist Gaze 3.0 (Sage, Los Angeles u. a. 2011), S. 173.
123 Ebenda, S. 195.
124 Ebenda, S. 1.
125 Hartmut Rosa, Beschleunigung. Die Veränderung der Zeitstrukturen in der Moderne (Suhrkamp, Frankfurt a. Main 2005), S. 137.
126 Ebenda, S. 33.
127 Ebenda, S. 44.
128 Ebenda, S. 144.
129 Knoll, Touristische Mobilitäten, S. 86.

Das Beschleunigungsparadoxon ist eine weitere Nebenwirkung technischer Akzeleration. Michael Endes populäre Erzählung „Momo" illustriert dieses Phänomen in Gestalt der Zeitdiebe. „Je mehr Zeit wir [durch technische Hilfsmittel] sparen, desto weniger haben wir,"[130] schreibt Rosa: „Und in der Tat gibt es nun auch genügend empirische Evidenzen dafür, dass die durch technologische Beschleunigung [...] potentiell ‚gewonnenen' oder freigesetzten Zeitressourcen durch entsprechende Mengensteigerungen wieder gebunden werden."[131] Auch das Automobil wirkt sich auf die Zeitressourcen in dieser Weise aus. „[D]er beschleunigungsbedingte Zeitgewinn [wird] in häufigere oder weitere Reisen investiert, sodass es den Anschein hat, die im Zeitbudget festgelegte Zeit für Transport sei invariant gegenüber der Fortbewegungsgeschwindigkeit."[132] Für den Energieverbrauch hatte William Stanely Jevons schon 1865 beschrieben, dass Effizienzgewinne nicht etwa zu weniger, sondern zu mehr Engergieverbrauch führen. Dieses Paradox von Jevons wird seit den 1980er-Jahren auch als Rebound-Effekt bezeichnet. Der Ökonom Mathias Binswanger machte 2001 auf die mit dem Rebound-Effekt bei der Mobilität verbundene ökologische Problematik aufmerksam. Häufigere oder weitere Reisen gehen klarerweise mit höherem Energieverbrauch und höheren CO_2-Emissionen einher.[133] In Wintersportgebieten führt diese Beschleunigungsnebenwirkung vor allem zu einer dysfunktionalen Verlangsamung, der SkigebietsbetreiberInnen durch den Bau neuer Skilifte mit größeren Förderkapazitäten entgegensteuern. Der Rebound-Effekt ist eine treibende Kraft des Wachstums in Skigebieten.

AkteurInnen sind, wie bereits angemerkt, in aller Regel in übergeordnete Zeitstrukturen, die ihnen eine gewisse Zeitdisziplin vorgeben, eingebettet. Für SkigebietsbetreiberInnen ist der Wechsel der Jahreszeiten die wohl wichtigste Zeitstruktur. Seit den 1960er-Jahren kam es durch warme, schneelose Winter zu Situationen, in denen die Jahreszeiten nicht erwartungskonform verliefen, was wirtschaftliche Krisen auslöste und Interventionen in alpine Ökosysteme nach sich zog. Stuart Elden, Experte für politische Geografie, spricht in der Einleitung zu Henri Lefebvres Rhythmusanalyse von einer Kollision biologischer und sozialer Zeitskalen, die moderne Gesellschaften auszeichnete.[134] Pointierter und wertender formuliert der Soziologe und Erziehungswissenschaftler Fritz Reheis,

---

130 Ebenda, S. 43.
131 Ebenda, S. 120.
132 Ebenda, S. 121.
133 Mathias Binswanger, Technological progress and sustainable development. What about the rebound effect? In: Ecological Economics 36 (2001), S. 119–132.
134 Stuart Elden, Vorwort zu: Henry Lefebvre, Rhythmanalysis. Space, time and everyday life (Continuum, London/New York 2004), S. vii–xv, hier S. viii.

dass der entfesselte Kapitalismus [...] mit seinem auf dem Profitgesetz beruhenden Beschleunigungszwang die natürlichen Rhythmen und Eigenzeiten aller drei Systeme [Individuum, Gesellschaft, Natur] missachtet und sie einzeln und in ihrer gegenseitigen Anpassung- und Lernfähigkeit überfordert und desynchronisiert, wodurch es zu dysfunktionalen Erscheinungen in und zwischen allen drei Systemen kommt.[135]

In dieselbe Kerbe schlägt Barbara Adams, die in ihrem Buch „Timescapes of Modernity" Konflikte vorstellt, die daraus resultierten, dass das in der Industriegesellschaft herrschende Zeitregime die Reproduktionsgeschwindigkeiten und Zyklen von Ökosystemen überlagere.[136]

Eine Möglichkeit, zeitliche Dynamik in der ökologischen Forschung zu berücksichtigen, bietet der Begriff der „[ö]kologischen Sukzession'. Er beschreibt die sukzessive und kontinuierliche Besiedlung eines Ortes durch Populationen bestimmter Arten und das gleichzeitige Verschwinden anderer Arten".[137] Primäre Sukzession tritt auf, wenn etwa beim Rückzug eines Gletschers eine offene Fläche entsteht, auf der vorher klarerweise keine Pflanzen wuchsen.[138] Hier siedeln sich Pionierarten mit opportunistischen Eigenschaften an. Sie sind meist nur einjährig, ihre Fortpflanzung setzt früh im Jahr ein, sie produzieren große Mengen eher kleiner Samen und sind mit später auftretenden Arten nicht mehr konkurrenzfähig, verschwinden daher. Pflanzen der nächsten Sukzessionsstufe weisen in aller Regel größere Samen in geringerer Menge auf und können im Schatten keimen.[139] Im Laufe der Zeit verbuscht die Fläche. Vergeht noch mehr Zeit, dann entsteht auf dieser Fläche ein Wald, sofern es die Umweltbedingungen zulassen.[140]

Menschen manipulieren die Sukzession von Ökosystemen, wenn etwa ein reifes Waldökosystem durch einen Acker ersetzt wird, auf dem jährlich neue, einjährige Getreidepflanzen ausgebracht werden. Mahd und Weide verzögern die Sukzession in Grasökosystemen, indem die jungen Triebe der Büsche und Bäume entfernt werden. Auch Stoffeintrag durch Düngung, Abfälle oder Abgase kann die Sukzession beeinflussen. Landnutzungspraktiken – ob auf Äckern, in Naturschutzgebieten oder auf Skipisten – synchronisieren somit soziale und ökologische Zeit-

---

135 Fritz Reheis, Entschleunigung. Abschied vom Turbokapitalismus (Riemann, München 2003), zitiert nach: Rosa, Beschleunigung, S. 104.

136 Barbara Adams, Timescapes of modernity. The environment and invisible hazards (Routledge, London 1998), S. 9.

137 Colin R. Townsend, Michael Begon, John L. Harper, Ökologie, 2. Auflage (Springer, Berlin/Heidelberg 2009), S. 10.

138 Ebenda, S. 357–364.

139 Ebenda.

140 Ebenda.

abläufe. Sie halten eine sozial erwünschte Sukzessionsstufe dauerhaft aufrecht und sind somit Teil der Ko-evolution von Sozialem, Natur und Technologie.[141]

1.4   QUELLEN, METHODEN, FORSCHUNGSDESIGN

1.4.1   Rekonstruktion der Landnutzung in Wintertourismusgebieten

Das Untersuchungsinteresse und die theoretische Grundlegung dieser Studie verlangen nach einem interdisziplinären Forschungsdesign sowie einer Kombination von Quellen und Methoden der Natur- und Geschichtswissenschaften. Geografische Informationssysteme (GIS) ermöglichen die Integration von Texten, Bildern, Zahlen, Karten und mündlichen Informationen. Die interdisziplinäre Arbeit basiert daher wesentlich auf Landnutzungsrekonstruktionen mittels eines GIS.

Die Landesaufnahme des Franziszäischen Katasters bietet die Kartengrundlage für die Rekonstruktion des Zustands der Untersuchungsgebiete 1857, also vor Beginn der touristischen Transformation. Die Landesaufnahmen wurden im Zuge einer Umstellung des Grundsteuersystems durchgeführt und geben daher guten Aufschluss über die agrarische Nutzung der Flächen. Den GIS-Layern von 1857 wurde ein auf Luftbildern des Bundesamts für Eich- und Vermessungswesen (BEV) basierender Layer gegenübergestellt. In diesem werden Landbedeckung und Infrastrukturen (Siedlung, Verkehrswege, Skilifte, Seilbahnen, Lawinenverbauungen) für 2012 wiedergeben. Damit kann das Ausmaß der Transformation abgeschätzt werden.

Die GIS-Layer der Untersuchungsgemeinden für 2012 dienten als Ausgangspunkt der Detailanalyse der Skigebiete. Mittels Winterluftbildern wurde die Flächenausdehnung der präparierten Skipisten im Jahr 2012 erhoben. Die so produzierten Karten wurden bei Interviews mit Skiliftbetreibern oder Pistenraupenfahrern verwendet. Eine Skipistenzeitreihe der vier Untersuchungsgemeinden kann zudem klären, wie viel präparierte Skipistenfläche die untersuchten Wintersportgebiet zu einem bestimmten Zeitpunkt aufwiesen. Farbtafel 2 a-d auf Seite 314 und 315 zeigt exemplarisch anhand der Gegenüberstellung der Zeitpunkte 1968, 1980, 1990 und 2001 die räumliche Ausdehnung und Verdichtung der präparierten Pistenflächen im Skigebiet Silvretta Nova in den Gemeinden Gaschurn und St. Gallenkirch. Parallel zum Aufbau der GIS-Datenbank wurden Kennzahlen für Sessellifte und Seilschwebebahnen aus der österreichischen Seilbahnstatistik von 1947 bis 2000 digitalisiert. In diese Auswertung wurden sämtliche Skilift- und Seilbahn-

---

141 Schatzki, Nature and technology.

betriebe Vorarlbergs einbezogen. Damit sollte einerseits untersucht werden, wie sich die Förderkapazitäten und die technische Ausstattung der Aufstiegshilfen im Beobachtungszeitraum änderten. Weiterhin galt es, die Entwicklung der Förderkapazitäten jener der Pistenflächen in den Untersuchungsgebieten gegenüberzustellen, um die Intensivierung des Skitourismus empirisch zu belegen. Die Korrelation von Förderkapazität und Skipistenfläche wurde um Langzeitreihen von Schneedeckenmessungen ergänzt.[142] In Abbildung 4 ist die Auswertung der Schneedeckenmessung dargestellt.

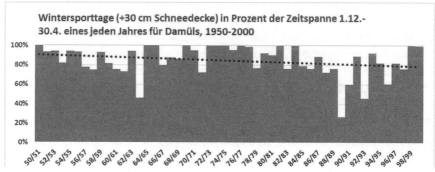

Abbildung 4: Wintersporttage in Damüls in Prozent der gesamten Wintersaison von 1950–2000. Deutlich erkennbar sind die Einbrüche der Schneedecke in den Jahren 1963/64 sowie Ende der 1980er- und zu Beginn der 1990er-Jahre, bereitgestellt vom Landeswasserbauamt Vorarlberg/Feldkirch.

Die Schneedeckendaten wurden nach Wintersporttagen (+ 30 cm Schneedecke) und Saisonspitzen (Weihnachts- und Osterferien) von 1945 bis 2000 auswertbar gemacht. Auf diese Weise war abzuschätzen, wann die AkteurInnen in den Wintersportgebieten besonders von Schneemangel betroffen und damit besonders vulnerabel waren.

1.4.2   Quellen zur wirtschaftlichen Situation von Wintertourismusbetrieben

Die Vulnerabilität eines Betriebs resultiert primär aus seiner wirtschaftlichen Situation. Erhebungen zur ökonomischen Situation der Unternehmen liegen als Zeitreihe möglicherweise den SkiliftbetreiberInnen selbst vor, werden aber nicht für die Forschung freigegeben. So wurde die wirtschaftliche Situation der Skilift- und

---

142 Bereitgestellt vom Vorarlberger Landeswasserbauamt.

Seilbahnbetriebe über die Förderungen der öffentlichen Hand, konkret des Bundesministeriums für Handel und Wiederaufbau (BMfHuW) beziehungsweise des Bundesministeriums für Verkehr (BMfV), geschätzt. Diese Ministerien verwalteten die Fördergelder aus dem „European Recovery Program" (ERP), das bis in die 1990er-Jahre die wichtigste Förderquelle für wintertouristische Infrastruktur war. Das für die Abschätzung der wirtschaftlichen Vulnerabilität notwendige Zahlenmaterial entstammt den ERP-Beständen, die im Vorarlberger Landesarchiv (VLA) und dem Österreichischen Staatsarchiv (ÖSTA) lagern. Das Material wurde digitalisiert und in die GIS-Datenbank integriert. Diese Vorgehensweise ermöglichte ein Ausloten der Bedeutung des ERP sowie einen räumlichen Vergleich zwischen vom ERP-finanzierten Skiliften und jenen mit alternativen Formen der Finanzierung. Damit kann die Rolle der Förderaktion für die Wintertourismusindustrie besser eingeschätzt werden. Besonderes Augenmerk bei der Auswertung der Akten des ERP wurde auf die Hintergründe der Förderentscheidungen gelegt. Diese gehen einerseits aus den Förderansuchen der Betriebe, andererseits aus den Förderbegründungen oder Ablehnungen von Seiten der zuständigen Stellen hervor. Auch die mit dem ERP einhergehende organisatorische Neuausrichtung von Fremdenverkehrsverbänden und -betrieben war diesen Archivalien zu entnehmen.

Im Zuge der Recherche der Rahmenbedingungen für die Verteilung von ERP-Fördergeldern stieß ich auf eine weitere Förderaktion, die sogenannte Hotelsanierungs- beziehungsweise Hotelstützungsaktion, die vom Bundesministerium für Handel und Verkehr (BMfHuV) zwischen 1933 und 1936 durchgeführt wurde, um Ausfälle im Tourismus zu kompensieren, die im Kontext der Weltwirtschaftskrise und der „1000-Mark-Sperre" auftraten. Sowohl bei der Auswertung des ERP-Materials als auch in Zusammenhang mit den Akten des BMfHuV wurden Bestände im VLA und im ÖSTA gesichtet, um die Perspektive der föderalen und nationalen Verwaltung zu integrieren. Für die 1930er-Jahre waren das vor allem Berichte des Vorarlberger Landestourismusverbands. Um die mediale Vermittlung und Rezeption der Krisenereignisse der 1930er-Jahre einzubringen, wurden die wichtigsten Vorarlberger Tageszeitungen inhaltsanalytisch ausgewertet. In der Zusammenschau der Bestände aus den 1930er-Jahren und der Nachkriegszeit erhärtete sich das Bild der wirtschaftlichen Vulnerabilität des Tourismus in Vorarlberg, die sich aus der niedrigen Eigenkapitalquote der Betriebe ergab und die Auswirkungen warmer Winter, längerer Schlechtwetterphasen sowie politischer Sanktionen multiplizierte.

1.4.3   Technische Fachliteratur

Das Erkenntnisinteresse einer umwelthistorischen Studie muss freilich über die bloße Feststellung hinausgehen, dass Wintertourismusbetriebe vulnerabel gegenüber Störungen sind. Es gilt, zu erheben, mit welchen Strategien die AkteurInnen versuchen, diese Vulnerabilität zu verringern. Dies impliziert die Frage nach der Wirkmächtigkeit von Natur. Die Rolle von Natur für die Entscheidungen und das Handeln der AkteurInnen wurde mittels zweier technischer Fachzeitschriften rekonstruiert. Die Internationale Seilbahnrundschau (ISR) wurde 1958 vor dem Hintergrund der rasanten Entwicklung des Seilbahn- und Skiliftsektors vom Wiener Verleger und Juristen Rudolf Bohmann, der den Industrie- und Fachverlag Bohmann leitete, und seinem Mitarbeiter Richard Luft gegründet. Zwei Jahre später erweiterte Karl Bittner, Leiter der Abteilung für technische Seilbahnangelegenheiten im Bundesministerium für Verkehr und Elektrizitätswirtschaft (BMfVuE), das Team der ISR.[143] 1958 wurde in Rom der 1. Internationale Seilbahnkongress abgehalten. In dessen Rahmen gründeten die Teilnehmer die erste internationale Seilbahnorganisation, den „Internationalen Seilbahnverband" (O.I.T.A.F).[144] Dieser O.I.T.A.F entwickelte sich in den folgenden Jahren zum Dachverband der global agierenden Seilbahnindustrie.[145] Schon bei der Verbandsgründung beschloss man, eine Datenbank der „Grundlagen, Tatsachen und Nachrichten aus Technik, Gesetzgebung und Wirtschaft"[146] aus aller Welt aufzubauen und damit Experten in der Problemlösung zu unterstützen.[147] Auf diese Weise sollte der O.I.T.A.F zur internationalen Normierung,[148] Rationalisierung[149] und Intensivierung des Wettbewerbs beitragen.[150] Die Ergebnisse der Erhebungen wollte man regelmäßig auf Kongressen diskutieren und den Mitgliedern kommunizieren.[151] Nachdem der O.I.T.A.F nicht über ein eigenes Publikationsorgan verfügte, wählte man 1959 die ISR als Sprachrohr für die „Bundesrepublik Deutschland, Liechtenstein, Luxemburg, Österreich, Schweiz und für die Oststaaten".[152] Die Kooperation mit der

---

143 Rudolf Bohmann, 20 Jahre ISR. In: Internationale Seilbahnrundschau (fortan ISR) 3 (Sonderausgabe) (1977), S. 16.

144 Erich Jarisch, Die Gründung der O. I. T. A. F. In: ISR 2/1 (1959), S. 2–3, hier S. 2.

145 Die O.I.T.A.F. hatte ordentliche Mitglieder (nationale Aufsichtsbehörden und Seilbahnverbände, Ingenieure, Industrielle und Wissenschaftler) sowie außerordentliche Mitglieder (Seilbahnbetreiber und Zulieferer von Seilbahnteilen). Die ordentlichen Mitglieder hatten Expertenstatus und ein Stimmrecht, die außerordentlichen brauchte man, um zu erfahren, mit welchen Problemen die Kunden der Seilbahnindustrie konfrontiert waren.

146 Gilberto Greco, Internationale Seilbahnorganisation (O. I. T. A. F.). In: ISR 1/2 (1958), S. 119–122, hier S. 120.

147 Ebenda, S. 121.

148 Ebenda, S. 120.

149 Ebenda, S. 120.

150 Ebenda, S. 122.

151 Ebenda, S. 122.

152 Karl Bittner, Richard Luft, Vorwort. In: ISR 2/1 (1959) S. 1.

O.I.T.A.F verlieh der viermal jährlich erscheinenden ISR den Status einer technisch-wissenschaftlichen Fachzeitschrift und gewährleistete Anschluss an den internationalen Markt.[153] Die ISR finanzierte sich über Inserate von Seilbahnfirmen, Zulieferbetrieben, gewerblichen Prüfstellen etc. und beeinflusste auch nationale Entscheidungen: So lieferte sie 1970 die Grundlage für den Vorschriftenkatalog des amerikanischen Seilbahnwesens.[154] Auf Anregung der US-Seilbahnaufsichtsbehörden erschien die ISR seit 1970 auf Deutsch und Englisch; eine kurze Zusammenfassung in einer dritten Sprache, meist Italienisch oder Französisch, begleitete die Beiträge.[155]

Inhaltlich beschränkte sich die ISR bis 1964 auf Berichte über den Seilbahn-, Skilift und Fördertechniksektor im engeren Sinn. Viele der Beiträge wurden von Bittner und Luft selbst verfasst. In der Regel kamen auch VertreterInnen der Industrie zu Wort, die der Leserschaft aus ihren Forschungs- und Entwicklungsabteilungen berichteten. Das Spektrum reichte hier von der richtigen Pflege des Seils über die anvisierten Kapazitätssteigerungen bei Skiliften und Rationalisierungen im Betrieb bis hin zu neuen technischen Sicherheitsmechanismen. In jeder Ausgabe erhielten auch SeilbahnbetreiberInnen Raum, ihre Erfahrungen mit der Errichtung oder dem Umbau bestimmter Seilbahn- und Skiliftmodelle mitzuteilen, stets unter Nennung aller beteiligter Firmen, PlanerInnen und ArchitektInnen. Ein Fixpunkt des Repertoires an Artikeln bildeten Mitteilungen des BMfVuE zu rechtlichen Aspekten und des BMfHuW zu Fragen der Wirtschaftlichkeit und der ERP-Förderung.

Mitte der 1960cr-Jahre eı weiterte die Schriftleitung das Themenspektrum. Einige schneearme Winter in den Alpen hatten vielerorts Seilbahnbetriebe an den Rand des wirtschaftlichen Kollapses gebracht. Vom Schneemangel betroffene SkiliftbetreiberInnen begannen Pistenraupen nachzufragen. Die Industrie nutzte die ISR, um diese Nachfrage zu verstärken und den Markteintritt zu erleichtern. Für die Zeitschrift bedeutete dies eine Erweiterung des InserentInnenkreises beziehungsweise die Verbreiterung der finanziellen Basis. Ungeachtet der zunehmenden Bedeutung von Pistenraupen blieb die Zeitschrift im Kern auf die Transporttechniken fokussiert. Die steigende Relevanz von Skipisten schlug sich allerdings in der Berichterstattung nieder. AutorInnen aus den Bundesministerien setzten sich mehr und mehr mit Fragen der Pistenpflege und -sicherheit sowie mit den damit verbundenen Kosten auseinander. Diese Kosten belasteten viele Betriebe immer stärker, was eine Anpassung der unternehmerischen Strategie erforderte.

---

153 Bohmann, 20 Jahre ISR, S. 16.
154 Ebenda.
155 Ebenda.

Sozial konfliktgeladene Themen wie die ökologische Beeinträchtigung der alpinen Wiesen und Weiden durch Pistenraupen wurden von den AutorInnen nicht polemisch kommentiert, sondern auf wirtschaftliche oder juristische Gesichtspunkte reduziert – immer mit Blick auf die EntscheidungsträgerInnen in Seilbahnbetrieben, Tourismusunternehmen, in der Industrie, den Architektur- und Planungsbüros und bei den Behörden. Ähnlich verhielten sich die AutorInnen zu Fragen des betrieblichen Umweltschutzes, der natur- und landschaftssensiblen Skigebietsplanung sowie der Raumplanung – Agenden, die im Laufe der 1970er-Jahre vermehrt thematisiert wurden.

In der ISR spiegeln sich die Innovationen der Wintertourismusindustrie, das Auftauchen und Verschwinden von AkteurInnen, deren Verkaufs- und Marketingstrategien, aber auch die sich verändernden Wintertourismuspraktiken und Kundenwünsche. Die ISR bildete eine zentrale Plattform für die soziale Konstruktion technischen Fortschritts. ExpertInnen konnten sich so im Feld der technischen Innovationen rasch positionieren, was die Verbreitung von Neuigkeiten beschleunigte. Das hohe Prestige der Zeitschrift resultierte aus der engen Kooperation mit O.I.T.A.F. und Industrie.

Fragestellungen an der Schnittstelle aus Umwelt- und Technikgeschichte lassen sich auf Basis der ISR bearbeiten, weil die Berichterstattung erlaubt, nachzuvollziehen, wie AkteurInnen die ,schrägen Flächen', den Schnee und den menschlichen Körper durch technische Innovation zur wirtschaftlichen Ressource transformierten. Die ISR ist zudem eine beredte Quelle für das äußerst arbeits- und kostenintensive Management der Flächen, die als Skipisten genutzt wurden, und belegt die großen finanziellen Belastungen der SkigebietsbetreiberInnen. Die JournalistInnen verharrten angesichts der Zielsetzung der ISR als Medium, das „eine Leitlinie […] für technisches und ökonomisches Handeln"[156] geben wollte, im linearen Fortschrittsnarrativ, das die technokratisch denkende Ingenieurswelt seit dem 19. Jahrhundert dominierte.

„Motor im Schnee" (MiS) wurde für diese Studie ebenfalls systematisch ausgewertet. Sie richtete sich an „Kur- und Verkehrsdirektoren, Lift- und Seilbahnchefs und Skihoteliers in allen europäischen Provinzen".[157] Die HerausgeberInnen verstanden sich als „Chronist[en] und kritische Beobachter aller technischer Beziehungen zwischen Mensch und Schnee […], Plattform des Meinungsaustausches und Sprachrohr gemeinsamer Belange".[158] MiS positionierte sich auf dem Zeit-

---

156 Ebenda.

157 Ebenda.

158 Hans-Dieter Schmoll, 20 Jahrgänge Motor im Schnee oder einige Beiträge zur Seilbahngeschichte. In: Motor im Schnee (fortan MiS) „Jubiläums-Sondernummer" (September 1986), S. 6–14, hier S. 5.

schriftenmarkt in Konkurrenz zur ISR.[159] Ihr Chefredakteur Karl Schmoll hatte zuvor 31 Jahre lang die Redaktion der Wohnwagen-Zeitschrift „Caravaning" geleitet. Karl Kober, ein deutscher Produzent für Schneemobile, regte Schmoll an, er solle doch – nach amerikanischem Vorbild – eine europäische Zeitschrift für Motorschlitten herausgeben. Schmoll winkte ab, nachdem er die LeserInnenschaft als zu klein einschätzte; sagte jedoch zu, als er gefragt wurde, ob er eine publizistische Plattform für die Vermarktung von Pistenraupen gründen wolle.[160]

Auf der Suche nach GeldgeberInnen traf Schmoll mit Hans Lamprecht zusammen, der sich auf die Herausgabe tourismuswirtschaftlicher Zeitschriften spezialisiert hatte. In München stand bald die erste Winterdienst-Ausstellung auf dem Programm und in Schleching in Oberbayern/Deutschland rüstete man sich zur ersten Pisten-Bully-Vorstellung. Schmoll und Lamprecht nutzten beide Veranstaltungen, um ihr neues Produkt, die Zeitschrift „Motor im Schnee" für Berg- und Wintertechnik und bergtouristisches Management[161], bekanntzumachen. Rasch folgten Inserate des Pistenraupenherstellers „Prinoth". 1970 brachte die Zeitschrift die erste überblicksartige Darstellung sämtlicher Pistenraupenhersteller und der am Markt verfügbaren Typen.[162]

Lamprecht und Schmoll kreierten „eine technische Zeitschrift für Kaufleute"[163] und stellten „umgekehrt die kaufmännischen Informationen für den Techniker"[164] zur Verfügung. MiS etablierte sich mit dem Pistenraupenboom und erschien vier bis sechs Mal jährlich. 1988 zählte man 43 InserentInnen aus ganz Europa, darunter HerstellerInnen von Seilbahnen und Pistenraupen, Zulieferbetriebe beider Sparten, die Düngemittel- und Saatgutindustrie, SchneekanonenproduzentInnen sowie eine Reihe von Planungsbüros.[165] In der Einschätzung von Chefredakteur Hans-Dieter Schmoll hatte man sich als „die europäische Fachzeitschrift für Berg- und Wintertechnik"[166] neben der ISR positioniert.

Das Verhältnis der beiden Fachzeitschriften gestaltete sich zumindest in den Anfangsjahren schwierig. Bittner hatte sich als Hüter von Sicherheit und Fortschritt im Seilbahnbau verstanden und daher ein Informations-, Diskussions- und The-

---

159 Ebenda, S. 7.
160 Hans-Dieter Schmoll, 25 Jahre. Ein Vierteljahrhundert Informationen, Anstösse und Kritik. In: MiS „Jubiläums-Sondernummer" 4 (1994), S. 6–13, hier S. 12.
161 Ebenda, S. 6.
162 Hans Lamprecht, HDS zum 70.en. In: MiS (Historische Ausgabe) (1995), S. 12–13, hier S. 13.
163 Schmoll, 25 Jahre, S. 7.
164 Ebenda.
165 N. N., Inserentenliste. In: MiS 2 (1988), S. 67.
166 N. N., Inserat Motor im Schnee. In: MiS 1 (1984), S. 14; Hervorhebung im Original.

oriemonopol für sich und die ISR beansprucht.[167] Der als penetrant, aber liebens-
wert geltende Schmoll,[168] fand im Vorfeld des Welt-Seilbahnkongress der O.I.T.A.F.,
der 1975 in Wien veranstaltet wurde, heraus, dass eine der Kernaufgaben der
O.I.T.A.F., nämlich das Einrichten einer sogenannten Weltseilbahndatenbank, bis
dahin vernachlässigt worden war. Er ergriff die Initiative, recherchierte sämtliche
Seilbahnbetriebe, erhob deren Kennzahlen und baute so die Statistik auf.[169] Man
ritterte also um Definitionshoheit.

Die MiS verstand sich zu Beginn als ein Medium, das Nebenwirkungsmanage-
ment durch Umwelttechnologien propagierte. Während die Skigebietsbetreiber-
rInnen immer häufiger mit Schneeknappheit, Lawinenkatastrophen, Sicherheits-
problemen auf den Pisten, verschärften Behördenauflagen, Naturschutzgesetzge-
bung und rückläufigen Gästezahlen kämpften, verbreitete MiS die Botschaft des
technischen Fortschritts, der diese Probleme meistern würde. Im Gegensatz zur
ISR, die in ihrer Berichterstattung stets distanziert blieb, lässt sich an der Berichterstattung der MiS die zunehmende gesellschaftliche Sensibilisierung für ökologische Fragen deutlich ablesen. Als sich die Front zwischen Natur- und Umweltschutz und Wintertourismusindustrie formierte, begann Schmoll, seine technokratischen, mit Kriegsmetaphern gespickten Texte[170] mit süffisanten Seitenhieben
auf die sogenannten Grünen zu versetzen. Er unterstellte den AnhängerInnen der
Grünbewegung „allgemeine Menschenverachtung"[171] und fragte gar: „Wo enden
die Menschenrechte?",[172] um gegen eine vermeintliche politische Unterdrückung
von SkigebietsbetreiberInnen mobil zu machen. Die AkteurInnen des technischen
Wandels, zugleich seine Financiers, heroisierte er hingegen. Anlässlich des
65. Geburtstags des Seilbahnindustriellen Arthur Doppelmayr bezeichnet er
diesen etwa – in Anlehnung an die Sagengestalt König Artus – als „King Arthur",[173]
der „in Kriegen der Briten gegen die Angelsachsen zwölf siegreiche Schlachten
geschlagen haben [soll]".[174] Schmoll hatte ein Faible für große Männer der Geschichte und zitierte Aussagen von Winston Churchill oder Joseph Goebbels, um die
LeserInnenschaft von der Unschädlichkeit von Beschneiungsanlagen zu überzeu-

---

167 Hans-Dieter Schmoll, Prof. Dr. techn. Karl Bittner zum ehrenden Andenken. In: MiS 4
      (1987), S. 62.
168 Gabor Oplatka, Lieber HDS … In: MiS „Historische Ausgabe" (1995), S. 7.
169 Schmoll, 25 Jahre, S. 8.
170 Hans-Dieter Schmoll, Was wollt ihr? Kunst oder Kanonen. In: MiS 4 (1986), S. 51.
171 Hans-Dieter Schmoll, King Arthur 65. In: MiS 7 (1987), S. 3.
172 Hans-Dieter Schmoll, Wo enden Menschenrechte. In: MiS 7 (1987), S. 3.
173 Schmoll, King Arthur, S. 3.
174 Wolfgang Meid, Die Kelten (Reclam, Stuttgart 2007), S. 226.

gen.[175] Auch vom sogenannten *weather engineering,* das in der totalitär regierten U.d.S.S.R praktiziert wurde, war er angetan.[176] Ein typischer Seitenhieb auf die in demokratischen Staaten praktizierten partizipativen Verfahren im Vorfeld der Skigebietsplanung verdeutlicht seinen Stil: „Du glückliches Moskau kennst keine Bürgerinitiativen!"[177]

Anfang der 1990er-Jahre wurden die JournalistInnen von MiS auch in Sachen Klimawandel aktiv. Man schrieb die Diskussionen um die Erwärmung des Klimas und die daraus folgenden Konsequenzen für den Wintertourismus dem allgemein vorherrschenden „Öko-Pessimismus"[178] zu. Die AutorInnen forderten die LeserInnenschaft dazu auf, sich nicht vor den wärmeren Wintern zu fürchten.[179] Der Klimawandel komme vor „allem ökologischen Bremsern"[180] zugute, helfe, ihre „fortschrittshemmenden Aktivitäten"[181] zu legitimieren. Als Referenz zog Schmoll das Buch „Der Treibhauseffekt – Klimakatastrophe oder Medienpsychose" von Gerd Weber heran. Der Autor stamme zwar aus dem politisch rechten Lager, habe aber zweifellos Recht. Schmoll hatte einen gewissen Hang zu Verschwörungstheorien und vertrat einen latenten Antiamerikanismus: Treibende Kräfte in den Klimawandeldiskussionen seien US-amerikanische WissenschaftlerInnen und PolitikerInnen, die sich von der Durchsetzung der Klimawandelhypothese einschneidende Maßnahmen für die Wirtschaft erhofften.[182] Schmoll bekannte sich im Zuge dieser in MiS geführten Diskussionen zu jener Gruppe, die den Klimawandel leugneten oder zumindest die kursierenden Daten für heillos übertrieben hielten. Eine Industrie, die in derart großem Umfang vom Schneefall abhängig war, bräuchte mehr Schneekanonen und eine gehörige Portion Optimismus, um sich gegen die permanenten „Angriffe der grünen Maffia [sic!]"[183] zu verteidigen. Schmoll verstand es, nicht zuletzt getrieben von wirtschaftlichem Eigeninteresse, Ressentiments aufzugreifen und auf diese Weise eine Wertegemeinschaft zwischen der LeserInnenschaft und der Redaktion herzustellen. Immerhin vermittelten seine kämpferischen Aussagen den SkigebietsbetreiberInnen und den Industriellen das Gefühl, verstanden zu werden. Dass ihn ZeitgenossInnen als Populisten bezeich-

---

175 Schmoll, Was wollt ihr, S. 51.
176 Hans-Dieter Schmoll, Schneeableiter für Moskau. In: MiS 2 (1985), S. 12.
177 Schmoll, Schneeableiter, S. 12.
178 N. N., Keine Angst vor wärmeren Wintern. In: MiS 5 (1993), S. 81.
179 Ebenda.
180 Ebenda.
181 Ebenda.
182 N. N., Alles Schreckgespenste in Sachen Treibhauseffekt. In: MiS 7 (1994), S. 80.
183 Hans-Dieter Schmoll, Welt-Seilbahnkongress – Weltweite Seilbahnprobleme. In: MiS 5 (1993), S. 5, im Wortlaut übernommen.

neten, störte ihn wenig.[184] Die von Schmoll in MiS vorgetragenen Polemiken machen die Zeitschrift zu einer guten Quelle, um die technokratischen, wirtschaftsliberalen, utilitaristischen und teilweise auch antidemokratischen Welt- und Naturbilder wichtiger AkteurInnen der Transformation wintertouristischer Schauplätze zu rekonstruieren.

Beide Zeitschriften wurden für diese Arbeit systematisch ausgewertet. Die Fachzeitschriften wurden ergänzt durch Transkripte der Diskussionen, die bei den Tagungen für Hochlagenbegrünung von den VeranstalterInnen erstellt, an die TagungsteilnehmerInnen ausgeteilt und von Michael Manhart, dem Geschäftsführer der Skilifte Lech Ing. Bildstein Gesellschaft m. b. H., archiviert wurden. Diese Tagungen wurden von den Seilbahnen Lech in Kooperation mit der Fachgruppe Seilbahnen der Kammer der gewerblichen Wirtschaft Vorarlberg organisiert. Sie fanden zwischen 1978 und 1998 in zweijährigem Rhythmus statt. Anfang der 1990er-Jahre erhielt die Veranstaltungsreihe den Titel „Hochlagen-Umwelttagung der Seilbahnen". Jedem Tagungsband ist eine Gästeliste beigelegt, die das große Interesse an der Veranstaltung belegt und eine Art ‚Who's who' der SkiliftbetreiberInnen, Pistenraupen- und SchneekanonenproduzentInnen, Düngemittel- und SaatguthestellerInnen, Skilift- und LandschaftsplanerInnen, technischen ÖkologInnen und einschlägig tätigen Universitätsangehörigen sowie VerwaltungsbeamtInnen ist. Natur- und UmweltschutzexpertInnen hingegen blieben bis auf wenige Ausnahmen fern. Die Konferenzen waren jeweils auf zwei bis drei Tage angelegt. Neben Fachvorträgen und -diskussionen zu Themen des Pistenbaus und der Wiederbegrünung fanden auch Exkursionen ins Gelände statt. Die Zusammenkünfte dienten dem Erfahrungsaustausch, aber wohl auch der Anbahnung neuer Geschäfte. Die Fachvorträge und die anschließenden Diskussionen wurden von den VeranstalterInnen auf Tonband aufgezeichnet und von MitarbeiterInnen der Lecher Liftgesellschaft transkribiert. Die Transkription erfolgte augenscheinlich vollständig, sogar Tonbandausfälle sind im Transkript vermerkt.

1.4.4   Quellen zum Umgang mit Schnee

Archivalien, Transkripte, Zeitschriftenberichte, Luftbilder und Statistiken geben jene Aspekte der historischen Realität wieder, die den jeweils dafür Verantwortlichen relevant erschienen und daher dokumentiert wurden. Für Fragen nach den alltäglichen Praktiken, Wahrnehmungen und Konflikten sind diese Materialien nur eingeschränkt brauchbar. Um auch diese Bereiche in die Arbeit zu integrieren, wurden einige semi-strukturierte Leitfadeninterviews geführt. So wurde etwa die

---

184 Ebenda.

historische Ausdehnung präparierter Skipisten mittels Interviews rekonstruiert. Weitere Gespräche wurden geführt, um einen besseren Einblick in den alltäglichen Umgang mit Schneeüberfluss und -mangel zu erhalten. Als Interviewpartner standen Gustav Türtscher, langjähriger Mitarbeiter und technischer Leiter der Damülser Skiliftgesellschaft, sowie Michael Manhart von der Lecher Liftgesellschaft zur Verfügung. Die je etwa zweistündigen Interviews wurden transkribiert, inhaltsanalytisch ausgewertet und in den Forschungsprozess integriert.

1.4.5   Verwaltungsakten

Das Erkenntnisinteresse der Studie umfasst auch Fragen der politischen Regulation von Konflikten zwischen agrarischer und touristischer Landnutzung. Diese traten auf verschiedenen Ebenen auf: SkiliftunternehmerInnen leiteten den Strom der SkiläuferInnen über das Privateigentum Dritter und gerieten so in Konkurrenz mit anderen Formen der Inwertsetzung von Grundeigentum. Diese Konflikte verschärften sich in den 1960er-Jahren und führten zu einem Gesetz, das die Rechte der Skiliftbetriebe sicherte. Diese Öffnung von privatem Grundeigentum für die kommerzielle Nutzung schlug sich im VLA in Form eines Aktenbestandes der Rechtsabteilung der Vorarlberger Landesregierung (PrsG) nieder. Dieser Bestand wurde im Detail ausgewertet. Regional zeichnete sich Ende der 1960er-Jahre zudem ein Konflikt im Montafon ab, als ausländische InvestorInnen versuchten, gegen den Willen eines Teils der Bevölkerung das Tal weitläufig durch touristische Infrastruktur zu erschließen. Die im Amt der Vorarlberger Landesregierung zu dieser Zeit personell neu besetzte Abteilung für Raumplanung leitete einen partizipativen Regionalentwicklungsprozess ein, der 1980 zur Veröffentlichung des „Konzepts für den Bau von Aufstiegshilfen im Montafon" (landläufig als Montafon-Konzept bezeichnet) führte. Der Prozess wurde zeitgenössisch umfangreich dokumentiert. Der Schriftverkehr zwischen den Beteiligten, Aktennotizen, Besprechungsprotokolle sowie ein Pressespiegel wurden im Rahmen der vorliegenden Studie ausgewertet und erlauben eine detaillierte Rekonstruktion der Vorgänge. Um zusätzliche Information zur Motivation der Raumplaner Helmut Feuerstein und Helmut Tiefenthaler zu erhalten, führte ich ein etwa eineinhalbstündiges Interview mit den Raumplanern, das aufgezeichnet, transkribiert und in Teilen ausgewertet wurde. Ein weiterer Aktenbestand der Abteilung für Raumplanung in Zusammenhang mit einem Konzept für Beschneiungsanlagen wurde verwendet, um die Wahrnehmung der neuen Technik durch die Verwaltung zu studieren. Der Bestand beinhaltet Besprechungsprotokolle, Schriftverkehr mit SkiliftbetreiberInnen, Interessensvertretungen, Naturschutzorganisationen sowie mit SchneekanonenproduzentInnen. Darüber hinaus sammelte die Abteilung für Raumplanung wissenschaftliche Studien sowie Presseartikel, die ebenfalls die Rekonstruktion der Vorgänge unterstützten.

1.5   AUFBAU DER ARBEIT

Wie eingangs angedeutet, wurden Methoden der deskriptiven Statistik sowie GIS angewendet, um Arbeitshypothesen zu bilden. Diese wurden in einem nächsten Schritt zur Entwicklung von Kategorien für die inhaltsanalytische Auswertung der Texte genutzt. Die Auswertung der Texte wurde protokolliert und zu einer vorläufigen Beschreibung der für wichtig befundenen Vorgänge zusammengefasst. Die Untersuchung der Vorgänge erfolgte entlang jener Elemente, die in Skigebieten relevant sind: (1) Skilifte; (2) Skipisten und Techniken wie Pistenraupen oder Beschneiungsanlagen; (3) Eigentumsrecht; (4) Förderaktionen der öffentlichen Hand; (5) politische Regulation der Entwicklungsdynamik durch KollektivakteurInnen. Die Rekonstruktion dieser fünf Elemente wurde durch Sekundärliteratur ergänzt. Teilergebnisse wurden bei Präsentationen auf wissenschaftlichen Workshops und Tagungen, bei Seminaren am Institut für Soziale Ökologie der Alpen-Adria-Universität Klagenfurt, Wien, Graz, in den Oberseminaren des Fachbereichs Geschichte an der Technischen Universität Darmstadt und in Seminaren des Department of Culture and Global Studies an der Universität Aalborg in Dänemark zur Diskussion gestellt.

Die folgende Darstellung der Ergebnisse ist in drei Teile gegliedert. Der erste Abschnitt (Kapitel 2) deckt den Zeitraum von 1920 bis in die frühen 1940er-Jahre ab: Hier wird die Spezialisierung der Tourismusgebiete auf die Wintersaison sowie die Internationalisierung der Marketingaktivitäten diskutiert. Diese Neuausrichtung war eine Folge der Weltwirtschaftskrise und der 1000-Mark-Sperre, die im Bundesland Vorarlberg manchen Tourismusdestinationen Vorteile, manchen massive Nachteile brachte. Zudem wird die beginnende Mechanisierung des Skilaufs dargestellt. Es wird diskutiert, wie Skilifte in das bereits etablierte Feld des Skilaufs integriert und dieses infolgedessen grundlegend transformiert wurde, inklusive der Wirkungen und Nebenwirkungen dieser Integration.

Der zweite Teil (Kapitel 3 und 4) behandelt die Zeitspanne von 1945 bis 1980: Zunächst werden jene förderpolitischen Rahmenbedingungen des Wintertourismus während der Wiederaufbau- und Boom-Jahre diskutiert, die die Weiterentwicklung der Skiliftindustrie begünstigten, aber lokal bald in Engpässen der Förderkapazität resultierten. Durch technische Innovation war die Industrie bald in der Lage, diesen Flaschenhals am Skilift aufzulösen. Nun stieg die Dichte der SkiläuferInnen auf den Pisten, was zu einer neuen Verletzlichkeit der SkiliftbetreiberInnen führte, die wiederum durch technische Hilfsmittel gemildert wurde.

Der dritte Teil (Kapitel 5) befasst sich mit dem Zeitraum von etwa 1980 bis 2010: Diese Phase ist von zwei Phänomenen geprägt. Neben der technischen Ausdifferenzierung der Infrastrukturen ist eine wachsende ökologische Sensibilität gegenüber dem als zügellos wahrgenommenen touristischen Wachstum festzustellen. In diesem Abschnitt wird diskutiert, wie die Vorarlberger Landesregierung auf den steigenden gesellschaftlichen Druck reagierte beziehungsweise wie Interessenskonflikte zwischen Ökologie und Ökonomie ausgeglichen wurden.

2. Touristische Transformation zwischen Habsburg und Hitler

Die österreichische Wirtschaft entwickelte sich zwischen den beiden Weltkriegen diskontinuierlich. Vor dem Ausbruch des Ersten Weltkriegs kann das Territorium der Habsburger Monarchie als Mikrokosmos sozioökonomisch heterogen strukturierter Gebiete charakterisiert werden, die sich hinsichtlich ihres Industrialisierungsgrads beträchtlich unterschieden.[1] Die Binnenzölle waren weitestgehend beseitigt,[2] was stabiles Wirtschaftswachstum und eine im internationalen Vergleich bemerkenswerte Beschäftigungslage begünstigte.[3] Dieser ökonomisch interdependente Wirtschaftsraum zerfiel in eine ganze Reihe von Nationalstaaten.[4] Zurück blieb eine von Wirtschaftsexperten als „blutender Rumpf"[5] bezeichnete deutschsprachige Reichshälfte, die von den Nachfolgestaaten durch Zollbarrieren abgeschottet wurde, sodass der Außenhandel völlig neu organisiert werden musste.[6] Kohle, Lebensmittel und Rohstoffe für die Industrie waren fortan teure Importgüter, während die industriellen Exporte und Einkommen ins Bodenlose fielen und schon 1919 das Gros der Industrie- und Bauarbeiter arbeitslos verelendete.[7]

---

1   Siehe: Felix Butschek, Statistische Reihen zur österreichischen Wirtschaftsgeschichte. Die österreichische Wirtschaft seit der industriellen Revolution (Österreichisches Institut für Wirtschaftsforschung, Wien 1998), S. 1.

2   Ebenda, S. 6.

3   Dies war begleitet von politischer Stabilisierung, dem Erlass von Sozialgesetzen, wie u. a. der Errichtung von Unfall- und Krankenversicherung und Pensionsgesetzen für Zivilbeamte. Siehe: Ebenda, S. 1.

4   Vor dem Zerfall der Habsburgermonarchie waren „[d]ie regionalen ökonomischen Disparitäten, ebenso wie die natürlichen Standortvoraussetzungen, […] Ursachen dafür […], dass das heutige Bundesgebiet Industriegüter und Dienstleistungen […] in die anderen Länder der Monarchie exportierte, wogegen es Nahrungsmittel und Brennstoffe von dort einführte. Nach 1918 wurden die binnenstaatlichen Stoff- und Kapitalflüsse aufgrund der neu gezogenen Grenzen mit einem Male dem Außenhandel zugerechnet, der zunächst sehr beschränkt blieb." Ebenda.

5   Ernst Hanisch, Herwig Wolfram (Hg.), Österreichische Geschichte 1890–1990. Der lange Schatten des Staates. Österreichische Gesellschaftsgeschichte im 20. Jahrhundert (Ueberreuter, Wien 1994).

6   Butschek, Österreichische Wirtschaftsgeschichte, S. 185.

7   Hanisch, Der lange Schatten des Staates, S. 277–278.

Den Weg aus dieser Krise ebneten ausländische Kredite, die erlaubten, Energie, Rohstoffe und Lebensmittel aus den Nachfolgestaaten zu importieren. Der öffentliche Dienst, die Banken, Versicherungen und der Verkehrssektor wurden zu Zugpferden eines einsetzenden Wirtschaftsbooms.[8] Der Boom mündete aber bereits 1922 in einer galoppierenden Inflation, die viele Existenzen vernichtete.[9] Die Regierungen Großbritanniens, Frankreichs, Italiens und der Tschechoslowakischen Republik setzten der Hyperinflation mit der Unterzeichnung der Genfer Protokolle 1922 ein Ende. Eine Finanzspritze von 650 Millionen Goldkronen stabilisierte die österreichische Wirtschaft, die ab 1927 abermals in eine Hochkonjunkturphase eintrat. Der österreichische Staat elektrifizierte die Bundesbahn und die Gemeinde Wien investierte in den sozialen Wohnbau, was die Konjunktur weiter verstärkte und die Stimmung im Land hob.[10] Zu den Gewinnern der wirtschaftlichen Umstrukturierung Österreichs zählte – neben der Holzindustrie, der Energie- und Landwirtschaft – vor allem der Fremdenverkehr. In Vorarlberg verzeichnete man 1925/26 138.048 gemeldete Gäste, 1929/30 bereits 196.254. Um den Fremdenverkehr zu fördern, erließ die österreichische Bundesregierung 1928 ein Investitionsbegünstigungsgesetz, das den Neu-, Aus- und Umbau von Hotels und Gasthäusern steuerlich begünstigte.[11] Das Gesetz führte in Vorarlberg zu einem regelrechten Bauboom, den Abbildung 5 illustriert.

In Vorarlberg existierten 1925/26 559 und 1931/32 648 Hotels. Diese Hotels waren oft umgebaute oder erweiterte Gasthöfe, die bereits eine gewisse Bedeutung im dörflichen Sozialleben und in der Ökonomie hatten – so etwa das Alpenhotel „Adler" in Damüls, das vor dem Beginn des Tourismus eine lange Tradition als Dorfgasthaus hatte.[12] In den 1920er-Jahren wurden zudem viele Betriebe neu errichtet. Die Kategorie ‚Pension' stellte ein Novum der frühen 1920er-Jahre dar. 1925/26 gab es landesweit vier Pensionen, 1931/32 waren es bereits 46. In Pensionen stiegen weniger wohlhabende Urlauber ab, desgleichen in privaten Gästezimmern. Damit konnte die lokale Bevölkerung am Tourismus partizipieren, sofern auf Bauernhöfen oder in Wohnhäusern Zimmer frei gemacht werden konnten. In Summe waren in Vorarlberg 1925/26 744 Privathäuser zur Vermietung gemeldet.[13]

---

8   Butschek, Österreichische Wirtschaftsgeschichte, S. 198.
9   Hanisch, Der lange Schatten des Staates, S. 280.
10   Ebenda, S. 284.
11   VLA, Sammlung FV, Sch. 28, Jahresberichte des LFV, 1928.
12   Groß, 1950er Syndrom, S. 39.
13   Es ist allerdings anzunehmen, dass die Zahl der Privatzimmer deutlich größer gewesen sein dürfte, da – wie immer wieder moniert wurde – nicht alle Privatzimmervermieter ihre Zimmer beim Fremdenverkehrsamt anmeldeten, um keine Steuern entrichten zu müssen.

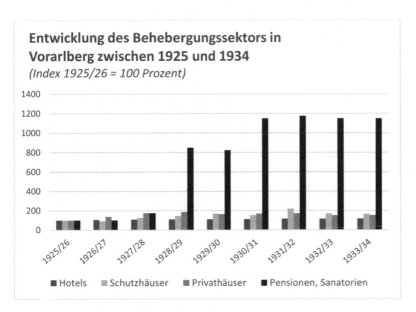

Abbildung 5: Hotels, Pensionen und Privathäuser mit Zimmervermietung in Vorarlberg, 1925–1934.

In den Bezirken Bludenz und Bregenz entwickelte sich die private Zimmervermietung bis 1928/29 sehr dynamisch.

Die neuen Hotels, Pensionen, Gasthöfe bedeuteten vielerorts einen Bruch mit der bäuerlichen Tradition und wurden zum Dreh- und Angelpunkt der materiellen Transformation ländlicher Regionen. Lucie Varga beobachtete, dass

die Abenteuerlustigen, jene, die nicht sonderlich beliebt waren [...] Hoteliers [wurden]: Ein weiterer Schritt hinaus aus der bäuerlichen Gesellschaft. [...] Ihre Besitzer begannen im Dorf an Einfluß zu gewinnen. Das ausgebaute Gasthaus zieht Touristen an, lädt sie ein wiederzukommen. Es verliert seinen schlechten Ruf. Man lehnt auch den Fremden nicht mehr ab. Er bringt das Geld, ein Geld, das noch nie so leicht zu verdienen war.[14]

Die so erwirtschafteten Devisen verringerten das massive Außenhandelsdefizit der österreichischen Nationalökonomie. Sie brachten der Bevölkerung neue

---

14   Varga, Zeitenwende, S. 154.

Beschäftigung und steigerten den Absatz landwirtschaftlicher Produkte in den Dörfern.[15] So wurde die Transformation dörflicher Schauplätze zu einem wichtigen Pfeiler einer Regionalentwicklungspolitik *avant la lettre,* die einigermaßen erfolgreich die Berg- beziehungsweise Landflucht eindämmte, wie sich anhand des Bundeslands Vorarlbergs zeigen lässt.[16] Alle Gemeinden Vorarlbergs, die über 700 Meter lagen, bäuerlich dominiert und bis zum Ausbruch des Ersten Weltkriegs massiv von der demografischen Schrumpfung betroffen waren, wiesen zusammen zwischen 1920 und 1934 einen absoluten Zuwachs von 5901 Personen auf. „Dies entsprach rund 23 Prozent des landesweiten Bevölkerungswachstums.[17] Die demografische Trendwende ging mit der – für Industriegesellschaften typischen – Siedlungskonzentration entlang der neu errichteten Verkehrsverbindungen in die Täler einher.“[18] Für den Tourismus stellte die Transformation des agrarischen Lebens eine Chance dar: Die Landwirte waren gerne bereit, Boden und Alphütten für touristische Zwecke zu verpachten, die von da ab ein Glied der touristischen Wertschöpfungskette bildeten.[19]

Österreichs agrarisch geprägte Kulturlandschaften machten in den 1920er-Jahren das Land zu einer beliebten Destination für Sommerfrischen. Doch am 25. Oktober 1929 führten der Zusammenbruch der Wertpapierkurse an der New Yorker Börse und die nachfolgende Weltwirtschaftskrise den Beteiligten vor Augen, wie krisenanfällig dieser noch junge Wirtschaftszweig in Österreich war. „1930 kamen die Gäste noch, aber sie hatten […] kein Geld mehr. 1931 kamen sie gar nicht mehr.“[20] Mit den ausbleibenden Touristen versiegte der Geldstrom in die peripheren Regionen. Die Bevölkerung hatte gerade begonnen, sich mit der neuen, modern konnotierten Lebensweise anzufreunden, als sie wieder dazu gezwungen wurde, ihren Lebensstil der Krise anzupassen, wie abermals Varga veranschaulicht:

> Zunächst wird weniger Fleisch gegessen: statt dreimal in der Woche nur noch zweimal oder nur noch einmal. Dann werden keine neuen Kleidungsstücke mehr gekauft.

---

15   Baur, Entvölkerung, S. 230.

16   Österreichisches Staatsarchiv (fortan ÖSTA)/Archiv der Republik (fortan AdR), Protokolle des Ministerrates der Ersten Republik, Abt. V, 1927-01-05, S. 18.

17   Karl Lang, Die Einwirkung der Industrialisierung auf die Vorarlberger Landwirtschaft (ungedr. wirtschaftswiss. Diss., Innsbruck 1959), S. 36.

18   Robert Groß, Zwischen Kruckenkreuz und Hakenkreuz. Tourismuslandschaften während der 1000-Reichsmark-Sperre. In: Montfort 2 (2013), S. 53–72, hier S. 54.

19   VLA, BH Bregenz, Sch. 1047, Zl. 3404–1929.

20   Roman Sandgruber, Die Entstehung der österreichischen Tourismusregionen. In: Andrea Leonardi, Hans Heiss (Hg.), Tourismus und Entwicklung im Alpenraum 18.–20. Jh. (Studien-Verlag, Innsbruck u. a. 2003), S. 201–226, hier S. 217.

Die alten müssen reichen. Schließlich wird sogar beim Brot gespart: Das Mehl ist zu teuer. Nach dem Brot kommt der Zucker dran. Das sind äußerste Einschränkungen; aber es ist noch nicht der vollständige Bankrott. Bankrott ist man erst, wenn man keinen Kaffee mehr hat.[21]

1933 kam die Nationalsozialistische Deutsche Arbeiterpartei (NSDAP) in Deutschland an die Macht. Österreich nahm zur Zeit der nationalsozialistischen Machtübernahme rund 55 Millionen Reichsmark von deutschen Gästen ein, „während die Reichsdeutschen gerade einmal 16 Millionen Reichsmark mit Gästen aus Österreich verdienten".[22] Die österreichische Nationalökonomie war völlig vom Deutschen Reich abhängig und daher vulnerabel; zudem missfiel es Adolf Hitler, dass die deutschen Reichsbürger ihr Geld in Österreich anstatt im eigenen Land ausgaben. Er sanktionierte den touristischen Reiseverkehr zwischen Deutschland und Österreich, indem er am 27. Mai 1933 anordnete, dass jeder reichsdeutsche Tourist beim Grenzübertritt fortan 1000 Reichsmark zu bezahlen habe, wodurch sich die Anzahl der deutschen Gäste in Vorarlberg quasi über Nacht um 75 Prozent reduzierte.[23]

In Vorarlberg traf es die Gemeinden im Bregenzerwald und Montafon am härtesten, während die Touristiker am Arlberg oder im deutschen Zollausschlussgebiet Kleines Walsertal die Krise fast unbeschadet überstanden, da sie entweder von sehr wohlhabenden Reichsdeutschen, die die Sanktion nicht abschreckte, oder von Gästen aus anderen Ländern besucht wurden.[24] „Hitler ging davon aus, dass die österreichische Regierung, die durch die herrschenden politischen Verhältnisse im Land ohnehin geschwächt war, durch diese Sanktion zum Zusammenbruch gebracht werden könne."[25] Zwar bedrohte das Kräfteverhältnis in Österreich permanent den Fortbestand der Regierung. Diese konnte aber durch die Etablierung eines autoritären Ständestaats, mithilfe staatlicher Hilfsaktionen für den Tourismus und von Allianzen mit benachbarten Staaten den Einmarsch reichsdeutscher Truppen in Österreich bis März 1938 hinauszögern.[26]

---

21   Varga, Zeitenwende, S. 164.

22   Gustav Otruba, A. Hitlers „Tausend-Mark-Sperre" und die Folgen für Österreichs Fremdenverkehr (1933–1938) (Linzer Schriften zur Sozial- u. Wirtschaftsgeschichte 9, Trauner, Linz 1983), S. 2.

23   Sieghard Baier, Tourismus in Vorarlberg. 19. und 20. Jahrhundert (Neugebauer, Graz/Feldkirch 2003), S. 60.

24   Ebenda, S. 50.

25   Groß, Zwischen Kruckenkreuz und Hakenkreuz, S. 54.

26   Otruba, A. Hitlers, S. 11.

2.1   DIE 1000-MARK-SPERRE IN DEN PRINTMEDIEN

Für viele Tourismusunternehmer wurde die seit 1929 anhaltende wirtschaftliche Dauerkrise durch die Verlautbarung der 1000-Mark-Sperre konkret bennenbar.[27] Es handelte sich bei der Sanktion um eine kalkulierte Schädigung der österreichischen Nationalökonomie und ihrer touristischen Akteure. Dennoch richtete sich der Zorn vieler Vorarlberger Tourismustreibender nicht gegen Adolf Hitler oder die NSDAP, sondern gegen die österreichische Bundesregierung. 1921 hatten viele Vorarlberger noch für den Anschluss Vorarlbergs an die föderalistisch verwaltete Schweiz votiert, weil man sich vom österreichischen Zentralismus nur Nachteile für Vorarlberg erwartete.[28] Im Wirtschaftsboom der 1920er-Jahre verstummten die Stimmen für die Abspaltung von Österreich. Die 1000-Mark-Sperre reaktivierte die latenten anti-österreichischen Ressentiments. Die Oppositionellen liefen nach dem Bruch der christlich-sozialen/großdeutschen Koalition in der österreichischen Bundesregierung im März 1933 reihenweise ins Lager der NSDAP über und forderten den Anschluss Österreichs an das nationalsozialistische Deutschland.[29]

Der Deutschnationale Hans Nägele war seit Beginn seiner Tätigkeiten als Herausgeber des „Vorarlberger Tagblatts" 1919 ein erklärter Freund und Förderer von Fremdenverkehrsaktivitäten und stand in Opposition zur christlich-konservativen Vorarlberger Landesregierung.

> Das Vorarlberger Tagblatt war das Sprachrohr der Großdeutschen Volkspartei. Es zählte österreichweit zu den innovativsten Druckwerken und erfreute sich im Land größter Beliebtheit. [...] Es erschien von 1919 bis 1941 und steigerte seine Auflage von anfangs 3.000 Stück bis 1935 auf 5.000 Stück. Am meisten Zuspruch fand das Blatt in den größeren Orten des Landes, wo es mitunter einen breiteren Leserkreis aufwies als die christlich-soziale oder sozialdemokratische Presse.[30]

Nägele verfasste regelmäßig anti-jüdische Artikel und stellte das Vorarlberger Tagblatt 1933 in den Dienst der nationalsozialistischen Berichterstattung.[31] Als Adolf

---

27   Werner Dreier, Doppelte Wahrheit. Ein Beitrag zur Geschichte der Tausendmarksperre. In: Montfort 37/1 (1985), S. 63–71, hier S. 70.

28   Markus Barnay, Die Erfindung des Vorarlbergers. Ethnizitätsbildung und Landesbewußtsein im 19. und 20. Jahrhundert (Studien zur Geschichte und Gesellschaft Vorarlbergs 3, Vorarlberger Autorengesellschaft, Bregenz 1988), S. 396–397.

29   Dreier, Doppelte Wahrheit, S. 66.

30   Groß, 1950er Syndrom, S. 87.

31   Ebenda.

Hitler die 1000-Mark-Sperre verhängte, wurde die Zeitung zum medialen Dreh- und Angelpunkt der politischen Infiltration der Bevölkerung: Sie publizierte einzelne Absagen von reichsdeutschen Gästen und versicherte, dass momentan Hunderte solcher Briefe in Vorarlberg eintreffen würden. Das folgende Zitat zeigt, wie die Journalisten gezielt die Existenzängste der Tourismusunternehmer schürten:

> Es war in Deutschland noch nie so schön zu leben als jetzt, auch wenn man sehr bescheiden sein muß. Wir waren es immer und wir wollen nur, daß endlich diese graue, dumpfe und nervenzerreibende Untätigkeit ein Ende habe und man wieder froh und hoffnungsvoll in die Zukunft blicken kann. Das haben wir jetzt erreicht, und jeder erkennt, daß es langsam vorwärts und aufwärts geht. Ihnen allen wünschen wir, daß es in Oesterreich bald auch so kommen wird.[32]

Die Botschaften aus dem Tagblatt trafen auf eine Leserschaft, die angesichts der trostlosen wirtschaftlichen Realität in Österreich neidisch auf den vermeintlichen Aufschwung Deutschlands blickte. Die Heilsversprechungen richteten sich an die besonders vom Tourismus Abhängigen und gegen die österreichische Bundesregierung:

> Millionen Schillinge wurden ausgegeben, um Berg- und Talwege zu verbessern, Anlagen zu erstellen usw. Ich kann ihnen heute schon die Versicherung geben, daß sobald Oesterreich den Weg einschlägt, den wir in Deutschland eingeschlagen haben, der Fremdenverkehr viel besser sein wird, als je zuvor. Betrachtet man die wirtschaftliche Lage, wie sie heute in Deutschland ist […] so kommt man zu der Ueberzeugung, daß es aufwärts geht. Der Weg des neuen Deutschland ist frei; hoffen wir, daß der Weg in dem lieben Oesterreich ebenfalls bald frei werden möge.[33]

Am Tag nach Verhängung der 1000-Mark-Sperre konstatierten Vertreter der Fremdenverkehrsbezirke Bludenz und Montafon im Vorarlberger Tagblatt vorauseilend den wirtschaftlichen Zusammenbruch der gesamten Region.[34] In den folgenden Tagen wiederholten sich Aussagen dieses Tenors im Vorarlberger Tagblatt in unterschiedlichen Varianten, bis hin zu einem klaren „Alle diese Maßnahmen [der Bundesregierung] sind zwecklos".[35] Mit solchen Beiträgen sprachen die Zeitungsma-

---

32 N. N., Die Tausendmarktaxe. In: Vorarlberger Tagblatt (2.6.1933), S. 4. Zitiert nach: Groß, Zwischen Kruckenkreuz und Hakenkreuz, S. 55.
33 Ebenda.
34 N. N., Gegen die Grenzsperre. In: Vorarlberger Tagblatt (6.6.1933), S. 4.
35 Hans Nägele, Pfingsten ohne Fremdenverkehr. In: Vorarlberger Tagblatt (6.6.1933), S. 6. Zitiert nach: Groß, Zwischen Kruckenkreuz und Hakenkreuz, S. 55.

cher den geplanten Hilfsaktionen der Bundesregierung jegliche Wirksamkeit ab, noch bevor diese überhaupt spruchreif waren.[36]

Die Position, die das Vorarlberger Tagblatt vertrat, wurde sowohl von christlich-sozialen als auch sozialistischen Medien scharf kritisiert. Die „Vorarlberger Wacht", das Sprachrohr der Sozialisten, schrieb von einem Wirtschaftskrieg, den österreichische und deutsche Nationalsozialisten entfacht hätten.

> Was immer einen Schandfleck in der Geschichte der Deutschen darstellte, daß Deutsche gegen Deutsche loszogen, um sich zu bekriegen, das tun die Nationalsozialisten Deutschlands und Oesterreichs mit geradezu lächelnder Miene und mit fröhlichen Erklärungen ab, ohne Bedachtnahme darauf, daß deutsche Menschen schweren wirtschaftlichen Schaden dadurch erleiden.[37]

Das christlich-soziale „Vorarlberger Volksblatt" verurteilte die Einmischung Nazi-Deutschlands in die Souveränität Österreichs aufs Schärfste. Die 1000-Mark-Sperre sei einzig und allein der Tatsache geschuldet, dass die Devisenbestände der deutschen Nationalökonomie infolge der Investitionspolitik Hitlers devisenmäßig bereits am „Ausbluten"[38] seien und Österreich Spitzenreiter hinsichtlich der reichsdeutschen Deviseneinnahmen sei.[39] „Die Kritik richtete sich auch gegen jene Bevölkerungskreise in Vorarlberg, die sich im Zuge der Ereignisse immer deutlicher zum Nationalsozialismus bekannten."[40] So hieß es etwa, der Vorarlberger Handels- und Gewerbebund würde durch seine mangelnde Distanzierung die wirtschaftlich von der Sanktion Betroffenen geradezu verhöhnen.[41] Ungeachtet der Versuche der anderen Parteien, die Ideologisierung des Tourismus zu dekonstruieren, konzentrierte sich ein Großteil der Tourismusunternehmer auf das Ziel, die Grenzen wieder zu öffnen – und sei es durch den Sturz der österreichischen Regierung und den Anschluss Österreichs an Nazi-Deutschland.[42]

Das christlich-soziale Vorarlberger Volksblatt stellte ab 30. Mai 1933 die von der österreichischen Bundesregierung geplanten Entschädigungsmaßnahmen ins Zentrum der Berichterstattung. Diese sollten den Ausfall der reichsdeutschen Gäste teilweise kompensieren, zu einer Neuausrichtung der Tourismuswirtschaft füh-

---

36   N. N., Die Tausendmarktaxe, S. 4.
37   Ebenda. Zitiert nach: Groß, Zwischen Kruckenkreuz und Hakenkreuz, S. 55.
38   N. N., Keine Verhandlungen zwischen Oesterreich und dem Deutschen Reich (10.6. 1933), S. 2.
39   Otruba, A. Hitlers, S. 2.
40   Groß, Zwischen Kruckenkreuz und Hakenkreuz, S. 55.
41   N. N., Für den Fremdenverkehr. In: Vorarlberger Volksblatt (4.6.1933), S. 7.
42   Varga, Zeitenwende, S. 165.

ren und die Vereinnahmung der Gastwirte und Hoteliers durch die nationalsozialistische Ideologie eindämmen.[43] Die politische Infiltration der Tourismusbranche sowie das gezielte Schüren von Existenzängsten zeigten aber sehr bald Wirkung. Als die Wiener Bundesregierung seit 1933 eine Hotelsanierungs-, beziehungsweise -stützungsaktion durchführte, war der Anteil der Ansuchen aus Vorarlberg im Vergleich zu anderen Bundesländern verschwindend gering. Gleichzeitig entwickelten nationalsozialistisch gesinnte Tourismusunternehmer in Vorarlberg Strategien, um die 1000-Mark-Sperre auszuhebeln, was die Sicherheitsbehörden aufmerksam verfolgten. Die materiellen Effekte der Hotelsanierungs-, beziehungsweise -stützungsaktion waren eher gering. Die flankierenden Maßnahmen modernisierten den Tourismus jedoch nachhaltig. Diese organisatorische Neuausrichtung des touristischen Feldes bildete den institutionellen Rahmen einer beschleunigten Transformation touristischer Schauplätze in der Zweiten Republik.

2.2   DER NATIONALSTAAT ALS AKTEUR IM TOURISMUS

Auf die Phase der beschleunigten Transformation touristischer Schauplätze, die durch den Boom der 1920er-Jahre angetrieben worden war, folgte Anfang der 1930er Jahre die Ernüchterung durch völlige Stagnation. Der österreichische Staat, konkret das Bundesministerium für Handel und Verkehr (BMfHuV), wandelte sich angesichts der Krise zu einem Akteur des Tourismus, der diesen nicht nur verwaltete, sondern aktiv gestaltete. Diese neue Rolle erforderte, dass das BMfHuV sein Sensorium für die Situation, in der sich die Betriebe befanden, verfeinerte. Die Beamten wählten das Instrument der Umfrage und versandten im Frühjahr 1933 rund eintausend Fragebögen an die Betreiber von Beherbergungsbetrieben. Etwa 30 Prozent der Befragten retournierten den Fragebogen. Allein die retournierten Fragebögen dokumentierten bereits eine Verschuldung von 84,4 Millionen Schilling. Davon entfielen 3,3 Millionen Schilling auf Vorarlberg. Rund zwei Drittel der Schulden entfielen auf Hypothekaranstalten, Banken und Sparkassen; zahlreichen Betrieben drohte der Bankrott.[44] Der zuständige Minister Guido Jakoncig reagierte prompt und bat Justizminister Kurt Schuschnigg, Exekutionen so lange hinauszuzögern, bis die Weltwirtschaftskrise nachgelassen habe.[45] Durch diese Intervention verzögerten die Minister den Zusammenbruch der touristischen Inf-

---

43   N. N., Die Fremdenindustrie soll entschädigt werden. In: Vorarlberger Volksblatt (31.5. 1933), S. 1.

44   Diese Zahl wäre nach oben zu korrigieren, da insgesamt nur rund 30 Prozent der Fragebögen retourniert wurden. Siehe dazu: Otruba, A. Hitlers, S. 4.

45   ÖSTA/AdR, BMfHuV, Sch. 1583, Zl. 125.157-14/1933.

rastruktur in Österreich, der die politisch angespannte Lage im Land unmittelbar verschärft hätte.

„Bei der ersten Hotelsanierungskonferenz am 25. April 1933, charakterisierte Sektionschef Franz von Meinzingen die Lage der Tourismusindustrie:"[46] Der Strom der Gäste habe infolge der Weltwirtschaftskrise und der 1000-Mark-Sperre merklich nachgelassen, während die Zahl der Hotelzimmer seit 1927 deutlich vergrößert worden war. Aber auch die Praktiken des ‚Tourismusmachens' hatten sich deutlich verändert. Anbieter von Privatquartieren würden mittlerweile ebenso „industriell"[47] agieren wie Hoteliers und diesen Konkurrenz machen.[48] Meinzingen schlug vor, die Hotelsanierungsaktion dazu zu nutzen, um das Angebot neu zu strukturieren. Die Privatzimmervermietung sollte von der Aktion ausgeschlossen werden, um die Gesamtbettenzahl zu reduzieren. Förderungswürdig seien nur große, professionell arbeitende Hotelbetriebe. Kleinere Hotels und Pensionen sollten ihrem Schicksal überlassen werden. Infolge würde sich das Bettenangebot in absehbarer Zeit automatisch der Nachfrage anpassen, so der Sektionschef.[49] Dass damit wahrscheinlich hunderte kleinerer Beherbergungsbetriebe bankrott gegangen und deren Betreiber womöglich in das Lager der illegalen Nationalsozialisten übergelaufen wären, ignorierte Meinzingen. Seine rein ökonomisch motivierte Entscheidung, die darauf abzielte, einen elitären, hochpreisigen Tourismus in Österreich zu fördern und die Destinationen an das Angebot der Schweiz anzupassen, war politisch nicht durchdacht. Trotzdem wurde die Hotelsanierungsaktion entsprechend dieser Richtlinien durchgeführt, wenngleich – wie noch gezeigt werden wird – die Landesregierungen diese Richtlinien teilweise umgingen.

Am 10. Mai 1933, also zwei Wochen vor der Verlautbarung der 1000-Mark-Sperre durch Adolf Hitler, beschloss der Ministerrat die Hotelsanierungsaktion, die am 19. Mai 1933 mit einer Million Schilling aus dem Arbeitsbeschaffungsfonds dotiert wurde.[50] Fünf Tage später beantragte der Ministerrat die Gründung einer Hoteltreuhandstelle beim „Creditinstitut für öffentliche Unternehmungen und Arbeiten".[51] Die Hotellerie befand sich, das zeigt das Stützungsprogramm, bereits vor dem 1. Juni 1933 in einer angespannten Lage. Diese resultierte daraus, dass Banken und Investoren während des Wirtschaftsbooms der 1920er-Jahre günstiges Kapital in Form von Krediten bereitgestellt hatten und die öffentliche Hand diese Strategie durch ein Investitionsbegünstigungsgesetz bestärkte. Als die Welt-

---

46   Groß, Zwischen Kruckenkreuz und Hakenkreuz, S. 61.
47   Ebenda.
48   Ebenda.
49   ÖSTA/AdR, BMfHuV, Sch. 1583, Zl. 126.679-14/1933.
50   Otruba, A. Hitlers, S. 4.
51   Ebenda.

wirtschaftskrise das Land traf, waren die Kreditnehmer nicht mehr in der Lage, ihre Kredite zu tilgen. Adolf Hitler schien die Verletzlichkeit der österreichischen Tourismusbetriebe genau zu kennen, die 1000-Mark-Sperre zielte letztlich auf deren wirtschaftlichen Ruin. Dies schuf eine Situation, in der die Betriebsführer anfällig für ideologische Verblendung wurden – oder wie es ein Journalist in einer britischen Zeitung formulierte: „[E]s [mutet] dem Ausländer ganz merkwürdig an, mit welcher selbstlosen Liebe und Opferfreudigkeit die Nationalsozialisten in Oesterreich ihrer Idee anhängen, mit welcher Beharrlichkeit [...] sie ihr Ziel verfolgen."[52]

Die österreichische Hotelsanierungsaktion war keine Reaktion auf die 1000-Mark-Sperre, sondern zunächst unabhängig davon konzipiert worden.[53] Der wirtschaftliche Schraubstock, den die Nationalsozialisten anzogen und der wachsende Druck einzelner Betriebe, der Bürgermeister von Tourismusgemeinden,[54] der Landestourismusverbände,[55] der Handelskammern[56] und Hoteliersverbände sowie der Landesregierungen[57] zwang das BMfHuV zu weiterem Handeln. Die österreichische Regierung beugte sich dem wachsenden Druck, politisierte jedoch ihrerseits die zur Entschuldung gedachte Hotelsanierungsaktion, indem sie die verantwortlichen Stellen im BMfHuV am 27. Mai 1933 dazu veranlasste, die Vergabe der Hilfsmittel an die Überprüfung der staatsbürgerlichen Gesinnung der Hilfesuchenden zu koppeln. Dass eine Überprüfung der Vaterlandstreue der Hilfesuchenden einen beträchtlichen bürokratischen Aufwand mit sich brachte und so das Anlaufen der Hilfsaktion massiv verzögerte, konnte oder wollte im Mai 1933 keine der verantwortlichen Stellen vorhersehen. Da, wie Paul Virilio argumentiert, Macht immer auch Ergebnis „der Herrschaft des Schnelleren"[58] ist, beschleunigte das von der Bundesregierung ungewollt eingeführte Element der Beharrung die politische Radikalisierung der Tourismustreibenden. Diese interpretierten die träge Reaktion der Bundesregierung in Wien als mangelndes Interesse und als Beweis dafür, dass es der Vorarlberger Bevölkerung im Großdeutschen Reich besser ergehe. Jeder Tag, der verstrich, spielte also den Nationalsozialisten in die Hände.

---

52 ÖSTA/AdR – Bestandsgruppe 02 – BKA, Sch. 335, Zl. 2.475.
53 Otruba, A. Hitlers, S. 4.
54 ÖSTA/AdR, BMfHuV, Sch. 1586, Zl. 121.153-14/1934.
55 ÖSTA/AdR, BMfHuV, Sch. 1583, Zl. 133.400-14/1933.
56 ÖSTA/AdR, BMfHuV, Sch. 1584, Zl. 143.189-14/1933.
57 ÖSTA/AdR, BMfHuV, Sch. 1583, Zl. 124.299-14/1933.
58 Paul Virilio, Geschwindigkeit und Politik. Essays zur Dromologie (Merve, Berlin 1980), S. 61–62, zitiert nach: Rosa, Beschleunigung, S. 102; Hervorhebung im Original.

2.2.1   Die Landes- und Bundesaktion und die Rache der Ausgeschlossenen

Am 31. Mai 1933 beschloss der Ministerrat die Widmung eines Betrages von acht
Millionen Schilling zur Stützung der Hotelbetriebe. „Woher das Geld genommen
werden sollte, war allerdings zu diesem Zeitpunkt nicht geklärt."[59] Im Ministerrat
ging man davon aus, dass die Summe von der ins Haus stehenden Genfer Anleihe
abgezweigt werden könnte, wogegen sich aber der Völkerbunddelegierte Rost van
Tonningen aussprach.[60] Also musste das Geld aus dem laufenden Budget kommen.
Nach der ursprünglichen Konzeption hätten fünf Millionen Schilling (Bundesaktion) eingesetzt werden sollen, um eine Treuhandstelle beim Creditinstitut für
öffentliche Unternehmungen und Arbeiten zu dotieren.

> Die restlichen drei Millionen Schilling (Landesaktion), von denen 95.000 Schilling
> für die Subvention der Salzburger Festspiele abgezogen werden mussten, sollten zur
> Stützung anderer Fremdenverkehrsbetriebe, z. B. Gaststätten ohne Fremdenbeher-
> bergung, Saisongeschäften, Lokalbahnen, Seilbahnen, Kraftfahrlinien und Flughäfen
> verwendet werden. Im Laufe des Jahres 1933 wurde der ursprüngliche Betrag von
> acht Millionen auf fünf Millionen Schilling gekürzt. Aus der Differenz wurde die
> Kinderhilfsaktion der Bundesregierung bestritten.[61]

Die Kürzung begründete der Ministerrat damit, dass die Kinderhilfe auch Effekte,
vor allem für die preisgünstigeren Tourismusbetriebe habe.[62]

> Am 25. November 1933 wurden schließlich 3,8 Millionen Schilling vom Finanzmi-
> nisterium freigegeben, die sich auf die Landesaktion (1,3 Millionen) und die Bun-
> desaktion (2,5 Millionen) verteilten. Die Mittel der Landesaktion wurden entspre-
> chend dem Anteil an den reichsdeutschen Gästenächtigungen von 1932 verteilt, wie
> in Tabelle 1 angegeben, wobei bei dieser Aktion die Landeshauptmänner ein Mit-
> spracherecht bezüglich der Definition der Unterstützungswürdigkeit hatten.[63]

---

59   Groß, Zwischen Kruckenkreuz und Hakenkreuz, S. 61.
60   ÖSTA/AdR, Protokolle des Ministerrates der Ersten Republik, Abt. V, 1933-06-23, S. 81.
61   ÖSTA/AdR, BMfHuV, Sch. 1584, Zl. 170.610-14/1933. Zitiert nach: Groß, Zwischen Kru-
      ckenkreuz und Hakenkreuz, S. 61.
62   ÖSTA/AdR, Protokolle des Ministerrates der Ersten Republik, Abt. V, 1934-07-30, S. 10.
63   ÖSTA/AdR, BMfHuV, Sch. 1584, Zl. 170.339-14/1933. Zitiert nach: Groß, Zwischen Kru-
      ckenkreuz und Hakenkreuz, S. 61.

Tabelle 1: Verteilung der Gelder der Landesaktion auf die Bundesländer.

Land	Gesamt	Privatbahnen	Schifffahrtsunternehmungen	Kraftfahrlinien	Flughäfen
NÖ.	19.400				
OÖ.	96.000	14.530	16.960	7270	
Salzburg	311.800	176.830	6300	9690	970
Stmk.	34.900		970		
Kärnten	87.200	5810	5810		
Tirol	602.700	188.470	1450	9690	970
Vorarlberg	152.100	31.490		7260	

Die Verteilung zeigt, dass die Landesaktion neben den Hotels und Gasthöfen auch Mobilitätseinrichtungen umfasste. „Gegen Jahresende 1933 stand fest, dass die elektrische Bahn Dornbirn-Lustenau, die Montafoner Bahn und die Pfänderbahn Unterstützung erhalten sollten."[64] Nachdem die Landeshauptmänner berechtigt waren, einen anderen Verwendungszweck vorzuschlagen, entschloss sich der Vorarlberger Landeshauptmann, auch das Taxigewerbe zu subventionieren. „Der restliche Betrag von rund 113.000 Schilling gelangte zur Verteilung an Hotel- und Gastgewerbebetriebe."[65] In Summe wurden 134 Unternehmen mit Beträgen zwischen 100 und 3.000 Schilling bedacht, wobei manche Fremdenverkehrsbetriebe mehrere Male kleinere Beträge erhielten. Der Mittelwert der Hilfssummen der Landesaktion betrug 614 Schilling. Die Beträge wurden in Form von Steuerabschreibungen beziehungsweise -erlässen oder Erlässen der Sozialversicherung vergeben.[66] Der Großteil der Gelder aus der Landesaktion ging an Gastwirte (55 Prozent); weitere Mittel an Privatbahnen (19 Prozent), an den Fremdenverkehrsverband für Werbemaßnahmen (10 Prozent), an Fotohändler und Postkartenverkäufer (3 Prozent), an das Taxigewerbe (3 Prozent), Bergführer (2 Prozent) und Dienstmänner (0,5 Prozent). „Die verbleibenden sieben Prozent behielt das Land als Notfallsrücklage ein."[67]

Die rund 15.000 Schilling, die dem Landesverband für Fremdenverkehr zur Verfügung gestellt wurden, investierte dieser in die Neuausrichtung seiner Werbung. Die bis dato auf Deutschland ausgerichtete Zeitungskampagne wurde kurz nach dem 27. Mai 1933 widerrufen und durch neue Inserate in der Schweiz, Frankreich, Holland und England ersetzt.[68]

---

64 Groß, Zwischen Kruckenkreuz und Hakenkreuz, S. 61.
65 Ebenda.
66 Ebenda.
67 ÖSTA/AdR, BMfHuV, Sch. 1588, Zl. 127.557-14/1935. Zitiert nach: Ebenda.
68 Groß, Zwischen Kruckenkreuz und Hakenkreuz, S. 62.

Die 1000-Mark-Sperre war damit der Ausgangspunkt für die Internationalisierung der Werbeaktivitäten des Landesverbandes sowie für die Akzentverschiebung auf die Wintersaison.[69] 1934 entschied sich der Landesverband, die Winterlandschaft des Arlbergs ins Zentrum der Werbung zu rücken.

> Man legte dem Prospekt, der in englischer, französischer, deutscher und holländischer Sprache erschien, eine Übersichtskarte der Skigebiete des Landes bei. Für die Werbung in der Schweiz gestaltete der Verband einen eigenen Prospekt, der neben den Skigebieten sämtliche Ermäßigungen und Pauschalreisen betonte, um auf die für die Eidgenossen vergleichsweise günstigen Preise des Landes aufmerksam zu machen.[70]

Im selben Jahr lancierte der Verband einen Wettbewerb für Künstler, Entwürfe für ein Sommer- beziehungsweise Winterplakat einzureichen. 95 Plakatentwürfe wurden eingesandt. Der erste Preis für den Winter- und Sommerentwurf ging an Hans Fotik aus Wien, der zweite Preis an den Innsbrucker Hans Berann, der mit der Gestaltung beider Plakate beauftragt wurde.

> Eine Begründung für die Bevorzugung des Zweitplatzierten geht aus den Akten nicht hervor. Die Plakate wurden in einer Auflage von jeweils 7.000 Stück gedruckt und mit deutscher, englischer und französischer Beschriftung versehen. Ergänzend wurden kleine Anhänger gefertigt, die die weniger prominenten Skigebiete Damüls, Gargellen sowie den Werbeschlager Lech bewarben.[71]

Der Landesfremdenverkehrsverband gab außerdem Dioramen in Auftrag.[72] Dieses dreidimensionale Medium war bis dahin in Museen oder Ausstellungen zum Einsatz gekommen, um historische Kulturlandschaften und kulturelle Praktiken aus vergangenen Tagen zu repräsentieren, in der Werbung war es ein Novum.[73] Insgesamt ließ der Verband sechs solcher Dioramen produzieren; sie stellten Gargellen, Damüls und Zürs dar. Diese verschickte man an Reisebüros und Sportgeschäfte – unter anderem in Paris, London, Utrecht, Zürich und Wien – wo damit Dörfer in Vorarlbergs Peripherie als touristische Schauplätze im Kleinformat inszeniert wurden. Zusätzlich ließ der Verband Trachtenpuppen anfertigen.[74] Die Wer-

---

69   VLA, Sammlung FV, Sch. 28, Jahresberichte des LFV, 1934.
70   Groß, Zwischen Kruckenkreuz und Hakenkreuz, S. 62.
71   Ebenda.
72   Ebenda.
73   Ebenda.
74   Ebenda.

bestrategie des Landesverbands für Fremdenverkehr exportierte ein folkloristisch geprägtes Abbild des alpinen Brauchtums und der bäuerlichen Lebensweise in Vorarlberg in europäische Metropolen. Das kolportierte agrarromantische Stereotyp entsprach dem kulturkonservativen Selbstbild des Ständestaats.

Die Vergabe der Gelder der Länderaktion war im Laufe des Jahres 1934 abgeschlossen. Nach wie vor stagnierte der Zustrom der Gäste. Die Landeshauptmannschaft in Vorarlberg wandte sich daher erneut an das BMfHuV mit der Bitte, mehr Geld zur Verfügung zu stellen. Dieses lehnte die Forderung mit dem Verweis ab, dass nur sehr wenig Mittel zur Verfügung stünden und die Vorarlberger Hotelbetriebe auch von der Kinderferienaktion der Vaterländischen Front profitieren würden.[75]

Die Kinderferienaktion als Form des Sozialtourismus, die die Vaterländische Front in Anlehnung an den nationalsozialistischen „Kraft durch Freude"-Tourismus entwickelte, widerstrebte den meisten Tourismusunternehmern. Die Vergütung war dermaßen knapp kalkuliert, dass nur jene Betriebe profitierten, die neben dem Tourismus eine Landwirtschaft betrieben und die Kinder aus der eigenen Produktion verpflegen konnten. Die hochpreisigen Betriebe, die von internationalem Publikum besucht wurden, beteiligten sich nicht an dieser Aktion, da sie den Feriengästen nicht zumuten wollten, dass lärmende Kinderscharen ihre Erholung störten. Es kam zu vielen Beschwerden der Tourismusunternehmer bei der Vaterländischen Front. Kaputtes Geschirr, starke Abnutzung und Verschmutzung der Einrichtung standen beim Kinderferienwerk an der Tagesordnung, sodass letztlich nur jene Betriebe teilnahmen, die keine andere Chance sahen.[76]

Die Landesaktion konnte aufgrund der Kürzungen zugunsten des Ferienhilfswerks nicht mehr als ein Tropfen auf dem heißen Stein sein. Trösten konnten sich die Tourismusbetriebe damit, dass dieser Teil der Hotelsanierungsaktion als Soforthilfe verstanden werden konnte. Auch wenn manche Betriebe über Monate auf ihre Zuwendungen warten mussten, die Bundesaktion war noch viel langsamer. Um an der Landesaktion teilnehmen zu können, mussten die Unternehmen weder Vaterlandstreue noch eine ordentliche Buchführung nachweisen, was den Vorgang beträchtlich beschleunigte. Entgegen der Vorgabe der Vaterländischen Front kamen

---

75 In Summe kamen 1936 rund 3100 Kinder nach Vorarlberg, die während 76.548 Tagen verpflegt und beherbergt werden mussten. Die Vaterländische Front verrechnete je nach Qualität des Platzes (Lager, Gaststätte oder Sanatorium) einen Tagsatz von 2,5 bis 3 Schilling, was verglichen mit den Preisen, die man anderen Gästen verrechnen konnte, äußerst wenig war. Siehe dazu: Erwin Auer, Das Kinderferienwerk der Vaterländischen Front (Selbstverlag des Kinderferienwerkes der Vaterländischen Front, Wien 1936), S. 48.

76 ÖSTA/AdR, BMfHuV, Sch. 1588, Zl. 131.268-14G/1935.

die Subventionen auch offen nationalsozialistisch eingestellten Betriebsführern zugute. Einen prominenten Fall stellte die Familie Kinz aus Bregenz dar, die die Seilbahn auf den Pfänder betrieb und als nationalsozialistisch galt.[77]

Die Bundesaktion war gänzlich anders strukturiert.

> Die bedürftigen Betriebe mussten sich an die Hoteltreuhandstelle in Wien wenden und ihren Bedarf durch Offenlegen ihrer Bücher beweisen. Die Hoteltreuhandstelle forderte anschließend ein politisches Gutachten bei den Bezirkshauptmannschaften oder der Ortstelle der Vaterländischen Front an und verhandelte die Ansuchen in einer Sitzung.[78]

Die Hoteltreuhandstelle war allerdings erst nach etwa einem Jahr handlungsfähig, nachdem geeignete Kandidaten für den Beirat gefunden worden waren. Österreichweit ergingen 109 Vorschläge für die personelle Besetzung des Beirats der Hoteltreuhandstelle. Davon erwiesen sich 27 als politisch verlässlich, 22 als politisch unverlässlich und 30 als offen nationalsozialistisch. Die Übrigen fielen unter die Kategorie „Verschiedenes". Aus Vorarlberg wurden Guido Ortlieb, Bertram Rhomberg, Josef Herburger, Thomas Schwarzer und Fritz Schmucker aufgrund ihrer nationalsozialistischen Orientierung abgelehnt. Letztlich wurden Albert Schmid (Hotel Alpenrose, Zürs) und Wilhelm Braunger (Hotel Vergalden, Gargellen) Vorarlbergs Vertreter im Beirat der Hoteltreuhandstelle.[79] Ihre Aufgabe bestand darin, Stellungnahmen zu den Stützungsanträgen abzugeben.[80]

Aus ganz Österreich gingen 1719 Ansuchen bei der Hoteltreuhandstelle ein, aus denen jene Kandidaten herausgefiltert wurden, die auf der Basis ihrer Buchhaltung und der politischen Gesinnung von der Bundesregierung als förderungswürdig einzustufen waren. Bei der Länderaktion galt die Anzahl reichsdeutscher Nächtigungen als Verteilungsschlüssel. Im Gegensatz dazu lag es bei der Bundesaktion an den Ländervertreter im Beirat, für eine gerechte Aufteilung der Gelder zu sorgen.[81] Abbildung 6 gibt eine Übersicht über die bei der Treuhandstelle eingelangten Stützungsgesuche und Förderentscheidungen.

Aus Vorarlberg gingen nur 48 Ansuchen bei der Hoteltreuhandstelle ein, eine im österreichweiten Vergleich absolut wie relativ geringe Anzahl. Aus der Bundesvergabe entfielen 4,8 Prozent auf das Bundesland Vorarlberg, nur die Wiener erhiel-

---

77   ÖSTA/AdR – Bestandsgruppe 02 – BKA, Sch. 109, Zl. 67.742/37.
78   ÖSTA/AdR, BMfHuV, Sch. 1586, Zl. 135.133-14/1934. Zitiert nach: Groß, Zwischen Kruckenkreuz und Hakenkreuz, S. 65.
79   ÖSTA/AdR, BMfHuV, Sch. 1586, Zl. 126.048-14/1934.
80   ÖSTA/AdR, BMfHuV, Sch. 1586, Zl. 134.835-14/1934.
81   ÖSTA/AdR, BMfHuV, Sch. 1587, Zl. 139.383-14/1934.

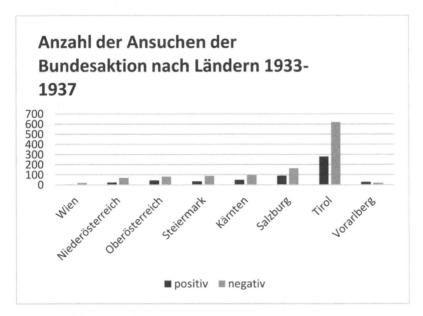

Abbildung 6: Verteilung der Gelder der Landesaktion auf die Bundesländer, gegliedert
nach positiv und negativ beschiedenen Ansuchen.

ten noch weniger Förderungen. Im Vergleich dazu kamen auf Tirol 31,6 Prozent,
auf Salzburg 27,4 und auf Kärnten 10,2 Prozent. Allerdings wurden im Vergleich
deutlich mehr Ansuchen (28) positiv bearbeitet als abgelehnt. Auf diesem Weg
gelangte ein Betrag von rund 160.000 Schilling zur Verteilung. Die Kredithöhen
bewegten sich zwischen 1200 und 20.000 Schilling. Im Mittel wurden ca. 6500 Schilling gewährt.

Dass Vorarlberg nur in so geringem Maße von der Bundeshilfe profitierte, erregte die Gemüter in der Landesregierung. Diese beschwerte sich umgehend beim
Bundesministerium für Handel und Verkehr. Dort reagierte man gelassen:

[A]us Vorarlberg [sind] bei Beginn der Aktion sehr wenige Stützungsansuchen
eingelangt, die soweit die politische Qualifikation der Stützungswerber es zuliess,
voll berücksichtigt wurden. [...] Die Landeshauptmannschaft wurde aufmerksam
gemacht, daß das Exekutivkomitee nur jene Ansuchen berücksichtigen könne, die
tatsächlich eingelangt sind und daß es nicht möglich sei, darüber hinaus dem Lan-
de Vorarlberg zur eigenmächtigen Verwendung einen Betrag zur Verfügung zu
stellen. [...] 20 Ansuchen wurden abgelehnt, darunter die Hälfte wegen politischer

Disqualifikation der Stützungswerber, 9 Ansuchen wegen Mangels der sonstigen Voraussetzungen.[82]

In der Vorarlberger Landesregierung hatte man sich offenbar erhofft, dass die Bundesregierung einen prozentuellen Anteil der Hilfsgelder den Vorarlbergern zur Selbstverwaltung überlassen würde. Die Landesregierung stellte sich schützend vor die Tourismusunternehmer: Diese, so hieß es, würden sich vor dem Kontrollrecht der Betriebsführung fürchten, an das eine Darlehensgewährung geknüpft war.[83]

Tatsächlich stellte sich die Situation etwas anders dar: Jene Regionen, in denen der Tourismus die wichtigste Einkommensquelle bot, wie der Arlberg oder das Kleine Walsertal, waren von der 1000-Mark-Sperre kaum oder gar nicht betroffen. Das Kleine Walsertal hatte den Status eines Zollausschussgebiets und war bis zum Frühjahr 1934 von der Sanktion ausgenommen.[84] In Lech/Zürs brachen zwar die Meldungen reichsdeutscher Gäste ein; im Gegenzug besuchten mehr Österreicher, Tschechoslowaken und Gäste aus Großbritannien, Frankreich sowie den Beneluxstaaten die Gemeinde.[85] Dass die genannten Regionen von den Auswirkungen der 1000-Mark-Sperre nahezu verschont blieben, zeigen auch die Aufzeichnungen aus dem Bundesministerium für Verkehr. Es flossen gerade einmal 3900 Schilling aus der Bundesaktion in das Hotel Tannbergerhof in Lech,[86] dessen Besitzer Anfang der 1930er-Jahre ein elegantes Tanzcafé gebaut hatte.[87] In Abbildung 7 ist das Hotel Tannbergerhof samt zugehörigem Hinweisschild für das neuerrichtete Tanzcafé zu sehen.

Die 1000-Mark-Sperre brachte Unternehmer im Montafon (Gaschurn, St. Gallenkirch und Schruns) sowie in Schröcken und Damüls im Bregenzerwald in Bedrängnis. Diese Gebiete wurden vom Landesfremdenverkehrsverband Vorarlberg weniger beworben, ihr touristisches Angebot war vergleichsweise einfach und wurde überdies mehrheitlich von deutschen Gästen in Anspruch genommen. In Damüls beispielsweise fielen von einem Tag auf den anderen 80 Prozent der

---

82   ÖSTA/AdR, BMfHuV, Sch. 1588, Zl. 136.858-14G/1935.
83   Ebenda.
84   Dreier, Doppelte Wahrheit, S. 64.
85   Peter Streitberger, Zürs. Von der Alpe zum internationalen Wintersportplatz (Beiträge zur alpenländischen Wirtschafts- und Sozialforschung 67, Wagner, Innsbruck 1969), S. 32.
86   Robert Groß, Zwischen Kruckenkreuz und Hakenkreuz. Tourismuslandschaften während der 1000-Reichsmark-Sperre. In: Montfort 2 (2013), S. 53–72, hier S. 64.
87   N. N., Geschichte & Philosophie Ihres 4*-Hotels am Arlberg, siehe URL: http://www.tannbergerhof.com/hotel/geschichte-philosophie.html (6.8.2018).

Abbildung 7: Die Eisbar vor dem Hotel Tannberger Hof in Lech. In der rechten Bildhälfte ist das Werbeschild für das Tanzcafé zu sehen.

Nächtigungen aus.[88] Der Gemeindevorsteher wandte sich mit einem verzweifelten Brief, der die Dramatik der Situation verdeutlicht, an den Bundesminister für Handel und Verkehr:

Damüls war immer bereits zur Gänze von Deutschen besucht aber durch die 1000 M. Sperre kommt die Gemeinde Damüls die 4 Gasthöfe die Lohnfurwerksbesitzer deren zwei sind, dan auch noch viele Private schwer zu Schaden und ihre Existenzen sind schwer betrot wo nicht ganz ruiniert werden, dan durch den steten Zuwachs der Fremden in den letzten Jahren wurde und musste viel verbessert werden bei jedem Geschäfte so dass mann dadurch Schulden machen musste in der Hoffnung durch den regen Fremdenverkehr alsbald wieder entlastet zu werden.[89]

---

88   Robert Groß, 1950er Syndrom, S. 43.
89   ÖSTA/AdR, BMfHuV, Sch. 1586, Zl. 121.153-14/1934, im Wortlaut übernommen. Zitiert nach: Groß, Damüls im Strom, S. 268.

Der niedrige Eigenkapitalanteil, der die touristische Transformation von Damüls überhaupt ermöglichte, belastete die Betriebe schwer. Von den vier erwähnten Gasthöfen erhielten zwei eine Unterstützung durch die Hotelsanierungsaktion. Zumindest einem Damülser Unternehmer – Hans Strasshofer – blieb aufgrund wiederholter Beteiligung an nationalsozialistischen Propagandaaktionen die Hilfe versagt.[90] Die in Abbildung 8 wiedergegebene Bildpostkarte aus dem Jahr 1939 zeigt das Gasthaus Walisgaden des Hans Strasshofer. Der Bau hätte von einer Sanierung wohl profitiert. Ein Zweiter, Leo Breuss, bewarb sich erst gar nicht um Unterstützung der österreichischen Bundesregierung, wohl aus ähnlichen Motiven. Er wurde nach dem sogenannten Anschluss Österreichs an Deutschland Ortsgruppenleiter der NSDAP in Damüls.[91]

Abbildung 8: Das Gasthaus Walisgaden vor seiner „Ernennung" zum Hotel.

---

90   Groß, Damüls im Strom, S. 268.
91   Ebenda.

„Wenn die Grenzen sich wieder öffnen, lautet die Formel der Verheißung",[92] so schrieb Lucie Varga 1936. Als sich die Grenzen tatsächlich wieder öffneten, erfüllte sich die Verheißung für die Tourismustreibenden aber keineswegs. Es reisten wesentlich mehr Österreicher nach Deutschland als umgekehrt. Entgegen der nationalsozialistischen Propaganda standen Reichsdeutschland nicht einmal genügend Devisen zur Verfügung, „um sich ausreichende Einfuhren von Brotgetreide leisten zu können".[93] Aufgrund des Devisenmangels im Dritten Reich waren die Devisenvorschriften rigide; die Tourismusbranche erholte sich erst nach dem Anschluss Österreichs.[94] Unternehmer wie Hans Strasshofer in Damüls, die von der Vaterländischen Front zwischen 1933 und 1936 als staatsfeindlich eingestuft worden waren, rächten sich nach dem Ende der 1000-Mark-Sperre an ihrer vaterlandstreuen Konkurrenz, um zumindest ein wenig vom Fremdenverkehr aus Deutschland profitieren zu können.[95]

734 Betriebe wurden von den Nationalsozialisten als vaterlandstreu gebrandmarkt und daher von deutschen und österreichischen Nationalsozialisten boykottiert. „Wir werden in Oesterreich boykottiert, weil wir uns als Oesterreicher bekennen und bekannt haben. Wir werden boykottiert mit der Erklärung ‚Dollfussanhänger und Heimatwehrgasthaus'. Das schreit zum Himmel. Das kann NUR in Oesterreich möglich sein."[96] Der Boykott war zentral organisiert:

Die Auslandsorganisation der Reichsdeutschen hat mit Hilfe der hier verbotenen Illegalen in jedem Orte eine Liste aufgestellt. a.) der Häuser, welche der Deutsche besuchen muss; b.) der Häuser, welche der Deutsche nicht besuchen darf. Mittels Courier gehen diese Listen nach Deutschland und werden dorten an alle Reisebüros und Autobusunternehmungen und Grenzstationen verteilt. Jeder Deutsche, der österreichischen Boden betritt, weiss, wo er hingehen soll und wo nicht. Die meisten tun es, da unsere Illegalen wieder ins Reich melden, wenn Deutsche in ein österreichisches Gasthaus kommen.[97]

---

92   Varga, Zeitenwende, S. 165.
93   Otruba, A. Hitlers, S. 80.
94   ÖSTA/AdR – Bestandsgruppe 02 – BKA, Sch. 115, Zl. 44.613/37.
95   ÖSTA/AdR – Bestandsgruppe 02 – BKA, Sch. 147, Zl. 1.563/38.
96   ÖSTA/AdR – Bestandsgruppe 02 – BKA, Sch. 109, Zl. 28.965/37.
97   Ebenda.

2.2.2   Die Weltwirtschaftskrise und 1000-Reichsmark-Sperre als transformative Kraft touristischer Schauplätze?

Die Krisenjahre zwischen 1931 und 1936/37 beendeten vorerst die vielerorts rasch verlaufende materielle Transformation touristischer Schauplätze. In Lech eröffnete 1933 mit der Sonnenburg das vorläufig letzte Hotel. Neue Beherbergungsbetriebe wurden erst wieder nach Ende des Zweiten Weltkriegs gegründet.[98] Ähnlich wirkten sich die Krisenjahre in den Gemeinden des Bregenzerwaldes, speziell in Damüls, und des Montafon, insbesondere St. Gallenkirch und Gaschurn, aus.[99] Sieghard Baier, langjähriger Landestourismusdirektor von Vorarlberg, sprach von „schwere[n] Rückschläge[n] für den Tourismus"[100] in „der schweren Zeit der 1000-Reichsmark-Sperre".[101] Die Krise der 1930er-Jahre entwickelte sich zu einer Art kollektivem Trauma vieler Tourismusunternehmer und Bewohner peripherer Alpenregionen.[102] Es nimmt einen fixen Platz in der Tourismushistoriografie ein. Dies liegt nicht zuletzt an den Quellen. Die Presse der 1930er-Jahre, Sprachrohr der politischen Parteien, vermittelte Nachrichten rund um die Sanktion in polarisierenden Schlagzeilen, die die Befindlichkeiten ihrer Leserschaft verstärkten, Klientelpolitik betrieben und letztlich vor allem den eigenen Absatz sichern sollten.[103] Sie sind als Quelle sehr kritisch zu bewerten. Statistiken hingegen verkürzen das historische Objekt auf quantitative Gesichtspunkte. Diese Verkürzung verleitet den Betrachter dazu, eine Kausalität zwischen Gästezahl und tatsächlichem Einfluss der Sanktion herzustellen. Die praxistheoretische Perspektive auf die Ereignisse bietet einen Ausweg, denn ihr Fokus liegt auf der Frage der transformativen Kraft der Krise, die sich auf nationalen, regionalen und lokalen Ebenen rekonstruieren lässt.

In der Fremdenverkehrspolitik bewirkte die 1000-Mark-Sperre eine Neuorientierung. Es wurden Kontakte nach Westeuropa geknüpft und erstmals gezielt Franzosen, Briten und Gäste aus den Beneluxländern angesprochen – durch neue, innovative Werbemaßnahmen wie Dioramen, Trachtenpuppen und Filme, aber auch

---

98   Georg Sutterlüty, Der Skitourismus und seine Bedeutung für die wirtschaftliche Entwicklung der Gemeinde Lech. In: Montfort 52/2 (2000), S. 200–225, hier S. 209.

99   Groß, 1950er Syndrom, S. 43; Katrin Netter, Urlaubstraum Montafon. Zur 150-jährigen Geschichte des Tourismus im Tal. In: Norbert Schnetzer, Wolfang Weber (Hg.), Das Montafon in Geschichte und Gegenwart. Bevölkerung – Wirtschaft. Das lange 20. Jahrhundert (Eigenverlag Stand Montafon, Schruns 2012), S. 185–215, hier S. 210.

100   Baier, Tourismus in Vorarlberg, S. 60.

101   Ebenda, S. 51.

102   Dreier, Doppelte Wahrheit, S. 69–70.

103   Ebenda.

klassische Werbemittel wie Plakate und Prospekte. Unmittelbar profitierten nur elitäre Destinationen; mittelfristig ergaben sich jedoch Kontakte und Lerneffekte, die dazu führten, dass nach Ende des Zweiten Weltkriegs, als sich der Tourismus demokratisierte, auch preisgünstigere Gebiete von Gästen aus diesen Ländern aufgesucht wurden. Selbiges gilt für den gestärkten Inlandsreiseverkehr, hier wirkte nicht zuletzt auch der Sozialtourismus der Vaterländischen Front nach, der Menschen in die agarischen Peripherien gebracht hatte.

Im BMfHuV erkannte man, dass der „Hauptexportartikel Österreichs […] die Schönheit des Landes"[104] sei, wie Hofrat Formanek 1935 in einem Radiobeitrag des „Heimatfunk" erklärte. Diese Bewertung des Tourismus als eminent wichtiger Devisenbringer der österreichischen Nationalökonomie war ein Novum. Strukturell resultierte die hohe Devisenabhängigkeit der Ersten Republik aus der Schrumpfung des österreichischen Territoriums durch den Zerfall der Habsburgermonarchie und der hohen Importabhängigkeit der Industrie. Im Verlauf der 1920er-Jahre wurden Einnahmen aus dem Tourismus eine Art Regionalentwicklungspolitik, von der ländliche Regionen profitieren sollten. Doch erst die Weltwirtschaftskrise führte den Verantwortlichen vor Augen, wie wichtig die Einnahmen aus dem Tourismus für die Volkswirtschaft waren; im Bundesministerium für Handel und Verkehr begann man erstmals, über eine staatliche Förderung des Tourismus nachzudenken. Die 1000-Mark-Sperre beschleunigte die administrativen Vorgänge hinsichtlich unterstützender Maßnahmen (Hotelsanierungsaktion); Tourismusförderung wurde als nationalstaatliche Aufgabe verstanden. Das neue Selbstbild des Nationalstaats, zu dem die Akteure während der Krisenjahre fanden, bildete schließlich den Grundstein der nationalstaatlich vorangetriebenen Transformation alpiner Regionen in Wintersportparadiese, wie sie die Entwicklung in der Zweiten Republik charakterisierte.

Durch die nationalstaatliche Förderungspraxis formulierte das BMfHuV neue Regeln für Tourismusunternehmer, was zeigt, dass dem Tourismus erstmals seit Zerfall der Monarchie eine staatstragende Rolle zugesprochen wurde, vergleichbar mit anderen Wirtschaftssektoren. Im Gegenzug verlangte das BMfHuV, dass die Tourismusunternehmer wie die Unternehmer anderer Sektoren agierten. Hoteliers mussten ökonomisch rational wie Manager kalkulieren und durften nicht davor zurückscheuen, ihre Bücher zu öffnen, wollten sie in den Genuss staatlicher Förderung kommen. Es ist also davon auszugehen, dass die Vorgaben der Hoteltreuhandstelle die betriebliche Praxis jener Unternehmer transformierten, die an der Hotelsanierungsaktion teilnahmen. Dass in Vorarlberg die Touristiker großteils vor einer solchen Offenlegung zurückschreckten, kann Verschiedenes bedeuten.

---

104 ÖSTA/AdR, BMfHuV, Sch. 1589, Zl. 126.032-14G/1935.

Womöglich waren sie sich bewusst, dass ihre Buchhaltung von Wirtschaftsexperten als ungenügend eingestuft worden wäre, oder aber es war wirtschaftlich gar
nicht so schlecht um sie bestellt. Schließlich war klar, dass eingefleischte Nationalsozialisten nicht mit Unterstützung rechnen durften.

Der Fall von Hans Strasshofer aus Damüls zeigt aber, dass es eine ökonomisch
durchaus sinnvolle Strategie sein konnte, sich gegen den politischen „common
sense"[105] zu stellen. Strasshofer ging eine Allianz mit dem nationalsozialistischen
Untergrund ein, was ihm wirtschaftliche Vorteile brachte, als die 1000-Mark-Sperre aufgehoben wurde, da sein Betrieb nun von österreichischen und deutschen
Nationalsozialisten bevorzugt wurde.[106] Als Belohnung für seine treue Parteimitgliedschaft erhielt Strasshofer 1938 eine Hotelkonzession für seine Wirtschaft, die
vor dem Anschluss von den Behörden noch als einfache Pension eingestuft worden war.[107] Für Strasshofer erfüllte sich mit der Machtübernahme der
Nationalsozialisten in Österreich jene Hoffnung auf einen höheren sozialen Status,
die viele illegale Nazis mit dem Eintritt in die NSDAP verbanden.[108] Er war nun
einer von vier offiziell legitimierten Hoteliers in Damüls geworden, einem Dorf,
das auch nach Kriegsende vor allem landwirtschaftlich geprägt war. Auch solche
Änderungen des Status waren weitere, wenn auch kleine Bausteine der Transformation eines agrarischen Schauplatzes zu einem touristischen, einer Verwandlung,
die von der Weltwirtschaftskrise und der 1000-Mark-Sperre beschleunigt wurde.

Zusammenfassend lässt sich festhalten, dass die Krise der 1930er-Jahre den national, regional und lokal tätigen touristischen Akteuren neue Strategien abverlangte, die entweder sofort oder mit zeitlicher Verzögerung die touristischen Praktiken
transformierten. Die materiellen Arrangements der touristischen Schauplätze blieben von diesen Strategien zunächst weitgehend unberührt, denn der Ausbau der
Hotels und Gasthöfe stagnierte. Eine Ausnahme stellten die Skilifte dar. Der Vorarlberger Landesverband für Fremdenverkehr hatte angesichts der 1000-Mark-
Sperre das Arlberggebiet zum Zugpferd von international ausgerichteten Werbeaktivitäten erklärt. Viele, oft kosmopolitische Gäste aus Westeuropa brachten nicht
nur Fremdwährung ins Land; sie waren weit gereist, hatten viel gesehen und teilten
ihre Erfahrungen mit den Gastgebern. So erzählte der Franzose Charles Diebold,
der die Eliteskigebiete der Alpen kannte, Sepp Bildstein und Victor Sohm von einem

---

105 Ernst Hanisch, Der Politische Katholizismus als Träger des „Austrofaschismus". In:
     Emmerich Tálos, Wolfgang Neugebauer (Hg.), „Austrofaschismus". Beiträge über Politik,
     Ökonomie und Kultur 1934–1938 (Verlag für Gesellschaftskritik, Wien 1984), S. 53–75,
     hier S. 66.
106 ÖSTA/AdR – Bestandsgruppe 02 – BKA, Sch. 147, Zl. 1.563/38.
107 VLA, BH Bregenz, Sch. 1102, Zl. II/951-1100-1933.
108 Hanisch, Der Politische Katholizismus, S. 66.

Schlepplift in Val d'Isère in Frankreich. Bildstein und Sohm reagierten prompt und beauftragten den Aufzugfabrikanten Emil Doppelmayr mit der Planung des ersten „mechanisch betriebenen Seilaufzug[s] für Skifahrer"[109] in Österreich. Die Baukosten, die von zwei Lecher Hoteliers und einem Bludenzer Kaufmann getragen wurden, betrugen 47.068,35 Schilling.[110] Das war keine Kleinigkeit für Akteure, die in einem Bezirk lebten, der laut einem Bericht des Vorarlberger Tagblatts von 1933 vor dem wirtschaftlichen Zusammenbruch stand. Durch den Bau des Skilifts setzten Bildstein, Sohm und Doppelmayr eine Transformation ungeahnten Ausmaßes in Gang. 1939 errichteten die Lecher bereits den nächsten Skilift und 1940 einen weiteren. Im selben Jahr zog mit dem Kleinwalsertal ein weiterer Profiteur der 1000-Mark-Sperre nach.[111] Durch den Bau von Skiliften schrieb sich die politische Geografie der 1000-Mark-Sperre in die touristischen Schauplätze längerfristig ein. Lech verdankte der 1000-Mark-Sperre erhöhte Aufmerksamkeit in Westeuropa, die sich sehr bald durch den Zustrom reicher Touristen bezahlt machte, der wiederum dem Dorf einen deutlichen Startvorteil im Verteilungskampf um nationalstaatlich verteilte Fördergelder nach 1945 verschaffte.

2.3   BESCHLEUNIGUNG WINTERTOURISTISCHER SCHAUPLÄTZE VOR DER TECHNISCHEN REVOLUTION DES SKILAUFS

Der Vorteil ist augenscheinlich […]: Einmal wird ein gewaltiger Zeitgewinn erzielt, indem für je 100 Meter Höhe nur etwa 3 Minuten zu rechnen sind, anstatt 12–15, andermal spart der Skiläufer die für den Anstieg auszugebende Kraft für den restlosen Genuß der Abfahrt. Dieser Vorteil kommt in gleicher Weise dem Anfänger am Übungshang wie dem leidenschaftlichen Abfahrts- und Turenläufer [sic!] zugute […] Die geringen Anlagekosten ermöglichen auch einen entsprechend niedrigen Fahrpreis, der zu eifriger Benützung geradezu anreizt.[112]

Sepp Bildstein, der Mitinitiator des ersten Skilifts Österreichs in Lech, spricht die für die Industrialisierung typische Erfahrung von Individuen an, dass Mobilitätspraktiken technisch gestützt beschleunigt werden. Dank des Lifts blieb den Skifahrern mehr Zeit und Kraft, sich dem eigentlichen Genuss des Skilaufs, nämlich

---

109 Marcel Just, Birgit Ortner, Zwischen Tradition und Moderne. Lech und Zürs am Arlberg 1920–1940 (Selbstverlag Museum Huber-Hus, Lech 2010), S. 40.

110 Ebenda, S. 42.

111 Baier, Tourismus in Vorarlberg, S. 102.

112 Sabine Dettling, Bernhard Tschofen, Gustav Schoder (Hg.), Spuren. Skikultur am Arlberg (Bertolini, Bregenz 2014), S. 230, im Wortlaut übernommen.

der Abfahrt, zu widmen. Deutlich wird in den Ausführungen weiters, dass die technische Beschleunigung des Aufstiegs dem Skilauf eine neue Zeitstruktur verlieh.[113] Dies gilt für die Fahrzeit, die Taktung der Schleppbügel und die durch den Skilift ersparte Aufstiegszeit; auch für die Öffnungszeiten des Liftes, die ein Produkt sozialer Konventionen, wirtschaftlicher Gewinnanfordernisse und der Saisondauer darstellen. Letztgenannter Punkt zeigt, dass Natur in Form von Niederschlag und Temperatur sowie Topografie und Höhenlage am Schauplatz Skilift immer wirk- und handlungsmächtig ist. Dies gilt insbesondere für Schlepplifte, die ohne geschlossene Schneedecke nicht funktionieren. Der mechanisierte Aufstieg kann durch kurzfristige Tauperioden zum Stillstand kommen, um durch ein – in Vorarlberg schneebringendes – Atlantiktief wieder in Gang gesetzt zu werden. Rhythmus, Geschwindigkeit, Dauer und Sequenz von Praktiken an wintertouristischen Schauplätzen, die mit mechanischen Aufstiegshilfen bestückt wurden, erfordern, dass diese mit natürlichen Zyklen synchronisiert werden. Darin bestand die Kehrseite der von Bildstein nach Lech gebrachten Beschleunigungstechnik, deren Einsatz im Laufe des 20. Jahrhunderts massive ökonomische und ökologische Konsequenzen haben sollte.

In den 1930er-Jahren wurde der Skilift als Sieg über Zeit und Raum interpretiert, der nunmehr nahezu friktionslos in die Aufstiegs- und Abfahrtszyklen von Skiläufern eingepasst werden konnte. Wiewohl die Technik speziell bei aristokratischen Skiläufern kulturkonservative Gegenreflexe auslöste, erlagen jene Anhänger des Skisports, die sich als modern definierten, seit Beginn des 20. Jahrhunderts der Lust am Tempo, die viele Lebensbereiche der westlichen Welt erfasst hatte. Erfindungen wie die Eisenbahn, das Automobil, Flugzeug oder Telefon beschleunigten Mobilität und Kommunikation, zunächst für elitäre Gesellschaftsschichten und später auch für die Mittelschicht. Industriearbeiter erlebten mit der Einführung von Rationalisierungspraktiken und Fließbändern die Beschleunigung ihrer Lebenswelt, wenngleich hier negative Effekte, die Tyrannei der Monotonie, die Ausbeutung ihrer Arbeitskraft und die Erschöpfung überwogen.[114]

Den Skiläufern, die in der Zwischenkriegszeit vor allem aus der Mittel- und Oberschicht kamen, brachte der Temporausch in den winterlichen Bergen neue Wahrnehmungsmöglichkeiten der Landschaft und ihrer Selbst. Es galt, durch Körperbeherrschung den Herausforderungen der hochalpinen Natur Herr zu werden:

Dazu der unbeschreibliche Reiz einer Abfahrt, den natürlich nur der empfinden kann, der die Technik des Schneelaufs wirklich beherrscht. Hoch oben auf dem Kamme

---

113 Rosa, Beschleunigung, S. 32–33.
114 Denning, Skiing, S. 93.

des Gebirges steht der Läufer. Vor ihm liegen große, freie Schneehänge, die er als Abfahrtsweg ins Tal benutzen will. Ein kurzer Blick auf die Bindung. Die Mütze aufs Ohr und – heidi geht die Abfahrt! Immer schneller und schneller, daß der Wind um die Ohren pfeift und scharfe Kälte das Wasser in die Augen treibt. Da – ein Felsblock liegt im Wege – blitzschnell heißt es handeln, dem Gefälle, den Schneeverhältnissen entsprechend und schon liegt das Hindernis hinter uns. […] Welch fein abgestimmte Technik muß der Läufer anwenden bei großer Schnelligkeit im Kampfe gegen all die Kräfte, die ihn in den Schnee zwingen wollen! […] Eine Schußfahrt zum Schluß! […] Es scheint, als sollten diese, [die Skier], geschleudert durch die Macht der Fallkraft, am Walde zerschellen! Doch nein. […] Ein prachtvoller Anblick, der Läufer steht hochausatmend mit zitternden Knien, die Technik des Schneelaufs hat ihn zum Halten gebracht.[115]

In dieser Selbstbeschreibung wird deutlich, dass Skiläufer mittels inkorporiertem Wissen die Gravitationsenergie schräger Flächen nutzten, um durch Beschleunigung stimulierende Sinneseindrücke zu generieren.[116] Die Technik des Skilaufens ermöglichte, die Natur des Körpers wie auch die hochalpine Natur zu beherrschen. Der beschleunigten Bewegung am Berg und den geschärften Sinnen folgte eine neue Wahrnehmung der Winteralpen, so der Kultur- und Umwelthistoriker Andrew Denning.[117]

Die überwiegende Mehrheit der Skiläufer erfuhr in den 1930er-Jahren eine Skiausbildung, die auf ähnlich rationellen Prinzipien beruhte wie die Technik der Skilifte. Gemeint ist hier das sogenannte *scientific management,* das dank Frederick Winslow Taylor zur Leitideologie industrieller Fertigungsprozesse und der Beschleunigung des Arbeitsalltags geworden war.[118] Der US-amerikanische Unternehmer Frank Bunker Gilbreth, ein Zeitgenosse Taylors, verband dessen Zeitmessung von Arbeitsschritten mit der Fotografie von Körperbewegungen, um die Bewegungsabläufe der Arbeiter zu optimieren.[119] Diesen Weg beschritten Ende des 19. Jahrhunderts auch die sogenannten Skipioniere, allen voran der Österreicher Mathias Zdarsky, der 1897 die „Alpine Lilienfelder Skifahr-Technik" publizierte, die 17 Auf-

---

115 N. N., Vom Wunder des Schneeschuhs. In: Feierabend 12/50 (13. Julmond 1930), S. 3–5, hier S. 4.
116 Denning, Skiing, S. 94.
117 Ebenda, S. 97.
118 Gerry Jones, Frank Gilbreth, Lillian Gilbreth, siehe URL: http://www.managers-net.com/ Biography/biograph4.html (6.8.2018).
119 Michael Ponstingl, „Posen des Wissens". Zu einer fotografischen Kodierung des Skifahrens. In: Markwart Herzog (Hg.), Skilauf – Volkssport – Medienzirkus. Skisport als Kulturphänomen (Kohlhammer, Stuttgart 2005), S. 123–149, hier S. 125.

lagen erreichte und die „erste systematisch und methodisch durchdachte Skifahr-
technik für das alpine Gelände dar[stellte]".[120] Zdarsky setzte Fotografie als zentrales Instrument der didaktischen Vermittlung von Skiwissen ein. Mittels Fotografien gliederte er fließende Körperbewegungen in Sequenzen, die es zu optimieren galt. Vergleichbar mit Gilbreth, der die Körper der Arbeiter entlang des industriellen Produktionsprozesses disziplinierte, normierte Zdarsky die Bewegungsabläufe der Skiläufer, um den Lernprozess zu beschleunigen.[121] Arnold Fanck und
Hannes Schneider perfektionierten diese Form der Wissensvermittlung in ihrem
1925 erschienenen Buch[122], „das auf kinematografischen Einzelaufnahmen
basierte".[123]

Zdarsky, wie auch sein Nachfolger Hannes Schneider, der die sogenannte Arlbergtechnik entwickelte, waren in der praktischen Vermittlung von Skiläuferwis-
sen tätig, das möglichst effizient in größeren Gruppen, durchaus verbunden mit
einer militärisch inspirierten Disziplinierung der Skiläufer, weitergegeben werden
sollte.[124] Die Analogie zur Arbeit fand sich auch in den Texten der Skilehrer, wie
ein Zitat von Ernst Janner veranschaulicht:

> Im Skilauf sind also mehrfach zusammengesetzte Bewegungen erforderlich, auf die
> sich der Körper nicht ohne weiteres einstellt, auf die er vielmehr geschult werden
> muß. Der angehende Skijünger muß vor allem seinen Körper für die Durchführungs-
> möglichkeit der beim Skilauf geforderten Übungen üben. Er muß in jene beweglich,
> bewußte, **arbeitsfreudige Stimmung** [Hervorhebung R. G.] kommen, die er zum
> Skilaufen benötigt.[125]

Der rationelle Charakter des Skiunterrichts ermöglichte die effiziente Schulung
Tausender Skiläufer. Hannes Schneider unterrichtete in den 1930er-Jahren allein
am Arlberg mehr als 1000 Menschen pro Winter, was die Wissensverbreitung stark
beschleunigte.[126] Abbildung 9 zeigt Skiunterricht im Lecher Ortsteil Zürs.

---

120 Ebenda, S. 128.
121 Mathias Zdarsky, Alpine (Lilienfelder) Skifahr-Technik. Eine Anleitung zum Selbstun-
     terricht (Mecklenburg/Berlin 1908), S. 6.
122 Wunder des Schneeschuhs. Ein System des richtigen Skilaufens und seine Anwendung
     im alpinen Geländelauf.
123 Ponstingl, Posen, S. 148.
124 Bernhard Zehentmayer, Der alpine Schisport in Österreich: seine Entwicklung im 20.
     und 21. Jahrhundert im Spannungsfeld von Schifahrtechnik, -material, Tourismus und
     Seilbahnen (Dr. Müller, Saarbrücken 2009), S. 42.
125 Ernst Janner, Einiges über den Skilauf. In: Feierabend 18/52 (24. Julmond 1936), S. 16.
126 Hans Nägele, Hervorragende Vorarlberger Skiläufer. In: Feierabend 12/1 (4. Hartung
     1930) S. 19–23, hier S. 22.

Abbildung 9: Skifahrer beim Skiunterricht in Lech (undatiert).

Skischulen wie diese existierten in den 1930er-Jahren in sämtlichen Wintersportgebieten in Vorarlberg und überall wurde die Arlbergtechnik gelehrt. An der
Spitze jeder Reihe lief jeweils ein Skilehrer, dahinter folgten die Skischüler. Schon
diese Anordnung reflektierte die Rationalisierung- und Beschleunigungsideologie
Taylors. Die Ortskenntnis der Skilehrer ermöglichte es, die knappe zur Verfügung
stehende Zeit effizient zu nutzen, die durch die kurzen Tage im Winter, den Wechsel von Schön- und Schlechtwetterperioden sowie soziale Konventionen (Länge
einer Unterrichtseinheit) vorgegeben war.[127] Der Lehrer gab den Takt der Bewegung und damit das Tempo der Gruppe vor. Seine Person entlastete und disziplinierte die Skiläufer gleichermaßen.

Im Rhythmus des Führers, des Ersten, sich [zu] bewegen, kann selbst unerfreuliche
und anstrengende Tätigkeiten zum Genusse machen. […] Dem Rhythmus sich anzupassen, ist Lust an sich und schiebt die Ermüdung hinaus, gibt dem Körper von außen
her, was er von innen her durch Training zu erreichen sucht und auch erreicht.[128]

127 Janner, Einiges über den Skilauf, S. 16; Luis Trenker, Berge im Schnee. Das Winterbuch
     (Knaur, Berlin 1935), S. 114.
128 Henry Hoek, Skilauf und Rhythmus. In: Feierabend 13/49 (12. Julmond 1931), S. 21–23,
     hier S. 22.

Diese Zeilen stammten vom deutschen Geologen, Meteorologen, Bergsteiger und Skifahrer Henry Hoek, der einer rationellen räumlichen Anordnung der Körper und Bewegungsabläufe leistungssteigernde, emotional stimulierende und letztlich beschleunigende Effekte zuschreibt.

Die Publikationen der Skipioniere der 1930er-Jahre verweisen immer wieder darauf, dass die Aneignung der für längere Aufstiege unabdingbaren Körperkraft und Kondition ein zeitintensiver Prozess war, optimierbar allerdings durch das Herausbilden von Routinen.[129] Zeit und die Formbarkeit menschlicher Körper waren Schlüsselgrößen der Beschleunigung des Aufstiegs und damit der räumlichen Reichweite von Skiläufern, doch ebenso der Geschwindigkeit, mit der sie die Abfahrtstechniken erlernten. Ein immer größerer Teil der Wintertouristen der Zwischenkriegszeit stammte aus Bevölkerungskreisen, denen limitierte Zeitspannen zur Verfügung standen, um Wintersport zu treiben. Der durchschnittliche Wintergast in den 1930er-Jahren war kein Aristokrat mehr, der zur wochenlangen Winterfrische in die Berge aufbrach, sondern gehörte einer bürgerlichen Klientel an, war als Arzt, Rechtsanwalt, Journalist oder Baumeister tätig. Als solche waren sie gezwungen, Frei- und Ferienzeit sowie die Zeit, in der Schnee lag und die Sonne schien, effizient zu nutzen und diese mit anderen Formen der Zeitverwendung sowohl am Urlaubs- als auch am Herkunftsort zu synchronisieren. Die Verfügbarkeit der fossilen Brennstoffe Kohle und Erdöl spielte dabei keine unwesentliche Rolle, immerhin ermöglichten die planmäßig getakteten und zeitlich aufeinander abgestimmten Eisenbahnen, Postautobusse und Motorschlitten die individuelle Synchronisation verschiedener Formen der Zeitverwendung. In diesem Sinne ist auch die Angebotsausweitung in den Bergdörfern durch verschiedene Formen des Handels und Gewerbes – wie Friseure, Fotografen, Bekleidungsgeschäfte, Zeitungshändler, Postämter und neue Arten der Abendunterhaltung –, nicht einfach nur als Import städtischer Kultur in ländliche Regionen zu sehen. Viel eher erleichtern diese Angebote die Synchronisation von Alltags- und Urlaubsrhythmen. Telefonate, Einkäufe, Vergnügen, gar Partnerfindung, können im Winterurlaub ‚erledigt‘ werden, wodurch der Alltag zeitlich entlastet wurde. Der Skilauf wurde durch die Verbreitung von Film und Fotografie, von neuen, zeiteffizienten Trainingsmethoden und durch die körperliche Beschleunigung gewissermaßen protomechanisiert, noch bevor mechanische Aufstiegshilfen errichtet wurden. Die derartig aufbereiteten wintertouristischen Schauplätze waren gleichermaßen Rahmenbedingung und Möglichkeitsraum für Konstrukteure wie Sepp Bildstein. Dieser konnte sich wie alle anderen Zeitgenossen kaum den strukturellen Änderungen entziehen, die die Beschleunigung der Lebenswelt mit sich brachte.

---

129 Janner, Einiges über den Skilauf, S. 16; N. N., Vom Wunder, S. 3–5; Trenker, Berge im
      Schnee, S. 113–115.

2.3.1   Geburtshelfer der technischen Transformation

An einem Wintertag Ende der 1920er-Jahre unternahm Ernst Constam[130] mit seiner Gattin eine Skitour im schweizerischen Davos, so die Legende. Sie brachte ihn auf die Idee, er möge doch einen automatischen Aufzug entwickeln, der den Skiläufern die Arbeit der Bergbesteigung abnehmen würde.[131] Constam gefiel die Vorstellung. Er hatte 1912 als Maschinenbauingenieur an der Eidgenössischen Technischen Hochschule in Zürich diplomiert.

1913 publizierte Frederick Winslow Taylor die deutsche Übersetzung seiner „Grundsätze wissenschaftlicher Betriebsführung", die effizienzsteigernde Zeitstudien in Industriebetrieben im deutschsprachigen Raum verbreitete.[132] Der Autobauer Henry Ford hatte in den USA zur selben Zeit die Verfahren der Arbeitsanalyse und Zerlegung komplexer Arbeitsvorgänge in Einzelsequenzen aufgegriffen.[133] Er perfektionierte sie mittels Fließbändern.[134] Die Beschleunigung der Produktion durch Disziplinierung der Arbeiter stand für einen „neuen Zeitgeist [...] technizistischer Rechenhaftigkeit und Planung [...]"[135]

Ernst Constam übertrug Taylors Methode der Zeitstudien auf den Unterricht in der Skischule in Davos. Aus der Zeitverwendung der Gäste zog er Rückschlüsse auf die Effizienz des zeitgenössischen Skiunterrichts. Dabei stellte sich heraus, dass Skischüler pro bezahlter Unterrichtsstunde nur sechs Minuten für die Abfahrt zur Verfügung hatten. Die übrige Zeit verbrachten Skineulinge damit, auf Skiern den Berg hinaufzusteigen, um an den Start der Abfahrt zu gelangen.[136] Analog zum Autobauer Ford kombinierte Constam die Rationalisierungsideologie mit einer Fördertechnik und entwickelte den ersten modernen Schlepplift. Durch diesen wurden Aufstieg und Abfahrt funktional entkoppelt. Der Aufstieg wurde durch den Schlepplift beschleunigt, was dazu führte, dass die Sportler den Abfahrtsskilauf in kürzerer Zeit erlernten. 1934 meldete Constam das Patent für ein „Schlepporgan für Skiläufer-Schleppseilbahnen" an.[137]

---

130 Ernst Constam (1888–1965) diplomierte 1912 als Maschinenbauingenieur. Er arbeitete in verschiedenen Bereichen des Fachs, unter anderem für den Maschinenbauer „Aebi & Co", der im Seilbahnbau tätig war. Siehe: Luzi Hitz, Ernst Gustav Constam, Erfinder des erfolgreichsten Skiliftsystems. Unveröffentlichtes Manuskript (undatiert), S. 1–10, hier S. 2.

131 Ebenda.

132 Adelheid Von Saldern, Rüdiger Hachtmann, Das fordistische Jahrhundert. Eine Einleitung. In: Zeithistorische Forschungen 6 (2009), S. 174–185, hier S. 176.

133 Ebenda.

134 Ebenda, S. 177.

135 Ebenda, S. 176.

136 Hitz, Ernst Constam, S. 13–15.

137 Ebenda.

    Der erste Constam-Lift, der 1934 eröffnete Bolgenlift in Davos, war in der Lage, 150 Personen pro Stunde 60 Höhenmeter aufwärts zu transportieren. Die technische Beschleunigung des Aufstiegs kostete 50 Rappen, was dem Preis von einem Laib Brot entsprach. Sie war damit wohlhabenden Touristen vorbehalten. Trotzdem verbuchte man schon im ersten Winter 70.000 Fahrten. Bereits in der folgenden Wintersaison wurde die Förderkapazität des Bolgenlifts auf 300 Personen pro Stunde verdoppelt. Das „Schlepporgan" war mit einem J-förmigen Bügel ausgestattet, den die Fahrgäste seitlich am Körper, auf der Höhe der Oberschenkel oder des Gesäßes, fixierten.[138] Die Kraftübertragung zwischen Maschine und Skiläufer erfolgte durch einen stabilen Bügel im Bereich der Körpermitte, wie Abbildung 10 illustriert:

Abbildung 10: Die Kraft-
übertragung am Cons-
tam-Lift.

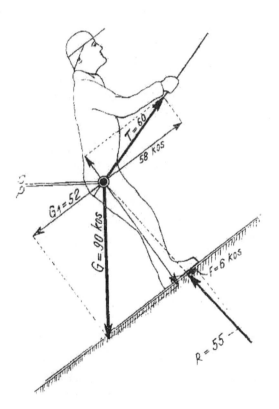

---

138 Ebenda.

Ernst Constams Patentschrift zeigt, dass er dem Berührungspunkt zwischen Schleppliftbügel und menschlichem Körper besondere Aufmerksamkeit widmete. Er nahm Bezug auf ein anderes Schleppliftmodell, das 1935 vom Schweizer Bauingenieur Beda Hefti beim eidgenössischen Patentamt angemeldet wurde und bis in die 1940er-Jahre eine ernsthafte Konkurrenz darstellte. Heftis Konstruktion war in der Anschaffung deutlich günstiger und konnte im Gegensatz zum Constam-Lift an die Topografie angepasst werden. Der Einbau von Kurven erlaubte das Umfahren von Hindernissen.[139] Während Heftis Patent stärker die natürlichen Faktoren von wintertouristischen Schauplätzen berücksichtigte und eine Technik entwickelte, die sich einem Standort anpassen ließ, setzte der Constam-Lift, der nur schnurgerade gebaut werden konnte, eine allenfalls nötige Anpassung der Topografie an die Technik voraus. Die Entscheidung für den Constam-Lift konnte also zu höheren Baukosten führen. Constams Patentschrift setzte auf die Argumente Ergonomie und Komfort, die zu längerfristig höheren Gewinnen der Skiliftbetreiber führen würden. Er erklärte, dass die Kraftübertragung beim Hefti-Lift mittels eines Leibgurts, der um die Hüfte gelegt wurde, oberhalb des Körpermittelpunktes erfolge. „[D]ie zu befördernde Person [sei] nur unter der Voraussetzung in der Gleichgewichtslage, daß sie den Oberkörper weit zurücklehnt, beziehungsweise den Unterkörper entsprechend vorstreckt, und zwar beides um so mehr, je steiler der Hang ist, über den der Förderweg führt."[140] Dies zwinge die Skiläufer in eine schmerzhafte Körperhaltung, mindere den Komfort und limitiere die Länge einer Schleppliftfahrt. Die Skiläufer müssten am Schlepplift ohnehin viel Körperkraft aufwenden, um Niveauunterschiede in der Schleppliftrasse mit den Beinen auszugleichen.[141] Eine Serie des Fotografen Risch-Lau (Abb. 11 a–c, S. 94)) zeigt Skifahrer, die versuchen, am ersten Schlepplift Österreichs die Balance zu halten.

Die Nutzer, die in Abbildung 11 zu sehen sind, demonstrieren die körperlichen Herausforderungen der Fahrt am Constam-Schlepplift, der von Zeitgenossen als das komfortabelste Modell bezeichnet wurde. Der ohnehin notwendige Balanceakt am Schlepplift würde bei diesem Modell nicht zusätzlich durch ungünstige Kraftübertragung erschwert werden, so der Erfinder.[142]

---

139   N. N., Neuartiger Skilift System Beda Hefti. In: Schweizerische Bauzeitung 11/13 (26. März 1938), S. 156–159.
140   Ernst Constam, Patent Nr. US 2087232 A, Traction lines for ski-runners and other passengers, eingetr. beim United States Patent Office am 21.2.1935, Volltext und Abbildungen siehe URL: https://worldwide.espacenet.com/publicationDetails/biblio?II=1&ND=3&adjacent=true&locale=en_EP&FT=D&date=19370720&CC=US&NR=2087232A&KC=A# (6.8.2018).
141   Ebenda.
142   Ebenda.

Abbildung 11a–c: Schleppliftstudien an
Österreichs erstem Schlepplift Zürsersee in
Lech (undatiert).

Tatsächlich war der Constam-Lift ein Erfolgsmodell. Die Nachfrage stieg rapide, sodass am Bolgenhang in Davos bereits 1936/37 weitere Effizienzsteigerungen notwendig wurden. Jack Ettinger,[143] der Leiter der Davoser Skischule, schlug vor, die J-Bügel gegen T-förmige Bügel auszutauschen, auf denen zwei Personen gleichzeitig Platz fänden.[144] Parallel zur Verdopplung der Förderkapazität durch den T-Bügel, der in nur leicht modifizierter Form bis heute zur Anwendung kommt, setzte die globale Verbreitung der Technik ein. Zwischen 1935 und 1940 wurden 35 neue Constam-Lifte in Frankreich, Italien, Deutschland, Norwegen, Kanada, den Vereinigten Staaten und Österreich errichtet.[145]

Dagegen erfreute sich der Hefti-Lift nur vorübergehender Beliebtheit. Der gravierendste Nachteil des Hefti-Lifts machte sich erst im Laufe der Jahre bemerkbar. Die Förderkapazität ließ sich beim Constam-Lift durch einige relativ simple Adaptierungen deutlich erhöhen, was die Wartezeiten der Skiläufer reduzierte. Der Hefti-Lift, dessen Betrieb sich kaum rationalisieren ließ, geriet ins Hintertreffen. Gegen diese Tatsache half auch wenig, dass deren Hersteller, die „Oehler Werke" den Hefti-Lift 1938 rhetorisch im Umfeld des klassisch-winteralpinistischen Aufstiegs der Skitourengeher positionierten. Sie betonten, dass die Schleppliftfahrt am linearen Constam-Lift der Hefti-Liftfahrt landschaftsästhetisch unterlegen sei, da sie eine weniger intensive körperliche Auseinandersetzung mit der Topografie biete und auch die romantische Wahrnehmung und Interpretation alpiner Landschaften nicht mehr zulasse.[146] Der Hefti-Lift verschwand 1947 vom Markt.[147] Der Constam-Lift hingegen wurde zu einer treibenden Kraft der Transformation wintertouristischer Schauplätze im 20. Jahrhundert.

In Österreich kam der Constam-Lift während der 1930er-Jahre zum Einsatz, vor allem in Regionen, die von der Internationalisierung und Professionalisierung des Tourismus während der 1000-Reichsmark-Sperre profitierten. In Lech am Arlberg wurden der Zürserseelift (1937) und der Schlegelkopflift (1938) gebaut. Mit diesen Anlagen begann die Mechanisierung eines Netzes von Skirouten, des sogenannten Weißen Rings,[148] der seit den frühen 1930er-Jahren fixer Bestandteil in der mentalen Topografie und praktischen Auseinandersetzung mit alpinen Win-

---

143 Wolfgang König, Bahnen und Berge. Verkehrstechnik, Tourismus und Naturschutz in den Schweizer Alpen 1870–1939 (Campus, Frankfurt a. Main/New York 2000), S. 153.
144 Paul Valar, The wonders of the first T-bar. The lift that became skiing's mainstay was built in Davos. In: Skiing Heritage 5/2 (1993), S. 1–3, hier S. 3.
145 Hitz, Ernst Constam, S. 13–15.
146 N. N., Neuartiger Skilift System Beda Hefti, S. 156–159.
147 Luzi Hitz, Beda Hefti. Schweizer Skilift Pionier. Unveröffentlichtes Manuskript, S. 1–16, hier S. 6.
148 Ski Club Arlberg, Geschichte Weißer Ring, siehe URL: http://www.derweissering.at/ DWR010/frame_index.php?type=skirunde&language=de (6.8.2018).

Abbildung 12: Prospekt mit Skiliftwerbung von Zürs.

terlandschaften Lechs war. Am Zürsersee in Lech wurde der 1937 errichtete Schlepplift bereits im Sommer 1938 mit T-Bügeln ausgestattet, um die Wartezeit der Skiläufer zu reduzieren.[149] Die Skilifte in Lech differenzierten das touristische Angebot, was sich auch in der Marketingstrategie des Verkehrsvereins Lech niederschlug.
Die Lecher engagierten den Grafiker Hans Berann, der die technisierte Wintersportlandschaft in den Vordergrund stellte.

---

149   Dettling, Tschofen, Spuren, S. 230.

Ein modern gekleideter Skiläufer am Übergang zwischen Bildvorder- und Hintergrund lädt zur Identifikation ein. Eine rote, überproportional große, torförmige Liftstütze und deren in Blau gehaltener Schatten rahmen die Grafik. Eine farbige Darstellung der Grafik in Abbildung 12 ist auf Farbtafel 1, S. 313 zu sehen. Die Nationalfarben von Frankreich, Großbritannien und der Niederlande, also jener Staaten, in denen seit der 1000-Mark-Sperre verstärkt geworben wurde, dominieren die Farbgebung. Der von Berann dargestellte touristische Schauplatz repräsentiert gleichermaßen Internationalität, Popularität sowie – angezeigt durch den Schlepplift – einen rationalen Umgang mit Zeit. Menschen verschiedener Nationalitäten, Natur und Bauwerke werden im Bild durch die mechanische Aufstiegshilfe integriert, die für die Beschleunigung und Synchronisation sozialer Praktiken steht. Die dargestellte technische Entkopplung von Aufstieg und Abfahrt steigert den Spaß am Winterurlaub, weil sich dadurch Sport, Nachmittagskaffee oder Tanztee in der begrenzten Zeit eines Urlaubstags unterbringen lassen, was die Möglichkeiten der Gäste vervielfacht. Erst dieses Angebot machte den Lecher Ortsteil Zürs zu einer international konkurrenzfähigen Destination und wurde zum Distinktionsmerkmal gegenüber den Skigebieten im Bregenzerwald (Damüls) oder dem Montafon, die seit den 1920er-Jahren nahezu unverändert geblieben waren.

Der von Berann konstruierte technosozial geprägte touristische Schauplatz symbolisiert den Zeitgeist eines rationell geplanten Umgangs mit Zeit, der zwar die individuellen Möglichkeiten steigerte, aber auf den sanft abfallenden, verschneiten Bergmähdern des Arlbergs dieselbe Unrast erzeugte, die bis dato den Straßen der Stadt vorbehalten war. Dies belegen die sehr zahlreich im Bild dargestellten Touristen, die sich zwischen den Gebäuden am Talboden tummeln. Der Trubel in vormalig einsamen, verschneiten Bergdörfern, der sowohl ein Resultat der Beschleunigung von Aufstiegs- und Abfahrtsrhythmen als auch der durch die breite Nutzung fossilenergetisch betriebener Verkehrsmittel wachsenden Gästezahlen war, stellte für kulturkonservative Zeitgenossen den wichtigsten Kritikpunkt dar. Diese Kritiker schöpften aus dem kulturellen Reservoir der Zivilisationskritik, thematisierten am Rande aber auch die Transformation der Natur, während die Promotoren des „Fortschritts" Geschwindigkeit und Technik, Beschleunigung und Society-Leben als Vorzüge bewerteten.

2.3.2   Von der kulturkonservativen Beschleunigungskritik zum Idiotenbagger

> Der Geist bekämpfte die Seele und verdarb den Rhythmus zum Takte – erfand das
> Seelenlose, die Maschine [...], erfand das Seelenzerstörende, die Mathematik. Und
> als auch das nicht genügte, versuchte der Geist den Rhythmus zu vernichten durch
> gedrillte Bewegung, durch die Bewegung im Takte. Gibt es eine schlimmere Strafe
> als richtigen Stechschritt, Unmenschlicheres, Unseelischeres?[150]

In diesen Zeilen entwirft Henry Hoek ein Narrativ des Zerfalls von Gesellschaften,
das aus der Sicht vieler Zivilisationskritiker von der Durchdringung der Welt mit
mathematischen Prinzipien, Wissenschaft und Technik herrührte. Der Umwelthistoriker Rolf Peter Sieferle interpretiert diese Kritik als Ausdruck eines Epochen-
wandels. „Natur und Landschaft wurden [im Zuge der Industrialisierung] auf einmal mit neuen Augen gesehen. Im gleichen Augenblick [...] mußte man entdecken,
daß ihre Eigenart kurz vor der Zerstörung, vor der industriellen Nivellierung
stand."[151] Ende des 19. Jahrhunderts war eine verwirrende Vielzahl neuer sozialer
Bewegungen und Vereinigungen entstanden, deren Vertreter den Status quo kritisierten und eine neoromantisch motivierte Hinwendung zu den Alpen propagierten.[152] Bereits in den 1920er-Jahren erreichte der massenhafte Besuch der Alpen
ein Ausmaß, das den Deutschen und Österreichischen Alpenverein (DÖAV) dazu
bewog, einen Passus zur Erschließung der Alpen durch Hüttenbau aus seinen Sat-
zungen zu streichen. 1927 rang sich der DÖAV zu einem Erschließungsstopp durch.[153]
    In Skiläuferkreisen beklagten ironischerweise auch die wichtigsten Multiplika-
toren des Skilaufs dessen Popularisierung. Sepp Bildstein, der Erbauer des ersten
österreichischen Skilifts, lamentierte in einer Publikation des Deutschen Skiverbands 1930, dass im Zuge der Transformation des Arlbergs kein Stein auf dem
anderen geblieben sei:

> Ostern 1927 – Zürs! Das alte trauliche Haus ist von einem Steinkasten überwuchert.
> Anderes ist dazu gekommen; auf allen Gipfel ziehen Karawanen von Läufern; jedes
> Plätzchen um die Häuser ist von sonnendurstigen Menschen voll. Abends wird in
> großer Toilette dem Tanz gehuldigt; es ist kein Platz mehr für den braven Skimann,
> kein Raum für seine Behaglichkeit.[154]

---

150 Hoek, Skilauf und Rhythmus, S. 21.
151 Rolf Peter Sieferle, Fortschrittsfeinde? Opposition gegen Technik und Industrie von der
      Romantik bis zur Gegenwart (C. H. Beck, München 1984), S. 156.
152 Ebenda, S. 158.
153 Groß, 1950er Syndrom, S. 102.
154 Sepp Bildstein, Skiläuferleben. In: Carl J. Luther (Hg.), Der deutsche Skilauf und 25 Jah-
      re Deutscher Skiverband (Rother, München 1930), S. 86–92, hier S. 90.

Protagonisten wie Bildstein hatten versucht, den Skilauf in wenig entwickelten und kaum zugänglichen Bergdörfern zu positionieren, auf Entschleunigungsschauplätzen, die von „akzelerierenden Modernisierungsprozessen bisher ganz oder teilweise ausgenommen waren".[155]

In einem ähnlichen Dilemma wie Bildstein befand sich Carl Josef Luther, der Präsident des deutschen Skiverbands. Obwohl dieser ähnlich kulturkonservativ wie Bildstein argumentiert, ist Luther deutlich selbstkritischer. Er, der den Skilauf durch Skiliteratur, Tourenbesprechungen und Lichtbildvorträge popularisierte, stellte die Frage:

> Ist es denn recht, werbend eine Bewegung zu fördern und also die Zahl derer zu mehren, die schließlich und endlich die köstliche Schönheit und die glücksspendende Reinheit des Bergwinters mit der Zeit buchstäblich zertrampeln müssen und die alle Unrast, die sie treibt und die sie dennoch fliehen, in die weißen Gefilde tragen [...]? Ist nicht der Witz schon Tatsache, der da behauptet, es müßte auf den Gletschern der Silvretta bereits Schutzpolizei stehen, um den starken Skiläuferverkehr zwischen Tal und Hütte und Joch und Gipfel zu regeln?[156]

Die Protagonisten versuchten, ihrer Modernisierungskritik durch Flucht in die verschneiten Winteralpen Ausdruck zu verleihen. Sie mussten aber bald erkennen, dass die von ihnen verbreiteten romantischen Ideale nicht davor schützten, dass die verschneiten Berge ähnlichen Vorgängen der Rationalisierung unterlagen, wie sie alle übrigen Lebensbereiche erfasst hatten. Sie waren zu Wegbereitern der technischen Transformation alpiner Schauplätze geworden, mitunter ohne es zu wollen.

Vier Jahre nachdem der erste Schlepplift in Davos errichtet worden war, schilderte Henry Hoek die profunden Folgen der Beschleunigung durch die Mechanisierung skiläuferischer Praktiken sehr plastisch: „Down, down, down – schneller, schneller, noch schneller – das ist der Schrei der Zeit [...] [d]enn das Skilaufen der Menschen-Massen und der Massen-Menschen beschränkt sich mehr und mehr auf große Frei-Luft-Schnee-Stadien."[157] Die technische Kompression von Raum und Zeit sowie die Beschleunigung durch Entkopplung von Aufstieg und Abfahrt ließen Abfahrtsstrecken von bis zu 10.000 Meter wahr werden, freilich in mehreren Etappen.

---

155 Rosa, Beschleunigung, S. 143.
156 Karl Luther, Wintersport in Vorarlberg. In: Feierabend (12. Julmond 1931), S. 1–4, hier S. 1.
157 Ebenda, S. 81.

Hoek gilt auch als Gewährsmann dafür, dass Constams Kalkül, den Lernprozess der Skineulinge mittels Schleppliften beträchtlich beschleunigen zu können, durchaus aufgegangen war.[158] Der Preis, den Skiläufer dafür zahlten, war die totale Abhängigkeit von mechanischen Aufstiegshilfen.[159] Hoek tröstete sich und seine Leser damit, „dass Lift, Bahn und Standardpiste ihre Liebhaber und Benützer [zumindest] hübsch beisammen halten. Schon in bescheidener Entfernung herrscht die köstlichste Einsamkeit."[160] Er spricht hier die physische Neuordnung der räumlichen Verhältnisse in den winterlichen Schauplätzen an. Auf technisierten Schauplätzen wurden die Ströme der Skiläufer eher konzentriert, während sich immer weniger Menschen in die unerschlossenen Gebiete wagten. Dieses Auseinanderdriften intensiv und extensiv befahrener Flächen avancierte schließlich zu einem Feld kulturkritischer Sinnproduktion, das die Erschließung der Alpen während des 20. Jahrhunderts begleitete, der Erschließungsdynamik an sich aber nichts anhaben konnte.[161]

Für Pioniere wie Hoek war die zunehmende Kopplung der Abfahrtsskiläufer an Lifte auch Ausdruck einer zunehmenden Vergesellschaftung und Demokratisierung des ehemals elitären Skilaufs.[162] Tatsächlich formulierten deren Vertreter die schärfste Kritik an der Transformation skiläuferischer Praktiken und der alpinen Ordnung. Am deutlichsten ist dies bei Sir Arnold Lunn, dem Gründer des britischen „Alpine Ski Club" zu sehen, der in Anlehnung an den Schriftsteller Hilaire Belloc Skilifte als „die Entwässerungsgräben des modernen Sumpfs"[163] bezeichnete. Lunn unterstrich seine Abneigung gegenüber dem „modernen Sumpf" durch Bezugnahme auf den zeitgenössischen Geschichtsphilosophen Oswald Spengler. In Anlehnung an dessen „Zyklen Theorie" interpretierte er die frühen Skiläufer als „primitive Gemeinschaften, in denen eine Kultur geboren wird".[164] Damit beginnt der große Kulturzyklus, der große Kunst hervorbringt.[165] Das Ende des großen Kulturzyklus markierten seines Erachtens Luftfahrt und Eisenbahn, das Automo-

---

158 Henry Hoek, Der Ski-Lift. In: Der Schneehase 12 (1938), S. 82.
159 Ebenda.
160 Ebenda.
161 Bernhard Tschofen, Die Seilbahnfahrt. Gebirgswahrnehmung zwischen klassischer Alpenbegeisterung und moderner Ästhetik. In: Burkhard Pöttler (Hg.), Tourismus und Regionalkultur. Referate der Österreichischen Volkskundetagung 1992 in Salzburg (Buchreihe der Österreichischen Zeitschrift für Volkskunde 12, Selbstverl. d. Vereins für Volkskunde, Wien 1994), S. 107–128, hier S. 122.
162 Rosa, Beschleunigung, S. 108.
163 Arnold Lunn, Vierzig Jahre Skilauf. In: Der Schneehase 4/12 (1934), S. 5–16, hier S. 5.
164 Ebenda.
165 Ebenda, S. 7.

bil, Radio und nicht zuletzt Seilbahnen und Skilifte.[166] Während die Frühphase des Skilaufs noch davon geprägt war, dass die Skiläufer „Schneewissenschaftler" waren, drängten sich in den 1930er-Jahren die Massen an den Skiliften, „die so überfüllt sind wie die Elendsquartiere unserer Großstadtviertel".[167] Lunn beobachtete nicht nur die von technischer Infrastruktur bewirkten Disziplinierungseffekte und die räumliche Neuordnung der Winteralpen, vielmehr meinte er in ihnen, im Sinne Spenglers, einen Indikator für den „Niedergang des Abendlandes"[168] zu erkennen.

Schleppliftkritik war für Lunn gleichbedeutend mit der Kritik an der fordistisch geprägten Massenfertigung und Standardisierung von Konsumgütern und Lebensweise. Er verwies in seiner Kritik auf Aldous Huxley, der 1932 den dystopischen Roman „Schöne neue Welt" publiziert hatte.[169] In diesem spielt das Ford T-Modell eine zentrale Rolle als Ausgangspunkt einer neuen Gesellschaftsform, die auf der Durchrationalisierung sämtlicher Lebensbereiche und einer alles durchdringenden Konsumorientierung beruht.[170] In den Augen Lunns strukturieren Schlepplifte mit T-Bügeln skiläuferische Praktiken in ähnlicher Weise wie Fords T-Modell Mobilitätspraktiken transformierte.[171] Im Gegensatz zu den Technokraten interpretierte Lunn den Fordismus auf wintertouristischen Schauplätzen mit Huxley als gesellschaftlichen Rückschritt.[172] Dieser bleibe, so betonte auch Spengler, nicht folgenlos für die Natur. Spengler breitete in seinem Werk „Der Mensch und die Technik" (1931) postapokalyptische Szenarien aus, wenn er schrieb:

> Die Mechanisierung der Welt ist in ein Stadium gefährlichster Überspannung getreten. Das Bild der Erde mit ihren Pflanzen, Tieren und Menschen hat sich verändert. In wenigen Jahrzehnten sind die meisten großen Wälder verschwunden, in Zeitungspapier verwandelt worden und damit Veränderungen des Klimas eingetreten [...]. Eine künstliche Welt durchsetzt und vergiftet die natürliche. Die Zivilisation ist selbst eine Maschine geworden, die alles maschinenmäßig tut, oder tun will.[173]

---

166 Lunn, Vierzig Jahre Skilauf, S. 6.
167 Ebenda.
168 Ebenda.
169 Lunn, Vierzig Jahre Skilauf, S. 7.
170 Aldous Huxley, Brave new world. A novel (Chatto & Windus, London 1932).
171 Ron Eyerman und Orvar Löfgren zeigen diesen Zusammenhang anhand der Eröffnung der Route 66 und der Entwicklung des Ford T-Modells, siehe: Ron Eyerman, Orvar Löfgren, Romancing the world. Road movies and images of mobility. In: Theory, Culture, Society 12/53 (1995), S. 56–57.
172 Lunn, Vierzig Jahre Skilauf, S. 7.
173 Oswald Spengler, Der Mensch und die Technik. Beitrag zu einer Philosophie des Lebens (Rupprecht Presse, München 1933), S. 38.

Lunn schrieb dem Schlepplift das Potenzial zu, die Kultur der Skiläufer und die Natur der Alpen zu erodieren. Der Schlepplift war für ihn eine Maschine, die wie

> jede mechanische Erfindung, die den Verkehr beschleunigt [...] eine weitere Sperre [zerbricht], die uns schützt gegen die Greuel einer standardisierten Zivilisation. [...] Und der Schnee in dem wir laufen, ist fast so hart und ebenso sehr ein Kunstprodukt wie das Straßenpflaster, unter dem sich die lebende Erde versteckt.[174]

Lunn nutzte die analytischen Werkzeuge von Spenglers Geschichtsphilosophie, um die Auswirkungen der Mechanisierung des Aufstiegs auf winteralpine Schauplätze zu skizzieren. Er stellte einen Vergleich zwischen Schleppliften und dem Straßenverkehr an, der seit seiner Motorisierung nicht mehr ohne harte Beläge auskam, und interpretierte dies als erste Anzeichen einer sich abzeichnenden Transformation touristischer Schauplätze durch Schneemanagement, die deutlich über das zeitgenössische kulturkritische Lamento hinausgingen. Er sollte mit dieser Interpretation Recht behalten. Schon bald nach Ende des Zweiten Weltkriegs steigerten Skigebietsbetreiber die Förderkapazitäten von Skiliften so sehr, dass die Pistenpflege mit dieselbetriebenen Kettenfahrzeugen unumgänglich wurde.

Schleppliftkritische Texte wie die von Arnold Lunn, Henry Hoek und Carl Gustav Luther wurden von Skiläufern breit rezipiert und lieferten Alpinisten und Naturschützern ein begriffliches Repertoire, um Position gegen die aus ihrer Sicht zerstörerische Kraft der neuen Beschleunigungstechnik zu beziehen. Das geflügelte Wort des „Idiotenbaggers"[175] für Skilifte, kursierte bis Mitte der 1970er-Jahre in Alpenvereinskreisen und zeigt die große Persistenz der kulturkonservativen Technikkritik. Diese formierte sich in Skiläuferkreisen Ende der 1930er und war Ausdruck jener Ablehnung, die „jede geschwindigkeitssteigernde Neuerung [...] bei ihrer Einführung zu einer Form des Kulturkampfes"[176] und „die vor dem Verlust humaner Maße und einer kontrollierbaren Lebenswelt ebenso warnte wie vor physisch und psychisch schädlichen Folgen der neuen Technik".[177]

Die kulturkonservative Schleppliftkritik hatte aber kaum Auswirkungen auf die symbolische und materielle Qualität mechanischer Aufstiegshilfen.[178] In Schleppliften manifestierte sich die technokratische Domestizierung der Alpen, die angesichts der prekären wirtschaftlichen Lage, in der sich viele Berggemeinden befan-

---

174 Ebenda, im Wortlaut übernommen.
175 Kurt Ploner, Land der Seilbahnen: Vorarlberg. In: Alpenvereins-Mitteilungen der Sektion Vorarlberg 17 (Mai-Juni 1975), S. 5, hier S. 5.
176 Siehe: Rosa, Beschleunigung, S. 80.
177 Ebenda.
178 Tschofen, Die Seilbahnfahrt, S. 122.

den, als Triumph über die Not vergangener Tage und Heilsbringer für die Zukunft gefeiert wurde. Zudem hatte sich die Innovationsspirale Ende der 1930er-Jahre bereits zu drehen begonnen. Selbst Dorfschmieden hatten das Marktpotenzial erkannt, das in der technischen Trennung der Aufstiegs- und Abfahrtszyklen lag, und entwickelten sich ihrerseits zu Skiliftproduzenten, die die Transformation touristischer Schauplätze bereitwillig unterstützten.[179] Anfang des 21. Jahrhunderts sind aus diesen handwerklichen Kleinunternehmen längst global agierende Konzerne geworden.

2.4   ERZE, BANANEN, SESSELBAHNEN

Die Kombination von mechanisiertem Aufstieg und beschleunigter Abfahrt brachte das Ende der „Skispaziergänge",[180] bei denen Skisportler als „aufmerksame [...] Belauscher [...] der Natur"[181] gegolten hatten. Das Verhältnis von Skiläufern zur alpinen Umwelt war durch den Schlepplift entlang einer neuen, zeitrationalen Logik neu definiert worden. Skipädagogen hielten noch zu Beginn der 1930er-Jahre daran fest, dass der sportliche Abfahrtsskilauf die Lust, sich in den winterlichen Bergen zu bewegen, höchstens steigerte, der Aufstieg war aus ihrer Sicht aber nach wie vor von größter Bedeutung. Im Aufstieg meisterte das Individuum die alpine Natur, die Abfahrt lieferte den zugehörigen Geschwindigkeitsrausch. Abfahrtsskiläufer entledigten sich des alpinistischen Pathos, dem die Tourengeher nach wie vor huldigten.[182] Die Beschleunigung und Mechanisierung des Aufstiegs an touristischen Schauplätzen blieb aber nicht ohne unerwünschte Nebenwirkungen: Abfahrtsskiläufer verbrachten immer mehr Zeit in gemächlich vorrückenden Warteschlangen an den Talstationen der Schlepplifte. Die Flucht aus der hektischen Stadt mit ihren überfüllten Massenverkehrsmitteln endete immer häufiger im Stau vor dem Liftzustieg, wie der Schlepplift am Dornbirner Bödele illustriert (Abbildung 13, S. 104).

Die Fotografie bildet eindrucksvoll die im Zuge des Vordringens fossilenergetisch betriebener Massenverkehrsmittel in die alpine Peripherie stark gewachsene Nachfrage ab. Die Abbildung lässt erahnen, wie sich an einem schönen Wintertag bei guten Schneeverhältnissen das Verhältnis von Ansteh-, Aufstiegs- und Abfahrtszeit gestaltete. Unschwer ist auszumachen, dass die Fahrgäste längere Zeitspannen in der Warteschlange stehend verbrachten.

---

179 Felix Gross, Seilbahnlexikon. Technik, Relikte und Pioniere aus 150 Jahren Seilbahngeschichte (Epubli, Berlin 2011), S. 6.
180 Trenker, Berge im Schnee, S. 103.
181 Ebenda.
182 Denning, Skiing, S. 90–109.

Abbildung 13: Warteschlange vor der Talstation des Schlepplifts auf das Bödele in Dorn-
birn/Vorarlberg (undatiert).

Ähnlich lagen die Verhältnisse am schon erwähnten Bolgenlift in Davos in den
1930er-Jahren. Die wartenden Skiläufer motivierten Constam und Ettinger, die
Förderkapazität zu vervielfachen. Doch manche Skifahrer vertrieben sich die trotzdem bestehende Wartezeit mit folgenreichen Beobachtungen. Für den Schweizer
Technikhistoriker und Skiliftexperten Luzi Hitz war die Schleppliftwarteschlange
vor dem Bolgenlift in Davos auch Schauplatz der Aneignung technischen Wissens.
Im Gegensatz zum Skigebiet Bödele in Dornbirn/Österreich, das in erster Linie
von einheimischer Bevölkerung besucht wurde, war Davos ein kosmopolitisch
geprägter Wintersportort. Menschen aus aller Welt strömten dorthin und reihten
sich in die Warteschlange vor dem Bolgenlift ein. Unter den wartenden Skiläufern
befanden sich auch zwei US-amerikanische Studenten des Dartmouth College/
New Hampshire. Sie nutzten die Wartezeit, um die neuartige Schleppllifttechnik
zu fotografieren und ihre Funktion am eigenen Leib zu studieren.[183] Nach ihrer
Rückkehr in die USA übergaben sie die Fotografien der Ingenieursabteilung ihres
Colleges. Schon im darauffolgenden Winter wurde der erste Schlepplift in unmit-

---

183 Hitz, Ernst Constam, S. 7.

telbarer Nähe ihrer Ausbildungsstätte, am Oak Hill errichtet.[184] Die Entwickler des Schlepplifts in New Hampshire arbeiteten bei der American Steel and Wire Company (AS & W),[185] einem Konsortium, das 1899 gebildet worden war, um die Stacheldrahtproduktion in den USA zu monopolisieren. Die Ingenieure von AS & W bauten seit den 1920er-Jahren Lastenseilbahnen mit Umlaufbetrieb, um Metallerze möglichst rasch, effizient und kostensparend zwischen Abbaustätten – die sich häufig im schwer zugänglichen Gelände befanden – und Hochöfen zu transportierten.[186] Auch Kohle, Schutt, Baumstämme, Sand, Schotter, Salze und Zement wurden auf den Lastenseilbahnen bewegt. Abbildung 14 zeigt eine von AS & W gebaute Lastenseilbahn mit Umlaufbetrieb.

Abbildung 14: Materialseilbahn mit Umlaufbetrieb (1930).

---

184 Ebenda.
185 Morten Lund, An editorial postscript. In: Skiing Heritage (Juni 1999), S. 27–28, hier S. 27.
186 N. N., Die Entwicklung des Seilbahnwesens in den USA. In: ISR „Sondernummer 20 Jahre ISR" 3 (1977), S. 20–21, hier S. 21.

Das Bild verdeutlicht das Prinzip des Umlaufbetriebs. Die Transportkapazität einer Seilbahnanlage mit Umlaufbetrieb nimmt im Gegensatz zum Pendelbetrieb der Seilschwebebahn proportional zur Länge der Anlage zu, da mehrere kleinere Transportbehälter am Seil angebracht werden. Limitiert wurde die Transportkapazität dieser Anlagen durch die Leistung des Antriebsmotors und der Tragfestigkeit der Seile. Die Seilbahnkonstruktionen von AS & W beförderten 1930 stündlich mehr als 250 Tonnen über Entfernungen von bis zu 20 Kilometern.[187] Der Umlaufbetrieb erlaubte den schnellen und kontinuierlichen Transport, was die Lastenseilbahnen auch geeignet für den Betontransport beim Bau sehr großer Staudämme machte.[188]

AS & W war aufgrund dieser Erfahrung im Transport großer Massen dazu prädestiniert, Skilifte zu bauen und die bestehenden Modelle zu verbessern, umso mehr als Schlepplifte, ähnlich den Lastenseilbahnen, auf Umlaufbetrieb basierten. Als der Schlepplift am Oak Hill nach dem Vorbild des Constam-Lifts in Davos errichtet wurde, lieferte AS & W das Endlosseil, die Schleppbügel und die Verbindungsteile der beiden Komponenten.[189] Sie steuerte zudem ihre jahrzehntelange Erfahrung im Umgang mit der technischen Beschleunigung und Effizienzsteigerung von Transportvorgängen nach dem fordistischen Prinzip bei.[190] 1936 war AS & W an der Planung des ersten Schlepplifts in Sun Valley beteiligt. Errichtet wurde dieser von der Union Pacific Railroad (UPR), einem weiteren Unternehmen mit Expertise für Lastenseilbahnen. UPR wurde in dieser Zeit von Averell Harriman geleitet, der während der Weltwirtschaftskrise fieberhaft nach einem neuen Geschäftsfeld suchte, um den Absatz des Konzerns zu steigern.[191] Harriman, der eines der fortschrittlichsten Skigebiete der Welt in Sun Valley gegründet hatte,[192] beauftragte den US-amerikanischen Maschinenbauer James Curran. Dieser brachte Erfahrung im Bau von Lastenseilbahnen mit, die er im Zuge seiner Tätigkeit für

---

187 Ebenda.

188 American Steel & Wire Company – Wire Rope, Catalogue of Tables – Price Lists, March 1930, siehe URL: https://archive.org/stream/AmericanSteelWireCompanyWireRope/AmericanSteelWireCoWireRope0001#page/n1/mode/2up (6.8.2018).

189 Ebenda; Lund, Editorial Postscript, S. 27.

190 1941 forderte Ernst Constam den Dartmouth Outing Club, die Erbauer des Schlepplifts auf den Oak Hill dazu auf, Zahlungen zu leisten, die aus der Verletzung seiner Patentrechte erwuchsen. Siehe dazu: Jeff Leich, Chronology of Selected Ski Lifts. Notes for 2001 Exhibit, New England Ski Museum. http://newenglandskimuseum.org/wp-content/uploads/2012/06/ski_lift_timeline.pdf (6.8.2018).

191 Annie Gilbert Coleman, Ski style. Sport and culture in the Rockies (University Press of Kansas, Lawrence 2004), S. 75.

192 Dick Dorworth, High times at the Harriman. In: Skiing Heritage 17/1 (March 2005), S. 5–7.

die United Fruit Company (UFC) gesammelt hatte. Für UFC plante er eine Seilbahn in Panama, mit der Bananenstauden von den Plantagen im Inland zu den Verladestationen an der Küste transportiert wurden.[193] Der sogenannte Bananenlift trug wesentlich zur Rationalisierung der Produktion standardisierter Tropenfrüchte für den US-amerikanischen und europäischen Markt bei und wirkte zugleich als wichtiger Faktor der tiefgreifenden Transformation tropischer Agro-Ökosysteme.[194] Der Schlepplift in Sun Valley wurde 1936 eröffnet, war aber ein Flop, da es effizienter und billiger war, die Gäste mit einem Bus bergwärts zu transportieren. Im folgenden Winter, 1937/38, stattete Curran den Schlepplift versuchsweise mit einfachen Sesseln aus und entwickelte damit den ersten Sessellift, der 1939 patentrechtlich geschützt wurde.[195]

Der Sessellift entkoppelte ebenso wie der Schlepplift Aufstieg und Abfahrt. Constam, der in seiner Patentschrift das Schleppliftmodell mit Bügeln von jenem mit Leibgürteln abgegrenzt hatte, vermerkte, dass die Schleppliftfahrt selbst bei seinem Modell durchaus kräftezehrend sei, weil die Skiläufer stehend aufwärts gezogen wurden und daher Unebenheiten in der Trasse ausbalancieren mussten.[196] Die Konstruktion erleichterte zwar die Überwindung der Gravitation, aber Skiläufer mussten nicht nur Unebenheiten unter Einsatz von Körperkraft ausgleichen, sondern sich auch auf unterschiedliche Reibungswiderstände, die aus verschiedenen Schneequalitäten in der Liftspur resultierten, sowie auf sich verändernde Neigungswinkel einstellen, um nicht zu stürzen. Dies setzte voraus, dass Skiläufer entweder bereits über inkorporiertes Schleppliftwissen verfügten, um ihre Bewegungsabläufe an den Verlauf der Trasse anzupassen oder dass der Betreiber Neulingen genug Zeit ließ, sich diese Kompetenzen anzueignen.

Jeder Skiläufer stellte am Schlepplift ein potenzielles Risiko für den Betrieb dar. Stürzte ein Fahrgast, musste die gesamte Anlage stillgelegt werden, was die War-

---

193 Lund, Editorial Postscript, S. 27.
194 John Soluri, Accounting for taste. Export bananas, mass markets, and panama disease. In: Environmental History 7/3 (2002), S. 386–410; John Soluri, Banana cultures. Agriculture, consumption, and environmental change in Honduras and the United States (University of Texas Press, Austin 2005).
195 Im März 1939 wurde schließlich das erste Patent für einen Sessellift durch Gordon H. Bannerman, M. James Curran, H. Glen Trout, die alle an der AS & W beteiligt waren, beim US Patentamt unter dem Titel „aerial tramway" (Drahtseilbahn oder Seilschwebebahn) registriert. Siehe: Gordon H. Bannerman, M. James Curran, H. Glen Trout, Patent Nr. US 2152235 A, Aerial Ski Tramway, eingetr. 29.3.1938, Volltext und Abbildungen siehe URL: https://www.google.com/patents/US2152235?dq=aerial+ski+tramway& ei=tFhzVOXqGYLfPaXYgMAP (6.8.2018).
196 Constam, Patent Nr. US 2087232 A.

tezeit verlängerte.[197] Dagegen hatte Curran mit dem Sessellift eine mechanische Aufstiegshilfe entwickelt, die die aufzuwendende physikalische Kraft vollständig von den Skiläufern an den Lift delegierte. Der Sessellift ermöglichte den Skiläufern während des Aufstiegs eine regenerative Pause, was die rationalisierende Entkopplung von mechanisch beschleunigtem Aufstieg und technisch entlasteter Abfahrt perfektionierte.[198]

Curran stattete die Sessel bereits mit einer Fußstütze aus, die die Körper der Fahrgäste stabilisierte und begrenzte. Sie diente laut Currans Patentschrift vor allem dem Schutz der Fahrgäste vor ihrer eigenen Fahrlässigkeit, Behäbigkeit und Dummheit. Lässig im Sessel lümmelnde Skiläufer, deren herabhängende Skispitzen sich immer wieder in der Schneedecke verhakten, wodurch die Skiläufer aus den Sesseln geschleudert wurden, führten sowohl zu ernsthaften Verletzungen als auch zu wirtschaftlichen Verlusten der Sesselliftbetreiber, da die Skilifte nach einem derartigen Vorfall oft tagelang stillstanden.[199] Die Fußstützen zwangen die Fahrgäste in eine Sitzposition, in der sie sich selbst weniger leicht gefährden konnten. Curran definierte damit die Praktiken des ‚Liftelns‘ neu. Der ideale Sesselliftfahrgast verhielt sich während der Fahrt analog zur Bananenstaude, regungslos und träge.[200] Und so wirkt die visuelle Repräsentation von Skiläufern am Sessellift denn auch häufig passiv und ruhig(gestellt) oder aber, allerdings deutlich seltener, spielerisch aufbegehrend gegen die erzwungene Trägheit, wie Fotografien von Anlagen in Vorarlberg und Tirol zeigen (Abb. 15 a und b).

Auf Abbildung 15 a stützt ein Mann den Kopf, fast verträumt oder gelangweilt wirkend, in die rechte Hand, während die Maschine ihn nach oben trägt. Die Fotografie zeigt, dass der Sessellift andere Beziehungen zwischen Körper, Technik und Topografie herstellte als der Schlepplift. Weder Schneelage noch Reaktionsfähigkeit wirkten unmittelbar auf den Betrieb der Anlage zurück. Von den körperlichen Anforderungen der Fahrt befreit, ist der Skiläufer auf der Fotografie reduziert auf das Sitzen, Warten, Beine baumeln lassen und Schauen. Im Gegensatz zur Fahrt mit dem Schlepplift wird die Überwindung der Gravitation zu einer Praktik der körperlichen Regeneration. Manche Skiläufer interpretierten die Logik der Technik etwas freier, wie Abbildung 15 b belegt. Aktiv und abenteuerlustig demonstriert ein Jüngling, wie der Sessellift zur spielerischen Auseinandersetzung anregt. Er stemmt sich wie ein Turner aus dem Sessel heraus, zieht die Skispitzen nach oben, als ob er gleich zum Sprung ansetzen würde. Zweifellos versuchte der junge

---

197 Zumindest so lange Skiläufer am Schlepplift noch Einzelfahrkarten oder Punkteblöcke lösten. Dieses Problem wurde mit der Einführung von Skipässen gelöst.
198 Bannerman, Curran, Trout, Patent Nr. US 2152235 A.
199 Ebenda.
200 Ebenda.

Abbildung 15a und b: Fahrgast am Sessellift auf das Hochjoch in Schruns/Vorarlberg (links) und rechts auf die Seegrube in Innsbruck/Tirol (rechts).

Skiläufer den Fotografen zu beeindrucken, dem er direkt ins Gesicht blickt. Die Geste könnte ebenso als kühn wie als leichtsinnig gewertet werden. Doch dominiert die Disziplinierung auch die Abbildungsgewohnheiten, eine Fotografie mit solch subversiver Nutzung des Sessellifts ist eine große Ausnahme.

Sun Valley entwickelte sich für Harriman und die UPR zu einem wichtigen Abnehmer der neuen Sessellifte. Bereits 1939 gaben die Manager des Skigebiets drei neue Sessellifte am Mount Baldy in Auftrag. Der Mount Baldy wurde aber nicht einfach mit Skiliften bestückt. Der aus Österreich stammende ehemalige Skirennläufer Friedl Pfeiffer schlug vor, das Terrain durch ein zusammenhängendes Skiliftnetzwerk zu erschließen, das auf Pisten führen sollte, die auf das Können der Skiläufer abgestimmt waren. Damit schlug die Geburtsstunde der Skigebietsplanung.[201]

Der erste Sessellift Österreichs wurde am 1. Jänner 1946 in Bad Gastein aus nutzlos gewordenen Armeebeständen erbaut.[202] Auch der erste Sessellift Vorarlbergs, der in der Montafoner Gemeinde Tschagguns seit Februar 1947 Skiläufer emportrug, bestand aus einer wiederverwerteten Wehrmachtsseilbahn, war also ein materieller Überrest des Zweiten Weltkriegs.[203]

---

201 David Rowan, A salute to the chairlift. In: Ski Area Management (May 1999), S. 76–77.
202 Wolfgang Allgeuer, Seilbahnen und Schlepplifte in Vorarlberg. Ihre Geschichte in Entwicklungsschritten (Schriften der Vorarlberger Landesbibliothek 2, Graz 1998), S. 49.
203 Ebenda.

Das Netzwerk der mechanischen Aufstiegshilfen konnte seit der Erfindung des Sessellifts nahezu beliebig ausgedehnt werden, nachdem die limitierenden Faktoren Körperkraft, Hangneigung und Topografie wegfielen. Bereits der erste Sessellift Vorarlbergs war 1,5 Kilometer lang und überwand einen Höhenunterschied von mehr als 600 Metern in hochalpinem Gelände.[204] Gleichzeitig hatten Sessellifte, deren Sitze jeweils nur einem Skiläufer Platz boten, einen großen Nachteil. Ihre Förderkapazität war deutlich geringer als die der T-Bügelschlepplifte, was die Wartezeit an der Talstation spürbar verlängern konnte.[205] An neuen Techniken, die die Förderkapazität der Sessellifte ausweiteten, wurde in den USA schon seit 1946 gearbeitet. Darauf ist noch einzugehen. Der folgende Abschnitt diskutiert zunächst die Nebenwirkungen der mechanischen Aufstiegshilfen, die zu treibenden Kräften des Wachstums wurden.

2.5   DIE TECHNISCHE BESCHLEUNIGUNG UND DIE ÜBERWINDUNG VON BEHARRUNGSELEMENTEN ALS TREIBENDE KRAFT DES WACHSTUMS?

Sie sparen 46.201 Herzschläge, wenn Sie, statt zu Fuß zu gehen, die Reißeckbahn zum Sporthotel nehmen. […] Zugegeben: eingangs haben wir übertrieben. Die Fahrt zum Sporthotel Reißeck dauert eine Stunde. Bei 70 Schlägen pro Minute also 4200 Herzschläge. Zu Fuße gehen Sie, bei doppelter Belastung wenigstens sechs Stunden, also 50.400 Herzschläge. Einen haben wir dazugeschlagen, als Werbegag. Er soll sie daran erinnern, was ein Herzschlag bedeuten kann. Wo könnten Sie besser sparen? Wo sinnvoller?[206]

Mit diesen Zeilen warben die Betreiber der Reißeckbahn noch 1975 mit dem beschleunigenden Effekt der mechanischen Aufstiegshilfen. Die Bahn wird hier zu einer Art Zeitsparkasse, die dazu beitragen sollte, Lebenszeit effizienter zu nutzen. Empirische Untersuchungen zur Zeitverwendung aus den 1960er-Jahren zeigen, dass „die durch technologische Beschleunigung etwa im Haushalt […] oder im Verkehr potenziell ‚gewonnenen' oder freigesetzten Zeitressourcen durch entsprechende Mengensteigerungen wieder gebunden werden".[207] John Robinson und

---

204 Ebenda, S. 55.

205 Am Doppelschlepplift Zürsersee in Lech konnten stündlich 300 Personen transportiert werden. Der Einersessellift in Tschagguns bewältigte maximal 100 Personen pro Stunde. Siehe: Ebenda.

206 N. N., Werbung Reißeckbahn. In: Seilbahnbuch 1975. Festschrift. ISR Sonderausgabe 1975, Bohmann Verlag, Wien 1975, S. 1–128, hier S. 28.

207 Rosa, Beschleunigung, S. 120.

Geoffrey Goodbye vermuten, dass soziale Normen Menschen, unabhängig von der verwendeten Technologie, dazu veranlassen, einer Mobilitätspraktik ein gewisses Zeitbudget zu widmen.[208] Für die oben zitierte Seilbahnfahrt mit der Reißeckbahn würde dies bedeuten, dass, hatten Fahrgäste dem Ausflug zum Sporthotel Reißeck sechs Stunden gewidmet, ihnen fünf Stunden für andere Aktivitäten blieben. Die Ausflügler füllten die übrigen fünf Stunden vermutlich mit verschiedensten Aktivitäten wie dem Konsum von Speisen und Getränken im Sporthotel oder in umliegenden Gaststätten; sie konnten kürzere Höhenwanderungen unternehmen, Souvenirs oder Postkarten kaufen und vieles mehr. In jedem Fall war das Reißeck durch den Bau der Seilbahn zum Sporthotel zu einem interessanten Standort für Betriebe geworden, die ein entsprechendes Angebot bereitstellten. Der Bau der Seilbahn könnte in diesem Fall die Initialzündung für lokales Wirtschaftswachstum dargestellt haben.

Der Fall der Skilifte war etwas anders gelagert, wie ein Artikel aus dem Jahr 1957 zeigt. Der Verfasser verwies explizit auf die von Constam durchgeführten Zeitstudien und nutzte sie als zentrales Argument, um den Schlepplift Bauart Doppelmayr als „ideale Wintersportanlage [Hervorhebung im Original, R. G.]"[209] anzupreisen: „Dreiviertel der immerhin bezahlten Unterrichtsstunde gingen für diesen Wiederaufstieg verloren. Heute ist der Zeitverlust minimal. Der Skiläufer ist sofort oben am Hang und kann die Übungsstunde wirklich voll ausnützen."[210] So weit war das seit Constam nichts Neues. Doch dann wird deutlich, dass Skiliftnutzer den Zeitgewinn in mehr Abfahrtserlebnisse ummünzten. In einem Schlepplift könne man „mühelos in zwanzig Minuten 800 Höhenmeter überwinden [...], um je nach Schneelage, zur besten Tageszeit über die Hänge zu Tal zu gleiten und darin gleich wieder nach oben zu streben".[211] Der Schlepplift hatte dem Skifahren ein neuartiges „Wesen der Wiederholung"[212] verliehen. Skiläufer wurden durch den Bau von Schleppliften nicht dazu angeregt, ihr gewonnenes Zeitbudget für verschiedenste Aktivitäten nacheinander einzusetzen, selbst wenn dies möglich war und an den Schneebars wohl auch des Öfteren geschah. In der Regel verdichteten die Skiläufer vielmehr die Aufstiegs- und Abfahrtszyklen so lange, bis sie sich ‚satt gefahren' hatten. Den Einfluss der Mechanisierung skiläuferischer Aufstiegspraktiken und ihrer Nebenwirkungen verdeutlicht die Gegenüberstellung von Foto-

208 John Robinson, Geoffrey Goodbye, Time for life. The surprising ways Americans use their time, S. 260, zitiert nach: Rosa, Beschleunigung, S. 121.
209 Th. Veiter, Die Schleppliftbauart Doppelmayr als ideale Winter Sportanlage. In: ISR 1/2 (1958), S. 66–68, hier S. 68.
210 Ebenda.
211 Ebenda.
212 Ebenda.

Abbildung 16a und b: Skigebiet Madloch vor und nach dem Bau eines Sessellifts.

grafien (Abb. 16 a und b) des sogenannten Madlochs im Lecher Ortsteil Zürs, die Wolfang Allgeuer 1998 publizierte.

Die linke Fotografie wurde im Jahr 1950 aufgenommen und zeigt ein beliebtes und gut besuchtes Tourenskigebiet. Dies verraten die zahlreichen Aufstiegsspuren sowie die große Zahl von Skiläufern, die in Kleingruppen Serpentinen spuren, um auf die Madlochspitze, in eine Höhe von 2459 Metern, zu gelangen. Laut Skiführer betrug die Gehzeit drei Stunden und 15 Minuten.[213] Die Überwindung der Schwerkraft verlangte den Skiläufern Anstrengung ab. Anschließend folgte häufig eine Phase der Regeneration, wie ein Tourengeher schreibt: „[I]ch [hatte] meine Spur durch den Hang gelegt, sorgfältig das Gelände ausnützend, Schritt für Schritt […] den Grat erklommen, am Gipfel eine herrliche Rundschau genommen und nun lag ich befriedigt in der Mulde, ließ mich von der warmen Sonne bescheinen und blickte in die Runde".[214] Manche Tourengeher waren dermaßen erschöpft, dass sie

---

213 Dettling, Tschofen, Spuren, S. 194.
214 N. N., Gott sei Dank oder leider? In: Alpenvereins-Mitteilungen der Sektion Vorarlberg 4/3 (März 1952), S. 18.

einnickten.[215] Die oben abgebildete Skitour ließ sich also ohne weiteres auf eine Zeitspanne von fünf bis sechs Stunden ausdehnen;[216] ein Programm, das fast einen ganzen Tag ausfüllte. Die rechte Abbildung zeigt denselben Geländeausschnitt fünf Jahre später. Das Madloch war durch einen Sessellift erschlossen worden, der die Skiläufer für ein paar Schilling pro Fahrt in neun Minuten bergwärts transportierte und ihnen so rund zweieinhalb Stunden ersparte.[217]

Der im rechten Bild von Abb. 16 b dargestellte Beschleunigungsschauplatz zeigt die Nebenwirkung technischer Akzeleration sozialer Mobilitätspraktiken: „Je mehr Personen sich gleichzeitig fortbewegen wollen, umso niedriger wird die Durchschnittsgeschwindigkeit, wenn es infolge überlasteter Infrastrukturen zu Staueffekten kommt."[218] Das von der Skiliftindustrie vielbeschworene Argument der Effizienzsteigerung durch Mechanisierung des Aufstiegs war unhaltbar. Der Skilift half zwar den Skiläufern, ihren Kalorienverbrauch zu senken, da die für den Aufstieg notwendige elektrische Energie aus womöglich ökologisch bedenklichen Speicher- oder Laufkraftwerken in anderen Landesteilen oder aus Kohlenstoffdioxid freisetzenden Kohlekraftwerken Deutschlands beschafft wurde. Kritische Zeitgenossen waren sich dieses Zusammenhangs bewusst, lange bevor die vielzitierte ökologische Krise die Massen zu bewegen begann, wie folgende Kritik der Skiläuferin Henriette Prohaska aus dem Jahr 1962 zeigt: „Ich kann ihnen nicht sagen, wie der erste Skifahrer geheißen hat, der auf den Schwindel gekommen ist und den Adel des Aufstiegs mit Benzin und Kohle besudelt hat."[219] Dieser Skifahrer hieß, wie wir heute wissen, Ernst Constam. Er war durch die Erfindung zu einem reichen Mann geworden. Der „Schwindel" offenbart sich in der langen Warteschlange auf der rechten Fotografie in Abb. 16. Der von der Industrie versprochene Zeitgewinn verpuffte durch die zwangsläufig eintretende Dysfunktionalität der Skilifte, die Skiläufer – städtischen Mobilitätsinfrastrukturen, Straßenbahnen,

---

215 N. N., Damüls. In: Feierabend (24. Julmond 1938), S. 585.
216 Die Zeitangaben bezogen sich auf Skiläufer von mittlerem Können. In dieser Kategorie sollten Skiläufer in der Lage sein, pro Stunde 300 Höhenmeter sowie vier bis fünf Kilometer Wegstrecke zurückzulegen. Die Zeitangaben galten nur für Skiläufer, die mit Steigwachs oder Seehundfellen ausgerüstet waren. Alle übrigen Skiläufer mussten entsprechend längere Zeiten kalkulieren. Daraus wird ersichtlich, dass die Zeitangaben nur Annhäherungswerte darstellen und großen Schwankungsbreiten unterlagen. Siehe dazu: Hannes Schneider, Rudolf Gomperz, Skiführer für das Arlberggebiet und die Ferwallgruppe. (Skiclub Arlberg Selbstverlag, München 1925), S. 13.
217 Vorarlberg Landesverband für Fremdenverkehr in Vorarlberg (Hg.), Werbeprospekt „Bergbahnen, Sessellifte, Skilifte" (1955), S. 45.
218 Rosa, Beschleunigung, S. 125.
219 Henriette Prochaska, Von Seilbahnen und Skiliften. In: Der Winter 49/11 (1962), S. 723–724, hier S. 723.

Zügen, Rolltreppen oder Autostraßen, vergleichbar – in Warteschlangen disziplinierte. Aus dem alpinen Beschleunigungsschauplatz wurde ein Schauplatz des
Verharrens.[220]

Schauplätze des Verharrens erzeugen überall dort Reibungsprobleme, wo sie
auf Prozesse mit anderen Geschwindigkeit treffen und diese verzögern. Im proto-
mechanisierten Skilauf war der Zustand der Selbstvergessenheit und erhöhten
Aufmerksamkeit durch eine kontinuierliche Tätigkeit, ein erstrebenswertes Ideal,
dem sich die Skiläufer durch die Anwendung und Perfektion verschiedener Techniken im Training annäherten.[221] Der Skilift, der Skigebietsbetreibern von der
Industrie als Beschleunigungstechnik verkauft wurde, in die Praxis der Skiläufer
aber eine unfreiwillige Pause einführte, konnte ein abruptes Ende des Flow-Erleb-
nisses bedeuten. Auf den kurz währenden Rausch der Abfahrt folgte der Kater in
der Warteschlange, die Folge eines Synchronisationsproblems von Praktiken unterschiedlicher Geschwindigkeiten, das von den Skiliften produziert wurde. Die Skiliftindustrie definierte das durch sie entstandene Synchronisationsproblem rasch
in ein Argument für den Bau neuer Anlagen um: „Sie [die Skiläufer] werden einem
Ort den Vorzug geben, wo sie die Gewißheit haben, möglichst wenig Zeit mit Warten zu verlieren. Hieraus ergibt sich von selbst eine Verlagerung des Besuches auf
die Orte mit den leistungsfähigsten Anlagen."[222] Die Antwort der Skiliftindustrie
auf die Nebenwirkungen ihrer Skilifte war damit klar eine Intensivierungsstrate-
gie. Baut mehr Skilifte, dann bekämpft ihr die Dysfunktionalität der bestehenden
Skilifte, andernfalls werdet ihr im Wettbewerb nicht bestehen können.

Als Ernst Constam den Skilift erfand, schuf er eine Technik, die die neue Zeitrationalität in den skiläuferischen Praktiken materiell verstetigte. Dies sollte im
20. Jahrhundert den Umgang sämtlicher Akteure mit der alpinen Umwelt prägen.
Die Vernichtung von Zeit und Raum am Skilift machte Skiläufer zu zahlenden
Kunden, die immer neue Skilifttrassen nachfragten, während die Liftindustrie
nach Ende des Zweiten Weltkriegs an der Erhöhung der Förderkapazitäten zu
arbeiten begann. Nach 1947 wurden österreichweit bedeutende Summen für die
Integration mechanischer Aufstiegshilfen in wintertouristische Schauplätze investiert, um Skiläufer rascher zu befördern. Der beschleunigte Aufstieg zeigte aber
bald Nebenwirkungen in Form wachsender Warteschlagen an den Talstationen,
die wiederum neue Investitionen nötig machten. Wer aber ist verantwortlich für

---

220 Hartmut Rosa spricht in diesem Zusammenhang von Beharrung versus Beschleunigung,
     vgl. Rosa, Beschleunigung, S. 144–145.
221 Der Historiker Andrew Denning widmet diesem Zustand ein ganzes Kapitel in seinem
     Buch; siehe: Denning, Skiing, S. 75–89.
222 A. Lienhard, Erhöhung der Leistungsfähigkeit von Schleppliftanlagen. In: ISR 2/2 (1959),
     S. 52.

die Transformation wintertouristischer Schauplätze durch Skilifte nach 1945? Sie entsprang nur zu einem Teil dem Pioniergeist regional tätiger Akteure. Deren Verdienst bestand vor allem darin, die geopolitische Situation der Nachkriegsjahrzehnte dafür zu nutzen, um Kapital in periphere Alpendörfer zu bringen und so ein weit verzweigtes Skiliftnetzwerk zu errichten. Diese geopolitische Konstellation diskutiert der nächste Abschnitt anhand des European Recovery Program (ERP), auch bekannt als Marshall Plan.

3. Transformation durch Wiederaufbau. Die Rolle des Marshall Plans

Als der Zweite Weltkrieg am 8. Mai 1945 endete, waren die internationale Nachkriegsordnung und die politisch-ökonomische Hegemonie der Vereinigten Staaten bereits besiegelt; auch das Schicksal Österreichs und Deutschlands sowie deren Aufteilung unter den alliierten Mächten waren beschlossen.[1] Die Vereinigten Staaten, von kriegerischen Handlungen auf dem eigenen Territorium nahezu verschont, verfügten zu diesem Zeitpunkt über rund die Hälfte der globalen Industriekapazität, den Großteil der weltweit verfügbaren Nahrungsüberschüsse und so gut wie alle finanziellen Reserven. Zudem waren sie führend in sehr vielen technischen Entwicklungsfeldern und hatten ungehinderten Zugang zu inländischem und ausländischem Erdöl.[2] Seit dem Kriegseintritt der Vereinigten Staaten 1941 hatten die Bürger eine Hochkonjunktur ungeahnten Ausmaßes erlebt.[3] Aber der Wirtschaftsboom in den USA nahm 1945 ein jähes Ende, wie von Experten bereits vorhergesagt worden war.[4] Am Beginn der neuen Weltordnung standen US-amerikanische Wirtschaftsinteressen: Wie könnte man die Rezession und die damit einhergehende Massenarbeitslosigkeit im eigenen Land verhindern? Wo ließen sich neue Märkte für amerikanische Güter, Maschinen, Rohmaterialien und landwirtschaftliche

---

1   N. N., Eintrag Yalta Conference in Encyclopaedia Britannica, siehe URL: http://www.britannica.com/EBchecked/topic/651424/Yalta-Conference (6.8.2018).

2   David S. Painter, Melvin P. Leffler, The international system and the origins of the Cold War. In: Melvyn P. Leffler, David S. Painter (Hg.), Origins of the Cold War. An International History (Routledge, London u. a. 1994), S. 1–21, hier S. 3.

3   Amerikanische Produktionsstätten liefen auf Hochdruck, um die Nachfrage nach kriegsrelevanten Materialien zu befriedigen und das Bruttonationalprodukt hatte sich seit 1933 fast verdreifacht. Kein anderes Land hatte einen so hohen Erdölverbrauch. Zudem hatten sich die Vereinigten Staaten in den 1940er Jahren als der mächtigste Staat der Welt etabliert, der 1945 über rund die Hälfte des globalen Reichtums verfügte, was welthistorisch einzigartig war. Siehe: Angus Maddison, Historical Statistics of the World Economy. 1-2008 AD. Per Capita GDP Levels, 1 AD-2008 AD, siehe URL: http://www.ggdc.net/Maddison/content.shtml (6.8.2018); Sylvia Gierlinger, Die langfristigen Trends der Material- und Energieflüsse in den USA in den Jahren 1850 bis 2005 (ungedr. sozialökolog. Dipl., Klagenfurt 2011), S. 66; Vaclav Smil, Made in the USA. The rise and retreat of American manufacturing (MIT Press, Cambridge 2013), S. 67–108.

4   John Gimbel, The origins of the Marshall Plan (Stanford University Press, Stanford 1976), S. 1.

Produkte schaffen?[5] Die vor dem Krieg als Handelspartner wichtigsten industrialisierten Länder Westeuropas und Asiens waren zerstört. Selbst in den günstigsten Jahren der Zwischenkriegszeit hatten die europäischen Handelspartner der Vereinigten Staaten ein massives Handelsbilanzdefizit angehäuft.[6] Diesem strukturellen Ungleichgewicht musste eine Belebung des internationalen Handels entgegengesetzt werden, wenn möglich unter völlig neuen Rahmenbedingungen: Freier Verkehr für Kapital, Arbeit und Waren, ohne Grenzen, Zölle oder Handelsbarrieren, wurde zur Grundlage der neuen Weltordnung. Die geopolitische Neuordnung der Welt im Zuge des Wiederaufbaus nach 1945 brachte jenen Möglichkeitsraum, innerhalb dessen die Utopie[7] eines Weltfreihandelsraumes verwirklicht werden sollte.[8] Auf der Konferenz von Bretton Woods in New Hampshire war der Freihandel bereits 1944 diskutiert worden. Vertreter von 44 Nationen berieten dort über die finanzielle Zukunft der Welt.[9] Die Internationale Bank für Wiederaufbau und Entwicklung (Weltbank) und der Internationale Währungsfonds (IMF). Beide stärkten die hegemoniale Stellung der Vereinigten Staaten in der Nachkriegszeit.[10]

Die europäischen Staaten hatten in rund 25 Jahren zwei Weltkriege provoziert. In den Augen der Amerikaner waren die katastrophalen Folgen der Weltwirtschaftskrise dem Fehlen von Freihandel und internationalen Finanzinstitutionen geschuldet.[11] US-amerikanische Politiker gingen davon aus, dass der Export des fordistisch organisierten Massenkonsums nach Europa zu einer politischen Stabilisierung führen würde. So würden die Amerikaner einen „einzigarten Beitrag zum materiellen Fortschritt der Menschheit leisten".[12] Amerikanische Wirtschaftsexperten griffen dabei auf die Erfahrungen im eigenen Land während des New Deal zurück. Als Idealvorstellung einer gelungenen Wirtschaftshilfeaktion galt die Tennessee Valley Authority (TVA). In der TVA über-

---

5   Ebenda.

6   Alan S. Milward, The reconstruction of Western Europe 1945–1951 (Cambridge 1984), S. 27.

7   David W. Ellwood, Was the Marshall Plan necessary? In: Fernando Guiaro, Frances M. B. Lnych, Sigfrido M. Ramírez Pérez (Hg.), Alan S. Milward and a century of European change (Routledge, New York 2012), S. 240–254.

8   Robert E. Wood, From the Marshall Plan to the Third World. In: Melvyn P. Leffler, David S. Painter (Hg.), Origins of the Cold War. An international history (Routledge, London u. a. 1994), S. 239–250, hier S. 242.

9   Marco Casella, Bretton Woods. History of a monetary system (Simplicissimus Book Farm, 2015).

10   Horst Dippel, Geschichte der USA (C. H. Beck, München 1996), S. 98–99.

11   Ellwood, Was the Marshall Plan necessary? S. 240.

12   Ebenda, S. 244.

setzten Wirtschafts- und Regionalplaner in einer ländlichen Region, die bis dato als unterentwickelt wahrgenommen wurde, die Ideen des wirtschaftlichen Fortschritts und der demokratischen Freiheit in ein sozionaturales Netzwerk aus Staudämmen, Wasserkraftwerken und Bewässerungsprojekten. Die TVA galt in den 1940er-Jahren bei den Wirtschaftsexperten der Vereinigten Staaten als Leitkonzept für die Entwicklung des ländlichen Raumes.[13] Basierend auf den Ideen des New Deal und der TVA etablierte sich schon zu Kriegsbeginn ein Zirkel von Unternehmern, Forschern, Leitern von Universitäten und Regierungsbeamten mit dem Zweck, Wissen in konkrete Projekte jeglicher Art einfließen zu lassen. Sämtliche Regionen, die von den Planern als problematisch – weil unterentwickelt oder undemokratisch – wahrgenommen wurden, sollten durch Infrastrukturprojekte modernisiert werden, so auch das zerstörte Europa, seine Nationalstaaten, Regionen und Dörfer.[14]

In Österreich begann der Wiederaufbau des Fremdenverkehrs in den Dörfern unmittelbar nach Kriegsende. Im Bundesministerium für Handel und Wiederaufbau (BMfHuW) war eine eigene Tourismussektion gegründet worden, um den Nachkriegstourismus so rasch wie möglich wieder ins Laufen zu bringen und in einem nächsten Schritt die US-Ideologie der Modernisierung durch infrastrukturelle Transformation touristischer Schauplätze zu importieren. Der Tourismusexperte Harald Langer-Hansl, der die neue Tourismussektion leitete, war durch seine Tätigkeit beim Alliierten Rat gut mit den Amerikanern vernetzt. Er regte „sofort ein zehn Millionen Dollar Hilfsprogramm für Österreichs Tourismus an".[15] Die sogenannte „Dollar-Kreditaktion" sollte den Aufbau des Tourismus fördern, um Devisen für die österreichische Nationalökonomie zu beschaffen.[16] Der Leiter des Salzburger Tourismusverbands, Hans Hoffmann-Montanus, war für die organisatorische Umsetzung verantwortlich. Er wählte aus einer beim österreichischen Verkehrsbüro aufliegenden Hotelliste Betriebe aus, die in die Dollar-Kreditaktion einbezogen werden sollten. Da sich der Vorarlberger Landestourismusverband an den Vorbereitungen der Aktion nicht beteiligte, entschied Hoffmann-Montanus über den Kopf der Vorarlberger hinweg. Er wählte 25 Vorarlberger Betriebe aus den Bezirkshauptstädten und den klassischen Wintersportgebieten aus. Erhebungen hatten ergeben, dass fünf dieser Betriebe von den französischen Alliierten

---

13 Ebenda, S. 246.

14 Ebenda, S. 244.

15 Günter Bischof, Der Marshall-Plan und die Wiederbelebung des österreichischen Fremdenverkehrs nach dem Zweiten Weltkrieg. In: Günter Bischof, Dieter Stiefel (Hg.), 80 Dollar. 50 Jahre ERP-Fonds und Marshall-Plan in Österreich 1948–1998 (Ueberreuter, Wien 1991), S. 133–183, hier S. 141.

16 ÖSTA/AdR, BMfHuW – FV 12/1949, Zl. 98.834/V-23b/49.

besetzt, zehn für französische Gäste reserviert und weitere zehn unbesetzt, aber renovierungsbedürftig waren.[17]

Die Wogen gingen hoch, als der Vorarlberger Landesrat Ferdinand Ulmer diese Prioritätenlisten vorgelegt bekam. Er erinnerte sich an die vermeintliche Benachteiligung während der Hotelsanierungsaktion der 1930er-Jahre, als die Vorarlberger Hotel- und Gaststättenbetriebe im Vergleich zu Tirol und Salzburg ziemlich schlecht ausgestiegen waren. Angesichts dessen änderten die Vorarlberger ihre Strategie. Sie gaben ihre föderalistisch motivierte Zurückhaltung auf und versuchten, dem BMfHuW eigene Regeln zu diktieren. Ulmer schickte eine zweite Liste ins BMfHuW. Auf dieser waren Betriebe vermerkt, die für die Kinderlandverschickung der Nationalsozialisten und die Unterbringung von Flüchtlingen genutzt worden waren. Ulmer listete zudem alle Betriebe, die die Franzosen besetzt hielten. Davon erhoffte er sich Druck aus dem BMfHuW gegenüber dem Alliierten Rat, um die Räumung der Betriebe unter Anwendung des Devisenarguments zu beschleunigen.[18] Regierungsrat Julius Diem, der zwischen 1949 und 1951 das Gewerbeförderungsinstitut für Vorarlberg leitete und den Vorarlberger Landesfremdenverkehrsverband vertrat, forderte, dass die in den Listen angeführten Betriebe zunächst gründlich saniert und ihr Inventar ergänzt werden müsste und zwar mit Kapital aus dem Finanzministerium.[19] Dieses lehnte ab. Eine solche Kreditaktion würde große Kosten verursachen und könnte die Verhandlungen mit Washington gefährden.[20]

Für die „Ausländer-Hotelaktion" gaben die Franzosen 400 beschlagnahmte Betten für Reisende aus England, Belgien und der Schweiz frei.[21] Damit war es aber bei weitem nicht getan. Die Betriebe mussten instandgesetzt und Fragen der Lebensmittelversorgung geklärt werden.[22] Es galt, die Verkehrswege und -mittel zu verbessern und insbesondere die Schneeräumung auf den Bundesstraßen im Rheintal, Walgau und Montafon, aber auch des abgelegenen Brandner- und Gargellenertals, im Bregenzerwald und auf der Flexenstraße so weit zu organisieren, dass Gäste, Nahrungsmittel und Heizmaterial in die Dörfer transportiert werden konnten.[23] Auch die Versorgung mit Elektrizität und Heizmaterial gestaltete sich schwierig.[24]

---

17   ÖSTA/AdR, BMfHuW – FV 1946-48/K. 711/e., Zl. 160.286/46.
18   VLA, AVLR Abt. VIa, Zl. 1946/1/18.
19   ÖSTA/AdR, BMfHuW – FV 1946-48/K. 711/e., Zl. 160.286/46.
20   Bischof, Der Marshall-Plan, S. 142.
21   Ebenda, 144.
22   VLA, AVLR Abt. VIa, Zl. 1946/1/18.
23   Ebenda.
24   Ebenda.

Die Gäste hatten bereits im Reisebüro ihres Herkunftslandes die Fahrkarten sowie Hotelarrangements in ausländischer Währung zu bezahlen. Die Devisen wurden direkt an die österreichische Nationalbank überwiesen.[25] Der Erlös des staatlich geplanten und durchgeführten Fremdenverkehrs sollte das rasant wachsende Außenhandelsdefizit der österreichischen Volkswirtschaft verringern, um politische und wirtschaftliche Stabilität zu ermöglichen.[26]

Der zentral geplante und verwaltete Tourismus führte bald zu massiven Konflikten zwischen Bundes- und Landesbehörden sowie den Alliierten, den Tourismusunternehmern und der Bevölkerung. Ein Grund dafür war die offensichtliche Bevorzugung der Touristen, die sich besonders bei der Nahrungsmittelversorgung bemerkbar machte. So mussten sich die Einheimischen mit Nahrungsmittelzuteilungen von 1800 Kalorien Nährwert begnügen, während den Touristen 4600 Kalorien zugeteilt wurden.[27] Die Bundesregierung gestaltete Medienbeiträge, um Unruhen vorzubeugen und die Akzeptanz der Vorgehensweise in der Bevölkerung zu befördern.[28] Doch die Maßnahmen waren dazu angetan, Unruhe zu stiften. Um zu verhindern, dass sich Österreicher im Zuge der Ausländer-Hotelaktion satt aßen, untersagten die Behörden die gleichzeitige Beherbergung in- und ausländischer Gäste. Verstöße gegen diese Regel führten zum Ausschluss des Betriebs aus der Aktion für drei Saisonen und zur Bestrafung der Inhaber.[29] Auch die für den Gästetransport nötigen Arbeiten fachten den allgemeinen Unmut an. Als Lech in die Ausländer-Hotelaktion einbezogen wurde,[30] mussten pro Saison etwa 1000 Personen mit drei Motor- und rund 50 Pferdeschlitten von Langen nach Lech kutschiert werden. Die französischen Besatzer stellten 20 Tonnen Hafer für die Fütterung der Pferde bereit, den die Lecher aus eigener Tasche bezahlen mussten, ebenso wie die 17.000 Liter Benzin für die Motorschlitten. Die Kosten für Hafer und Benzin wurden von den Lechern auf die Gäste umgelegt, die bald über die hohen Preise klagten.[31]

Im Laufe der „Ausländer-Hotelaktion" wuchs das Misstrauen zwischen den Vorarlberger Tourismusunternehmern und dem BMfHuW in Wien. Die Unternehmer klagten, dass sie vom BMfHuW in der Gästezuweisung benachteiligt würden, was Existenzen gefährde.[32] Außerdem sei die vom BMfHuW engagierte Lebensmittel-

25 Ebenda.
26 VLA, AVLR, Abt. VIa/1947/1/199/1.
27 VLA, AVLR Abt. VIa, Zl. 1946/1/18.
28 VLA, AVLR, Abt. VIa/1947/1/199/1.
29 Ebenda.
30 VLA, AVLR, Abt. VIa/1948/Sch. 4/52/1.
31 VLA, AVLR, Abt. VIa/1950/Sch. 8/31/6.
32 VLA, AVLR, Abt. VIa/1948/Sch. 4/222/2.

importfirma Mautner korrupt und die gesamte Aktion mit bürokratischem Ballast überfrachtet, der den Hoteliers das Leben erschwere.[33] Die Unternehmer forderten mehr Kohle für den Arlberg, wohl wissend, dass auch das Gewerbe, die Kleinindustrie und die privaten Haushalte unter massiver Kohleknappheit litten.[34]

Das französische Militär, seinerseits auf die besetzten Hotels in den Alpentälern angewiesen, um seinen Soldaten Schlafplätze bereitzustellen, wurde von der Vorarlberger Handelskammer für den schleppenden Wiederaufbau des Tourismus verantwortlich gemacht.[35] Und zu guter Letzt kritisierten Vertreter des Vorarlberger Gastgewerbeverbandes ortsansässige Bauern als Verhinderer, weil sich diese gegen die touristische Transformation ihrer Lebenswelt sträubten.[36] Die hier angedeuteten Konflikte zeigen, dass der nationalstaatlich organisierte und geplante Tourismus der unmittelbaren Nachkriegsjahre sehr bald in eine tiefe Krise geriet. Diese Krise äußerte sich besonders in den Verteilungskämpfen um die äußerst knappen Ressourcen.

Die Verteilungskonflikte der unmittelbaren Nachkriegsjahre waren aber nicht Symptome einer lokalen ,Krise des Tourismus', sondern vielmehr Ausdruck einer europaweiten Krise. Die um ihre Existenz besorgten Tourismusunternehmer in Vorarlberg sahen die größeren Zusammenhänge entweder nicht, oder ließen sich davon bewusst nicht abhalten, ihre eigenen Interessen nachdrücklich zu vertreten. Bereits 1946 hatte die völlig ungenügende Nahrungsversorgung der Bevölkerung in Österreich soziale Unruhen geweckt. Engpässe in der Kohleversorgung beeinträchtigten den Eisenbahnverkehr. Im Winter 1946/47 verschärfte sich die Energiekrise dermaßen, dass die Industrieproduktion fast völlig zum Stillstand kam.[37] Die Ernährungslage war schwierig, weil der landwirtschaftliche Wiederaufbau nur sehr langsam in Gang kam. Zudem setzte – wie schon nach Ende des Ersten Weltkriegs – eine starke Inflation in Österreich ein.[38]

Die Wirtschaftspolitiker der Vereinigten Staaten betrachteten diese europäische Entwicklung mit Sorge, da sich eine Rezession in Europa negativ auf die eigene Binnenkonjunktur auswirken würde. Wirtschaftsexperten nahmen zunächst an, dass die europäischen Nationalökonomien nach dem unmittelbaren Wiederaufbau zerstörter Anlagen in der Lage sein würden, Exportgüter zu produzieren. Ab

---

33   Ebenda.
34   VLA, AVLR, Abt. VIa/1948/Sch. 4/52/2.
35   VLA, AVLR, Abt. VIa/1949/Sch. 6/85/1.
36   VLA, AVLR, Abt. VIa/1948/Sch. 4/491/1.
37   Fritz Weber, Wiederaufbau zwischen Ost und West. In: Reinhard Sieder (Hg.), Österreich 1945–1995. Gesellschaft, Politik, Kultur (Verlag für Gesellschaftskritik, Wien 1996), S. 68–80, hier S. 76.
38   Ebenda, S. 75.

1947 würde sich die Außenhandelsbilanz mit den Vereinigten Staaten ausgleichen. Doch 1947 begann sich das Außenhandelsdefizit stattdessen zu vergrößern.[39] Alles deutete darauf hin, dass sich die Geschichte der frühen 1920er in den späten 1940er-Jahren wiederholte.[40]

Die Abwärtsspirale wurde durch den Ausnahmesommer 1947 beschleunigt, der als „Steppensommer 1947" in die Geschichte einging.[41] Eine massive Dürre führte zu Ernteausfällen in ganz Europa. Besonders betroffen waren Österreich, Italien und Deutschland. Um die Gesundheit der Bevölkerung nicht zu gefährden, waren zusätzliche Nahrungs-Hilfslieferungen nötig.[42] 1947 stammten über 60 Prozent der in Österreich verteilten Nahrungsmittel aus dem Ausland. Die schlechte Versorgungslage, verschärft von der Dürre und den Handelsbarrieren Richtung Osteuropa, machte Österreich und andere westeuropäische Staaten mehr denn je abhängig von US-amerikanischen Importen.[43] An ein nachhaltiges Wirtschaftswachstum war angesichts dieser Situation nicht zu denken. Die Politiker der Vereinigten Staaten entwarfen einen Plan zur Rettung Europas, in dessen Gefolge selbst die entlegensten Alpentäler tiefgreifend transformiert werden würden.

3.1   MARSHALLS PLAN UND DIE NATIONALEN INTERESSEN

Dem European Recovery Program (ERP), das unter dem Namen Marshall Plan bekannt ist, lag die Beobachtung zugrunde, dass die bis 1947 durchgeführten Hilfsaktionen der Vereinigten Staaten nicht den erhofften Erfolg gebracht hatten. Zwar war der Wiederaufbau zerstörter Infrastruktur abgeschlossen, vor den europäischen Ländern lag aber noch ein weiter Weg, um Industrieanlagen aufzubauen, in denen devisenbringende Exportgüter hergestellt werden konnten. Präsident Harry S. Truman hatte schon am 12. März 1947 vom Kongress 400 Millionen US-Dollar erbeten, um Griechenland und die Türkei beim Wiederaufbau und damit beim Kampf gegen vorrückende Kommunisten zu unterstützen.[44] Trumans Rede vor

---

39   Milward, The Reconstruction of Western Europe, S. 19–20.

40   Ebenda, S. 1.

41   Dieter Niketta, Einige Bemerkungen zum heißen Sommer 2003 (Beiträge des Instituts für Meteorologie der Freien Universität Berlin zur Berliner Wetterkarte 3.9.2003), siehe URL: http://wkserv.met.fu-berlin.de/Beilagen/2003/sommer03.pdf (6.8.2018).

42   Milward, The Reconstruction of Western Europe, S. 6.

43   William Diebold, East – west trade and the Marshall Plan. In: Foreign Affairs 26/4 (1948), S. 709–722, hier S. 710.

44   N. N., 100 Milestone Documents. Truman Doctrine (1947), siehe URL: http://www.ourdocuments.gov/doc.php?flash=true&doc=81 (6.8.2018).

dem Kongress, die später als „Truman Doktrin" bekannt wurde, gilt auch als Eröffnung des Kalten Krieges. Sie prägte den diplomatischen Kurs der Vereinigten Staaten für die folgenden vierzig Jahre.[45] Hilfsaktionen für die europäischen Länder
waren auch in diesem Kontext zu sehen, wenngleich Österreich, dessen Neutrali-
tät sich seit dem Tod Josef Stalins 1953 abzuzeichnen begann, einen Sonderfall
darstellte.[46] Das ERP wurde nach dem amerikanischen Außenministers George C.
Marshall, der am 5. Juni 1947 an der Harvard University eine programmatische
Rede dazu gehalten hatte, als Marshall Plan bekannt. In dieser Rede beschrieb Marshall den wirtschaftlichen Wiederaufbau Europas als ernstlich verzögert und betonte die außerordentliche Komplexität der Problematik, die den Bürgern der Vereinigten Staaten kaum kommunizierbar war.[47] Der Rede Marshalls waren umfangreiche Studien vorausgegangen, in denen die Alliierten der westlichen Länder, also
Frankreich, Großbritannien und die Vereinigten Staaten, versucht hatten, Umfang
und Beschaffenheit der als notwendig erachteten Hilfe zu ermitteln. Marshall bereitete in dieser Rede die Bürger der Vereinigten Staaten darauf vor, dass sich dieses
Hilfsprogramm für Europa über mehrere Jahre erstrecken müsse, denn es gehe
nicht nur um den unmittelbaren Konsumgüterbedarf. Die Wiedererrichtung von
Industrieanlagen, in denen europäische Länder Exportgüter produzieren könnten,
sei nur durch Importe aus den Vereinigten Staaten möglich. Diese würden die
Außenhandelsdefizite zunächst noch weiter vergrößern.[48]

In Europa führten die Worte Marshalls zu reger Aktivität. Am 12. Juli 1947 wurde in Paris das „Committee for European Economic Cooperation" (CCCE) gegründet, dem sechzehn europäische Staaten angehörten, darunter auch Österreich.[49]
Der Ausschuss definierte die Ziele des Wiederaufbaus in Europa. Es ging um

(1) bedeutende Steigerungen der landwirtschaftlichen Produktion; (2) die Steigerung
der Kohleförderung, die das Niveau von 1938 um etwa fünf Prozent übertreffen soll-

---

45 Ebenda.
46 Hans Werner Scheidl, Der Staatsvertrag: Erst Stalins Tod machte den Weg frei. In: Die
    Presse (14.5.2015), siehe URL: http://diepresse.com/home/politik/innenpolitik/4731548/
    Der-Staatsvertrag_Erst-Stalins-Tod-machte-den-Weg-frei (6.8.2018); Vgl. Michael Geh-
    ler, Vom Marshall-Plan bis zur EU. Österreich und die europäische Integration von 1945
    bis zur Gegenwart (Studienverlag, Innsbruck 2006).
47 Anton Baier, Der Marshallplan unter besonderer Berücksichtigung Österreichs (ungedr.
    wirtschaftswiss. Diss., Wien 1949), S. 11; Wilfried Mähr, Der Marshall-Plan in Österreich
    (Styria, Graz 1989).
48 N. N., 100 Milestone Documents.
49 Neben Österreich gehörten diesem Ausschuss an: Frankreich, Großbritannien, Luxem-
    burg, die Niederlande, Belgien, Italien, Portugal, Griechenland, die Türkei, Norwegen,
    Dänemark, Schweden, Irland, die Schweiz und Island.

te; um die Erhöhung der Elektrizitätserzeugung um rund 60 Prozent gegenüber der produzierten Elektrizitätsmenge von 1938; um eine Steigerung der Erdölförderung um das Zweieinhalbfache gegenüber dem Niveau von 1938. Die Erhöhung der Rohstahlerzeugung um etwa 20 Prozent gegenüber dem Jahr 1938 (5) sowie (6) um eine Ausweitung des Transportsystems, das die Beförderung einer gegenüber 1938 um 25 Prozent größeren Warenmenge ermöglichen sollte.[50]

Die teilnehmenden Staaten verpflichteten sich zudem, „keine Anstrengungen zu scheuen, um die einheimische Produktion zu entwickeln, damit diese Ziele erreicht" würden.[51] Das ERP war, wie diese Vorgaben zeigen, nicht einfach ein Programm, das den Vorkriegszustand wiederherstellen sollte, sondern ging weit darüber hinaus. Binnen weniger Jahre sollten die Produktionskapazitäten strategischer Ressourcen deutlich ausgeweitet werden. Die vergrößerten Transportkapazitäten sollten die Zirkulation der Stoffströme beschleunigen, wovon man sich politische Stabilität durch Wirtschaftswachstum versprach.

Die durch das ERP vorgegebene Programmatik der Transformation durch beschleunigte Zirkulation führte sich auch in den Nachfolgeorganisationen der CCCE fort. Die Mitgliedsstaaten bildeten im April 1948 die „Organization for European Economic Co-Operation" (OEEC),[52] deren Ziel die Umsetzung und Koordination der oben genannten Punkte war. Die OEEC orientierte sich mit den Wiederaufbauplänen für Europa am Ideal der Wirtschaftsentwicklung in den Vereinigten Staaten während der Jahre 1940 bis 1944.[53] Die OEEC hatte koordinative Aufgaben und prüfte zudem die aufgestellten Quartalspläne der Mitgliederländer und leitete diese an die „Economic Cooperation Administration" (ECA) in Paris weiter. Die ECA in Washington setzte anschließend die jeweilige Hilfsquote für die Länder fest.[54] Die ECA erarbeitete ihrerseits Länderprogramme, mit denen die Schwerpunkte der Aktivitäten für die folgenden Jahre festgelegt wurden.[55]

Averell Harriman, der in den 1930er-Jahren das Skigebiet Sun Valley aufgebaut und später die mächtige Union Pacific Railroad (UPR) geleitet hatte, war mittler-

---

50   Baier, Der Marshallplan, S. 18; Imanuel Wexler, The Marshall Plan revisited. The European recovery program in economic perspective (Greenwood Press, Westport 1983), S. 58. Zitiert nach: Groß, Wie das ERP, S. 5.
51   Baier, Der Marshallplan, S. 20. Zitiert nach: Groß, Wie das ERP, S. 5.
52   Siehe: Springer Gabler Verlag (Hg.), Gabler Wirtschaftslexikon, Stichwort: OEEC, siehe URL: http://wirtschaftslexikon.gabler.de/Archiv/54050/oeec-v6.html (6.8.2018).
53   Groß, Wie das ERP, S. 5.
54   Anton Baier, Der Marshallplan, S. 65.
55   Economic Cooperation Administration (Hg.), Austria country study, European Recovery Program (Washington 1949).

weile zum US-Koordinator der ECA aufgestiegen.[56] Unter seiner Leitung hatten die Ingenieure der UPR den Sessellift entwickelt, die wohl wichtigste Technik des mechanisierten Wintertourismus seit dem Constam-Lift. Harriman war es vermutlich zu verdanken, dass touristische Infrastrukturen und vor allem der Bau von Sesselliften in das österreichische Länderprogramm des ERP aufgenommen wurden,[57] um Österreichs „außerordentliche landschaftliche Schönheit als eine Quelle für US-Dollars wiederzubeleben".[58]

Obwohl die ECA großes Interesse daran hatte, den Tourismus auf die Empfängerlisten des ERP zu setzen, wurde dies zunächst im BMfHuW verhindert. Grund dafür war ein Interessenskonflikt zwischen Peter Krauland, dem Minister für Vermögenssicherung und Wirtschaftsplanung, und Eugen Lanske sowie Harald Langer-Hansel, die den „Bundesarbeitsausschuß für Fremdenverkehr" leiteten. Krauland verlangte eine zentralisierte Detailplanung von den Betrieben, wohl wissend, dass diese von der zum Teil verstaatlichten Eisen- und Stahlindustrie, Elektrizitäts-, Kohlen und Metallindustrie deutlich rascher vorgelegt werden würde als vom Fremdenverkehr, der föderalistisch, dezentral und kleinteilig strukturiert war.[59] Lanske und Langer-Hansl sahen hingegen für den Fremdenverkehr einen Fonds vor, den das BMfHuW verwalten sollte.[60] Aus diesem Fonds sollten zuerst kaum beschädigte Betriebe dotiert werden, anschließend solche mit stärkeren Gebäudeschäden, gefolgt von den völlig zerstörten Betrieben. Erst dann sollte der Wettbewerb durch die Errichtung von Höhenhotels, Kurhäusern, Seilbahnen und Skiliften intensiviert werden.[61] Krauland hatte andere Pläne. „Er präferierte den Wiederaufbau völlig zerstörter Betriebe und die Errichtung prestigeträchtiger Infrastrukturbauten, weil diese Maßnahmen die propagandistische Verwertung des

56   Harry Kelber, AFL-CIO's dark past. U. S. labor secretly intervened in Europe, funded to fight pro-communist unions, siehe URL: http://www.laboreducator.org/darkpast3.htm (6.8.2018).
57   Um diesen Zusammenhang mittels Quellen abzusichern, wäre ein Besuch von US-Archiven notwendig gewesen. Ein solcher konnte infolge begrenzter zeitlicher und wirtschaftlicher Ressourcen im Rahmen dieses Projekts nicht durchgeführt werden, wäre aber für die Erforschung der Relevanz des ERP für Österreich von großer Bedeutung.
58   Economic Cooperation Administration, Austria country study, S. 3; Übersetzung R. G.; Für einen Vergleich zu anderen alpinen Regionen, siehe Beiträge in: Andrea Bonoldi, Andrea Leonardi, La Rinascita Economica Dell'Europa. Il Piano Marshall e l'area alpina (Franco Angeli, Milano 2006).
59   Bischof, Der Marshall-Plan, S. 146.
60   ÖSTA/AdR, BMfHuW – FV 12/1949, Zl. 98.834/V-23b/49.
61   Ebenda.

ERP erleichterten."[62] Der Richtungsstreit zog sich bis Ende 1948 hin.[63] Erst als die Funktionäre aus den Bundesländern mit der Amtsniederlegung drohten und der Vorsitzende des Verkehrsverbandes Österreich bei Bundeskanzler Figl intervenierte, schwenkte Krauland ein.[64] Im Jahr 1949 floss die erste Tranche von 80 Millionen Schilling an die Hotel-Treuhand AG, die niedrig verzinste, langfristige Kredite vergab. Im Landesarbeitsausschuss für Fremdenverkehr wurden die Ansuchen gesammelt, geprüft, zu Listen zusammengestellt und an das BMfHuW weitergeleitet.[65]

3.1.1 Beschleunigungs- und Beharrungselemente in der Vergabe der ERP-Gelder

Das ERP war auf vier Jahre ausgelegt. Jedes ERP-Jahr war in vier Quartale eingeteilt. Innerhalb dieser 16 Quartale sollten die betroffenen Wirtschaftssektoren der teilnehmenden Länder den ERP-Zielsetzungen entsprechend transformiert werden. Die ERP-Hilfe für ein Teilnehmerland wurde auf Basis der sektoral erhobenen Bedarfsmeldungen für jedes Quartal ermittelt, nach Paris und schließlich nach Washington gemeldet, von wo aus die Hilfe in Form von Geld, Rohstoffen, Nahrungsmitteln oder Maschinen und Werkzeugen in das jeweilige Teilnehmerland gesandt wurde.[66] Die Aktivitäten in den Organisationen der Vereinigten Staaten und der europaweit, national sowie regional tätigen Organisationen waren durch die quartalsweise Abwicklung synchronisiert, was angesichts der Komplexität der Aktion den einigermaßen reibungslosen Ablauf gewährleisten sollte.

Doch dieser Ablauf konnte durch Verzögerungen gestört werden. Einen dieser Störfaktoren stellten nationale Interessenskonflikte dar, wie bereits ausgeführt wurde. Auch die Befindlichkeiten der potenziellen Hilfeempfänger konnten die Aktion ins Stocken bringen oder gar gefährden. In Vorarlberg waren es die touristischen Unternehmer, die Anfang des Jahres 1949 wider Erwarten nur sehr zögerlich auf die billigen Kredite zugriffen. Das BMfHuW verlangte, dass die Betriebe

---

62 ÖSTA/AdR, BMfHuW – FV 12/1949, Zl. 98.974/V-23b/49. Zitiert nach: Groß, Wie das ERP, S. 11.

63 Ob die ECA in den Interessenskonflikt intervenierte, ist unklar. Die Klärung dieser Frage bedürfte eines Studiums von US-Archivalien.

64 ÖSTA/AdR, BMfHuW – FV 12/1949, Zl. 107.373/V-23b/49-1570. Zitiert nach: Groß, Wie das ERP, S. 11.

65 ÖSTA/AdR, BMfHuW – FV 12/1949, Zl. 98.834/V-23b/49.

66 Dieter Stiefel: „Hilfe zur Selbsthilfe". Der Marshallplan in Österreich, 1945–1952. In: Ernst Bruckmüller (Hg.), Wiederaufbau in Österreich. Rekonstruktion oder Neubeginn? (Verlag für Geschichte & Politik, Wien u. a. 2006), S. 90–101.

detailliert über Jahresumsätze und Besucherfrequenzen Buch führten und diese Aufzeichnungen dem Ministerium vorlegten.[67] Die Vorbehalte gegenüber solcher Transparenz hatten schon in den 1930er-Jahren dazu geführt, dass Vorarlberger Betriebe von der nationalstaatlich organisierten Hotelsanierungsaktion kaum profitierten. Sollte sich die Geschichte wiederholen, würden die Vorarlberger Tourismusunternehmer abermals leer ausgehen? Die Vertreter des BMfHuW wussten dies zu verhindern: Sie appellierten an den Vorarlberger Landesarbeitsausschuss für Fremdenverkehr, möglichst rasch Ansuchen vorzulegen, selbst ohne diese im Vorfeld zu begutachten.[68] Im Februar 1950 folgten die ersten Anträge.[69] Diese Strategie des beschleunigten und erleichterten Verfahrens schien vorerst aufzugehen. Im Lauf des Jahres 1950 setzte die ECA weitere Schritte. Hürden und Hemmnisse einer ERP-Teilnahme sollten abgebaut und die verbleibenden zwei Jahre voll ausgeschöpft werden.

Im August 1950 statteten der Leiter des Bundesarbeitsausschusses für Wiederaufbau des Fremdenverkehrs Harald Langer-Hansl und sein Referent namhaften Tourismusverantwortlichen in Salzburg, Tirol und Vorarlberg ihren Besuch ab, um die Kreditaktion zu besprechen. Die Herren trafen sich mit Vertretern des Vorarlberger Landesfremdenverkehrsverbandes, der Illwerke AG, regionaler Verkehrsverbände und mit Hoteliers aus dem Bregenzerwald, dem Rheintal sowie mit Touristikern aus dem Montafon und vom Arlberg.[70] Das Ergebnis dieser Reise war ein Regionalprogramm für den Wiederaufbau des Vorarlberger Fremdenverkehrs. Die Tourismusexperten präsentierten Vorarlbergs Landschaften in romantisch konnotierten Stereotypen als prädestiniert für Fremdwährungseinnahmen.[71] Sie gliederten Vorarlberg in die fünf Regionen Arlberg, Illgebiet (Montafon, Walgau, Brandnertal), Kleinwalsertal, Bodensee-Rheintal und Bregenzerwald. Diese wurden typisiert, tourismustopografisch charakterisiert und hinsichtlich ihrer Förderungswürdigkeit beschrieben.

> Das Rheintal wurde durch die ‚Uferromantik‘ des Bodensees oder die ‚Wildromantik der Rappenlochschlucht‘ charakterisiert und aufgrund der fehlenden Betten, Bäder und Zentralheizungen als hilfswürdig deklariert. Der Bregenzerwald war durch ‚Krokusblüte‘, ‚schmucke Einzelhöfe‘, ‚freundliche Talrücken‘ und ‚Brauchtum‘, aber wenig Devisenpotenzial und mangelhafte sanitäre Einrichtungen definiert.[72]

---

67   VLA, AVLR VIa, Sch. 10, Zl. 278/1950, Durchführungsbestimmungen, S. 3.
68   Ebenda.
69   VLA, AVLR VIa, Sch. 10, Zl. 107/4, Dr. Sp/Au.
70   Ebenda.
71   VLA, AVRL, Abt. VIa, Sch. 23, Zl. 383/1951, S. 3–5.
72   Ebenda, S. 60. Zitiert nach: Zitiert nach: Groß, Wie das ERP, S. 13.

Hilfe sollte sich hier auf jene Orte beschränken, die Wintergäste anzogen.[73] Das Kleinwalsertal war aufgrund seines wirtschaftlichen Sonderstatus als Zollausschlussgebiet aus Sicht der ERP-Experten uninteressant, da es keine Devisen ins Land bringen würde.[74] Im Einzugsgebiet der Ill waren Kapazitätsschwerpunkte im Montafon, im Walgau und im großen Walsertal erkennbar. In dieser Region sahen die ERP-Experten die Möglichkeit, die Ausländernächtigungen um 300 Prozent zu erhöhen, insbesondere in Schruns, Brand, Gaschurn, St. Gallenkirch und Tschagguns.[75] Der Arlberg war aus Sicht der ERP-Experten die vielversprechendste Vorarlberger Destination.[76]

Die Einzelprojekte wurden entsprechend der Frequenz ausländischer Gäste konkretisiert. Die Autoren stellten die Beobachtungszeiträume 1934/35 und 1949/50 gegenüber. Sie schrieben damit jene geopolitischen Verwerfungen, die die 1000-Mark-Sperre erzeugt hatte, in die Zukunft fort. Lech am Arlberg ging als klarer Gewinner dieser Betrachtung hervor. Daher schien die Finanzierung der Skilifte auf Rüfikopf und Hexenboden, auf das Madloch und das Kriegerhorn besonders gerechtfertigt.[77] Das innere Montafon war durch die „wirtschaftliche Beherrschung der Vorarlberger Illlwerke A. G. gekennzeichnet. Die Vorarlberger Illwerke [waren] die größten Wasserkraftwerke Österreichs, die das Tal durch die enormen hydroenergetischen Bauten, Bahnen, Schrägaufzüge und Stauseen im Aussehen entscheidend beeinfluss[t]en".[78] Die hochalpinen Stauseen, Straßen, Schrägaufzüge und Bahnanlagen, die während der NS-Zeit von „tausende[n] Kriegsgefange[n] und Zwangsarbeiter[n] unter miserabelsten Arbeitsbedingungen"[79] angelegt wurden, legten die Autoren als Erweiterung des Montafoner touristischen Repertoires aus:[80] „[I]m Montafonertal [war] in beispielhafter Weise vor Augen geführt [worden], dass wasserenergetische Bauten sich auch zu Gunsten der landschaftlichen Schönheit auswirken und dem Fremdenverkehr dienlich gestaltet werden können".[81] In Schruns im äußeren Montafon war auf Drängen des BMf-HuW die Kuranstalt Montafon finanziert worden, was dazu führte, dass man hier

---

73   Ebenda, S. 62.
74   Ebenda, S. 64.
75   Ebenda, S. 66.
76   Ebenda, S. 67.
77   VLA, AVLR, Abt. VIa, Sch. 10, Zl. 278/75, S. 2.
78   Ebenda.
79   Markus Barnay, Vorarlberg. Vom Ersten Weltkrieg bis zur Gegenwart (Haymon, Innsbruck/Wien 2011), S. 94.
80   VLA, AVLR, Abt. VIa, Sch. 10, Zl. 278/75, S. 5.
81   Ebenda, S. 8.

weitere Investition in Skilifte auf das sogenannte Hochjoch für sinnvoll erachtete.[82] Der Bregenzerwald zeichnete sich in den Augen der ERP-Experten durch „die Unberührtheit und die Erhaltung des Vorarlberger Volkscharakters in Volk, Land und Wirtschaft"[83] aus. Das hieß übersetzt, dass sich die Errichtung kapitalintensiver, devisenbringender Infrastrukturen in dieser Talschaft nicht lohnte, solange die Straßenverbindungen nicht verbessert würden.[84] Die Vergabepraxis zeigt, dass das ERP in Vorarlberg kein Wiederaufbauprogramm, sondern ein Programm zur Transformation ausgesuchter Regionen beziehungsweise Dörfer war. Auf Basis des Regionalprogramms für den Fremdenverkehr in Vorarlberg entschied die ECA später über die Kreditvergabe. Wer es sich aber leisten konnte, nicht am ERP teilzunehmen, oder wer sich nicht über Jahrzehnte hinaus verschulden wollte, dem konnte es passieren, von Herbert Sohm, dem kaufmännischen Leiter des Vorarlberger Landesfremdenverkehrsverbands, öffentlich als Modernisierungsverhinderer gebrandmarkt zu werden.[85]

Das ERP bemühte sich um ein transformationsfreundliches Klima, um die Abwicklung der Kreditvergabe zu beschleunigen. Im Dezember 1950 wurde eine Veranstaltung im Feldkircher Saalbaukino abgehalten. Paul Bernecker, der im Rahmen des sogenannten „Technical Assistance Program" (TAP) mehrmals die Möglichkeit erhalten hatte, an Studienreisen in die Vereinigten Staaten teilzunehmen, bestritt den ersten Teil der Veranstaltung mit einem Lichtbildvortrag.[86]

Das TAP war ein wichtiges Teilprogramm des ERP, das Wissens- und Techniktransfer bezweckte.[87] Die Teilnehmer lernten in US-Betrieben rationale Produktions- und Managementmethoden kennen und sollten diese auf die heimischen Produktionsstätten übertragen.[88] Bernecker führte zu dieser Zeit die Geschäfte der Kammer der gewerblichen Wirtschaft, Sektion Fremdenverkehr, in Wien. In den Vereinigten Staaten hatte er gelernt, den Hotelbetrieb analog zum Industriebetrieb durch die Brille der Produktivität zu sehen.[89] Dieses Denken vermisste er in Europa. Amerikanische Hotelfachleute, so referierte er, arbeiteten mit absatz-

---

82   Ebenda.
83   Ebenda, S. 12.
84   Ebenda.
85   VLA, AVLR, Abt. VIa, Sch. 21, Zl. 445, 1952.
86   N. N., Gastgewerbe in den USA. Sprechtag in ERP Angelegenheiten. In: Vorarlberger
      gewerbliche Wirtschaft 22 (1950), S. 4.
87   Peter Murray, Marshall Plan technical assistance. The industrial development authority
      and Irish private sector manufacturing industry, 1949–52 (NIRSA Working Paper Series 34,
      o. O. Feb. 2008), S. 4.
88   Ebenda.
89   Ebenda, S. 108.

steigernden Marketingmethoden, kalkulierten rational, gewinnorientiert und scheuten auch vor der Veröffentlichung ihrer Bilanzen nicht zurück.[90] Nach dem Vortrag Berneckers standen mehrere Referenten aus dem BMfHuW sowie der Hoteltreuhandstelle AG bereit, um den geladenen Gästen, allesamt Mitglieder des Vorarlberger Gastgewerbeverbandes, Fragen zum Ablauf der ERP-Kreditaktion zu beantworten.[91]

Diese Maßnahmen beschleunigten die Vergabe der ERP-Gelder beträchtlich. Im Jahr 1950 reichten 47 Unternehmer einen Kreditantrag ein, 1951 waren es bereits 145 und im letzten Jahr, 1952, noch 50. Obwohl 1950 weniger Anträge einlangten, wurden über 50 Prozent der zwischen 1949 bis 1952 ausgeschütteten ERP-Gelder in diesem Jahr vergeben. Auf das antragstärkste Jahr 1951 entfielen 38 Prozent und 1952 wurden noch 12 Prozent vergeben.[92] Insgesamt flossen zwischen 1949 und 1952 29,3 Millionen Schilling in Vorarlberger Tourismusbetriebe,[93] davon 27,8 Millionen Schilling in die Erneuerung bestehender oder in den Bau neuer Beherbergungsbetriebe und Gaststätten.

1,47 Millionen Schilling wurden für die sogenannte Sanitäraktion bereitgestellt, die vom Wiener Innungsmeister der Gas-, Wasser- und Zentralheizungsinstallateure, Hans Horvat, beim BMfHuW angeregt wurde, um den Einbau von Badewannen, Badeöfen, Elektroboilern, Bidets, Duschen, Waschbecken und Wasserklosetts sowie Stockwerks-Badezimmern und Fließwasserausstattung in Beherbergungsbetrieben zu fördern.[94]

Weitere 1,89 Millionen Schilling verwendete man, um Skilifte auf das Hochjoch in Schruns, auf den Hexenboden und das Kriegerhorn in Lech sowie am Bödele in Dornbirn zu bauen.[95] Zwischenzeitlich war auch der Visumszwang zwischen der Bundesrepublik Deutschland und Österreich gefallen, was den Reiseverkehr bedeutend erleichterte. Die touristischen Schauplätze waren in den vier Jahren des ERP zu Österreichs viertwichtigstem Exportgut nach Holz, Eisenwaren und Roheisen geworden, nicht zuletzt aufgrund des Ausbaus der Straßen, Hotels und der Errichtung von Skiliften.[96]

---

90   Ebenda, S. 13.
91   N. N., Gastgewerbe, S. 4.
92   VLA, AVLR, Abt. VIa, Zl. 278, ERP-Kredite für Fremdenverkehrsbetriebe.
93   Ebenda.
94   ÖSTA/AdR, BMfHuW – FV 12/1949, Zl. 106.648-V/23b/49. Zitiert nach: Zitiert nach: Groß, Wie das ERP, S. 15.
95   Ebenda.
96   Karl Tizian, Bericht des Präsidenten. In: Jahresbericht des Landesverbands für Fremden-

Das ERP war auf eine Laufzeit von vier Jahren angelegt, George C. Marshall hatte aber bereits bei der Bekanntmachung des Programms angekündigt, dass sich die Wirtschaftshilfe über einen längeren Zeitraum erstrecken müsse. Dies gewährleistete der sogenannte Counterpart Fund, der seit Ende 1950 im Gespräch war.[97] Dabei handelte es sich, vereinfacht ausgedrückt, um ein nationales, staatliches Konto. Auf dieses hatten die Hilfsempfänger entweder den Gegenwert von materiellen Hilfslieferungen[98] in landeseigener Währung oder aber die Kredittilgung inklusive Zinsen einzuzahlen. Der Counterpart Fund erneuerte sich also ständig und vergrößerte sich zudem durch die von den Unternehmern bezahlten Zinsen für die Kredite, vorausgesetzt, die Inflation ließ den Realwert nicht schrumpfen. Die Vergabe von Mitteln aus dem Counterpart Fund unterlag im Gegensatz zu den direkt von den Vereinigten Staaten nach Österreich gebrachten Gütern und Geldern auch vor 1962 nicht der direkten Kontrolle durch die ECA, solange die Österreicher das Geld entsprechend der vereinbarten Wiederaufbauprogramme investierten.[99] Danach ging der Counterpart Fund in die Verwaltung der österreichischen Bundesregierung über. Auf diese Weise wurde aus dem Regionalprogramm für den Tourismus, das ursprünglich ein Beschleunigungselement der Kreditvergabe war, ein Element der Beharrung, das sicherstellte, dass die nationalstaatlich organisierten Kapitalflüsse – wie ursprünglich geplant – in die regionalen und infrastrukturellen Schwerpunkte investiert wurden.

3.1.2   Sun Valley am Arlberg

Zwischen 1948 und 1952 flossen rund 7,8 Milliarden Schilling ERP-Gelder in den Wiederaufbau und die Transformation der österreichischen Nationalökonomie. Der Counterpart Fund versorgte die Betriebe nach 1952 weiterhin mit Krediten. Vorarlberg erhielt zusammen mit Tirol und Salzburg die höchsten ERP-Freigaben. Gemessen an den Ausländernächtigungen erreichte Vorarlberg deutlich höhere Zuteilungen als die beiden anderen Länder. Die Bevorzugung von Tourismusdestinationen der westlichen Bundesländer resultierte daraus, dass der Leiter des Bundesarbeitsausschusses für Wiederaufbau des Fremdenverkehrs, Harald Langer-

---

verkehr in Vorarlberg 1952/53 (Selbstverlag des Landesverbands für Fremdenverkehr in Vorarlberg, Bregenz 1953), S. 5–8, hier S. 5.

97   N. N., Dauerfonds für Investitionen. In: Wiener Zeitung (14.10.1950), S. 8.

98   Wenn etwa Landwirte an Düngemittelaktionen teilnahmen, bei denen sie einige Säcke Stickstoffdünger erhielten, mussten sie die Hälfte des Gegenwertes auf das Konto einzahlen.

99   Armin Grünbacher, Cold-War economics. The use of Marshall Plan counterpart funds in Germany, 1948–1960. In: Central European History 45 (2012), S. 697–716, hier S. 701.

Hansl und sein Referent die Bundesländer Oberösterreich, Steiermark, Kärnten, Niederösterreich und das Burgenland auf ihrer ersten Reise zunächst ignorierten,[100] was dem Westen einen Startvorteil bescherte. Zudem hatte der Zweite Weltkrieg gerade in Vorarlberg kaum Zerstörungen an Gebäuden oder Infrastruktur verursacht.[101] Speziell der Arlberg war weder von der Weltwirtschaftskrise noch von der 1000-Mark-Sperre wirklich in Mitleidenschaft gezogen worden und verfügte über ein touristisches Angebot, das sich durchaus mit der Schweizer Konkurrenz messen konnte.

Am Arlberg hatte man aber noch einen weiteren Trumpf im Ärmel: Averell Harriman, der Sonderbeauftragte des US-Präsidenten Harry Truman und der ECA, verbrachte mehrere Urlaube in Lech und St. Anton am Arlberg. Er wurde nicht müde, gegenüber Medien zu betonen, dass man hier ein Skizentrum errichten könne, das den Vergleich mit dem von ihm gegründeten Sun Valley keinesfalls scheuen müsste.[102] Der Arlberg sollte zu „Oesterreichs Sun Valley" ausgebaut werden, war daraufhin in einer der führenden österreichischen Tageszeitungen, dem Wiener „Kurier" zu lesen.[103] Neben Harriman verbrachten weitere hochrangige Vertreter der ECA ihren Winterurlaub im Lecher Ortsteil Zürs. Sie traten in der Regel in Gesellschaft österreichischer Politiker auf und mit einer Reihe von Journalisten, die bei amerikanischen Hochglanzjournalen tätig waren.[104] Auch Herbert Sohm war dort zu Gast. Er hatte während des Nationalsozialismus engste Kontakte zu Gauleiter Franz Hofer gepflegt,[105] führte nach Kriegsende die Geschäfte des Vorarlberger Landestourismusverbandes und agierte als Kontaktmann zwischen Tourismusunternehmern und ECA Beauftragten. Den lobenden Worten Harrimans in der österreichischen Presse folgten sehr bald ERP-Freigaben. Bereits im ersten Jahr des ERP erhielt ein einzelner Betrieb in Lech eine größere Zuteilung als das gesamte Bundesland Steiermark, was zu massiver Kritik an der Vergabepraxis führte.[106] „Wie lange [wollen die östlichen Bundesländer] noch Aschenbrödel"[107] spielen, monierte 1950 ein Journalist in der Zeitung „Das Steirerblatt". Sohm kon-

---

100 VLA, AVLR VIa, Sch. 10, Zl. 107/4, Dr. Sp/Au.
101 Markus Barnay spricht davon, dass es in Vorarlberg weder eine „Stunde null" noch so etwas wie einen „Wiederaufbau" gegeben hätte und das Bundesland im Vergleich zu Anderen unter wesentlich günstigeren Voraussetzungen in die Nachkriegszeit startete. Siehe: Barnay, Vorarlberg, S. 93.
102 N. N., Arlberg wird Oesterreichs Sun Valley. In: Wiener Kurier (3.8.1950), S. 9.
103 Ebenda.
104 VLA, AVLR, Abt. VIa, Sch. 8, Zl. 1947-48/31/2, Postkraftwagenverkehr in Vorarlberg.
105 VLA, AVLR, Abt. VIa, Sch. 21, Zl. 445, 1952.
106 Herbert Sohm, Der Fremdenverkehr Vorarlbergs im Marshall Plan. In: Vorarlberger Volksblatt (26.9.1950), S. 8.
107 Ebenda.

terte scharf. Die verantwortlichen Akteure in Vorarlberg hätten sich eben bemüht. Zudem lägen Vorarlberg und Tirol geografisch günstiger als die östlichen Bundesländer, was die überproportional großen Zuwendungen verständlich mache.[108]

Tatsächlich hatten Vertreter der Vorarlberger Wirtschaftskammer ihren Kontakt zu dem aus Vorarlberg stammenden Bundesminister Hans Kolb genutzt, als sie 1949 erfuhren, dass die Kredite nach dem Prinzip „Wer zuerst kommt, mahlt zuerst!"[109] vergeben werden sollten. Außerdem intervenierte Kolb und verschaffte den Landesarbeitsausschüssen ein wesentliches Mitspracherecht bei der Kreditvergabe, was Vorarlberg weiter den Rücken stärkte.[110] Das BMfHuW gab aber schlußendlich dem Druck aus dem Osten nach. 1951 und 1952 wurde die Vergabe von Krediten nach Vorarlberg nahezu eingestellt, während man Kreditgesuche aus den östlichen Bundesländern bevorzugt behandelte.[111]

Das Kapital des ERP beschleunigte die bis dahin eher gemächlich verlaufende Transformation von Lech zu einem wintertouristischen Hotspot, denn das Zauberwort Devisen machte vieles möglich, von dem man bis dahin nur träumen konnte. Das ganze Dorf verwandelte sich während der kurzen Sommermonate in eine Baustelle. Skilifte schossen wie Pilze aus dem Boden. Die Kontakte zu ERP-Administratoren und die Vergleiche mit US-amerikanischen Skigebieten stärkten das Selbstbewusstsein beträchtlich. Aber schon 1950 kam es zum ersten Konflikt. Sepp Bildstein, Gesellschafter der „Ski-Lift-Gesellschaft Lech am Arlberg" und Erbauer des Sessellifts auf das Kriegerhorn, hatte von der Vorarlberger Kraftwerke AG (VKW) eine Rechnung über 150.000 Schilling für den Bau eines Transformators erhalten. Da Skilifte der Nationalökonomie Devisen einbrachten, war Bildstein davon ausgegangen, dass die VKW den Lechern den Transformator gratis zur Verfügung stellen würden.[112] Die VKW beharrte jedoch auf ihrer Forderung. Nun wandte sich Bildstein an die Vorarlberger Landesregierung und erbat finanzielle Hilfe. Man wolle sich in Lech nicht vor den amerikanischen Gönnern blamieren, indem man zwar den Skilift baue, ihn aber aufgrund der fehlenden Kooperationsbereitschaft der VKW nicht in Betrieb nehmen könne.[113] Die Vorarlberger Landesregierung ließ sich aber nicht unter Druck setzen.[114] Bildstein nahm die

---

108 Ebenda.
109 ÖSTA/AdR, BMfHuW – FV 12/1949, Zl. 110.826-V/23b/49.
110 Ebenda.
111 Tizian, Bericht des Präsidenten, S. 7.
112 VLA, AVLR, Abt. VIa, Sch. 18, Zl. 136/1, 17.2.1950, Ski-Lift-Gesellschaft Lech am Arlberg an AVLR z. Hd. Speckbacher.
113 VLA, AVLR, Abt. VIa, Sch. 18, Zl. 136/4, 1.6.1950, Ski-Lift-Gesellschaft Lech am Arlberg an AVLR z. Hd. Ulmer.
114 VLA, AVLR, Abt. VIa, Sch. 18, Zl. 424/10, 29.10.1950, Ski-Lift-Gesellschaft Lech am Arlberg an AVLR.

Ablehnung zähneknirschend zur Kenntnis, aber nicht ohne den Vertretern der Vorarlberger Landesregierung zu drohen, dass er den Vorfall umgehend dem Handelsministerium melden würde, immerhin unterhielten die Lecher allerbeste Kontakte zur Wiener Politik.[115] Auch diese Drohung beeindruckte die Vertreter der Vorarlberger Landesregierung wenig. Die Ski-Lift-Gesellschaft musste sich bei der Errichtung der Trafostation schließlich an die Kreditrichtlinien des BMfHuW halten. Diese sahen für Skilifte vor, dass mittels ERP-Geldern nur der Bau der Tal- und Bergstationen sowie die Anschaffung und Errichtung der Seilbahn selbst finanziert würden. Sämtliche zusätzliche Bau- oder Infrastrukturmaßnahmen, wie beispielsweise die Anlage von Zufahrtsstraßen, Parkplätzen, Trafostationen oder die Anbindung der Seilbahn an das öffentliche Elektrizitätsnetzwerk waren über andere Wege zu finanzieren.[116] Kapital aus dem ERP war nur für Infrastrukturbauten zweckgewidmet, von denen sich die Verantwortlichen unmittelbar große ökonomische Effekte erwarteten. Die Debatte um die Finanzierungspolitik zeigt jedoch, dass im Gefolge des ERP eine Reihe materieller Elemente eines auf Erdöl und Elektrizität basierenden Energiesystems in Stellung gebracht wurden, die die Gesellschaft langfristig transformierten.

Das ERP hinterließ nicht nur in der materiellen Ausstattung der Dörfer der alpinen Peripherie deutliche Spuren. Das mit dem ERP verbundene organisatorische Regelwerk begann auch, die Machtverhältnisse im Bundesland umzukrempeln. Die Kapitalflüsse von den Zentren in die Peripherie durchliefen verschiedene administrative Instanzen und ermöglichten neue Allianzen zwischen Politikern und Unternehmern, wie der Konflikt zwischen Bildstein, der VKW und der Vorarlberger Landesregierung zeigt. Wintertouristische Schauplätze waren durch das ERP und der damit verbundenen Propaganda zu einem Teil europaweiter Industrialisierungsbestrebungen geworden, die dem Kontinent Frieden, politische Stabilität, Arbeitsplätze, Wirtschaftswachstum und Wohlstand bringen sollten. Der Eklat um den Transformator war Ausdruck einer infolge übergroßer Aufmerksamkeit aufgewerteten Selbstwahrnehmung der Lecher, zudem ein erster Test der Handlungsmächtigkeit der Akteure im landes- und bundespolitischen Feld. Eine Reihe weiterer solcher Tests prägte die tourismuspolitische Auseinandersetzung zwischen den Lechern und der Landespolitik. Manche der Konflikte schrieben sich langfristig in die Landesgesetzgebung ein, wie noch zu zeigen sein wird. Zuvor soll eine Analyse der räumlichen Verteilung der vergebenen Kredite die Frage beantworten, ob die Lecher tatsächlich stärker vom ERP profitierten als andere Gemeinden.

---

115 Ebenda.
116 VLA, AVLR VIa, Sch. 10, Zl. 278/1950, Durchführungsbestimmungen, S. 3.

3.1.3   50 von 96 Gemeinden

Zwischen 1949 und 1955 flossen rund 485 Millionen Schilling in den österreichischen Tourismus, dies entsprach etwa 6,3 Prozent der im Rahmen des ERP vergebenen Kredite.[117] Davon entfielen 13 Prozent oder 65,5 Millionen Schilling auf 182 Kredite an Vorarlberger Hoteliers, Gaststätten- und Seilbahnbetreiber. Abbildung 17 a und b illustriert die Verteilung der Kredite auf die 96 politischen Gemeinden Vorarlbergs.

In 50 von 96 Gemeinden wurden zwischen 1949 und 1955 Tourismusbetriebe gefördert. Das ERP beschränkte sich also keineswegs auf die touristischen Hotspots, sondern bezog nahezu das gesamte Land ein. Die Verteilung der Kreditbeträge war allerdings höchst ungleich. Rund ein Drittel (21,3 Millionen Schilling) floss nach Lech am Arlberg. Davon wurde etwa die Hälfte (10,2 Millionen Schilling) in den Bau von Skiliften, die andere Hälfte (11,1 Millionen Schilling) in die Verbesserung von Beherbergungs- und Verpflegungsinfrastruktur investiert. Lech war der Spitzenreiter, gefolgt von der Marktgemeinde Schruns im Montafon (8,3 Millionen Schilling) sowie den Bezirkshauptstädten Dornbirn (8,1 Millionen Schilling) und Bludenz (7,3 Millionen Schilling). Neben dem Arlberg lag der Schwerpunkt des ERP auf der Region Bodensee-Rheintal mit den Bezirkshauptstädten Bregenz und Dornbirn. Tourismusunternehmer aus insgesamt 15 Gemeinden bezogen hier 16,1 Million Schilling. Ein weiterer Schwerpunkt ist im Montafon erkennbar. Hier verteilten sich 15,2 Millionen Schilling auf insgesamt neun Gemeinden, wobei mehr als die Hälfte des Geldes nach Schruns ging. Besonders schwach dotiert war der Bregenzerwald im Norden des Landes. In 16 von insgesamt 22 Gemeinden floss ein Betrag von in Summe 1,7 Millionen Schilling, davon wurden 0,6 Millionen Schilling in sehr kleinen Beträgen für die sogenannte Sanitäraktion aufgewendet (Abbildung 17 b). Die übrigen 1,1 Million Schilling dienten dem Ausbau von Gaststätten und Hotels im Rahmen der ERP-Sonderaktion zur Förderung „preisbilliger Beherbergungsbetriebe".[118] Diese Aktion ermöglichte die Beteiligung von Tourismusunternehmern jener Gebiete, in der der Tourismus weniger vermögende ausländische Gäste ansprach. Durch diese Aktion sollte mittels kleiner Verbesserungen eine Kapazitätsmaximierung erreicht werden, um ausländische Gäste mit geringeren finanziellen Möglichkeiten anzusprechen. Dachbodenausbauten oder die Unterteilung bestehender großer Zimmer in mehrere

---

117 Robert Groß, Wie das ERP (European Recovery Program) die Entwicklung des alpinen, ländlichen Raumes in Vorarlberg prägte. In: Social Ecology Working Paper 141 (2013), S. 1–24, hier S. 7.
118 VLA, AVLR, Abt. VIa, Sch. 23, Zl. 166, 1953.

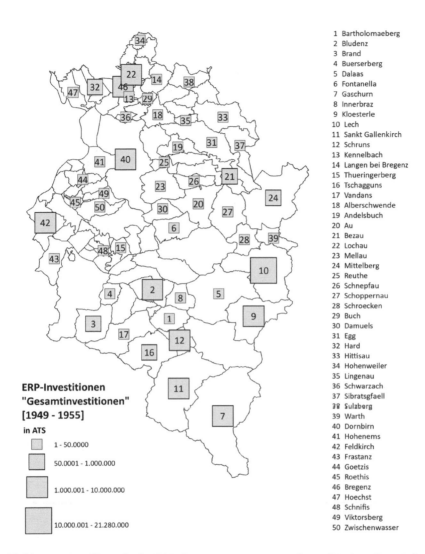

ERP-Investitionen
"Gesamtinvestitionen"
[1949 - 1955]

in ATS

1 - 50.0000

50.0001 - 1.000.000

1.000.001 - 10.000.000

10.000.001 - 21.280.000

1 Bartholomaeberg
2 Bludenz
3 Brand
4 Buerserberg
5 Dalaas
6 Fontanella
7 Gaschurn
8 Innerbraz
9 Kloesterle
10 Lech
11 Sankt Gallenkirch
12 Schruns
13 Kennelbach
14 Langen bei Bregenz
15 Thueringerberg
16 Tschagguns
17 Vandans
18 Alberschwende
19 Andelsbuch
20 Au
21 Bezau
22 Lochau
23 Mellau
24 Mittelberg
25 Reuthe
26 Schnepfau
27 Schoppernau
28 Schroecken
29 Buch
30 Damuels
31 Egg
32 Hard
33 Hittisau
34 Hohenweiler
35 Lingenau
36 Schwarzach
37 Sibratsgfaell
38 Sulzberg
39 Warth
40 Dornbirn
41 Hohenems
42 Feldkirch
43 Frastanz
44 Goetzis
45 Roethis
46 Bregenz
47 Hoechst
48 Schnifis
49 Viktorsberg
50 Zwischenwasser

Abbildung 17a und b: Links die ERP-Gesamtinvestitionen in den politischen Gemeinden Vorarlbergs; rechts die ERP Investitionen im Rahmen der Sanitäraktion.

kleine wurden im Rahmen der Aktion finanziert. Zudem sollte die Aktion zu einer Verbesserung der sanitären Verhältnisse führen, etwa durch Einleiten von Fließwasser in die Zimmer, Modernisierung der Toilettenanlagen, Installation von

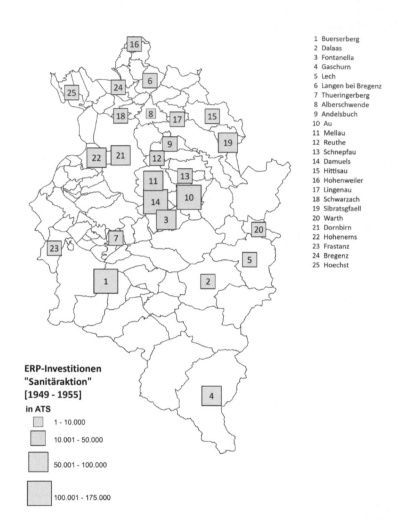

ERP-Investitionen
"Sanitäraktion"
[1949 - 1955]
in ATS

1 - 10.000

10.001 - 50.000

50.001 - 100.000

100.001 - 175.000

1 Buerserberg
2 Dalaas
3 Fontanella
4 Gaschurn
5 Lech
6 Langen bei Bregenz
7 Thueringerberg
8 Alberschwende
9 Andelsbuch
10 Au
11 Mellau
12 Reuthe
13 Schnepfau
14 Damuels
15 Hittisau
16 Hohenweiler
17 Lingenau
18 Schwarzach
19 Sibratsgfaell
20 Warth
21 Dornbirn
22 Hohenems
23 Frastanz
24 Bregenz
25 Hoechst

Bädern. Auch Verbesserungen der Küchenanlagen wurden gefördert.[119] Profitierte Lech am Arlberg stärker als andere Gemeinden Vorarlbergs vom ERP? Das Studium der räumlichen Verteilung der Kredite erlaubt, diese Frage klar zu bejahen.
Die Gemeinde wurde durch das ERP in nur einem Jahrzehnt von Grund auf trans-

---

119 Ebenda.

formiert und zu einem der fortschrittlichsten Wintersportgebiete Österreichs ausgebaut.

Insbesondere der Wandel der Aufstiegspraktiken erfuhr durch das ERP eine klare Beschleunigung. Im Zeitraum von 1950 bis 1955 wurden in Vorarlberg neun Sessellifte und Seilschwebebahnen aus ERP-Geldern errichtet, vier weitere ohne ERP-Zuschüsse. In den Jahren 1956 bis 1959 wurden zehn Sessellifte und Seilschwebebahnen gebaut, acht davon unter ERP-Beteiligung.[120] Das ERP beschleunigte vielerorts die Technologisierung der Wintersportler und bot geschäftstüchtigen, sozial vernetzten Unternehmern neuartige Chancen. Die ERP-Rahmenbedingungen sahen vor, dass 40 Prozent der Mittel aus Eigenkapital stammen mussten. Um das nötige Eigenkapital aufzubringen, bildeten die Skiliftbetreiber überregionale Investorennetzwerke. Zum Bau der Sesselbahn auf den Albonagrat in Stuben am Arlberg trugen 61 Gesellschafter rund 1,6 Millionen Schilling zusammen. Unter diesen Investoren befand sich eine ganze Reihe Hoteliers und Skilehrer, aber auch Landwirte und Hausfrauen aus den Arlberggemeinden, Klein- und Mittelunternehmer aus dem Vorarlberger Rheintal, dem Walgau und dem Montafon sowie einige Unternehmer aus der Schweiz, aus Tirol, Salzburg und Deutschland.[121] Beim Bau der Seilbahn auf den Muttersberg in Bludenz, die auch über das ERP finanziert wurde, tätigten gar 164 Gesellschafter Stammeinlagen.[122] In beiden Fällen bürgten die kommunalen Gebietskörperschaften für die Betriebe. Gebietskörperschaftliche Bürgschaften wurden für die überwiegende Mehrzahl aller 55 Sessel- und Seilbahnbetriebe, die in Österreich bis 1957 vom ERP mitfinanziert wurden, übernommen.

3.1.4   Nebenwirkungen des ERP

Die vom ERP beschleunigte Transformation der Winteralpen durch mechanische Aufstiegshilfen wurde vom Vorarlberger Landesfremdenverkehrsverband auf den Jahreshauptversammlungen regelmäßig als Erfolg bewertet. Die Realität sah allerdings vielerorts anders aus. Bereits 1955 war im Bundesministerium für Verkehr (BMfV) klar, dass das ERP für die Seilbahnen nicht nur positive Effekte hatte. In der Regel dauerte es trotz Tourismuswerbung relativ lange, bis sich herumsprach, dass eine Gemeinde eine neue Seilbahn oder einen neuen Sessellift gebaut hatte. Die Betriebe wirtschafteten zumeist einige Zeit stark defizitär. Erst nachdem die

---

120   Robert Groß, Die Modernisierung der Vorarlberger Alpen durch Seilbahnen, Schlepp- und Sessellifte. In: Montfort 2 (2012), S. 13–25, hier S. 15–17; ÖSTA/AdR, BMfV-Präs/10, Zl. 667, ERP Kredite Listen nach Bundesländern 1964–66.

121   ÖSTA/AdR, BMfV-Präs/10, Sch. 670, Zl. 10.074-I/3/61.

122   ÖSTA/AdR, BMfV-Präs/10, Sch. 679.

Seilbahnen oder Sessellifte eine gewisse Popularität erlangt hatten, verbesserte sich ihre Rentabilität. Probleme traten auch auf, wenn die Niederschlags- und Kälte-zyklen, die nicht vorhersehbar waren, deutlich von den Erwartungen der Skilift-betreiber abwichen und ein Betrieb infolgedessen nicht mehr in der Lage war, die Kreditraten regelmäßig zu bedienen.[123] Die lineare Logik von Kreditinstituten zwang den Unternehmern Rückzahlungsmodalitäten auf, die diese, in höchstem Maß abhängig von dynamischen Umweltbedingungen, sehr oft nicht leisten konn-ten. Die Kreditnehmer forderten alsbald eine Senkung der Kreditzinsen. Als das BMfV im Gegenteil den Zinssatz von 3,5 auf 5 Prozent anpasste, liefen die Betrof-fenen in ganz Österreich Sturm, nachdem die wirtschaftliche Situation ohnehin schon prekär war. Erst als das BMfV die Zinsen aus dem ERP-Counterpart-Budget subventionierte, glätteten sich die Wogen wieder.[124]

Obwohl das BMfV den Zinssatz im 1958 wieder auf 3,5 Prozent senkte,[125] häuften sich bereits Anfang der 1960er-Jahre die Stundungsansuchen. Die Liftbetreiber klagten über die lange Bearbeitungszeit ihrer Kreditanträge. Selbst nach einer Zusa-ge konnte sich die Auszahlung noch um Wochen verzögern, was angesichts der kurzen Bauperioden in hohen Lagen oft dazu führte, dass die Bauherren Über-brückungskredite bei Banken aufnehmen mussten, die deutlich höher verzinst waren. Auf diese Weise war ein Teil des zugesagten Geldes bereits aufgebraucht, wenn der ERP-Kredit einlangte.

Die Bauarbeiten im hochalpinen Gelände fanden unter kaum kalkulierbaren Rahmenbedingungen statt. Sommerliche Schneefälle oder ein früher Winterein-bruch, das Auftreten von Grundwasser sowie nötig werdende Lawinenverbauun-gen vermochten einen Finanzplan rasch zu sprengen. In den meisten Fällen über-zogen die Skiliftbetreiber die im Vorfeld projektierten Baukosten um bis zu 50 Pro-zent. Wieder griffen sie auf teure Bankkredite zurück, um die Bauarbeiten zu voll-enden, was ihre Schuldenlast weiter steigen ließ. Ein oder zwei schneefreie Winter konnten ein Skiliftunternehmen ohne Rücklagen in die Zahlungsunfähigkeit stür-zen.[126] „Anfang der 1960er Jahre machten sich die ersten Nebenwirkungen der Transformation durch Verschuldung bemerkbar. Im Bundeskanzleramt (BKA) vertrat man die Haltung, dass Zahlungstermine auf keinen Fall verschoben wer-den dürften, nachdem für ausbleibende Zahlungen der Bund haftete."[127] Der Weg über Gerichte und Exekutionen wurde diskutiert. Allerdings bürgten in fast allen

---

123 ÖSTA/AdR, BMfV/Präs/10, Zl. 666, ERP allg. Richtlinien.
124 ÖSTA/AdR, BMfV/Präs/10, Zl. 666, ERP allg. Richtlinien, 13.12.1960 Aktenvermerk Betr. ERP-Rückflußgebarung.
125 Ebenda.
126 Ebenda.
127 Groß, Wie das ERP, S. 11.

Fällen Gebietskörperschaften für die Kredite oder traten als Gesellschafter in den Seilbahngesellschaften auf. Daher hätte die Exekution negative Konsequenzen für die Budgets der Länder und Dörfer gehabt.[128]

Paradoxerweise schwächten die Nebenwirkungen des ERP das wintertouristische Wachstum nicht ab, sondern heizten die Transformationsdynamik weiter an; nicht zuletzt, da die Industrie eine Reihe neuer Umwelttechnologien wie Pistenraupen und Beschneiungsanlagen entwickelte, die neue Praktiken der Synchronisation von Wirtschaft und Klima hervorbrachten. Die österreichische Bundesregierung reagierte auf die wachsende Verschuldung der Skigebietsbetreiber. 1972 rief die Regierung eine ERP-Ersatzaktion ins Leben, um teure Bankkredite auf das niedrige Zinsniveau des ERP zu bringen. Zudem sprang das BMfV immer dann ein, wenn akute Zahlungsengpässe auftraten. Solche Situationen traten gehäuft dann auf, wenn sich schneearme Winter aneinanderreihten. Eine eigene „Notstandsaktion" wurde etabliert, um die Ausfälle in der Frequenz der Fahrgäste finanziell zu kompensieren.[129] Ein Journalist beschrieb die prekäre ökonomische Situation der Skiliftbetreiber 1975 folgendermaßen:

Es ist eine Tatsache, daß über 60 Prozent aller in Österreich befindlichen Anlagen nicht einmal die Abschreibungen verdienen, von einer Verzinsung des eingesetzten Kapitals gar nicht zu reden. Daß es bisher in dieser Sparte zu keinen Zusammenbrüchen gekommen ist, darf dem rechtzeitigen Eingreifen der lokalen und zentralen Gebietskörperschaften gutgeschrieben werden.[130]

3.2   DIE ZEITSPARKASSE SCHLEPPLIFT UND IHRE VERMARKTUNG

1977 wurde der Schlepplift in einer Broschüre des Seilbahnherstellers Doppelmayr besonders hinsichtlich seiner Wirkung auf Anfänger gefeiert:

Die Entwicklung des Bergsteigens überhaupt, des Wintersports aber im besonderen, ist in den letzten Jahren [...] eindeutig in die Richtung gegangen, daß nur mehr dorthin sich ein intensiver Wintersportverkehr ergießt, wo rasche und massive Beförderungsmöglichkeiten vom Tal auf den Berg bestehen, mit Abfahrtsrouten zurück zum Ausgangspunkt, also der Talstation des Beförderungsmittels. Man kann diese Ent-

---

128 ÖSTA/AdR, BMfV/Präs/10, Zl. 666, ERP allg. Richtlinien.
129 L. F. Janisch, Motivation und Realisation der Seilbahnförderung in Österreich. In: ISR (Sonderausgabe Seilbahnbuch) (1975), S. 19–20.
130 Ebenda.

wicklung, die zum Pistenlauf mit täglich mehrmaliger Abfahrt über dieselbe Piste
führt, bedauern, weil mit ihr das Winter-Bergwandern über Grate, Sättel und Gipfel
verschwindet. Man kann sie aber auch begrüßen. [...] [W]ie mühsam war doch noch
vor 25 Jahren der Skikurs für Anfänger am Übungshang! Wieviel Zeit verlor man
doch mit dem Wiederaufstieg über 100 oder 150 Meter Höhendistanz.[131]

Der Autor pries so die Vorteile des Schlepplifts an. Zeitrationalität und Beschleu-
nigung waren neben den niedrigen Preisen und hohen Amortisationsraten der
Schlepplifte Mitte der 1950er-Jahre zu den wichtigsten Verkaufsargumenten der
Industrie geworden.[132]

Doppelmayr beteiligte sich bereits 1937 am Bau von Österreichs erstem Schlepplift in Zürs. 1957 verkaufte die Firma bereits zwölf solcher Lifte und begann 1958,
sie in Serie zu produzieren:[133] Mit der für fordistische Produktionsprozesse typischen Zersplitterung des Angebots in unterschiedliche Typen, um verschiedenen
Kundenwünschen zu entsprechen, wurde eine Produktpalette aufgebaut. Sie reichte von der Gruppe 0, die an „normale Verhältnisse, wie sie nahezu überall in den
Bergen anzutreffen sind, in den Alpen ab 700 bis 800 m Meereshöhe"[134] angepasst
war, bis zur Gruppe C, die die höchsten Förderleistungen aufwies, die Skifahrer
am schnellsten transportierte und die größten Höhenunterschiede überwand.[135]
Wichtigstes Kriterium neben der Förderleistung war, dass Doppelmayr verschiedene Einflussgrößen der alpinen Umwelt in die Technik integrierte.

Die Art und Weise, wie die Skiläufer die Liftfahrt erlebten, entschied über die
Akzeptanz einer Anlage und die Nachfrage nach mechanischem Aufstieg, so Veiter.

Heute wird durchwegs eine ruhige, nicht nur geräuschlose, sondern auch mühelose,
das heißt keine Körperkraft erfordernde Beförderung erwartet. Jene Zeiten sind lange vorbei, in denen sich der Skiläufer an einer Stange mit der Hand anhalten mußte,
die ihn dann nach oben zog, nicht ohne ihm einen gehörigen Muskelkater zu verursachen.[136]

---

131 N. N., Doppelmayr 1957–1977. In: ISR „Sondernummer 20 Jahre ISR" 3 (1977), S. 62, im
     Wortlaut übernommen.
132 Es konnte nicht geklärt werden, ob es sich dabei um Theodor Veiter, den Vorarlberger
     Volkstumsspezialisten handelte, der auch nach 1945 noch an der völkischen Ideologie
     festhielt und das silberne Ehrenzeichen des Landes Vorarlberg erhielt. Siehe: Barnay, Die
     Erfindung des Vorarlbergers, S. 449.
133 N. N., Doppelmayr 1957–1977, S. 62.
134 Veiter, Die Schleppliftbauart Doppelmayr, S. 66.
135 Ebenda.
136 Ebenda, S. 68.

Abbildung 18a und b zeigt eine Gegenüberstellung alternativer Liftmodelle.

Abbildung 18a und b: Oben ein Constam-Schlepplift in Holzgau/Tirol, unten ist ein alternatives Modell zu sehen (undatiert).

Veiter grenzte damit den Doppelmayr-Lift, der im Kern ein Constam-Lift war, von alternativen Modellen ab, die sich auf dem Markt etabliert hatten, etwa dem sogenannten Stangenschlepplift der französischen Produzenten Pomagalski und Montaz-Mautino. Wie Constam fokussierte Veiter auf die Schnittstelle zwischen menschlicher Natur und Technik und hob diese als Alleinstellungsmerkmal gegenüber anderen Schlepplifttypen hervor. Zugleich stülpte Veiter der neuen Mobilitätsform – durch Rückgriff auf den Pionierlift in Zürs – das romantische Pathos des Winteralpinismus der 1930er-Jahre über: „Wer einmal in Zürs zur Höhe glitt, durch baumloses Steilgelände, weiß um das unsagbare Glück dieses Gleitens",[137] schwärmte er.

Der Autor wusste auch die Existenzängste der Alpenbewohner und die neidischen Blicke, mit denen die Mechanisierungsnachzügler auf die Vorreiter am Arlberg blickten, geschickt zu schüren:

> In einer Zeit, in der der Fremdenverkehr ausgesprochen kommerzialisiert ist, ist es nicht gleichgültig, ob ein Wintersportort über einen Skilift verfügt oder nicht. Der Zug zum Skilauf ist heute so groß, daß in vielen Gebieten, z. B. im Bundesland Vorarlberg, die Anzahl der Wintersportgäste die Zahl der Sommerreisenden erreicht oder übersteigt. Die Wintersportgäste verlangen aber [in] ihrer erdrückenden Mehrheit einen Skilift am Urlaubsort. Die Sonntagsausflügler verlangen dies fast noch mehr, denn ihre Zeit, ist knapp bemessen.[138]

Veiter betrachtet den Schlepplift als Wirtschaftswachstumsmaschine, die Wintersportgebiete konkurrenzfähig mache, die Umsätze der Gastwirte und Hoteliers steigere und damit ganzen Regionen zu mehr Wohlstand verhelfe.[139] Der noch junge Schleppliftproduzent Doppelmayr war auf die Nachfrage der Mechanisierungsnachzügler, die über weniger Kapital verfügten und durch ihren niedrigen Bekanntheitsgrad keine ERP-Hilfe bekamen, angewiesen.[140] Die Mechanisierungsnachzügler lagen räumlich näher an den Ballungszentren im Rheintal, den Quellgebieten des regionalen Tagestourismus in die Dörfer des Bregenzerwalds oder des Montafon. Deren Bewohner litten schon Anfang der 1960er-Jahre unter den Autoschlangen, die Wochenende für Wochenende die Täler füllten – auch dies eine Nebenwirkung der zunehmenden Ausbreitung des motorisierten Individualverkehrs in die alpine Peripherie. Für Doppelmayr waren die kapitalschwäche-

---

137 Ebenda.
138 Ebenda, S. 66.
139 Ebenda.
140 Ebenda.

ren Gemeinden bis 1964, als der Betrieb begann Sessellifte zu produzieren,[141] eine wichtige Ressource, um längerfristig in diesem Geschäftsfeld bestehen und in den Rheintalgemeinden Arbeitsplätze sichern zu können.

Der Artikel Veiters richtete sich auch an die Pioniergemeinden, die zwischen 1937 und 1957 Skilifte errichtet hatten, deren Transportangebot aber mittlerweile die Nachfrage nicht mehr befriedigen konnte:

> Wenn dies eine häufigere Erscheinung und nicht nur eine Ausnahme am Ostersonntag ist, zeigt dies, daß auch der Skilift mit der höchsten Frequenz nicht ausreicht und es an der Zeit ist, an diesem Wintersportort eben einen weiteren Skilift zu bauen oder deren noch mehr, wie wir es ja schon an vielen Orten beobachten können. Es gibt ja heute eine Reihe von Skizentren, an denen drei und mehr Doppelmayr-Schlepplifte erstellt sind.[142]

Er legte die neuen, in Serie gefertigten Schlepplifte auch all jenen Unternehmern ans Herz, die anstrebten, einen sogenannten Skizirkus nach dem Vorbild des Arlbergs zu errichten. Hier würden die preisgünstigen Schlepplifte, die verglichen mit dem Sessellift deutlich mehr Personen pro Stunde transportieren konnten, den Umsatz vergrößern, während sich der Sessellift, der eine Novität darstellte, zur propagandistischen Vermarktung und daher als Publikumsmagnet mittlerweile deutlich besser eignen würde.[143]

Die Stilmittel, mit denen Veiter in seinem Werbetext für die Doppelmayr-Produkte arbeitete, waren der kulturkonservativen und technikkritischen Rede der 1930er-Jahre entlehnt, die vielen älteren Entscheidungsträgern in Vorarlberg aufgrund ihrer christlich-katholischen, deutschnationalen oder nationalsozialistischen Sozialisation auch in den späten 1950er-Jahren noch vertraut war:[144]

> Manager wie Techniker sollten in unserer technisierten Zeit nicht einem Selbstzweck der Technik oder des Kommerzes dienen, sondern letztlich der Weckung und Erneuerung seelischer Kräfte. [...] Wenn irgendwo die Technik sich selbst überwand, um aus ihren Erkenntnissen heraus Wege zum Jungbrunnen zu eröffnen, dann beim Skilift. Man braucht nur einmal aus dem Nebelbrodeln eines Bergtales die schmale Dop-

---

141 N. N., Doppelmayr 1957–1977, S. 62.
142 Veiter, Die Schleppliftbauart Doppelmayr, S. 68.
143 Ebenda.
144 Markus Barnay argumentiert, dass die Entnazifizierung in Vorarlberg sehr rasch erledigt war und die ehemaligen Nationalsozialisten sehr rasch rehabilitiert und wieder in ihren alten Positionen tätig waren, vor allem in der Wirtschaft, da man deren Wirtschaftskompetenz brauchte. In: Barnay, Die Erfindung, S. 442.

pelspur auf die Zweitausendmeterhöhen des weißen Glücks emporgeglitten zu sein, wo oben die Sonne durch das Nebelmeer brach, um diese Wintersportanlage als – wahrhaftig einfache – Leitlinie zum Erleben der Winternatur zu erfahren.[145]

Diese romantisch konnotierte Verzauberung der Technik sollte Entscheidungsträger zum Kauf motivieren. Die Technik würde die Naturwahrnehmung verstärken, keinesfalls aber die erhabenen Alpen trivialisieren und die Landschaften der kapitalistischen Inwertsetzung preisgeben, wie dies Alpenvereinsmitglieder immer wieder kritisierten.[146] So ließe sie sich in den winteralpinistischen Tourenskilauf integrieren und würde nicht abgelehnt werden. Durch die rückwärtsgewandte Kommerzialisierungskritik grenzte Veiter Doppelmayrs Aktivitäten vom Wintertourismus in anderen Ländern ab. Den tonangebenden Tourismusexperten galten speziell die Vereinigten Staaten, in denen die größten Konkurrenten österreichischer Skiliftfirmen ansässig waren, als rücksichtslose Ausbeuter ihrer Naturschönheiten. Doppelmayr-Schlepplifte würden sich hingegen, um nochmals Veiter zu zitieren, elegant an die Landschaft anpassen.[147]

Tatsächlich setzte gerade der bodengebundene Transport der Skiläufer eine Anpassung des Geländes der Schleppplifttrasse an die Funktion der mechanischen Aufstiegshilfe voraus, wie Abbildung 19 anhand der Bauarbeiten des Schleppplifts Hexenboden im Lecher Ortsteil Zürs verdeutlicht.

Das Foto vom Trassenaufbau (Abb. 19) zeigt, dass die hochalpine Staudenvegetation samt Humus bis zum Gesteins- beziehungsweise Geröllhorizont abgetragen werden musste, um eine Schleppliftspur anzulegen. Der alpinen Flora wurde so im wahrsten Sinne des Wortes für Jahrzehnte „der Boden abgegraben“. Veiters Text belegt, dass sich Unternehmer wie Doppelmayr der vom Natur- und Heimatschutz geprägten Rhetorik der Bewahrung der Landschaftsästhetik bemächtigt hatten,[148] um Schlepplifte mit ihren optisch kaum auffallenden, kleinen Stützen als landschaftsschonend auszugleichen. Der Text verweist auch auf die große Bedeutung ästhetischer Komponenten für den Natur- und Landschaftsschutz, wiewohl Abbildung 19 Rückschlüsse auf die systemisch-ökologischen Nebenwirkungen des Schleppliftbaus zulässt.

---

145 Veiter, Die Schleppliftbauart Doppelmayr, S. 68.

146 Kurt Ploner, Land der Seilbahnen: Vorarlberg. In: Alpenvereins-Mitteilungen der Sektion Vorarlberg 17 (Mai–Juni 1975), S. 5.

147 Veiter, Die Schleppliftbauart Doppelmayr, S. 68.

148 Harald Payer, Helga Zangerl-Weisz, Paradigmenwechsel im Naturschutz. In: Marina Fischer-Kowalski et al., Gesellschaftlicher Stoffwechsel und Kolonisierung. Ein Versuch in sozialer Ökologie (Fakultas, Amsterdam 1997), S. 223–237.

Abbildung 19: Sepp Bildstein und Betriebsleiter Haslinger beim Trassenaufbau des Schleppliftes Hexenboden in Zürs/Lech.

3.2.1   Beschleunigungsapparate und Bügelgeberautomaten

„By far the greatest effect of industrialisation [...] was to speed up a society's entire material processing system",[149] diagnostizierte der US-amerikanische Historiker und Soziologe James Beniger. Die Industrialisierung des Wintertourismus beschleunigte die menschlichen Körper mittels mechanischer Aufstiegshilfen. Der technische Beschleunigungsprozess in Skigebieten erfolgte jedoch nicht linear. Die Analyse der technischen Transformation wintertouristischer Schauplätze zeigt, dass die Ingenieure vor allem Manager der Nebenwirkungen ihrer eigenen Produkte waren. Die zentrale Nebenwirkung der in der Zeit zwischen 1950 und 1970 entwickelten Skilifte war die Überlastung der zum Lift führenden Infrastruktur und der Lifte selbst, die von der Industrie aber zum Resultat der wachsenden Nachfrage erklärt wurde. Dass die von den Liften erzwungene technische Kompression von

---

149   James R. Beniger, The control revolution. Technological and economic origins of the information society (Harvard University Press, Harvard 1986), S. 5.

Aufstieg und Abfahrt die Nachfrage potenzierte und daher zunehmende Dysfunktionalität zur Folge hatte, wurde stets der fehlenden Investitionsfreudigkeit der Skiliftbetreiber zugeschrieben. Schon Veiter hatte im für die Firma Doppelmayr werbenden Text erklärt, dass die langen Warteschlangen dem Skiliftbetreiber signalisieren sollten, es sei Zeit, in neue Aufstiegshilfen zu investieren.[150] Das ursprüngliche Problem wurde damit aber nicht gelöst, sondern auf Kosten der fortschreitenden Transformation alpiner Landschaften höchstens zeitlich hinausgezögert und dabei sogar vergrößert. Davon sprach aber niemand.

Die Skilifte waren vielerorts zu Verzögerungselementen geworden, die die Aufstiegs- und Abfahrtszyklen in der Praxis mehr und mehr störten. Die Innovationen der Skiliftindustrie versuchten, den Skilift wieder als eine (vor allem in der Werbung konstruierte) Beschleunigungstechnik zu etablieren. Die Industrie erinnerte immer wieder daran, dass lange Wartezeiten einen Wettbewerbsnachteil zur Folge hatten: „Vor der Wegfahrt ins Weekend [wird] nicht mehr die Frage gestellt […], ob an einem bestimmten Ort ein Schlepplift vorhanden sei, sondern, ob dort genügend leistungsfähige Anlagen zur Verfügung stehen",[151] wie ein Vertreter des Skiliftproduzenten „Oehler" aus Aarau/Schweiz betonte. Im Gegensatz zu Doppelmayr pries der Autor aber nicht den Bau neuer Anlagen an, sondern den sogenannten Beschleunigungsapparat BEAP zur Erhöhung der Durchflussgeschwindigkeit der Skiläufer durch bestehende Skilifte[152] und regte damit zur Synchronisation von wachsender Nachfrage und existierendem Angebot an.

Der BEAP erlaubte eine schnellere Taktung der Schleppbügelfolge an der Einstiegsstelle. Eine solche Verdichtung ließ sich entweder durch Erhöhung der Anzahl der Schleppbügel, die am Seil hingen, oder durch höhere Geschwindigkeit des Schlepplifts erzielen. Beide Maßnahmen steigerten den Durchfluss an Skiläufern pro Stunde.[153] Der BEAP wurde als Antwort auf ein grundlegendes Problem des Schleppliftbetriebs präsentiert, als eine Technik, die diesen Betrieb zugunsten alle Beteiligten optimieren würde.[154] Sowohl die Beschleunigung des Schlepplifts als auch die Erhöhung der Anzahl der Schleppbügel war nur dann möglich, wenn sich die Kunden rascher an die Einstiegsstelle begaben, sich schnell auf den Schleppbügel setzten und sofort abtransportiert wurden.

Der BEAP wurde zwischen dem Schleppseil, das die Fahrgäste mit dem Fördeseil des Lifts verband, und dem Schleppbügel angebracht. An diesem Übergan

150 Veiter, Die Schleppliftbauart Doppelmayr, S. 68.
151 Ebenda.
152 Ebenda.
153 Ebenda.
154 Ebenda.

befand sich beim Constam-Lift ein einfacher Flaschenzug,[155] der aber folgenschwere Tücken aufwies, wie folgender Bericht über eine Schleppliftjungfernfahrt mit einem Tellerlift, einer etwas anders gebauten Aufstiegshilfe, zeigt:

> Wir fuhren also zur Talstation des Schlepplifts hinüber, ich war als erste dort und stellte mich, mit angeschnallten Brettln, unter das bergwärts laufende Seil. Der Lift-Wart fing ein Sitztellerchen aus der Luft herunter, schob es mir von vorne zwischen die Beine, ich versuchte es festzuklemmen, eine Weile ereignete sich nichts, dann gab es einen Ruck, es riß mir das Fahrgestell nach oben, ich kippte rückwärts über, das Tellerchen fuhr zwischen meinen Beinen heraus und baumelte unbeschwert nach oben, ich lag auf dem Rücken. Die Umstehenden lachten. Seither weiß ich, was ein Schlepplift ist.[156]

Was war geschehen? Ein Liftmitarbeiter musste an der Talstation die vorbeifahrenden Schleppbügel oder -teller abfangen und den stehenden Fahrgästen unter das Gesäß klemmen. Doch die Anfahrt erfolgte erst, wenn das Schleppseil völlig aus dem Flaschenzug gezogen war. Dann spürten die Fahrgäste einen stärkeren Ruck, der sich erst milderte, wenn die Skier ins Gleiten kamen. Je schneller sich der Schlepplift bewegte, desto härter war der Stoß, den die Skiläufer bei der Abfahrt zu spüren bekamen.[157]

Die Abfahrt von der Einstiegsstelle war der kritische Moment jeder Schleppliftfahrt. Diesem kritischen Moment konnten die Liftmitarbeiter entgegenwirken, indem sie die Fahrgäste an der Einstiegsstelle anschoben; vor allem wenn die Schlepplifte zu Stoßzeiten auf Höchstgeschwindigkeit liefen. Doch das war schweißtreibend für die Schleppliftarbeiter.[158]

Durch den BEAP erfolgte die Übertragung der kinetischen Kraft auf die Skiläufer progressiv.[159] Ein Bremsmechanismus schloss sich allmählich, während das Schleppseil aus der Seiltrommel ausgezogen wurde. Dies verminderte den anfänglichen Ruck, den die Fahrgäste an der Einstiegsstelle spürten[160] und sie wurden früher von der Einstiegsstelle weggeschleppt, sodass die nächsten daher rascher nachrücken konnten.[161] Dies sollte eine Verdichtung der Bügeltaktung erlauben,

---

155 Ebenda.
156 Prochaska, Von Seilbahnen und Skiliften, S. 723.
157 Lienhard, Erhöhung der Leistungsfähigkeit, S. 52.
158 Walter Städeli, Werdegang eines Skilift-Baues. In: ISR 5/2 (1962), S. 73.
159 Lienhard, Erhöhung der Leistungsfähigkeit, S. 53.
160 N. N., Die neue Doppelmayr-Einziehvorrichtung. In: ISR 6/1 (1966), S. 153.
161 N. N., Ski- und Sessellift der Oehler-Werke. Der Siegeszug eines modernen Transportmittels, siehe URL: http://www.jacomet.ch/themen/skilift/album/displayimage.

wodurch mehr Skiläufer pro Stunde befördert werden konnten.[162] Außerdem half der BEAP, Lohnkosten zu reduzieren, denn ein Liftwart, der die Fahrgäste anzuschieben hatte, ließ sich einsparen.[163]

Die Rationalisierung durch den BEAP war zu Beginn aber alles andere als perfekt. Das Verhalten des Körpers wurde an den Zeichentischen der Seilbahningenieure mittels mathematischer Abstraktion modelliert. Doch widersetzte sich die Natur des menschlichen Körpers den Modellen der Techniker. Der BEAP, der die Kraftübertragung zwischen Förder- und Zugseil, Schleppbügel und menschlichem Körper moderierte, war auf die durchschnittliche Last eines vollbeladenen Schleppbügels dimensioniert. Ebenso gingen die Ingenieure davon aus, dass die Fahrgäste einen Doppelschleppbügel immer paarweise benutzten, was keineswegs der alltäglichen Betriebspraxis entsprach. Abweichungen von den kalkulierten Normlasten führten immer wieder zu Zwischenfällen. So wurden mitunter Fahrgäste, die leichter als der angenommene Durchschnittswert waren, von der Einstiegsstelle weggezerrt oder hoben bei der ersten Bodenwelle ab. Fahrgäste, die schwerer als angenommen waren, verblieben dagegen länger an der Einstiegsstelle, verspürten bei der Abfahrt allerdings einen harten Schlag ins Gesäß und kippten dadurch mitunter vornüber.[164] Unfälle wurden nur dann vermieden, wenn der Fahrgast in der Lage war, solche technischen ‚Störfälle‘ zu kompensieren, was eine gewisse Körperbeherrschung erforderte. All das tat, angesichts der in Aussicht gestellten Rationalisierungsgewinne, der Verbreitung des BEAP aber keinen Abbruch. Ein mit einem BEAP ausgestatteter Schlepplift konnte regulär etwa 1000 Personen pro Stunde bergwärts transportieren, während die von Doppelmayr verkauften Lifte ohne BEAP maximal 800 schafften.[165] In Anbetracht dieses vergleichsweise kostengünstigen Rationalisierungsgewinns begannen verschiedene Seilbahnfirmen bald, eigene Anfahrtsstoßdämpfungen zu entwickeln. Doppelmayr brachte 1960 das IIMT-Schleppgehänge auf den Markt, Ähnliches kam von der Firma Swoboda. Beide Neuerungen beruhten auf dem Prinzip des BEAP und glichen einander „wie Zwillingsbrüder“.[166] Die Ingenieure modifizierten die Anfahrtsstoßdämpfung zur Anfahrbremse, die Förderleistungen von 1400 Personen pro Stunde ermöglichte.[167]

In knapp drei Jahrzehnten hatte sich die Geschwindigkeit der mechanischen

---

php?album=89&pos=2 (6.8.2018).
162 Lienhard, Erhöhung der Leistungsfähigkeit, S. 52.
163 Ebenda.
164 N. N., Die neue Doppelmayr-Einziehvorrichtung, S. 153.
165 Veiter, Die Schleppliftbauart Doppelmayr, S. 67.
166 N. N., Technischer Querschnitt 1978. In: ISR „Sonderheft Technik im Winter“ (1978), S. 11–25, hier S. 11.
167 Ebenda.

Abbildung 20: Liftwart an der Talstation des Golmlifts in Brand/Vorarlberg (1967).

Aufstiegshilfen damit fast verdreifacht.[168] Das technisch forcierte Tempo des Schlepplifts beschleunigte auch die Routinen der Liftwarte, die den Skiläufern beim Zustieg den Bügel reichten. Diese Tätigkeit wurde zumeist von einer ungelernten, männlichen Hilfskraft ausgeführt. Ihre Hauptaufgabe bestand darin, die Bügel abzufangen, auf die Höhe des Gesäßes der Fahrgäste zu ziehen und dort anzubringen. Abbildung 20 zeigt einen Liftwart bei der Arbeit.

Bevor Beschleunigungsapparate entwickelt wurden, musste der Liftwart die Fahrgäste anschieben.[169] Anschließend hatte er wieder zum Ausgangsplatz zurückzulaufen. Währenddessen positionierten sich bereits die nächsten Fahrgäste an der Abfahrtsstelle. Als sich die Einziehmechanismen am Skilift verbreiteten, fiel das Anschieben der Fahrgäste weg. Da die Einziehmechanismen mit einer Bremse ausgestattet waren, benötigte der Liftwart aber mehr Kraft, um die Schleppbügel nach unten zu ziehen.[170] Zudem wurde seine Arbeit durch die steigenden Transportka-

---

168 Ebenda, S. 12.
169 Städeli, Werdegang eines Skilift-Baues, S. 73.
170 Konrad Doppelmayr & Sohn, Patent Nr. D 2011358, Schleppseilfördereinrichtung, eingetragen beim Deutschen Patentamt am 10.3.1970, Volltext und Abbildungen siehe URL: https://worldwide.espacenet.com/publicationDetails/biblio?DB=EPODOC&II=28&N

pazitäten deutlich beschleunigt. Am Schlepplift auf den Bolgenhang/Davos, der 1934 über eine stündliche Förderkapazität von 150 Personen verfügte, wiederholte der Liftwart diesen Arbeitsschritt also etwa 150 Mal pro Stunde. Die Hochleistungs-anlagen der 1960er-Jahre wiesen zwar technische Förderleistungen von 1400 Per-sonen pro Stunde auf, wurden aber zum Schutz der Liftwarte auf Förderleistungen von 1200 Personen pro Stunde limitiert.[171] Als ,Fließbandarbeiter' wiederholten sie nun bis zu 600 Mal pro Stunde die gleichen Bewegungen. Das war eine kräftezeh-rende, monotone Angelegenheit. Die körperlichen Grenzen der Arbeiter wurden zum Element der Verzögerung in der technischen Akzeleration des Aufstiegs. Die Skiliftbetreiber sahen sich dazu gezwungen, während der Hochsaison mehrere Mit-arbeiter je Talstation einzusetzen, was die Betriebskosten deutlich erhöhte.[172]

Trotz der harten Arbeitsbedingungen an den Fließbändern der Traumfabrik Wintertourismus war der Job des Liftwarts begehrt. Manch junger Bauer begriff den Nebenerwerb am Skilift während der Wintermonate als Chance zum sozialen Aufstieg und den stetigen Kontakt zu den Touristen als Möglichkeit, der Enge der Bergdörfer zu entfliehen.[173]

Der Liftwart verlieh dem Schlepplift menschliche Züge und maskierte die Dis-ziplinierungsleistungen, die den Gästen durch die Infrastruktur abverlangt wur-den. Freundliche, gutaussehende und hilfsbereite Liftarbeiter an den Schleppliften waren in der Lage, die schwierig gewordene Beziehung zwischen technischer Norm und widerständigem Körper wieder zu entspannen.[174] Rund 25 Jahre lang beka-men Schleppliftnutzer ihre Bügel von anderen Menschen ans Gesäß positioniert. Diese Menschen dienten als Mediatoren zwischen einem bewegten Endlosseil und den ruhenden Körpern der Skiläufer. Eine zunehmend größer und schneller wer-dende technische Infrastruktur und die Sicherheitsbedürfnisse ihrer Benutzer wurden durch die Liftwarte moderiert. In kleinen, nicht modernisierten Skigebie-ten blieb der Liftwart bis Anfang der 2000er-Jahre erhalten. Hier arbeiteten häufig Familienmitglieder, entweder unentgeltlich oder gegen sehr geringe Bezahlung.

D=3&adjacent=true&locale=en_EP&FT=D&date=19701019&CC=SE&NR=329642B& KC=B# (6.8.2018), S. 3.
171   Allgeuer, Seilbahnen und Schlepplifte, S. 113.
172   H. Mayer, Die Geschichte des langen Schleppbügels. In: ISR (Sonderausgabe Kongreß-broschüre 2) (1978), S. 197.
173   Oral History Interview mit Gustav Türtscher, Arbeiten am Skilift und mit der Pistenrau-pe, 12.5. 2014, Landhaus Trista, Uga 65, 6884 Damüls; Interview für diese Studie; Inter-viewer Robert Groß, digitale Aufzeichnung und Transkript im Besitz von Robert Groß, S. 2.
174   N. N., Der Fahrkomfort an den Seilförderanlagen. In: ISR 13/2 (1970), S. 86–90, hier S. 87.

Skiliftunternehmer standen seit Beginn der Mechanisierung wintertouristischer Schauplätze unter Kostendruck. Daher bemühte sich der Fachverband der Privatbahnen seit den späten 1950er-Jahren, eine kollektivvertragliche Arbeitszeitverkürzung von 48 auf 45 Wochenstunden bei Skiliften und Seilbahnen zu verhindern. Die Interessensvertreter der Skilift- und Seilbahnsparte argumentierten, dass personaleinsparende Rationalisierungen kaum möglich wären.[175] Die Ingenieure der Skiliftindustrie erkannten aber gerade hier ein Marktpotenzial und begannen, Rationalisierungstechnikn zu entwickeln.

Der von Walter Mory entwickelte „Bügelgeber" stellte einen der ersten ernstzunehmenden Anläufe zur Rationalisierung des Einstiegs dar. Er wurde 1970 von der Firma Doppelmayr patentiert.[176] Der Automat war der Einstiegsstelle vorgelagert und bestand aus zwei Elementen. Am hölzernen Schleppbügel wurde ein elastischer Kunststoffstab montiert, an dessen Ende sich ein Gleitelement befand. Die Einstiegsstelle wurde durch zwei geneigte Führungsschienen ergänzt. Der Automat musste manuell von den Fahrgästen aktiviert werden. War dies geschehen, wurde das Gleitelement mit dem Bügel von den Schienen eingefangen und entlang dieser an das Gesäß der Fahrgäste herangeführt. Der Bügelgeber ersetzte das Einfangen und Herabziehen des Bügels durch den Liftwart. Verließen die Fahrgäste die Einstiegsstelle, klappten die Führungsschienen wieder nach oben.[177] Ähnlich dem BEAP zeigte der Bügelgeber in der Praxis seine Tücken. So scheiterte die Integration der Rationalisierungstechnik in den mechanischen Aufstieg anfänglich daran, dass sich nicht alle Fahrgäste erwartungskonform verhielten. Standen sie nicht exakt am richtigen Platz, konnte es durchaus passieren, dass sie der Holzbügel am Hinterkopf traf.[178] Derlei schmerzhafte Störfälle merzten die Ingenieure aus, indem sie die Handbetätigung des Automaten durch eine Steuerung ersetzten, die durch das Gesäß der Fahrgäste ausgelöst wurde. Der Automat wurde erst dann aktiviert, wenn die Skiläufer korrekt positioniert waren.[179] Durch diese Perfektionierung des Bügelgebers zwangen die Ingenieure die Skiläufer, sich exakt dort aufzustellen, wo sie der Skiliftbetreiber haben wollte. Erst diese Entwicklung erlaubte es, den Liftwart einzusparen.[180]

---

175 N. N., Österreichische Seilbahntagung 1958 auf dem Krippenstein in Obertraun. In: ISR 1/3 (1958), S. 127–128, hier S. 127.

176 N. N., Technischer Querschnitt, S. 12.

177 N. N., Selbstbedienung bei Schleppliftanlagen. In: ISR 16/3 (1972), S. 112–113.

178 N. N., Der Goldene Skiliftbügel, Liftomat 3000, siehe URL: http://www.skiliftbuegelgeber.ch/goldener_buegel.php (6.8.2018).

179 N. N., Selbstbedienung bei Schleppliftanlagen, S. 112.

180 Ein vergleichbarer Automat, der allerdings elektrisch betrieben werden musste, war die „Parsenn Anbügelmaschine", die von den Betreibern der Parsenn Bahnen in Davos/

Die modifizierte Form des Bügelgebers bewährte sich in der Praxis. Der Automat zeigte bei längerfristigem Gebrauch aber Verschleißerscheinungen. Wiederkehrende Wartungs- und Reparaturarbeiten waren die Konsequenz, was die Rationalisierungsgewinne minimierte. Die Skiliftingenieure der Firma Doppelmayr planten daher eine andere Form der Automatisierung ohne störanfällige Automatik. Der „lange Schleppbügel" wurde entwickelt. Dieser orientierte sich am Prinzip der Sessellifte, bei denen die Sitzflächen der Sessel auf Gesäßhöhe an die Fahrgäste herangeführt werden. Zu diesem Zweck wurden die hölzernen Schleppbügelstangen von 0,5 auf 1,5 Meter verlängert. Der Abstand zwischen Förderseil und Höhe des Bügels am Einstiegsort wurde so optimiert, dass die Fahrgäste in der Lage waren, ohne fremde Hilfe die Schleppbügel abzufangen und an der richtigen Stelle zu positionieren.[181] Hunderte längere Schleppbügel am Seil waren aber deutlich schwerer. Die Verlängerung des hölzernen Schleppbügels um rund einen Meter hätte die Belastung der Antriebsmotoren des Liftes daher stark erhöht. Die Skiliftbetreiber hätten den lohnkostensenkenden Austausch der Schleppbügel also durch Investitionen für den Einbau leistungsfähigerer Motoren und tragfähigerer Förderseile erkaufen müssen. Derartige Rationalisierungsmaßnahmen hätten die Skiliftbetreiber nur bei Schleppliftneubauten akzeptiert, da sie ohnehin mit steigendem Kostendruck konfrontiert waren.[182] Die Firma Doppelmayr reduzierte daher das Gewicht der Schleppbügel, indem sie das Holz durch einen Kunststoff ersetzte, der auch unter den extremen Wetterbedingungen der Hochalpen lange haltbar sein sollte.[183] Die Verwendung von erdölbasiertem Kunststoff als Ausgangsmaterial für den Schleppliftbau verweist seinerseits auf die zunehmende Durchdringung der Wintertourismusindustrie mit fossilen Ressourcen.

Um den Markteintritt des langen Schleppbügels standesgemäß in der ISR zu inszenieren, wählte die Firma Doppelmayr einen geschichtsträchtigen Schauplatz in Österreich, nämlich das erste Gletscherskigebiet des Landes am Kapruner Kitzsteinhorn.[184] Kaprun war seit Beginn der Bauarbeiten des Speichersees 1945 zu einem der wichtigsten Erinnerungsorte für die Wiedererstehung der österreichischen Nation geworden. Hier stand seit 1966 die höchste Seilbahnstütze der Welt

---

Schweiz entworfen worden war. Der Automat wurde von den Fahrgästen mittels eines elektrischen Impulses ausgelöst, der zwei elektrische Förderbänder in Gang setzte, die vergleichbar zum „Bügelgeber" von Mory die Schleppbügel an die Fahrgäste heranführten. In: N. N., Selbstbedienung bei Schleppliftanlagen, S. 113.

181 Ebenda.

182 Ebenda.

183 Ebenda.

184 Gletscherbahnen Kaprun AG (Hg.), Kitzsteinhorn Geschichte, siehe URL: http://www.kitzsteinhorn.at/de/unternehmen/geschichte/das-erste-gletscherskigebiet (6.8.2018).

und seit 1967 befand sich am Kapruner Gletscher Österreichs erster Hochleistungsschlepplift.[185] Der Schlepplift, der trotz unwirtlichster Umweltbedingungen 365 Tage
pro Jahr in Betrieb war, war aus der Sicht der Firma Doppelmayr geradezu prädestiniert, die Tauglichkeit der langen Schleppbügel unter Beweis zu stellen, musste
er doch ohne Unterbrechung maximale Förderleistungen erbringen.[186] Doppelmayr
baute die langen Kunststoffschleppbügel also am „Schmidinger Gletscherlift" ein,
der dort arbeitende Liftwart wurde 1972 entlassen. Das Unternehmen senkte die
Betriebskosten und erhöhte gleichzeitig die Förderkapazität des Liftes auf 1440 Personen pro Stunde.[187] Eine Erfolgsgeschichte der Beschleunigung, die der Firma
Doppelmayr den „durchschlagende[n] Erfolg im Schleppliftbau"[188] brachte.

Im Jahr 1970 richtete Doppelmayr angesichts der stark gestiegenen Nachfrage
von Seiten der Skiliftbetreiber eine eigene Abteilung für „Leistungserhöhung und
Modernisierung bestehender Schleppliftanlagen" ein.[189] Diese Abteilung war dafür
zuständig, die technisch mögliche Temposteigerung praktisch umzusetzen und
die vielerorts dysfunktional gewordenen mechanischen Aufstiegshilfen zu beschleunigen. Diese Abteilung war Ausdruck eines veränderten Beschleunigungsmanage-
ments an wintertouristischen Schauplätzen. Skiliftfirmen beschleunigten nicht
mehr ausschließlich den Aufstieg durch neue mechanische Aufstiegshilfen. Sie
unterhielten eigene Abteilungen, die sich auf die Beseitigung dysfunktional gewor-
dener Beschleunigungstechniken durch technische Adaption spezialisierten. Dieses Beheben der Dysfunktionalität von wintertouristischen Schauplätzen, die zuvor
durch die eigenen Produkte transformiert worden waren, wurde fortan zu einem
Wachstumsmarkt der Skiliftindustrie. Zu den neuartigen Eingriffen zählte auch
die fortschreitend perfektionierte Disziplinierung der Skiläufer an den Talstationen der Skilifte, wie der folgende Abschnitt zeigen wird.

3.2.2   Effizient diszipliniert

Es ist tatsächlich so, daß der Mensch, sobald er als ‚Masse Skiläufer', vor allem als
‚Masse Ansteher' auftritt, sehr leicht alle Höflichkeitsformen und oft auch jede Ver-
nunft fahren läßt und zum drängenden und stoßenden und fluchenden (geplagten)
Herdentier wird.[190]

---

185 H. Mayer, Hochleistungsschleppliftanlagen mit Selbstbedienung. In: ISR 18/1 (1975), S.
     11.
186 Ebenda.
187 Ebenda, S. 12.
188 N. N., Doppelmayr 1957–1977, S. 62.
189 Ebenda.
190 N. N., Der perfekte Schlepplift-Einstieg. In: Austria Ski 1 (1977), S. 10.

Diese Beobachtung eines nicht namentlich genannten Autors, 1977 in der Vereinszeitschrift des Österreichischen Skiverbands (ÖSV) „Austria Ski" publiziert, macht jene Situation anschaulich, die das Nadelöhr Skilift erzeugt hatte. Später im Text charakterisiert der Autor die Flucht „aus dem Streß der Großstadt und aus dem Gedränge des Alltags"[191] als treibende Kraft des Skilaufs. Nicht selten endete die Flucht aus der Großstadt im „Anstehen an der Seilbahnstation".[192] Ärger und Aggressionen seien in der Psychologie des Menschen verankert und in diesen Situationen durchaus nachvollziehbar. Tatsächlich zwangen die Talstationen der Skilifte die Skiläufer in eine akzelerationsbedingte Verzögerung, die die soziale Reibung erhöhte. Sowohl die Abfahrt als auch der Aufstieg wurde von den Skiläufern als beschleunigte Bewegung erlebt, während die Schnittstellen beider Mobilitätsmodi als verlangsamend wahrgenommen wurden. Lag die resultierende Verzögerung jenseits des für Skiläufer Akzeptablen, warfen sie jene im Zivilisationsprozess erworbenen Fähigkeiten über Bord, die das kooperative und produktive Zusammenleben in großen Gruppen überhaupt ermöglichten,[193] was der Autor durch die Metapher des „Herdentiers" ausdrückt. „In der vordrängenden Masse werden schwächere Personen und Kinder oft förmlich zerdrückt."[194] Die Menschentraube sei das Allerletzte, das dem Gast zugemutet werden dürfe. In der ‚Traube' entsteht der Ärger vor allem durch das Aufeinandersteigen mit den Skiern. Hier gäbe es zwar keinen direkten Körperkontakt, „aber die geheiligte Waffe Ski wird vom Gegner verletzt; das weckt oft noch schärfere Aggressionen als direkt körperliche Bedrängnis oder Rempelei."[195] Selbstverständlich sei es einem Skiliftbetreiber schon finanziell nicht zuzumuten, dass der auf jede Warteschlange mit der Ausweitung der Förderkapazität reagiere. „Aber der Seilbahnbetreiber muss sich darum kümmern, aus den notwendigen Wartezonen aktive Aggressionsauslöser zu verbannen."[196]

US-amerikanische Ingenieure waren auf dieses Problem schon früher aufmerksam geworden. Charles van Evera ließ 1960 eine Vorrichtung patentieren, die auf die Optimierung des Zustiegs bei Schleppliften bei gleichzeitiger Verdichtung des Einstiegstakts abzielte. Er reagierte damit auf die Beobachtung, dass sich der subjektive Stress und die Unfallgefahr der Nutzer deutlich erhöhten, wenn ihnen für den Zustieg zum Schlepplift weniger als sieben Sekunden blieben.[197] Van Evera

---

191 Ebenda.
192 Ebenda.
193 Ebenda.
194 Ebenda.
195 Ebenda.
196 Ebenda.
197 Charles van Evera, Patent Nr. US 3.112.710, Method for Loading a Ski-Lift, veröffentlicht

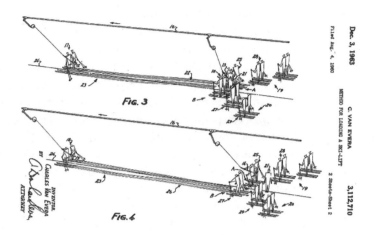

Abbildung 21: Skizze des Patents von Charles van Evera.

fokussierte auf die räumliche Umordnung der Warteschlange: Der Fahrgaststrom wurde durch eine zweite Beladestation, die parallel zur bereits bestehenden errichtet werden konnte, in günstigere Bahnen gelenkt.[198] Abbildung 21 skizziert die von van Evera erdachte räumliche Neuordnung der Skiläufer.

Die Skizze zeigt, dass die Warteschlange unmittelbar vor dem Schlepplifteinstieg jeweils links und rechts des Förderseils verdoppelt wurde. Die Skiläufer sollten in Zweierreihen von zwei Seiten gleichzeitig zur Beladestelle vorrücken und sich parallel zueinander und zum Förderseil des Schlepplifts anordnen. Die Beladestelle würde jeweils alternierend – in einer Art Reißverschlusssystem – aus einer der beiden Warteschlangen befüllt. Rein rechnerisch hätte sich dadurch die verfügbare Zeit zum Einstieg pro Fahrgastpaar verdoppelt. Dass den Fahrgästen statt sieben plötzlich 14 Sekunden zur Verfügung stünden, ermögliche, suggerierte van Evera, entweder die Geschwindigkeit des Förderseils zu erhöhen oder das Förderseil mit mehr Schleppbügeln auszustatten. Beide Maßnahmen würden zu einer

---

beim United States Patent Office am 3.12.1963, Volltext und Abbildungen siehe URL: https://worldwide.espacenet.com/publicationDetails/biblio?CC=US&NR=3112710A&KC=A&FT=D# (6.8.2018).

198 Ebenda, S. 2.

sofortigen Ausweitung der Förderkapazität des Schlepplifts führen und die Wartezeit für die Skiläufer verkürzen.[199]

Das Patent von Charles van Evera transformierte die Talstation in einen Schauplatz der Disziplinierung, der den Strom der Skiläufer durch diese Station beschleunigte. Die Erhöhung der technischen Förderkapazität verlangte nach einer Normierung skiläuferischer Praktiken. Die Normierung war – der Integration von
Fließbändern in Fabriken vergleichbar – von Repression, Motivation und Aktivierung charakterisiert, die wiederum technischen Wandel ermöglichten.[200] Die Normierung der skiläuferischen Körper durch die Ingenieure zielte auf eine „Vervollkommnung, Maximierung oder Intensivierung"[201] der Funktion des Schauplatzes
Skilift ab. Skiliftingenieure machten die Körper der Skiläufer für den Skiliftunternehmer produktiv, effektiv und nützlich, indem sie diese dazu brachten, sich tech-
nikkonform zu verhalten.[202] In der alltäglichen Betriebspraxis war das Ausschöp-
fen der technisch möglichen Förderleistung nur dann möglich, wenn die Skiliftbetreiber solche oder ähnliche Disziplinierungsmechanismen in die Schauplätze
integrierten. Everas Patent zeigt, dass die Disziplinierung das Ergebnis technischer
Transformation der Schauplätze war. Sie führte zur „Etablierung und Internalisie-
rung von [neuen] Zeitstrukturen",[203] die wiederum mit der von den technischen
Experten entwickelten räumlichen Anordnung und Platzierung der Individuen
verzahnt waren.

Patente wie das vorgestellte regten das Programm für die Transformation wintertouristischer Schauplätze an. Verbreitet wurden sie von Mitarbeitern österreichischer Skiliftfirmen in der Zeitschrift ISR. Im Zuge der Integration der theore-
tischen Vorgaben in die existierenden Schauplätze waren Skiliftfirmen wie Doppelmayr aber mit einer Landschaft konfrontiert, die nur selten den Idealvorstel-
lungen der Skiliftplaner entsprach. Sie kalkulierten bei einem Skilift, der 1000 Personen pro Stunde transportierte, eine 300 Meter lange Regulierungszone. Diese
Zone musste geradlinig angelegt werden, da die Fahrgäste auf Skiern stehend wenig
manövrierfähig waren. Auch ansteigende Flächen galt es zu vermeiden, denn Skiläufer wechselten dort instinktiv in den Grätschschritt, der viel Platz brauchte und
die Schlange zum Stocken brachte. Wenn ansteigende Flächen unabwendbar waren,
sollten die Fahrgäste durch eine entsprechende Anordnung von Zäunen in den
seitlichen, platzsparenden Treppenschritt gezwungen werden.[204] Weil jedoch „fast

---

199 Ebenda, S. 3.
200 Ebenda, S. 16.
201 Ebenda, S. 17.
202 Gugutzer, Soziologie, S. 64.
203 Rosa, Beschleunigung, S. 104.
204 Anton Salzmann, Organisatorische Belange zur Bewältigung des Skimassenbetriebes an

nirgends in der Natur die voll entsprechenden Geländeformen für Ein- und Ausstiegsstellen vorhanden"[205] waren, empfahlen die Autoren in der ISR, Baumaschinen einzusetzen, um durch umfangreiche Geländearbeiten großzügige Plateaus zu schaffen, die die Bewegungen der Skiläufer regulierten.[206] So wurde der Boden in hochalpinen Gebieten in eine effizienzsteigernde Infrastruktur des Wintertourismus umgeformt.

Der Übergang zwischen Regulierungs- und Beschleunigungszone musste nach Ansicht der Experten mit Hinweisschildern ausgestattet werden, die die Blickrichtung und somit die Aufmerksamkeit der Fahrgäste lenkten sowie diese aufforderten, die Skistöcke in eine Hand zu nehmen.[207] Die sich idealerweise über drei Meter erstreckende Beschleunigungszone war leicht abschüssig anzulegen, wodurch die Skiläufer vor dem Einstieg und damit das Nachrücken der wartenden Fahrgäste beschleunigt wurden.[208] Die Absperrung langgezogener, höchstens 1,20 Meter breiter Flächen durch Zäune oder Mauern würde den Skiläufern gar keine andere Wahl lassen, als sich paarweise anzuordnen. An der Einstiegsstelle angebrachte „Anschlagbretter" und das Aufschütten einer Gegensteigung sollte die zuerst beschleunigten Skifahrer an der optimalen Ausgangsposition abbremsen und dort räumlich fixieren.[209] Ziel dieser Maßnahmen war es, selbst die reaktionsschwächsten Nutzer dazu zu bringen, mit der kurzen Taktung der Skilifte adäquat umzugehen.[210] Die durch Geländearbeiten erzeugten, beschleunigenden Bereiche sind in Abbildung 22 auf S. 160 sehr gut zu sehen.

Als die Firma Doppelmayr 1964 begann, Doppelsessellifte zu produzieren, importierte sie aus den Vereinigten Staaten eine Form der Körperdisziplinierung, die diesen Lifttyp überhaupt erst ermöglichte.[211] Bis 1952 war die Entwicklung eines Doppelsessellifts daran gescheitert, dass es als unmöglich galt, in den kurzen Zeitfenstern zwischen den Sesseln zwei Personen gleichzeitig sicher zur Einstiegsstelle und von dort auf die Sitze zu bringen. Zwar hätte man das Umlauftempo der Sesselbahn drosseln können, dies hätte aber die ökonomische Rentabilität beein-

---

Skiliften. In: ISR 4/4 (1971), S. 189–192; H. Mayer, Bewältigung des Massenskisportes bezüglich Einstiegsstellen, Ausstiegstellen, Kälteschutz und automatische Anbügelvorrichtungen. In: ISR 4/4 (1971), S. 193.

205 Gottfried Wolfgang, Koordination zwischen seilbahn- und skitechnischen Problembereichen. In: ISR 18/4 (1975), S. 136.

206 Ebenda.

207 N. N., Der perfekte Schlepplift-Einstieg, S. 10.

208 Salzmann, Organisatorische Belange, S. 192.

209 Ebenda.

210 Wolfgang, Koordination, S. 136.

211 N. N., Doppelmayr 1957–1977, S. 62.

Abbildung 22: Der Beschleunigungsbereich des Hoadllifts in Axams/Tirol (1965).

trächtigt.[212] Gelöst wurde dieses Problem durch den US-amerikanischen Erfinder Samuel Sterling Huntington, der argumentierte, dass man die Menschenmengen bereits vor der Einstiegsstelle in eine günstige räumliche Anordnung bringen müsse, um die Durchflussgeschwindigkeit der Passagiere zu erhöhen. Er schlug vor, Zäune und betonierte Mauern mit richtungsweisenden Informationstafeln zu versehen und der Einstiegsstelle vorzulagern, um Menschentrauben in einer für die technische Infrastruktur geeigneten Weise anzuordnen.[213]

Während des Wachstumsbooms der 1960er- und 1970er-Jahre wurde der Doppelsessellift das wichtigste Erschließungswerkzeug für höher gelegene Skigebiete in den Alpen.[214] Die rationelle Gestaltung der Bereiche, die dem Sesselifteinstieg vorgelagert waren, und das Übertragen technischer Normen auf die körperlichen Handlungsroutinen der Skitouristen waren hierfür Bedingung. Michel Foucaults

---

212 Samuel Sterling Huntington, Patent Nr. US 2.582.201, Ski Lift, veröffentlicht beim United States Patent Office am 8.1.1952, Volltext und Abbildungen siehe URL: https://worldwide.espacenet.com/publicationDetails/biblio?CC=US&NR=2582201A&KC=A&FT=D# (6.8.2018), S. 7.
213 Ebenda.
214 Gross, Seilbahnlexikon, S. 92.

These, der zufolge die „richtige Platzierung der Individuen ihrer maximalen Nutzbarmachung"[215] dient, spiegelt sich in den technokratischen Konzepten der Skiliftexperten wieder. Sie entwickelten jene Werkzeuge, die von den österreichischen Skiliftfirmen in die touristischen Schauplätze integriert wurden, um deren Produktivität zu steigern, das regionale Wirtschaftswachstum anzukurbeln und die eingangs zitierten Kämpfe, die aus dem Beharrungselement Skilift resultierten, durch eine soziale Anordnung der Skiläufer zu befrieden, die man bis dato nur aus der urbanen Mobilitätsinfrastruktur kannte.[216] Obwohl sich Skilifte in Form einer erzwungenen, neuen Zeitdisziplin in die Praktiken der angeblich so freiheitsliebenden Skiläufer[217] einschrieben, schienen die Vorteile (vor allem die verringerten Wartezeiten) die Nachteile der wachsenden Abhängigkeit von Technik überwogen zu haben.[218]

Anfang der 1970er-Jahre hatten die Skiliftingenieure bereits mathematische Modelle entwickelt, um die zeitlichen Dimensionen von Aufstiegs- und Abfahrtszyklen zu berechnen und Engstellen in der Infrastruktur technisch zu beseitigen. Anton Salzmann, der in Kooperation mit der Firma Doppelmayr Skigebiete plante, publizierte 1971 als erster einen einschlägigen Artikel in der Zeitschrift ISR.[219] Thematisiert wurden das Fassungsvermögen verschiedener Skilifttypen, die mathematische Kalkulation des skiläuferischen Verhaltens am Lift, neuartige automatisierte Verrechnungssysteme, die die bestmögliche Nutzung der Förderkapazität erlaubten, sowie verschiedene Disziplinierungsmechanismen, um den Strom der Menschen zu beschleunigen. Was die österreichische Skiliftindustrie Anfang der 1970er in der ISR nicht thematisierte, wurde vielerorts bereits sichtbar: Mit jeder Beschleunigung des Aufstiegs vergrößerte sich die Zahl der Skiläufer, was wiederum technische Adaptionen erforderte. Der französische Ingenieur C. Douron aus Grenoble sprach angesichts dieser Entwicklungen von „Gigantismus der Anlagen und [...] einer Massierung der Benützer".[220]

---

215 Michel Foucault, The Incorporation of the hospital into modern technology. In: Jeremy Crampton, Stuart Elden (Hg.), Space, knowledge and power (Ashgate, Aldershot 2007), S. 141–151.

216 Dirk van Laak, Infra-Strukturgeschichte. In: Geschichte und Gesellschaft 27/3 (2001), S. 367–393, hier S. 390.

217 N. N., Der perfekte Schlepplift-Einstieg, S. 10.

218 Dies trifft laut Dirk van Laak auf die Gesamtheit der Durchdringung der menschlichen Lebenswelt durch materielle Infrastrukturen zu. Siehe: Laak, Infra-Strukturgeschichte, S. 372.

219 Salzmann, Organisatorische Belange, S. 189–190.

220 C. Dournon, Entwicklung und Vergleich der Sicherheitseinrichtungen der verschiedenen Bahnsysteme. In: ISR (Sonderausgabe Kongreßbroschüre 3) (1978), S. 132–143, hier S. 132.

Diese Nebenwirkungen der technischen Akzeleration ließen nicht nur die Kosten für Sicherheitseinrichtungen nach oben schnellen,[221] sie vergrößerten auch die Menge der Skiläufer, die sich über die verschneiten Hänge bewegte. Die intensive Nutzung verkürzte die Zeitspanne, in der sich Pulverschnee in eine betonharte Buckelpiste verwandelte. Angesichts dessen war der Skilauf zum Risikosport geworden.

Das Risikomanagement in den Skigebieten zwang Skiliftunternehmer dazu, ständig neues Kapital für immer weitreichendere Eingriffe in die Agrikulturlandschaften aufzutreiben. Während sich Firmen wie Doppelmayr zunehmend auf neuen Exportmärkten in Nord- und Südamerika, Asien, Australien, Nord-, Ost- und Südeuropa engagierten[222] und die Zeitschrift ISR dazu nutzten, jede Innovation zu einer Pioniertat zu stilisieren, stöhnten die Skiliftbetreiber in Österreich unter der immer höheren Schuldenlast.[223] Dies zu thematisieren, oblag deren Interessensvertretung. Sie konstatierte, dass der Prozentsatz der Unternehmen, die noch schwarze Zahlen schrieben, „1977 wesentlich geringer geworden [sei] als noch 1957. Dies [sei] die Kehrseite der Medaille des Aufschwungs […] innerhalb von 20 Jahren."[224] Die Beschleunigungstechnik Skilift hatte die körperlichen Handlungsroutinen der Skiläufer bis ins kleinste Detail strukturiert und damit ihre Körper und ihre Freizeit zur Ressource verwandelt. Die wirtschaftlichen Interessen der Skiliftindustrie disziplinierten durch die ungewollten Nebenwirkungen der Skilifte auch die Akteure in den Dörfern dazu, die Transformation der wintertouristischen Schauplätze fortzuführen, um nicht wirtschaftlichen Ruin zu erleiden. Dazu mussten vermehrt Agrikulturlandschaften in Skipisten verwandelt werden.

3.3   NEBENWIRKUNG SKIPISTE

Herrlich waren die Zeiten, in denen man eine Abfahrt noch selbst suchen, sozusagen selbst ‚fabrizieren' musste. Da gab es noch keine Pisten. Ja nicht einmal das Wort ‚Piste' gab es. […] Die Auffahrt in der Seilbahn oder im Lift ist bequem, die Abfahrt manches Mal nicht nur schwierig, sondern gefährlich, ja unter Umständen lebensgefährlich.[225]

---

221 Ebenda, S. 142.
222 N. N., Doppelmayr 1957–1977, S. 62.
223 N. N., Seilbahntagung 1967. In: ISR 10/4 (1967), S. 184.
224 Viktor Schlägelbauer, Die Entwicklung der Seilbahnen Österreichs seit Bestehen der Internationalen Seilbahnrundschau. In: ISR „Sondernummer 20 Jahre ISR" (1977), S. 37.
225 Luis Trenker, Die ‚vorfabrizierte' Abfahrt. In: MiS 5 (1986), S. 7–8, hier S. 7.

Hans-Dieter Schmoll lud 1985 den bereits hochbetagten Bergsteiger, Schauspieler, Regisseur und Schriftsteller Luis Trenker zu einem Gastbeitrag in der Zeitschrift MiS ein. Trenker nutzte die Gelegenheit, eine Lanze für den Tourenskilauf und das Skiwandern zu brechen und bilanzierte die Entwicklungen im Wintersport seit den 1920er-Jahren kritisch. Vor der Erfindung des Schlepplifts hatten Skiläufer mögliche Abfahrtsstrecken bereits vor dem Aufstieg zu antizipieren, wollten sie kräfteraubende und gefährliche Manöver im tief verschneiten Gelände vermeiden. Dies setzte fundierte Kenntnis des Wechselspiels von Schnee und Gelände voraus. Ebenso wichtig war die Fähigkeit des Skiläufers, seine Fahrtechnik flexibel an die schwer vorauszusehenden Änderungen im Gelände anzupassen. Schon in den 1930er-Jahren brachten die Skiproduzenten Zelluloid- und Stahlkanten an Skiern an, um diese griffiger zu machen. Die beschichteten Skikanten, die rasant verbesserte Skifahrtechnik und die Gewöhnung der Skiläufer an höhere Geschwindigkeiten beschleunigten das Tempo der Abfahrten deutlich, schrieben zeitgenössische Beobachter wie Trenker und Hoek.[226]

Der später kulturkonservative Trenker konnte sich 1935 der Faszination der technischen Akzeleration der Abfahrt nicht völlig entziehen.

> Das Geschwindigkeitsfieber, das den modernen Abfahrer erfasst hat, hat auf diesen großen Abfahrten Rekordzeiten zustande kommen lassen, die in Staunen versetzen. Es erscheint phantastisch, dass man heutigentags viele tausende von Metern Abfahrt in wenigen Minuten zurücklegt. [...] Möglicherweise tauchen mit dem Fortschreiten der Zeit noch weitere ‚neue Möglichkeiten‘ auf, von denen sich heute nicht einmal der Rekordmann etwas träumen lässt?[227]

Solche neue Möglichkeiten schuf die Skiindustrie nach 1945 durch eine regelrechte Materialrevolution. 1965 berichtete das deutsche Wochenmagazin „Der Spiegel", dass Holzskier bald der Vergangenheit angehören würden. Die Zukunft des Skisports würde den leichteren und langlebigeren Materialien Kunststoff und Aluminium gehören.[228] Die Skiproduzenten reagierten darauf, dass die Verdichtung der Aufstiegssequenzen durch Skilifte die skiläuferische Praxis völlig umkrempelte. Ein Skiläufer fuhr in den 1960er-Jahren an einem einzigen Skitag mehr Abfahrtskilometer, „als sein Großvater in einem ganzen Jahr".[229] Aufgrund dieser hohen

---

226 Henry Hoek rechnete vor, dass ein englischer Skifahrer für ein und dieselbe Abfahrt 1924 noch 42 Minuten brauchte, diese aber 1931 in nur 25 Minuten und 42 Sekunden bewältigte, siehe Trenker, Berge, S. 67.
227 Trenker, Berge, S. 75, im Wortlaut übernommen.
228 N. N., Gleiten ohne Flattern. In: Der Spiegel 7 (1965), S. 73.
229 Zehentmayer, Der alpine Schisport in Österreich, S. 111.

Belastungen zerschlissen die traditionellen Holzskier schnell. Daher setzte sich Kunststoff, der moderne Werkstoff des erdölbasierten Energiesystems, das den Skiern eine längere Lebensdauer verlieh, zunehmend durch.[230]

Kunststoff schützte die Skiläufer aber nicht vor den körperlichen Nebenwirkungen der beschleunigten Abfahrt. Die Transportkapazitäten mechanischer Aufstiegshilfen, in nur einem Jahrzehnt industriell etwa verfünffacht,[231] sorgten auf den Skipisten für Kollateralschäden, die Gesundheitsexperten als „Beinbruchbilanz" bezeichneten.[232] 1970 bezifferte man den jährlich entstehenden volkswirtschaftlichen Schaden durch Skiverletzungen allein in der Bundesrepublik Deutschland auf etwa 150 Millionen Mark. Im gesamten Alpenraum verletzten sich jährlich rund 100.000 Menschen.[233] Ein internationaler Arbeitskreis für „Sicherheit beim Schilauf"[234] wurde gebildet. Der Schweizer Skiliftingenieur Franz Zbil, der diesem Arbeitskreis angehörte, erklärte 1967 die große Zahl an Verletzungsfällen aus einer Kombination körperlicher Eingeschränktheit, Tempobesessenheit und materieller Gier. „Mehr als drei Viertel der heutigen Schifahrer [seien] gar nicht mehr in der Lage, außerhalb der festgestampften, glattgebügelten Pisten ihre eigene Spur zu ziehen."[235] Der „Geschwindigkeitsrausch und [die] Rekordsucht nach täglichen Höhenkilometern"[236] hätten Skiläufer zu Opfern ihres Freizeitverhaltens gemacht.[237] Zbil forderte sowohl Erziehung zur Selbstdisziplin als auch infrastrukturelle Disziplinierungsmaßnahmen, um die Freizeitskifahrer arbeitsfähig zu erhalten sowie Sozialversicherungen und Volkswirtschaften zu entlasten.[238] Skiliftbetreiber waren aus Sicherheitsgründen daran interessiert, Hindernisse wie Felsen, Bäume, Sträucher oder Zäune von den Abfahrtsrouten zu entfernen. Diese Maßnahmen machten den Skilauf wohl sicherer, setzten aber die Bewilligung der betroffenen Grundstücksbesitzer voraus. Denn ein großer Teil der Abfahrtsrouten in den Alpen verlief über das Grundeigentum Dritter. Diese teilten nicht immer das Interesse von Skiliftbetreibern. Eine rechtliche Regelung schien unabdingbar.

---

230 Es handelte sich dabei in der Regel um Verbundmaterialien. Ein Kern aus Holz wurde mit Kunststoff ummantelt und mit Stahlkanten ausgestattet. Zwischen 1961 und 1967 stieg der Anteil der Kunststoffskier am Gesamtabsatz der Firma Kneissl von zwei auf 60 %. Siehe: Zehentmayer, Der alpine Schisport in Österreich, S. 111.
231 Schlägelbauer, Die Entwicklung der Seilbahnen Österreichs, S. 37.
232 Ebenda.
233 F. Zbil, Fragen der Sicherheit, Kennzeichnung und Haftung auf Schipisten. In: ISR 13/1 (1970), S. 53–54, hier S. 53.
234 Ebenda.
235 Ebenda.
236 Ebenda.
237 Ebenda.
238 Ebenda.

Verfassungsjuristen waren sich darüber einig, dass sich eine neue juristische Ordnung der Skiabfahrt an der Straßenverkehrsordnung orientieren müsse.[239] Der gravierende Unterschied zwischen Straßen- und Skiverkehr bestand freilich darin, dass bei einer Straße in der Regel der Straßenbauer für deren Erhalt und Sicherung zuständig war, während im Skitourismus der Skiliftbetreiber zwar die Mobilität verursachte, aber rechtlich bis Mitte der 1960er-Jahre nicht dazu verpflichtet war, sich um die Mobilitätswege, sprich: die Abfahrtsrouten, zu kümmern. Kärnten ordnete 1965 als erstes österreichisches Bundesland die Einrichtung von Skipistenkommissionen auf Gemeindeebene an.[240] Diese sollte Gefahrenstellen mit Warnzeichen markieren sowie nötigenfalls Schutznetze, Gitter und Seilabsperrungen anbringen. Der Kommission oblagen auch das kontrollierte Auslösen von Lawinenabgängen, das Ziehen der ersten Abfahrtsspur nach stärkerem Schneefall, Kontrollfahrten am Ende des Skitags sowie das Sperren von Abfahrten, wenn diese nicht mehr einwandfrei befahrbar waren.[241] Anfangs gingen die Experten noch davon aus, dass sich die Skiläufer in der Regel im freien Gelände verletzten. Mitte der 1960er-Jahre zeigte sich aber, dass die technische Akzeleration des Aufstiegs die Abfahrtsroute in einen Risikoschauplatz transformierte.[242] Da materielle Hindernisse aufgrund der Rechtslage nicht überall durch Bulldozer, Kettensägen oder aufwendige Geländebauten beseitigt werden konnten, wiesen die Skigebietsbetreiber mit Warntafeln auf die Gefahrenstellen hin. Je rascher die Skiläufer die Warntafeln entziffern konnten, desto effizienter funktionierte ein solches System.[243] Seit Anfang der 1970er-Jahre hatten Experten der „Fédération Internationale de Ski" (FIS) ein vereinheitlichtes Zeichensystem, basierend auf der allgegenwärtigen Ikonografie der Straßenverkehrszeichen, ausgearbeitet, um die Reaktionszeit zu verkürzen und sprachliche Barrieren zu überbrücken.[244]

---

239 Hans Weiler, Kompetenzprobleme des Schilaufs. Zugleich eine Untersuchung zum Polizeibegriff der Bundesverfassung. In: Zeitschrift für Verkehrsrecht 11/4 (April 1966), S. 11–21.

240 In Tirol bemühte man sich seit 1964 auf Drängen des Tiroler Sektionenverbands des Österreichischen Alpenvereins, des Österreichischen Bergrettungsdienstes, des Touristenvereines „Die Naturfreunde" sowie des „Tiroler Skiverbands" um eine rechtliche Verankerung der Pistensicherungspflicht in die Landesverfassung. Siehe: VLA, PrsG, 1968, Sch. 19, Sportgesetz, I. Teil, BMfHuW, Zl. 175.166-IV-25/64.

241 VLA, PrsG, 1968, Sch. 19, Sportgesetz, I. Teil, Zl. 306/16/1966.

242 K. Schleuniger, Berichte aus der Schweiz. Sicherheit auf der Skipiste. In: ISR 9/3 (1966), S. 92–93, hier S. 92.

243 Ebenda.

244 Roland Rudin, Markierung von Schipisten. In: ISR „Sondernummer Alpine Skiweltmeisterschaften" 14 (1971), S. 21.

Eine weitere Maßnahme, um den Strom der Skiläufer talwärts zu beschleunigen und zugleich die Sicherheit zu erhöhen, betraf die organisatorische Diversifizierung der Abfahrtsrouten entsprechend den skifahrerischen Fähigkeiten.[245] Die Skiläufer sollten an der Bergstation dazu veranlasst werden, sich für eine ihrem Können entsprechende Abfahrtsroute zu entscheiden. Dies, so die Überzeugung, senke das individuelle Risiko und reduziere die Belastung der Schneedecke auf den Abfahrtsrouten.[246] Im Laufe der frühen 1970er-Jahre vereinheitlichten Experten der FIS die Skigebietsleitsysteme für Abfahrtsrouten auf Basis des Gefälles der Skipisten. Leicht befahrbare Pisten mit einem Gefälle von weniger als 25 Prozent wurden blau markiert, mittelschwere Pisten mit weniger als 40 Prozent Gefälle erhielten die Farbe Rot und Schwarz blieb für jene Bereiche reserviert, die mehr als 40 aber weniger als 60 Prozent Gefälle aufwiesen.[247] Diese Ausschilderung sollten die Skifahrer aber nicht als Zwang interpretieren. Ansprechend gestaltete Kommunikationsmittel sollten die Skiläufer dazu bringen, sich als Konsument für eine Piste zu entscheiden und zu lernen, diese Wahlmöglichkeit als Komfort zu interpretieren. Im Falle eines unfallbedingten Gerichtsverfahrens sollten nach FIS-Norm gestaltete Skigebietskarten und Schilder die Skigebietsbetreiber rechtlich absichern.[248]

Der disziplinierende Schilderwald rief aber auch Kritiker auf den Plan. Franz Zbil warnte davor, dass er den Skiläufern die „Freude am schnellen Gleiten und beschwingter Bewegungen nehme"[249] würde. Stattdessen forderte der Technokrat Zbil einen grundlegenden Paradigmenwechsel in der Skigebietsplanung. Der Risikoschauplatz Skipiste sollte mittels „umfangreiche[r] Erdarbeiten, weite[r] Pisten und hindernisfreie[r] Bahnen"[250] umgestaltet werden. Auf diese Weise würden sich die Skiläufer selbstständig in einer Art und Weise räumlich bewegen, die dem Skiliftbetreiber nützlich wäre. Auf „autobahnähnlichen, breiten, planierten Flächen, die die Masse der Schifahrer aufnehmen können",[251] würde die plumpe Disziplinierung durch Hinweisschilder unnötig.

Abbildung 23 zeigt eine dieser „Pistenautobahnen" in Seefeld in Tirol. Die von Zbil geforderte Umgestaltung der Landschaft für mechanisierte Skigebiete, bei dem Disziplinierungsmaßnahmen in den Berg hineingebaut werden sollten, wurde

---

245 Schleuniger, Bericht aus der Schweiz, S. 92.
246 Ebenda.
247 VLA, AVLR, Abt. VIIa, Zl. 16.500, Bd. I, Richtlinien für die Planung, den Bau, die Erhaltung und die Pflege von Schiabfahrten, S. 16.
248 Zbil, Fragen der Sicherheit, S. 54.
249 Schleuniger, Bericht aus der Schweiz, S. 92.
250 Ebenda.
251 Zbil, Fragen der Sicherheit, S. 54.

Abbildung 23: „Pistenautobahn" am Gschwandtkopf
in Seefeld in Tirol (undatiert).

durch die wirtschaftlich prekäre Lage der Betriebe und den Widerstand der Grundeigentümer verzögert.

3.3.1   Widerständige Grundeigentümer als Beharrungsakteure

In den 1960er-Jahren formierte sich unter den Grundeigentümern erster Widerstand gegen die kompensationslose Nutzung ihres Bodens, so etwa in St. Johann
im Pongau. Der Besitzer eines Hanges, der von den Skifahrern eines angrenzenden
Skilifts genutzt wurde, wollte sein Grundstück als Baugrund gegen einen Betrag
von 3,5 Millionen Schilling verkaufen. Die Gemeinde beanspruchte aber auf der
Basis des Gewohnheitsrechts, den Hang auch gegen das Interesse des Eigentümers
als Skiabfahrt zu nutzen und bekam vom Obersten Gerichtshof (OGH) Recht.[252]

---

252 N. N., Skipisten. Wiese ersessen. In: Der Spiegel 15 (1969), S. 150–152, hier S. 150.

Die Richter des OGH argumentierten auf der Basis des „Wegefreihaltungsgesetzes", das 1920 in Salzburg erlassen worden war und Wanderern Wegefreiheit gewähr-leistete.[253] Das Servitutsrecht für sommerliche Wanderwege wurde vom OGH 1961 auf die Skirouten übertragen, sofern diese seit 30 Jahren genutzt und nicht durch Zäune abgegrenzt worden waren. Die Anwendung des Servitutsrechts setzte jedoch voraus, dass die Gemeinde oder die Skiliftbetreiber glaubhaft machen konnten, dass die Skiroute unverzichtbar für den Skiliftbetrieb sei.[254] Der St. Johanner Grund-eigentümer fühlte sich durch diesen Urteilsspruch regelrecht enteignet und um 3,5 Millionen Schilling betrogen.[255]

Die Übertragung des Servitutsrechts auf die Skirouten sicherte die Skiliftbetrei-ber und Gemeinden rechtlich ab; die von Zbil geforderten Geländeveränderungen umfasste dieses Recht aber nicht. Ein Bregenzer Anwalt beanstandete 1964, dass auf einer Skiroute am Bregenzer Pfänder seit Jahren ein halbtoter Apfelbaum ste-he der einem jungen Skifahrer bereits das Leben gekostet habe. Der Grundbesitzer, ein älterer Bauer, war durch gutes Zureden allein nicht dazu zu bewegen, den Baum zu fällen. Dem Rechtsanwalt waren in diesem Fall die Hände gebunden.[256] Außer-dem vermeldeten Anwälte und Landespolitiker, dass Grundeigentümer in Vorarl-berg Skiläufern immer wieder den Zugang zu ihrem Boden durch die Errichtung von Zäunen, Hecken oder Misthaufen versperrten.[257] Andere Grundeigentümer versuchten, die Skifahrer durch das Ausbringen von Gülle, Asche oder Reisig von ihrem Boden fernzuhalten und so das Inkrafttreten es Servitutsrechts zu verhin-dern.[258] Im „Salzburger Handelsblatt" beschworen Journalisten angesichts solcher Ereignisse das totale Chaos auf Österreichs Skipisten[259] und besorgte Wirtschafts-politiker in Vorarlberg befürchteten die Stagnation der gerade boomenden Win-tertourismusindustrie.[260]

Die Vorarlberger Landesregierung zielte seit 1966 mittels eines Landessportge-setzes auf Interessenausgleich zwischen Skiliftbetreibern, Tourismusindustrie und Grundeigentümern. Es enthielt einen Paragrafen, der den Schutz von Skipisten unterhalb der Waldgrenze vorsah.[261] Das Gesetz verpflichtete die Grundeigentü-

---

253 Ebenda.
254 Ebenda.
255 Ebenda.
256 VLA, PrsG, 1968, Sch. 19, Sportgesetz, I. Teil, Zl. 306/70/1968; Gerold Ratz an Hubert Kinz.
257 Ebenda.
258 VLA, PrsG, 1968, Sch. 19, Sportgesetz, I. Teil, Zl. 306/70/1968.
259 N. N., Skipisten. Wiese ersessen, S. 152.
260 VLA, PrsG, 1972, Sch. 56, Sportgesetz, Zl. 306/93, 10.3.1970.
261 Amt der Vorarlberger Landesregierung (Hg.), Vorarlberger Sportgesetz, LGBl. Nr. 9/1968.

mer, ihre Flächen saisonal und unentgeltlich für den Skilauf freizugeben. Um zu verhindern, dass wie bisher Zäune und andere Hindernisse errichtet wurden, zwang es die Eigentümer, sämtliche den Skilauf störenden Objekte vor Wintereinbruch zu entfernen. Die Gebietskörperschaften hatten die Kosten für den Abbau der störenden Zäune finanziell zu kompensieren.[262] Damit wurde das Feldschutzgesetz aus dem Jahr 1875, das Grundbesitzer dazu ermächtigte, ihr Land einzuzäunen, um Felddiebe vom landwirtschaftlichen Boden fernzuhalten, auf diesen Flächen außer Kraft gesetzt.[263] Neben ihrer symbolischen Bedeutung als Besitzanzeiger,[264] ermöglichten Zäune die Umwandlung der Flächen in eine agrarische Ressource, etwa wenn eine Viehweide angelegt wurde.[265] Die Unterordnung dieser traditionellen, für das bäuerliche Leben zentralen Rechtsinstitution unter die Interessen der Wintertourismusindustrie, löste massive Widerstände aus. Die Juristen im Bundesministerium für Justiz (BMJ) reagierten entrüstet und argumentierten für die Bauern. Grundeigentümer in den Bergen würden Zäune ja nicht aus Selbstzweck oder zur Schikane errichten, sondern um die Weidehaltung zu erleichtern, so der Vertreter des BMJ.[266]

In der Abteilung für Landwirtschaftsrecht der Vorarlberger Landesregierung und in der Landwirtschaftskammer sah man dies ähnlich und forderte zumindest die Kompensation von Arbeitszeit für Ab- und Wiederaufbau der Zäune sowie einen Ersatz von Arbeitsmaterial.[267] Auch die Lastenaufteilung wurde von der Kammer scharf kritisiert, da die eigentlichen Profiteure, die Skiliftbetreiber, finanziell völlig unbelastet seien.[268] Die Interventionen der Interessensvertretungen der Bauern und des BMJ zeigten schließlich Wirkung. Die Landespolitiker änderten den Entwurf des Landessportgesetzes 1968 ab. Die Kosten für den Ab- und Aufbau der Zäune wurden per Gesetz auf die Gebietskörperschaften abgewälzt.[269] Unter den Bestimmungen des Sportgesetzes 1968 mussten die Grundeigentümer saisonal Zugang zu ihrem Privateigentum unterhalb der Waldgrenze gewähren. Die Liftkarte berechtigte zu diesem Zugang.

---

262 Ebenda.
263 Maria Aschauer, Markus Grabher, Ingrid Loacker, Geschichte des Naturschutzes in Vorarlberg. Eine Betrachtung aus ökologischer Sicht, siehe URL: http://www.umg.at/umg-berichte/UMGberichte6_Naturschutzgeschichte_2007.pdf (6.8.2018).
264 David Feeny, Fikret Berkes, Bonnie J. McCay, James M. Acheson, The tragedy of the commons. Twenty-two years later. In: Human Ecology 18/1 (1990), S. 1–19, hier S. 4.
265 VLA, PrsG, 1968, Sch. 19, Sportgesetz, I. Teil, Zl. 306/16/1966.
266 Ebenda.
267 VLA, PrsG, 1972, Sch. 56, Sportgesetz, Zl. 306.115, 1.7.1971, Stellungnahme Abt. VIa.
268 VLA, PrsG, 1968, Sch. 19, Sportgesetz, I. Teil, Zl. 306/16/1966.
269 Ebenda.

Das Gesetz stellte keine der Parteien wirklich zufrieden. Die Grundbesitzer fühlten sich um ihren Besitz gebracht und den Skiliftbetreibern ging das Gesetz nicht weit genug, da es zwar die Beseitigung ‚künstlicher‘ Hindernisse wie Zäune ermöglichte, nicht jedoch die Entfernung von natürlichen Barrieren wie Bäumen oder Hecken.[270] Die Anlage sicherer Pistenautobahnen, wie sie Ingenieur Zbil vorschwebte, war damit rechtlich (noch) nicht abgedeckt, was Landespolitiker bemängelten.[271] Landesstatthalter Gerold Ratz äußerte gegenüber Skiliftbetreibern, die sich einen weitergehenden Eingriff in die Eigentumsrechte wünschten, dies sei politisch nicht umzusetzen gewesen, eine stufenweise Anpassung an die Bedürfnisse des mechanisierten Skitourismus zukünftig aber durchaus denkbar.[272]

Wie Trenker 1985 schrieb, hatte einige Jahrzehnte zuvor weder der Begriff der Skipiste noch die Skipiste als materielle Infrastruktur existiert. In den Quellen wird deutlich, dass Skipisten zunächst ein Ordnungsprinzip für Wintertouristen darstellten, das von Skigebietsplanern entworfen wurde, um das Risiko der Selbstgefährdung von Skiläufern zu reduzieren. Diese Nebenwirkung der technischen Beschleunigung und räumlichen Verdichtung von Skiläufern erzeugte in den 1960er-Jahren Resonanz in der Sozialpolitik. Eigens gegründete Interessensvertretungen thematisierten Arbeitsausfälle, Krankenversicherungskosten, Gerichtsverfahren und Entschädigungszahlen als Kehrseite der Industrialisierung des Wintertourismus. Auf Anraten der Planer sollten Skigebietsbetreiber den Fluss der Abfahrtsskiläufer zwischen Berg- und Talstationen entflechten und optimieren, um das Gefährdungspotenzial und die sozialen Kosten zu senken. Die Genese der Skipiste sollte daher als Form des Umgangs mit den Nebenwirkungen der mechanisierten Beschleunigung der Aufstiegssequenz im Skilauf verstanden werden.

Die Einschränkung des traditionellen Privateigentums, das als Beharrungselement wirkte, zugunsten des Wintertourismus war ein Wendepunkt der Transformation der Skirouten in präparierte Skipisten im Bundesland Vorarlberg. Bis dahin waren die Skiläufer auf den Flächen nur geduldet. Das Sportgesetz berechtigte Skiliftbetreiber ab 1968 dazu, diese Flächen saisonal als ökonomische Ressource zu nutzen,[273] ohne diese ankaufen oder die sommerliche Flächenpflege – wie Mahd, Düngung oder Beweidung – organisieren zu müssen. Die Interessen der Skiliftbetreiber wurden kodifiziert und eine saisonal dissaggregierte Flächennutzung durch zwei Akteure mit unterschiedlichen Interessenlagen legitimiert. Die Grundeigentümer verloren die Möglichkeit, die Grundstücke zu bebauen oder als Baugrund

---

270 VLA, PrsG, 1968, Sch. 19, Sportgesetz, I. Teil, Zl. 306/70/1968; Gerold Ratz an Hubert Kinz.
271 Ebenda.
272 Ebenda.
273 Winiwarter, Knoll, Umweltgeschichte, S. 290–291.

zu verkaufen.[274] Skiliftbetreiber hingegen konnten auf der Basis des Sportgesetzes die Flächen als Pisten in ihre Skigebiete integrieren. Dies ermöglichte Skiliftbetreibern, die Transportkapazitäten der Skilifte zu erhöhen. Wie aber gelangten jene Techniken, die die Skiliftbetreiber zu einem rationellen Schneemanagement und der Realisierung des Konzepts der sicheren Skipiste ermächtigten, überhaupt in die Alpen?

3.3.2   Die Entwicklung des maschinellen Schneemanagements

In Lech am Arlberg betrieb man bereits Ende der 1940er-Jahre eine frühe Form des Schneemanagements, das Treten der Hänge. Michael Manhart, heute Geschäftsführer der Skilifte Lech erinnert sich: „Da […] wurden die Schüler eingespannt […], das waren super Pisten. Dann durften wir einmal gratis [mit dem Lift, R. G.] hinauffahren und durften die Piste runterfahren, das war der Lohn."[275] Auch die Skilehrer beteiligten sich an diesen Aktionen, vor allem auf steileren Hängen, wo es für Schulkinder zu gefährlich war. Wenn eine Skiroute völlig zerfahren war, mussten die Kinder eine neue, etwa 30 bis 40 Meter breite Abfahrtsspur treten – Platz war vorhanden. Auf diese Weise wanderten die getretenen Spuren quer über die Abhänge von Lech und Zürs, bis der nächste Schnee gefallen war. Dann schickte man die Kinder erneut auf die Hänge, um den Tiefschnee für die Gäste niederzutreten. „Bei dem [geringen] Andrang damals war das durchaus ausreichend und super. Wurde als tolles Service empfunden,"[276] urteilt Manhart, der um den sehr großen Aufwand der heutigen Pistenpflege weiß. Der frisch gefallene, lockere Schnee wurde durch das Treten verfestigt und die Abfahrtsrouten griffiger für die Skikanten, was den Skilauf komfortabler und sicherer machte.[277]

Die Lecher perfektionierten diese Form des Schneemanagements bald. Man ließ „eine Nacht drüber",[278] wie der Vorgang umgangssprachlich genannt wurde. Man trat den Schnee auf den Pisten tagsüber nieder und wartete bis zum nächsten Tag. Erst dann wurde die Piste für den Skilauf freigegeben. Die bereits vom Treten zerstörten Schneekristalle verwandelten sich in der nächtlichen Kälte in kleine Eiskörnchen, die zusammenklebten und die Kälte länger speichern. Der derartig

---

274 Oral History Interview mit Michael Manhart, Historischer Umgang mit Schnee aus der Sicht des Seilbahnbetreibers, 15.6.2014, Talstation Sessellift Schlegelkopf, 6763 Lech; Interview für diese Studie; Interviewer Robert Groß, digitale Aufzeichnung und Transkript im Besitz von Robert Groß, S. 5.
275 Ebenda.
276 Ebenda.
277 Ebenda.
278 Ebenda, S. 4.

verdichtete Schnee war widerstandsfähiger gegenüber Wärme und Belastungen durch die Skiläufer.[279] Und so profitierten vom Service für den Gast, dem über eine längere Zeitspanne eine sichere Abfahrt garantiert werden konnte, auch die Skiliftbetreiber. Das Schneetreten half, die Haltbarkeit des Schnees und die für ein gutes Betriebsergebnis nötige Betriebszeit besser aufeinander abzustimmen. In den Weihnachts- oder Osterferien zählte jede Stunde, die die Betreiber durch das Schneetreten gewannen.[280]

Die anfangs aus Sicherheitsüberlegungen durchgeführte Maßnahme hatte – angesichts der prekären wirtschaftlichen Situation, in der sich die Skiliftbetriebe vor allem in den ersten Betriebsjahren befanden – bereits in den späten 1940er-Jahren als Werkzeug der Synchronisation ökologischer und ökonomischer Zyklen an Bedeutung gewonnen. In Fachmedien wie der ISR, sprach man angesichts der großen Schneeabhängigkeit der Skiliftbetriebe euphorisch gar von einer Emanzipation von den Launen des Winters, wenn man die Praxis des Schneetretens verhandelte.[281] Die Konstruktion von Skipisten sorgte seit den 1940er-Jahren sowohl für die körperliche Sicherheit des Skifahrers als auch für das wirtschaftliche Überleben des Skiliftbetreibers.

Das manuelle Schneetreten auf den Abfahrtsrouten geriet Ende der 1950er-Jahre in die Krise. Parallel zum Wachstum der Förderkapazitäten nahm auch die Fläche zu, die die Abfahrtsskiläufer in Anspruch nahmen, um zu den Talstationen zurückzukehren. Die zu tretende Fläche überstieg die Möglichkeiten und die Bereitschaft jener Arbeitskräfte, die die harte Arbeit zum Nulltarif durchführten. Die Skiliftbetriebe mussten daher bezahlte Pistentreter oder Skiliftpersonal einsetzen, was im Lauf einer Wintersaison sehr hohe Betriebskosten verursachte – ein günstiger Zeitpunkt also, um eine Rationalisierungstechnik auf den Markt zu bringen.

Die am Arlberg entwickelte „Schipistenwalze" konnte von zwei Skiläufern gesteuert werden. Die Metallwalze wurde zerlegt, mit einem Skilift bergwärts transportiert und anschließend zusammengebaut. Der Vordermann steuerte die Richtung der Walze, während der hintere Skiläufer sie stabilisierte. Drei Kilometer lange Abfahrten, die 600 Meter Höhenunterschied überwanden, konnten mit diesem Gerät in rund 25 Minuten präpariert werden. Die „Schipistenwalze" bescherte Skigebietsbetreibern einen Rationalisierungsgewinn um das Sieben- bis Zehnfache.[282] Trotz der positiven Effekte der protomechanischen Beschleunigung und der Herstellung haltbarer und sicherer Abfahrtsflächen stellte die „Schipistenwalze" jedoch

---

279 Trenker, Berge, S. 16.
280 W. Langenfelder, Präparieren von Schiabfahrten. In: ISR 7/4 (1964), S. 164.
281 Ebenda.
282 Ebenda.

nur eine Fußnote der Geschichte der Skipiste dar und wurde bald von erdölbasierten Techniken aus den USA abgelöst.

Die Entwicklung der mechanischen Präparierung begann im US-amerikanischen Skigebiet Sun Valley/Idaho, als Techniker ein Schneefahrzeug, das in den 1930er-Jahren für Polarexpeditionen entwickelt worden war, mit Pisteneggen und Walzen ausstatteten. Diese Pistenraupen wurden erstmals 1960 bei den VIII. Olympischen Winterspielen in Squaw Valley eingesetzt. Europäische Beobachter waren von der Effizienz der Technik hellauf begeistert.

> Wo es in Europa bislang immer vieler hundert Helfer auf Skiern bedurfte, setzten die Amerikaner ihre ‚snow-cats' ein, Schneekatzen, Raupenfahrzeuge der verschiedensten Größen, wie sie Hillary und Fuchs auf ihren kühnen Vorstössen zum Südpol auch benutzt hatten. Diese ‚snow-cats' [...] krochen ohne jegliches Stocken und ohne Unfall auch die steilsten Hänge hinan und herab, planierten und präparierten die freien Buckelwiesen in Minuten, wozu Menschen auf Skiern viele Stunden gebraucht hätten.[283]

Trotz dieser offensichtlichen Rationalisierungsgewinne blieben österreichische Skiliftbetreiber zu Beginn noch skeptisch, ob die schweren und sehr teuren Maschinen im steilen Gelände überhaupt anwendbar seien. Viele waren der Ansicht, dass die räumlichen Rahmenbedingungen der US-amerikanischen Skigebiete kaum mit dem hochalpinen Gelände in Österreichs Skigebieten vergleichbar seien.[284]

Anfang der 1960er-Jahre etablierten Industrielle Vertriebswege, um die US-amerikanische Technik in Europa auf den Markt zu bringen. 1961 übernahm die Thiokol Chemical Corporation, die sich bis dato der Raketentechnik gewidmet hatte, die Fertigung von Pistenraupen und ging eine Kooperation mit dem Schweizer Unternehmen Dr. K. Schleuniger und Co. in Zürich ein. Dieser Betrieb entwickelte 1962 den Pistenraupentyp „RATRAC".[285] Das Gerät verwandelte rund 30 bis 35.000 Quadratmetern Schneefläche pro Stunde in eine befahrbare, sichere und haltbare Skipiste. RATRAC war damit 20 Mal so effizient wie Pistentreten.[286] Populär wurde der RATRAC in Europa durch den außergewöhnlich milden Winter 1963/64, in dem die XI. Olympischen Winterspiele in Innsbruck stattfanden. Die Innsbrucker investierten rund 100 Millionen Schilling in den Aufbau der olym-

---

283 Heinz Meagerlein, Olympia 1960 Squaw Valley, zitiert nach: N. N., Entwicklungsgeschichte der mechanischen Pistenpräparierung. In: MiS „Historische Ausgabe" (1991), S. 60–72, hier S. 60, im Wortlaut übernommen.
284 N. N., Entwicklungsgeschichte, S. 72.
285 N. N., Entwicklungsgeschichte, S. 60–72.
286 Schleuniger, Berichte, S. 92.

Abbildung 24: Pistenraupe im Skigebiet Diedamskopf in Schoppernau/Vorarlberg (1967).

pischen Infrastruktur, doch fehlender Schnee und Temperaturen über dem Gefrierpunkt gefährdeten die Spiele. 950 Personen wurden von Militär, Polizei und Feuerwehr abgestellt, um innerhalb von drei Wochen 15.650 Kubikmeter Schnee mit Lastwagen aus höhergelegenen Tälern herbeizuschaffen.[287] Die Ranshofener Aluminiumwerke lieferten Rutschen, mit denen der Schnee auf die aperen Flächen gebracht und verteilt wurde.[288] RATRACs verwandelten die unansehnlichen Schneehaufen in befahr- und haltbare Pisten, auf denen die Wettbewerbe schließlich durchgeführt werden konnten.[289] So demonstrierte die Technik ihre Wirkmächtigkeit. Es war nun möglich, Schneehaufen in Skipisten zu verwandeln, um auf diese Weise Wetterrisiken zu managen und millionenschwere Investitionen abzusichern. Unter Bedingungen von Schneeknappheit lernten die Skiliftbetreiber in den österreichischen Alpen, wie sie die wintertouristischen Schauplätze vom Schneefall unabhängiger machen konnten.

Die Vertreter der Firma Dr. K. Schleuniger und Co. nutzten die Gunst der Stunde und animierten 1963/64 Unternehmer, die Technik zu testen, etwa im Skigebiet

---

287 Denning, From sublime landscapes, hier S. 79–80.
288 Struss, Aluminium bringt Schnee auf die Olympischen Pisten. In: ISR 7/4 (1964), S. 164.
289 N. N., RATRAC – Used throughout the Alpine countries for preparation and maintenance of skiing areas. In: ISR „Sondernummer EXPO" (1967), S. 40.

Lech.[290] Obwohl die Liftbetreiber am Arlberg unter den knappen Schneefällen, der schlechten Schneequalität und langanhaltenden Föhneinbrüchen litten, verzeichnete man dank des RATRAC-Einsatzes kaum wirtschaftliche Einbußen.[291] Am Ende der Wintersaison waren die Lecher sehr zufrieden mit dem Gerät und kauften im Frühjahr gleich vier Pistenraupen.[292] Bis 1967 hatten 124 Skigebiete in Österreich, der Schweiz, Frankreich, Italien, Deutschland, der Türkei, der damaligen Tschechoslowakei und im ehemaligen Jugoslawien 170 RATRAC-Pistenraupen angeschafft. Etwa ein Viertel dieser Skigebiete lag in Österreich. Nach Vorarlberg wurden bis 1967 elf Pistenraupen verkauft.[293] Eine davon ist auf Abbildung 24 zu sehen.

Neben Dr. K. Schleuniger stiegen in kürzester Zeit eine Reihe weiterer Unternehmen in die Produktion ein.[294] Damit war die Zeit der präparierten Skipiste angebrochen, die den Schnee, die Skiläufer und die Dauer einer Wintersaison kontrollier- und berechenbarer machte. Die Skiliftbetreiber waren von der Pistenraupenindustrie durch Diesel und Verbrennungsmotoren zur effizienten Manipulation des Schnees ermächtigt worden. Diese Innovation förderte den Konsum von fossilen Brennstoffen in Skigebieten und damit auch deren CO_2-Emissionen, verstärkte den industriellen Charakter und führte zu einer ganzen Reihe neuer Nebenwirkungen.

3.3.2.1   Wie die Pistenraupe die Grundeigentumsrechte zu verändern begann

Die Pistenraupe war in den USA in Skigebieten entwickelt worden, in denen sich die präparierten Flächen üblicherweise im Eigentum der Skigebietsbetreiber befanden. Die Eigentumsverhältnisse rund um die Skipisten in den österreichischen Alpen waren völlig anders gelagert. Hier hatten Skiliftbetreiber und Wirtschaftspolitiker im Laufe der 1960er-Jahre das Servitutsrecht, das für Wanderwege galt, auf Skipisten auszudehnen versucht. Schließlich wurde das Überfahrungsrecht von Privateigentum für Skifahrer gesetzlich festgelegt. Als nun die RATRACs in Lech am Arlberg auftauchten, verweigerten sieben Grundbesitzer, die zuvor den Skibetrieb toleriert hatten, die Nutzung dieser Geräte auf ihren Grundstücken.

---

290 Oral History Interview mit Michael Manhart, S. 7.
291 Langenfelder, Präparieren, S. 164.
292 N. N., RATRAC – Used, S. 40.
293 Ebenda.
294 An einem internationalen Wettbewerb im Januar 1966 konkurrierten RATRAC, SNO-CAT, Snow-Trac, Prinoth und Poma. Siehe: N. N., Bericht über den „1er Concours International de Materiel d'Entretien des Pistes de Ski". In: ISR 9/1 (1966), S. 25.

Deren Anwendung schuf einen Tatbestand, den das Sportgesetz von 1968 nicht abdeckte, obwohl Pistenraupen seit 1964 in Betrieb waren.[295] Die Entscheidungsträger hatten es 1968 noch vorgezogen, die Privateigentumsrechte der Grundbesitzer nur Schritt für Schritt abzubauen, um trotz des gravierenden Eingriffs eine Mehrheit im Landesparlament zu erhalten.[296] 1970 löste die Verbreitung der RATRACs und die wachsenden Widerstände gegen ihren Einsatz die erste Überarbeitung des Landessportgesetzes aus.

Die Gesetzesänderung wurde von Skiliftbetrieben in Lech angestoßen. Sie hätten angenommen, dass das Servitutsrecht für Skifahrer automatisch auch für Pistenraupen gelte. Als die Grundeigentümer am Arlberg dieser Annahme widersprachen, was die Liftbetreiber ignorierten, kam es zu einer Reihe von Gerichtsverfahren.[297] In Lech hatte die Einführung der RATRACs zu einem Mosaik von präparierten Skipisten und nicht präparierten Skirouten geführt, was eines „Schiliftunternehmen[s] und [einer] Wintersportgemeinde, die etwas auf sich halten und Erfolg haben"[298] will, nicht würdig war, wie ein Skiliftbetreiber in einem Schreiben an den Lecher Gemeindevorstand beklagte. Die Übergänge von nicht präparierten zu präparierten Strecken seien außerdem ein Sicherheitsrisiko für die Skiläufer, was die Skiliftbetreiber teuer zu stehen kommen könne.[299] Der Gemeindevorstand von Lech wandte sich prompt an den Vorarlberger Landesstatthalter Gerald Ratz und zeigte mit Verweis auf internationale Beispiele wenig Verständnis für die Widerstände vor der eigenen Haustür: „Auf der ganzen Welt ist es heute selbstverständlich, daß Hauptschiwege präpariert und getreten sind. […] In einer Zeit, wo sich Menschen auf dem Mond mit Fahrzeugen bewegen, scheint es selbstverständlich zu sein, dass bei uns auf der Erde Schipisten mit Maschinen präpariert werden."[300] Zudem klärte er den Landesstatthalter darüber auf, „dass in der heurigen Saison, bis zum heutigen Tag, ein ordentlicher Schibetrieb infolge der geringen Schneelage ohne mechanische Pistenpräparierung überhaupt nicht möglich gewesen wäre. […] Ohne die grossflächige mechanische Pistenpräparierung […] wären drei Wochen Saison absolut ins Wasser gefallen."[301] Diese Aussage zeigt

---

295 VLA, PrsG, 1972, Sch. 56, Sportgesetz, I. Teil, Zl. 306/14, 2. Oktober 1970, S. 1.
296 VLA, PrsG, 1968, Sch. 19, Sportgesetz I. Teil, Zl. 306/70/1968; Landesstatthalter Gerold Ratz an Rechtsanwalt Dr. Hubert Kinz.
297 VLA, PrsG, 1972, Sch. 56, Sportgesetz, 14.1.1970, Schiliftgesellschaft Elsensohn & Co an den Vorstand der Gemeinde Lech.
298 Ebenda.
299 Ebenda.
300 VLA, PrsG, 1972, Sch. 56, Sportgesetz, Zl. 306/14, 2.10.1970.
301 VLA, PrsG, 1972, Sch. 56, Sportgesetz, 14.1.1970, Schiliftgesellschaft Elsensohn & Co an den Vorstand der Gemeinde Lech.

deutlich, dass die mechanische Pistenpräparierung der Schneemanipulation diente, mittels der die dynamische, hochalpine Umwelt an eine betriebswirtschaftliche
Logik angepasst werden konnte. Sicherheitsaspekte waren eher nachrangig, eig-
neten sich aber als Argument.

In Lech war „mit Förderung der öffentlichen Hand, insbesondere auf dem Sek-
tor der Beschaffung zinsgünstiger Kredite (ERP-Mittel, Zinsenzuschüsse usw.),
ausserordentlich viel getan worden",[302] fasste ein Vertreter der Vorarlberger Handelskammer in einer Stellungnahme zum neuen Sportgesetz zusammen. Diese
Handelskammer hatte schon 1970 eine Gesetzesnovellierung gefordert, da voraus-
zusehen war, dass sich die Grundbesitzer organisieren und Entschädigungszahlungen fordern würden.[303] Obwohl sich die Handelskammer selbst als Organisation verstand, die gegen staatliche Eingriffe in das persönliche Eigentum war, rück-
te sie in diesem Fall aus zwei Gründen von ihrer Position ab: Erstens presste die
Pistenraupe zwar den Schnee fest, wodurch „Schneekuppen und Mulden [...] ausgeglichen werden",[304] es handelc sich aber „keineswegs um eine Veränderung der
Bodenbeschaffenheit".[305] Zweitens habe die Wirtschaft im Bundesland Vorarlberg
ein dermaßen hohes Interesse an einem florierenden Wintertourismus, dass die
mit dem Einsatz der Pistengeräte verbundenen Eigentumsbeschränkungen ver-
tretbar erschienen.[306] Vor diesem Hintergrund drängte die Vorarlberger Handelskammer im Jänner 1971 auf die möglichst rasche Umsetzung der Gesetzesnovellierung, damit der Technikimport in anderen Gebieten Vorarlbergs reibungslos
und ohne hohe Entschädigungszahlungen an die Grundeigentümer vonstatten
gehen könne.[307]

Ein halbes Jahr später lag der erste Entwurf für die Novelle vor. Er enthielt den
bereits 1968 geforderten Passus, der den Gemeinden das Recht einräumte, die Entfernung von Bäumen, Büschen und anderen Hindernissen anzuordnen, sofern es
sich nicht um Bauwerke handelte.[308] Sollten den Grundeigentümern vermögensrechtliche Nachteile entstehen, musste die Gemeinden diese kompensieren. Ausgehend vom Beispiel Lech, wo 1970 bereits der Großteil der Bevölkerung vom
Tourismus lebte, setzten die Juristen in der Vorarlberger Landesregierung voraus,

---

302 VLA PrsG 1972 Sch. 56, Sportgesetz, Zl. 306/109, 12. Jänner 1971, Kammer der gewerb-
     lichen Wirtschaft Vorarlberg an AVLR.
303 Ebenda.
304 Ebenda.
305 Ebenda.
306 Ebenda.
307 Ebenda.
308 VLA, PrsG, 1972, Sch. 56, Sportgesetz, Antrag auf Vorlage an den Landtag, Gesetz über
     eine Änderung des Sportgesetzes, Erläuterung.

dass die Eingriffe in das Privateigentum im Interesse der gesamten Gemeindebe-
völkerung lagen – nicht nur in Lech, sondern in allen Gemeinden Vorarlbergs, die
einen Skilift hatten. Daher sei die Pistenpräparierung ein öffentliches Interesse,
für dessen Entschädigung die öffentliche Hand aufkommen sollte.[309] Dieser Auf-
fassung wurde von verschiedenen Seiten heftig widersprochen. Skipisten würden
primär aus privatwirtschaftlichen Interessen der Skiliftbetreiber an wirtschaftlichem Gewinn präpariert werden, konterte etwa ein Vertreter der Landesabteilung
für allgemeine Wirtschaftsangelegenheiten.[310] Auch der Vorarlberger Landesfremdenverkehrsverband vertrat die Meinung, dass vor allem die Skiliftbetreiber Ent-
schädigungen oder sonstige Zahlungen an die Grundbesitzer leisten sollten, denn
immerhin seien sie die Hauptnutznießer.[311] Selbst die Fachgruppe für Seilbahnen,
eine Sparte der Vorarlberger Handelskammer, befürchtete, dass die vorgeschlagenen weitreichenden Eingriffe in das Privateigentum das Verhandlungsklima zwischen Grundbesitzern und Skiliftbetreibern in Zukunft verschlechtern könnten.[312]
Die Handelskammer ließ sich von der Fachgruppe jedoch nicht von ihrem harten
Kurs abbringen.[313]

Aus Sicht der Landwirtschaft stellte die Einführung der Pistenpräpariermaschinen die im Sportgesetz 1968 kodifizierte, saisonal dissaggregierte Flächennutzung
in Frage. Pistenraupenbedingte Ernteverluste und Veränderungen der Biodiversität beeinträchtigten die Bauern weit über die Wintersaison hinaus. Die Landwirtschaftskammer forderte daher Verträge zwischen den Skiliftbetreibern und
den Grundeigentümern, anstatt das Problem an die Gemeinden zu delegieren.[314]
Die geplante Vorgangsweise käme einer versteckten Subvention privater Unternehmen durch die öffentliche Hand gleich.[315] Zudem würden die Grundbesitzer
strukturell benachteiligt, denn die Gemeindevorstände seien vielfach Teilhaber
von Skiliftgesellschaften, sodass „Interessenskollisionen und Befangenheit […] an
der Tagesordnung [seien]." Dieses Problem trete umso gravierender in Erschei-
nung, „je kleiner die betreffende Ortschaft ist."[316]

---

309 Ebenda.
310 VLA, PrsG, 1972, Sch. 56, Sportgesetz, Zl. 306.115, 1.7.1971, Stellungnahme Abt. VIa.
311 VLA, PrsG, 1972, Sch. 56, Sportgesetz, Zl. 306.122, 29.7.1971, Stellungnahme Landes-
     verband für Fremdenverkehr.
312 VLA, PrsG, 1972, Sch. 56, Sportgesetz, Zl. 306.133, 3.9.1971.
313 VLA, PrsG, 1972, Sch. 56, Sportgesetz, Zl. 306.133, 10.9.1971, Stellungnahme der Seil-
     bahnfachgruppe am 3.9. 1971.
314 VLA, PrsG, 1972, Sch. 56, Sportgesetz, Zl. 306.124, 6.8.1971, Stellungnahme Landwirt-
     schaftskammer Vorarlberg.
315 VLA, PrsG, 1972, Sch. 56, Sportgesetz, Zl. 306.133, 3.9.1971.
316 VLA, PrsG, 1972, Sch. 56, Sportgesetz, Zl. 306.130, Stellungnahme des Landesverbands
     der Haus- und Grundbesitzer Vorarlberg.

Die Organisation der Haus- und Grundbesitzer störte sich besonders daran, dass die Vorarlberger Landesregierung dem Druck der Skiliftgesellschaften am Arlberg nachgegeben und die Novellierung des Sportgesetzes in Angriff genommen hatte. Sie argumentierte, dass in vielen anderen Wintertourismusregionen Vorarlbergs die Nutzung des Privateigentums bereits zur Zufriedenheit aller Parteien vertraglich geregelt sei, nicht so am Arlberg, wo nach wie vor ein „vertragsloser Zustand"[317] herrschte. Dort verschafften sich Betriebe materielle Vorteile, indem sie fremde Grundstücke durch fortgesetzte Nutzung mit Servituten belasteten. Würde die Gesetzesnovelle in der vorgeschlagenen Form umgesetzt, so argumentierten die Grundbesitzer, käme das der Legalisierung des vertragslosen Zustands gleich. Die niedrigeren Standards, die die Juristen auf Betreiben der Lecher, unterstützt von der Handelskammer, nun rechtlich für alle Gemeinden in Vorarlberg vorschreiben wollten, schadeten den Grundbesitzern im ganzen Land, so die Organisation.[318] Um ihren Forderungen Nachdruck zu verleihen, organisierte die Interessensvertretung der Haus und Grundbesitzer eine Bürgerinitiative, die zwar von 350 Vorarlberger Haushalten unterstützt wurde, letztlich aber ihr Ziel nicht erreichte.[319]

Im Jahr 1972 wurde das Sportgesetz novelliert. Die Landesregierung implementierte den Passus, der den Skiliftbetreibern das Recht einräumte, Skipisten mechanisch zu präparieren. Wenn dem Grundbesitzer vermögensrechtliche Nachteile entstanden, wurden diese von der Gemeinde kompensiert. In einem zweistufigen Verfahren hatte der Bürgermeister die Entschädigungshöhe festzulegen. War ein Grundeigentümer damit nicht zufrieden, stand ihm der Weg zu Gericht offen.[320] Eine zusätzliche Klausel verbot die Düngung der betroffenen Flächen mit Gülle oder Mist zwischen 1. Dezember und Ostersonntag,[321] wohl als eine rechtliche Handhabe gegen etwaige Protestaktionen der Bauern.

Die Novellierung verwehrte den Skiliftbetreibern zwar das Recht, auf den Arealen großflächige Geländeveränderungen vorzunehmen, und schrieb vor, solche Eingriffe zwischen Skiliftbetreibern und Grundbesitzern vertraglich zu regeln.[322]

---

317 Ebenda.
318 Ebenda.
319 VLA, PrsG, 1972, Sch. 56, Sportgesetz, Zl. 306.124, 6.8.1971, Stellungnahme Landwirtschaftskammer Vorarlberg, S. 2.
320 VLA, PrsG, 1972, Sch. 56, Sportgesetz, Antrag auf Vorlage an den Landtag, Gesetz über eine Änderung des Sportgesetzes, Erläuterung, S. 1.
321 VLA, PrsG, 1968, Sch. 19, Sportgesetz, I. Teil, Zl. 306/70/1968; Gerold Ratz an Hubert Kinz.
322 VLA, PrsG, 1972, Sch. 56, Sportgesetz, Antrag auf Vorlage an den Landtag, Gesetz über eine Änderung des Sportgesetzes.

Doch durch die Gesetzesnovelle schufen die Handelskammer, einige Skiliftbetriebe des Arlbergs, die Gemeinde Lech sowie Teile der Vorarlberger Landesregierung den rechtlichen Rahmen, in dem der Transfer der Pistenraupentechnik in die wintertouristischen Schauplätze Vorarlbergs möglich wurde.

3.3.2.2 Das „Liesele" ein Zauberlehrling?

1966 waren in Österreich 1420 Bergbahnen, überwiegend Skilifte, in Betrieb. Experten schätzten, dass jährlich rund 100 weitere Skilifte errichtet werden würden.[323] Allein in Vorarlberg wurden bis zum Winter 1967/68 mehr als 70 Millionen Schilling an ERP-Darlehen an Liftunternehmer und Hoteliers vergeben, um Infrastruktur zu errichten. Kredite bei privaten Bankinstituten und sonstigen Fördergebern sind in dieser Summe nicht enthalten. Kredite von weiteren 132 Millionen Schilling wurden an Beherbergungs- und Gaststättenbetriebe vergeben, die vom Wintertourismus abhängig waren.[324] Die damit finanzierten Infrastrukturen hatten ganze Täler in weitgehend touristisch geprägte Schauplätze transformiert. Immer mehr Bauern gaben die Landwirtschaft auf, um sich an den touristischen Dienstleistungen Beherbergung, Verpflegung und Mobilität zu beteiligen.[325] Der Lebensstandard war dadurch gestiegen, im Gegenzug die Abhängigkeit der Bevölkerung vom Skitourismus gewachsen. Dieser Wandel ist auch in Damüls im Bregenzerwald zu beobachten. 1957 eröffnete dort der erste Hochleistungsschlepplift, der den Gästezustrom und damit den Lebensstandard der Dorfbewohner hob.[326] 1960 stellte die ansässige Skiliftgesellschaft den ersten Lift auf die Uga-Alpe fertig und erschloss damit ein Skigebiet, das seit den 1920er-Jahren bei Tourengehern äußerst beliebt war. Abbildung 25 zeigt die Bergstation des Sessellifts auf die Uga-Alpe kurz nach ihrer Fertigstellung.

Ein großer Teil des Kapitals stammte aus einem ERP-Kredit beim BMfHuW, der die Skiliftgesellschaft in den für Banken typischen Rückzahlungsmodus zwang. Die Beliebtheit der Uga-Alpe bei Skitourengehern, die wachsende Popularität des Dorfes bei Touristen und die großen Schneemengen schienen die problemlose Rückzahlung der Kreditraten samt Zinsen zu garantieren – ein Trugschluss, wie sich im Laufe der ersten Betriebsjahre zeigen sollte.

---

323 N. N., Die Seilbahnen Österreichs und ihre Auswirkungen auf die Wirtschaft. In: ISR 10/1 (1967), S. 83–84, hier S. 83.
324 Tizian, Bericht des Präsidenten, S. 11.
325 N. N., Die Seilbahnen Österreichs, S. 83.
326 Groß, 1950er Syndrom, S. 53.

Abbildung 25: Die Bergstation des Sessellifts auf die Uga-Alpe in Damüls. Die Geländearbeiten, die notwendig waren, um die alpine Topografie an die Funktion des Skilifts anzupassen, sind im Bildvordergrund deutlich zu erkennen (1963).

Die Schneeverhältnisse auf der südseitig gelegenen Uga-Alpe waren kaum
beherrschbar, erinnert sich Gustav Türtscher, der neben seiner Tätigkeit als Bauer
seit den 1960er-Jahren beim Seilbahnbetrieb und als Pistenraupenfahrer arbeitete. Häufig wehten starke Stürme und türmten die ohnehin sehr großen Schneemengen bis zu zwölf Meter hoch auf, sodass die Stationsgebäude des Lifts in den
Schneemassen versanken. An solchen Tagen mussten Skiliftarbeiter auf Touren-
skiern zur Mittelstation des Uga-Lifts aufsteigen und diese freischaufeln, was einen
ganzen Tag beanspruchte. Erst am zweiten Tag konnten sich die Liftarbeiter zur
Bergstation vorarbeiten. Mitunter dauerte es drei bis vier Tage, bis die Anlage wieder in Betrieb gehen konnte. Zwischenzeitlich hatte sich der Pulverschnee in Bruch-
harsch verwandelt, den nur mehr geübte Skifahrer bewältigen konnten, ohne sich
zu gefährden.[327] Der Skilift stand also entweder still oder wurde zumindest von
den schwächeren Sportlern gemieden. Hätte es nicht den Großschlepplift auf der
anderen Seite des Dorfes gegeben, wären die Betreiber zahlungsunfähig geworden.

Dies änderte sich, als die Skiliftgesellschaft 1967 die erste Pistenraupe Typ RAT-
RAC kaufte. Auf der Pistenraupe fuhren die Liftmitarbeiter am Morgen nach

---

327 Türtscher, Oral History Interview, S. 3.

Schneefall oder Sturm zur Zwischen- und dann weiter zur Bergstation, wo jeweils ein Schneeschaufler abgesetzt wurde. Anschließend zog der Pistenraupenfahrer eine Spur talwärts, die den Schnee in eine gut befahrbare, weiche Skipiste umwandelte. Die Arbeiter tauften die Maschine auf den Namen „Liesele“, in Anlehnung an die Figur des fleißigen Lieschen aus dem Märchen „Die Waldfrau“ von Joseph Wenzig.[328] Die Damülser wurden, so wie das Lieschen im Märchen von der Pistenraupe reich beschenkt. „Liesele“ verkürzte die Stehzeiten des Skilifts, beschleunigte den Zugang der Skiläufer zur begehrten Pulverschneepiste und gab den Skiliftbetreibern ein Werkzeug in die Hand, um die Pisten auf das Können der Skiläufer abzustimmen, wodurch der bislang unpopuläre Uga-Lift zum Verkaufsschlager wurde. Nach sieben Jahren konnten die Betreiber des Uga-Sessellifts schwarze Zahlen schreiben und die Kreditraten überweisen.[329]

Die neue Pistenraupe wurde in Damüls anfangs als große Bereicherung wahrgenommen, weil sie den Schnee in einer bis dahin undenkbaren Geschwindigkeit in eine haltbare Skipiste transformierte. Dem aus bäuerlichen Verhältnissen stammenden Pistenraupenfahrer eröffnete die Technik eine völlig neue Erfahrung mit der winterlichen Umwelt der Hochalpen. Er beschreibt seine ersten Erlebnisse in der Pistenraupe rückblickend als ähnlich aufregend wie eine Polarexpedition. Die Pistenraupen fuhren meistens in der Nacht aus: „Mich hat es natürlich unheimlich interessiert. […] Erste Voraussetzung war, dass der Fahrer ein Paar Ski aufgeschnallt hat auf das Fahrzeug, weil man einfach nicht gewusst hat,“ wo und wie eine Fahrt enden würde.[330] Im hochalpinen Gelände blieb man mit dem schweren Gerät schon einmal in einer Mulde stecken oder kam weit von der zu präparierenden Skipiste ab. „Kein Funkgerät, schwache Beleuchtung, schlechte Heizung […]“, machten jede Ausfahrt zu einem Abenteuer.[331] In Damüls gab es auf den Skipisten noch keine Markierung; im dichten Schneetreiben verlor der Fahrer häufig die Orientierung. Dann war er auf sein Gefühl und seine Erfahrung angewiesen, die ihn den unbearbeiteten vom präparierten Schnee unter den Raupenbändern unterscheiden ließ. Dies war essenziell, um den Weg vom Tiefschnee zurück auf die Skipisten und von dort ins Tal zu finden, wo nach getaner Arbeit um vier Uhr morgens ein

---

328 Joseph Wenzig, Die Waldfrau, siehe URL: http://www.zeno.org/M%C3%A4rchen/M/Tschechien/Joseph+Wenzig%3A+Westslawischer+M%C3%A4rchenschatz/Die+Waldfrau (7.8.2018).

329 Robert Groß, Verena Winiwarter, How winter tourism transformed agrarian livelihoods in an alpine village. The case of Damüls in Vorarlberg/Austria. In: Journal for Economic History and Environmental History, Special Issue History and Sustainability 11 (2015), S. 43–63, hier S. 59.

330 Türtscher, Oral History Interview, S. 4.

331 Ebenda, S. 5.

Stall voller Kühe darauf wartete, versorgt zu werden.[332] Dieser Nebenerwerb verlangte dem Pistenraupenfahrer strikte Zeitdisziplin ab und eröffnete ihm eine technisch vermittelte Wahrnehmungsmöglichkeit der Umwelt im winterlichen Hochgebirge, die seine Identität maßgeblich prägte.

Die Beschleunigung der Verwandlung des Schnees in eine gewinnsteigernde Skipiste offenbarte ihren janusköpfigen Charakter, als die Schneemassen im Frühjahr abgeschmolzen waren. Die Damülser Bauern brachten ihr Vieh auf die Weiden und bemerkten, dass das schwere ‚Liesele‘ zumindest punktuell die Grasnarbe zerstört hatte. Zumeist handelte es sich nur um kleine Flächen, speziell an Geländekanten oder -kuppen,[333] die unbehandelt aber große Wirkung zeigen konnten. Lag der Boden erst einmal blank, wuschen ihn die in der Region regelmäßig auftretenden Starkniederschläge sukzessive aus und spülten den für das Vegetationswachstum wichtigen Humus zu Tal. Eine von den Bergbauern, die in Damüls aufgrund des kurzen Sommers ohnehin nur mit vergleichsweise geringen Heuerträgen wirtschaften mussten, gefürchtete Kettenreaktion wurde angestoßen. Die Erosionsherde fraßen sich mit der Zeit in die unbeschädigten Flächen hinein, wodurch mehr und mehr Humus verloren ging.[334] Rasches Handeln war angesagt. Die Bauern brachten Kuhmist und Heublumen[335] auf dem blanken Boden aus, sodass sich die Grasnarbe wieder regenerieren konnte, sofern nicht die Raupenbänder des ‚Liesele‘ das junge Grün im nächsten Winter wieder mit sich rissen.[336] Die Integration präparierter Skipisten in den wintertouristischen Schauplatz erhöhte den Arbeitsaufwand der Bauern, die diese Flächen bewirtschafteten.

Auf diesen Umstand hatten die Juristen der Vorarlberger Landesregierung reagiert, als sie den Passus der Kompensation vermögensrechtlicher Nachteile in das Landessportgesetz aufnahmen. Der Einsatz des ‚Liesele‘ führte zu einem solchen Nachteil. Er zwang die Bauern Frühling für Frühling dazu, ihre Grünflächen auf Schäden zu kontrollieren und diese entweder selbst zu beheben oder dem Skiliftbetreiber zu melden, damit dieser die Behebung veranlasste. Anfangs wehrte sich der Skiliftbetrieb in Damüls dagegen, die potenziellen Erosionsherde wieder zu begrünen. Im Laufe der Jahre etablierte sich aber ein kooperatives Prozedere von Bauern und Skiliftbetreibern. Das Sportgesetz hatte der Skiliftindustrie zwar weitgehende Rechte eingeräumt, aber bei Geländeveränderungen oder Umbauten

---

332 Ebenda.
333 Alexander Cernusca et al., Auswirkungen von Schneekanonen auf alpine Ökosysteme. Ergebnisse eines internationalen Forschungsprojektes. In: Erich Gnaiger, Johannes Kautzky (Hg.), Umwelt und Tourismus (Thaur, Wien u. a. 1992), S. 177–199, hier S. 178.
334 Türtscher, Oral History Interview, S. 7.
335 Die Fruchtstände von Pflanzen, die aus dem geernteten Heu herausgeschüttelt wurden.
336 Türtscher, Oral History Interview, S. 7.

waren die Liftbetreiber auf die Zustimmung der Grundbesitzer angewiesen. Die Skiliftbetreiber und Bauern von Damüls inspizierten im Frühjahr gemeinsam die Flächen und einigten sich auf das Schadensausmaß. Anschließend rückten Liftmitarbeiter auf Fahrzeugen ins Gelände aus, um auf den Flächen Dünger und Saatgut ausbringen.[337] Dieses Verfahren nahm den Bauern zwar Arbeit ab, die Rationalisierung des Erosionsmanagements durch die Skiliftbetreiber zeitigte aber neue, langfristige Nebenwirkungen, die immer schwerer zu kontrollieren waren.

Eine dieser Herausforderungen war der Mangel an geeignetem Saatgut für die Reparatur der Erosionsherde in den benötigten großen Mengen.[338] Der professionelle Saatguthandel verfügte bis in die späten 1990er-Jahre über kein Saatgut für die hochalpine Wiederbegrünung. Die Produktion von hochalpinen Gräsern und Kräutern war wenig ertragreich und nicht unproblematisch. Die Zucht- und Vermehrungsbetriebe, die sich in der Regel in klimatisch günstigeren Lagen befanden, mussten die Umweltfaktoren hochalpiner Ökosysteme simulieren, um das Saatgut zu vermehren.[339] Dies verursachte sehr hohe Produktionskosten, die einer nur langsam wachsenden Nachfrage nach Hochlagensaatgut gegenüberstanden.[340] Da standortgerechtes Saatgut nicht erhältlich war, wurden zunächst die rasch wachsenden, produktiven Gräser und Kleesorten der Talweiden ausgesät. Standortgerechte Kräuter, Gräser oder gar holzige Pflanzen wie Alpenrose oder Strauchheidelbeere, die in den Hochlagen die Flora dominierten, fanden sich in den industriell erzeugten Saatgutmischungen nicht.[341]

Eine Alternative zum professionell erzeugten Saatgut stellte die Aussaat von sogenannten Heublumen dar. Die Keimfähigkeit der Heublumen war vom Zeitpunkt des Schnitts und der Lagerung des Heus abhängig. Schnitt der Landwirt die Wiese früh, enthielten die Heublumen kaum keimfähige Samen oder nur ein sehr eingeschränktes Artenspektrum. Ein später Schnitt war in hochalpinen Lagen angesichts der kurzen Vegetationszeit aber schwer möglich. Lagerte der Bauer das Heu zu lange, reduzierte dies wiederum die Keimfähigkeit der Heublumen.[342] Die Heublumenproduktion im größeren Maßstab setzte botanisches Wissen und Fingerspitzengefühl voraus. Eine Wiederbegrünung mit Heublumen war immer eine unsichere Angelegenheit, da deren Keimfähigkeit im Gegensatz zu Handelssamen

---

337 Ebenda.
338 Leonhard Köck, Veränderungen des Pflanzenbestandes rekultivierter Skiflächen in Abhängigkeit des Einsaatalters und des Standortes. In: Unveröffentlichtes Transkript der 4. Tagung der Hochlagenbegrünung, Lech (6.–7.10.1984), S. 18–47, hier S. 46.
339 Ebenda.
340 Ebenda.
341 Ebenda.
342 Ebenda.

nicht geprüft war.[343] Scheiterte die Aussaat, musste mehrfach neu ausgesät werden, so lange, bis die Erosionsherde vollständig geschlossen waren.[344] Der Transfer von Pistenraupen an die wintertouristischen Schauplätze wurde begleitet vom Transfer einer artenärmeren Flachlandflora in alpine Ökosysteme. Diese Veränderung wurde auch im Landschaftsbild sichtbar, da die Talflora eine leuchtend grüne Farbe auf die hochalpinen Hänge brachte.[345]

Die schneekonservierenden Effekte der Pistenraupen, die den Schmelzvorgang hinauszögerten, wirkten sich positiv auf die Skiliftbetriebe aus, verzögerten aber das Wachstum der Vegetation. Die Bauern rückten daher im Frühjahr, sobald der Skibetrieb eingestellt war, mit Spaten und Mistgabeln aus, um die Schneereste manuell zu zerkleinern. Dann wurden die Überreste der Skipisten mit Thomasmehl bestreut. Das dunkle Pulver sorgte dafür, dass mehr Sonnenenergie vom Schnee absorbiert und der Schmelzprozess beschleunigt wurde.[346] Thomasmehl ist ein phosphatreicher Dünger, der die verkürzte Vegetationszeit durch ein erhöhtes Nährstoffangebot ausgleichen sollte. Das Abfallprodukt des sogenannten Thomasverfahrens, einer Stahlerzeugungstechnik, war billig,[347] gegen seinen Einsatz sprach jedoch vor allem der hohe Schwermetallgehalt. Chemische Untersuchungen ergaben regelmäßig grenzwertüberschreitende Belastungen mit Chrom, Vanadium und Arsen. Die Schwermetalle im Boden belasteten gerade in den regenreichen Gebieten das Grundwasser.[348] Anfang der 1980er-Jahre begannen Wiederbegrünungsexperten davor zu warnen, Thomasmehl auszubringen. Bauern und Skigebietsbetreiber sollten stattdessen lieber Asche, Kohlenstaub oder Steinmehl

---

343 Ebenda.

344 Konrad Blank, Wintersport im Spannungsfeld zwischen Landwirtschaft, Natur- und Landschaftsschutz. In: Unveröffentlichtes Transkript der 5. Tagung der Hochlagenbegrünung, Lech (3.–4.9.1986), S. 22–33.

345 Florin Florineth, Die Verwendung standortgerechten Saatgutes, ein wesentlich bestimmender Faktor für den Begrünungserfolg. In: Unveröffentlichtes Transkript der 3. Tagung der Hochlagenbegrünung, Lech (15.–16.9.1982), S. 64–98.

346 Robert Groß, Damüls, Vorarlberg: 100 years of transformation from meadows to skiroutes in an alpine environment. In: M. Lytje, T. K. Nielsen and M. O. Jørgensen (Hg.), Challenging ideas. Theory and Empirical Research in the Social Sciences and Humanities, (Cambridge Scholars Publishing, Newcastle 2015), S. 178–198, hier S. 191.

347 Manfred Rasch, Manfred Toncourt, Jacques, Maas (Hg.), Das Thomas-Verfahren in Europa. Entstehung – Entwicklung – Ende (Klartext Verlagsgesellschaft, Essen 2009).

348 R. Gsponer, Schwermetalle in Düngemitteln. Ein Diskussionsbeitrag (Direktion der öffentlichen Bauten des Kantons Zürich, Amt für Gewässerschutz und Wasserbau, Fachstelle Bodenschutz, Zürich 1990), siehe URL: http://www.aln.zh.ch/content/dam/baudirektion/aln/bodenschutz/veroeffentlichungen/berichte_broschueren/Bericht%20Duengemittel.pdf (7.8.2018), S. 18.

verwenden.[349] In der Praxis kam Thomasmehl dennoch bis in die 1990er-Jahre zum Einsatz, um die Nebenwirkungen des Einsatzes von Pistenraupen zu kompensieren.[350]

Als die Vorarlberger Landesregierung im Zuge der Novellierung des Landessportgesetzes diskutierte, ob Pistenraupen über fremden Grund fahren dürften, befürwortete die Handelskammer diesen Einschnitt in die Grundeigentumsrechte damit, dass die Technik keine Auswirkungen auf die Bodenbeschaffenheit habe. Im Laufe der 1970er-Jahre zogen vor allem Ökologen diese Ansicht immer mehr in Zweifel. Sie begannen, die systemischen Effekte der maschinellen Schneepräparation zu studieren. Ihre Ausgangshypothese war, dass die technische Verlängerung der Kältephasen und das Gewicht der Pistenraupen die Bodenaktivität veränderten. Der Vergleich ergab, dass die bodennahen Schneeschichten auf unpräparierten Flächen wärmer waren als auf präparierten.[351] Die unbearbeitete Schneedecke schützte den Boden vor großer Kälte und hielt gleichzeitig die Wärme im Boden.[352] Durch das technisch erzeugte Kältepolster auf Skipisten verlor die Schneedecke ihre Frostschutzfunktion, der Boden durchfror stärker.[353] Pflanzen und Bodentiere waren an Umweltbedingungen angepasst,[354] die die Pistenraupen nun veränderten. Die Studien zeigten Schäden an den Haarwurzeln der Pflanzen, die sich nachteilig auf das Pflanzenwachstum auswirken konnten.[355] Zudem fanden die Ökologen, dass der maschinell verdichtete Schnee weniger luftdurchlässig war. Das konnte zu einer Unterversorgung der Pflanzen mit Kohlendioxid in der frühen Wachstumsphase führen.[356] Die Pistenraupe veränderte den ökologischen Selektionsdruck auf hochalpine Organismen. Die Ökologen verzeichneten eine messbar reduzierte Bodenaktivität,[357] Heuertragsverluste[358] sowie eine verringerte Menge, Dichte und Masse bei Bodentieren. In Summe prognostizierten die Wissenschaftler, dass der

---

349 Florin Florineth, Diskussionsbeitrag. In: Unveröffentlichtes Transkript der 3. Tagung der Hochlagenbegrünung, Lech (15.–16.9.1982), S. 107.

350 Groß, Damüls, Vorarlberg, S. 191.

351 Leo Krasser, Schnee und Pistenpflege. In: ISR 10/3 (1967), S. 134–138, hier S. 134.

352 Sonja Wipf, Christian Rixen, Markus Fischer, Bernhard Schmid, Veronika Stoeckli, Effect of ski piste preparation on alpine vegetation. In: Journal of Applied Ecology 42 (2005), S. 306–316, hier S. 307.

353 Groß, Damüls, Vorarlberg, S. 182.

354 Krasser, Schnee, S. 135.

355 Groß, Damüls, Vorarlberg, S. 182.

356 Ebenda, S. 188.

357 Wipf et al., Effect of ski piste, S. 314.

358 Erwin Meyer, Beeinflussung der Fauna alpiner Böden durch Sommer- und Wintertourismus in West-Österreich. In: Revue Suisse de Zoologie 100/3 (September 1993), S. 519–527, hier S. 523.

Bodenhorizont auf maschinell präparierten Flächen im Laufe der Jahre sukzessive schrumpfen werde, weil die Pistenraupen bodenbildende Vorgänge verlangsamten.[359] Damit war die von kurzfristigen wirtschaftlichen Interessen motivierte Aussage der Vorarlberger Handelskammer wissenschaftlich widerlegt.

Die Ergebnisse der Ökologen, allen voran von Alexander Cernusca, wurden in Österreich Anfang der 1980er-Jahre vom Obersten Gerichtshof aufgegriffen.[360] Bis dahin galt die Praxis, dass Skiliftbetreibern das Gewohnheitsrecht zustand, eine Abfahrtsroute mechanisch zu präparieren, wenn dort bereits länger als 30 Jahre Ski gefahren wurde. Die wissenschaftlichen Resultate führten den Juristen nun vor Augen, dass mit der Pistenraupe eine grundsätzlich neue Nutzungsart der betroffenen Flächen eingeführt worden war,[361] die dem Grundbesitzer jedenfalls vermögensrechtliche Nachteile bescherte. Das Überfahrungsrecht für Skiläufer konnte daher seriöserweise nicht mehr automatisch auf die Pistenpräparierung ausgedehnt, sondern musste fortan vertraglich geregelt und entsprechend vergütet werden.[362]

Die Juristen Rainer Sprung und Bernhard König sahen diese Problematik dadurch verschärft, dass Skigebietsbetreiber begonnen hatten, mittels Pistenraupen die Wintersaison zu verlängern, um ihr Betriebsergebnis zu verbessern. Das heißt, dass auch präpariert wurde, wenn nicht mehr oder noch nicht genug Schnee lag.[363] Skiliftbetreiber waren dazu übergegangen, die immer häufigeren Abweichungen des Schnees vom wintertouristisch erwünschten Optimum technisch auszubalancieren. Das führte Anfang der 1980er-Jahre zur Veränderung der österreichischen Rechtssprechung auf Basis unabhängig finanzierter wissenschaftlicher Studien.[364] Cernusca hielt dies für einen der wenigen Erfolge der noch jungen Fachdisziplin Ökologie, die ihn selbst aber fortan zur verbalen Zielscheibe für Vertreter der Wintertourismusindustrie machte.[365]

Warum aber wehrten sich die Skiliftbetreiber und deren Interessensvertretungen so lange dagegen, die Grundbesitzer für ihre vermögensrechtlichen Nachteile zu entschädigen?

---

359 Ebenda, S. 524.
360 Oral History Interview mit Alexander Cernusca, Umweltverträglichkeit von Beschnei-
     ungsanlagen, 18.5.2014, Institut für Botanik, Universität Innsbruck, Innrain 52, 6020 Inns-
     bruck; Interview für diese Studie; Interviewer Robert Groß, digitale Aufzeichnung und
     Transkript im Besitz von Robert Groß, S. 7–8.
361 Ebenda.
362 Rainer Sprung, Bernhard König, Das Recht zur Pistenpräparierung auf fremdem Grund.
     In: Mitteilungen des Österreichischen Instituts für Schul- und Sportstättenbau 2 (1981),
     S. 50–53, hier S. 52.
363 Ebenda.
364 Cernusca, Oral History Interview, S. 7–8.
365 Ebenda.

Die Pistenpräpariermaschinen hatten zwar die Pistenpflege schneller und effizienter gemacht, was die Tragfähigkeit der Skipisten erhöhte und auch höhere Förderkapazitäten der mechanischen Aufstiegshilfen erlaubte. Die Betriebskosten der Pistenraupen und das immer aufwendigere Management der Nebenwirkungen der Pistenpräparierung lösten jedoch eine regelrechte Kostenlawine aus.[366] Erwin Riedl von der Bundeskammer der gewerblichen Wirtschaft in Wien stellte 1972 im Zuge einer Kosten- und Ertragsanalyse österreichischer Skiliftunternehmen fest, dass unter diesen Bedingungen auch in schneereichen Wintern keine nennenswerten Gewinne, in vielen Fällen nicht einmal kostendeckende Erträge zu erwarten seien.[367] Ähnliches wurde aus Deutschland berichtet. Der Pistenaufwand wurde mit bis zu 30 Prozent des Jahresumsatzes beziffert. Besonders problematisch war für den Wirtschaftsexperten Riedl, dass die Pistenkosten deutlich rascher stiegen als die Umsätze.[368] Vielerorts drohte der Kollaps von Skigebieten, der nur durch Kreditaktionen des Bundes und der Länder verhindert werden konnte.[369]

Wie im Falle der mechanischen Aufstiegshilfen gerieten Skiliftbetreiber durch die Integration präparierter Pisten immer stärker in Konkurrenz zueinander. Das zwang die einzelnen Akteure in eine Spirale neuer Anschaffungen, selbst wenn sich diese wirtschaftlich nicht rechneten. Den Liftbetreibern war von den Pistenraupenproduzenten anfangs versprochen worden, dass die Präparation die Abhängigkeit der Betriebe von den dynamischen Schneeverhältnissen in den Bergen mindern würde. Dies traf aus einer Kurzzeitperspektive zu. Die beschleunigte Optimierung des Schnees brachte jedoch steigende Verschuldung, neue Rückzahlungszwänge und erst im Lauf der Zeit abschätzbare Kosten des Managements der Nebenwirkungen mit sich. In der Langzeitbetrachtung erhöhte sich durch das Zusammenspiel dieser Faktoren die Vulnerabilität gegenüber den Wetter- und Klimaverhältnissen. An einen Ausstieg aus dieser ambivalenten Entwicklung war nach der flächendeckenden Integration der mechanisch präparierten Skipisten aber nicht mehr zu denken; die Skiläufer akzeptierten schon Ende der 1970er keine unpräparierte Pisten mehr. Das Aufgeben der Pistenpräparation hätte unweigerlich den wirtschaftlichen Zusammenbruch eines Skigebiets zur Folge gehabt.[370]

Die wohl wichtigste Nebenwirkung des sukzessive beschleunigten Aufstiegs durch mechanische Hilfen war die Skipiste selbst. Sie stellte zunächst ein räumli-

---

366 Erwin Riedl, Pistenkosten. In: ISR 15/1 (1972), S. 19.
367 N. N., Mitteilungen der Bundeskammer der gewerblichen Wirtschaft. In: ISR 14/4 (1974), S. 35.
368 N. N., Winterdienst der Berg- und Seilbahn- Unternehmen in der Bundesrepublik. In: ISR 16/1 (1973), S. 36.
369 Manhart, Oral History Interview, S. 22.
370 VLA, PrsG, 1972, Sch. 56, Sportgesetz, Zl. 306/93, 10. März 1970.

ches Ordnungsprinzip für Skiläufer dar, das sich aber bald begann, auf Eigentumsrechte, Landnutzung und die Biodiversität der dafür genutzten Flächen auszuwir-
ken. Die Skipisten veränderten die Praktiken des Skilaufs und disziplinierten Skigebietsbetreiber zu neuen Formen des Flächenmanagements, wodurch die Gewinne spürbar schrumpften. In klimatischen Ausnahmejahren und bei niedriger Eigen-
kapitalausstattung drohte aufgrund des ungünstigen Verhältnisses von Ertrag und
Leistung der wirtschaftliche Ruin. Galten Skilifte bis dahin als regelrechte Wirtschaftswachstumsmaschinen, wandelte sich dieses Bild angesichts der geschilderten Entwicklungen im Laufe der 1970er-Jahre immer mehr, sodass auch die Vorarlberger Landesverwaltung begann, ihre bis dato nahezu rückhaltlose Zustimmung zum Bau von Skiliften vorsichtiger zu formulieren.

4. Stationsbeschleuniger, Portionierungsanlagen und die Erhöhung der Förderkapazität

Um verschneite Berge in wintertouristische Schauplätze zu transformieren, bauten Skiliftbetreiber in Österreich in den 1960er- und 1970er-Jahren Doppelsessellifte. Die der Einstiegsstelle vorgelagerten Bereiche folgten dem rationellen Design von Ingenieuren und strukturierten die räumliche Bewegung der Skiläufer bis auf die Ebene der Bewegungsabfolgen. Skiläufer wurden zu einem an die technische Infrastruktur optimal angepassten Bewegungsablauf veranlasst und so zeitgerecht an die erwünschte Stelle verfrachtet. Der Verzögerungsschauplatz Warteschlange war zum Beschleunigungsschauplatz Sesselliftzustieg geworden. Umfangreiche Erdarbeiten, die das Gelände an die betriebswirtschaftlichen Zwänge, in denen sich die Betreiber nach Anschaffung eines Sessellifts befanden, anpassten, wurden zur Regel.

Die Skiliftingenieure experimentierten indessen bereits mit erhöhten Förderkapazitäten durch Mehrpersonensessel, um die bestehenden Effizienzgrenzen zu überwinden und die rufschädigenden Wartezeiten zu verkürzen.[1] Den Anfang machte die Ribley Tramway Company, die 1963 die ersten Dreiersessellifte am Mount Michigan in Boyne City errichtete. 1964 baute die Firma „Heron Engineering" den ersten Vierersessellift.[2] Die Ausweitung der Beförderungskapazitäten setzte eine Reihe technischer Entwicklungen in Gang, die den Sessellift immer weiter transformierten.

Im Fokus dieser Transformationen stand die Optimierung der Schnittstelle zwischen Fahrgast und Maschine an der Talstation. Die Talstationen der Skilifte mussten an den deutlich größeren Durchsatz von Skiläufern pro Stunde angepasst werden. Die größten Schwierigkeiten bereitete aber der sichere und reibungslose Zustieg von drei oder vier Skiläufern gleichzeitig auf einen Sessel. Mit der Anzahl der Fahrgäste nahm die Energie zu, die sich auf die Sessel und infolgedessen auf die Seile übertrug und diese in Schwingung versetzte. Ein Teil der Schwingungsenergie wurde zwar von den Stützen und Gebäuden absorbiert, wenn die Sessel aber nicht voll besetzt waren, konnten die Seile auch aus den Verankerungen sprin-

---

1 Huntington, Patent Nr. US 2.582.201.
2 Erwin A. Reschke und Robert Heron, Patent Nr. US 3 911 765, Ski lift bull wheel, veröffentlicht beim United States Patent Office am 26.10.1970, Volltext und Abbildungen siehe URL: https://worldwide.espacenet.com/publicationDetails/biblio?CC=US&NR=391 1765A&KC=A&FT=D# (7.8.2018).

gen.[3] Bei den ersten Dreier- und Vierersesselliften mussten die Skiliftmitarbeiter die Seile stets im Auge behalten, die Fahrgäste durch Zurufe zum sanften Setzen oder ruhig Sitzen während der Fahrt auffordern und den Sessellift stilllegen, sobald das Ausschwingen des Seiles eine kritische Grenze überstieg.[4] 1965 entwickelte der amerikanische Ingenieur Everett Kircher einen elektronischen Mechanismus, um diesen Problemen zu begegnen. Die Überwachung der Sessellifte wurde an mit einem optischen Detektor ausgestattete Pufferschienen delegiert. Dieser unterbrach die Stromversorgung des Antriebsmotors, wenn die Schwingung einen Grenzwert überschritt.[5] Allerdings zunächst mit der Folge, dass sich Sesselbahnen wieder und wieder abschalteten.[6] Eine reibungslose Funktion des beschleunigten Aufstiegs konnte zwar durch modifizierte Sensoren erreicht werden, das grundlegende Problem der Schwingungen war damit aber nicht aus der Welt und verzögerte die Verbreitung der Dreier- und Vierersessellifte.

Einen ersten Lösungsansatz lieferte der US-Amerikaner William R. Sneller, der 1967 ein Förderband entwickelte, das Skifahrer bereits vor dem Zustieg beschleunigte und so den Aufprall der Sessel auf die Körper abschwächte.[7] Das von Sneller entwickelte Prinzip schloss im Kern an die Patente von Charles van Evera und Samuel S. Huntington an. Diese waren davon ausgegangen, dass ein effizienterer Durchfluss durch die Talstation dann möglich war, wenn es gelang, die Skifahrer früh genug sesselweise zu organisieren. Snellers Erfindung zwang die Individuen, in an die Sesselzahl angepassten Gruppen bereits vor der Einstiegsstelle ein Förderband zu besteigen, dessen Geschwindigkeit an das für den Einstieg vorgesehene Zeitfenster angepasst war.[8]

Folgende Abbildung 26 zeigt die Positionierung des Förderbands zur Skilifttrasse.

---

3   Everett F. Kircher, Patent Nr. US 3401643, Ski lift control mechanism, United States Patent Office, veröffentlicht beim United States Patent Office am 17.9.1968, Volltext und Abbildungen siehe URL: https://worldwide.espacenet.com/publicationDetails/biblio?II=0& ND=3&adjacent=true&locale=en_EP&FT=D&date=19680917&CC=US&NR=340164 3A&KC=A# (7.8.2018).

4   Ebenda.

5   Ebenda.

6   N. N., Die Entwicklung der Sesselbahn. Vom Einer zum Sechser. In: MiS (Historische Ausgabe) 9 (1992), S. 5–12, hier S. 8.

7   William R. Sneller, Patent Nr. US 3339496, Apparatus for loading passengers on a ski tow, veröffentlicht beim United States Patent Office am 5.9.1967, Volltext und Abbildungen siehe URL: https://worldwide.espacenet.com/publicationDetails/biblio?CC=US&NR= 3981248A&KC=A&FT=D# (7.8.2018).

8   Ebenda.

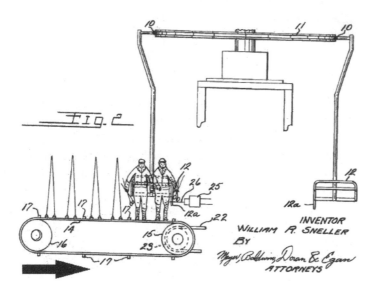

Abbildung 26: Patentskizze des Apparats zur Beschleunigung des Zustiegs zum Sessellift von William Sneller.

Der vom linken Bildrand verlaufende Pfeil in der Skizze symbolisiert die Richtung, aus der die Skiläufer zur Einstiegsstelle herangeführt wurden. Die Fahrgäste sollten im rechten Winkel zur Seiltrasse an die Einstiegsstelle transportiert werden. Dort angekommen, würden sie sich einfach in den herannahenden Sessel setzen, so die Annahme Snellers.[9] Der praktische Einsatz des Förderbands zeigte, dass sich die kinetische Energie des Förderbands auf das Förderseil übertrug, wenn die Fahrgäste im rechten Winkel zur Sesselbahntrasse herantransportiert wurden.[10] Die Seile begannen, quer zur Fahrtrichtung zu schwingen, was den reibungslosen Betrieb der Dreier- und Viererssellifte ebenso wie die früheren Schwingungen in der Fahrtrichtung erschwerte. Edward Thurston brachte 1970 ein Förderband auf den Markt, das deshalb die Skiläufer parallel zum Förderseil herantransportierte.[11]

---

9   Ebenda.
10   N. N., Höhere Förderleistung bei Sesselbahnen. In: ISR 15/4 (1971), S. 221–224, hier S. 221.
11   Edward M. Thurston, Patent Nr. US 3548753, A Loading means for chair lift, veröffentlicht beim United States Patent Office am 22.12.1970, Volltext und Abbildungen siehe URL: https://worldwide.espacenet.com/publicationDetails/biblio?CC=US&NR=35487

Die Förderbänder an den Sesselliftzustiegen ermöglichten, die Sesseltaktung mit der wartenden Menge zu synchronisieren. Sie hatten mehrere Effekte: Einerseits beschleunigten sie die Skifahrer bereits im Wartebereich, andererseits machten sie Schnee am Übergang zwischen Wartebereich und Einstiegsstelle überflüssig. Bevor Förderbänder eingesetzt wurden, musste ein Sessellift stillgelegt werden, wenn am Einstiegsbereich kein Schnee mehr lag, selbst wenn auf den Pisten beste Schneeverhältnisse herrschten. Die Liftarbeiter mussten ständig Schnee schaufeln, damit am Übergang zwischen Lift und Piste immer eine geschlossene Schneedecke lag. Zur Not ermöglichte auch eine Eisfläche das Gleiten der Skier, erhöhte aber die Verletzungsgefahr. Wenn der Schnee völlig zu schmelzen drohte, schaffte man das flüchtige Gut mit Traktoren und Lastwagen aus schattigen Tälern oder höheren Lagen herbei. Lag zu wenig Schnee, trafen die Sessel zu hoch auf die Fahrgäste auf, die deshalb auf die Sessel aufspringen mussten. Bei zu viel Schnee mussten sich die Fahrgäste bücken, um im Sessel Platz zu nehmen. Die Schneemenge und die Qualität der Schneedecke am Einstieg beeinflussten damit die Gesamtleistung des Sessellifts.[12] Durch die nun entwickelten, mit einem Spezialkunststoff überzogenen Förderbänder, die die Eigenschaften des Schnees imitierten, entkoppelten die Ingenieure den Betrieb des Sessellifts von der Schneedecke an der Einstiegsstelle.[13]

Als Dreier- und Vierersessellifte aus den USA nach Europa gebracht wurden, begannen auch europäische Ingenieure, mit effizienzsteigernden Förderbändern zu experimentieren und bestehende Modelle weiterzuentwickeln. 1978 war ein Modell des Franzosen René Montagner patentreif, das auf Abbildung 27 zu sehen ist.

Er schlug anstatt eines bewegten Förderbands den Einsatz einer Serie von Rollen auf einer verstellbaren Rampe vor. Die Skifahrer glitten auf der abschüssig angelegten Beschleunigungszone auf die Kunststoffrollen, wo sie so lange weiterrollten, bis sie von einem schaufelartigen, gepolsterten Element von hinten erfasst und beschleunigt wurden. Sie wurden durch diese schaufelartige Vorrichtung passiv, im aufrechten Zustand, über die Rollen geschoben. Um ihre Sicherheit zu gewährleisten, war die letzte Rolle mit einem Sensor ausgestattet, der, sofern ein Fahrgast buchstäblich „über das Ziel hinausschoss", die Anlage stilllegte.[14]

        53A&KC=A&FT=D# (7.8.2018).

12   Ebenda.

13   Ebenda.

14   René Montagner, Patent Nr. US 4223609 A, Method and installation for loading passengers on a mobile suspender carrier, veröffentlicht beim United States Patent Office am 23.9.1980, Volltext und Abbildungen siehe URL: https://worldwide.espacenet.com/publicationDetails/biblio?CC=US&NR=4223609A&KC=A&FT=D# (7.8.2018).

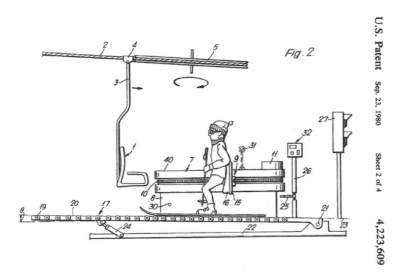

Abbildung 27: Patentskizze des Stationsbeschleunigers von René Montagner.

Diesem Stationsbeschleuniger wurde eine Apparatur vorgelagert, die die Disziplin der Fahrgäste und die Effizienz der Beschleunigung erhöhen sollte. Die Apparatur bestand aus einer Kombination mehrerer parallel angeordneter Schranken mit rechtwinkelig vorgelagerten Seitenwänden, die eine Schleuse bildeten. Diese zwang die herandrängende Menschenmenge, sich vor den Schranken zu dritt oder viert aufzustellen.[15] Öffneten sich die Schranken, glitten die Fahrgäste über die abschüssig angelegte Beschleunigungszone automatisch auf die Förderbänder.[16] Ursprünglich war ein derartiges System für Schlachthäuser entwickelt worden, um das verstörte Vieh zu bändigen und zu verhindern, dass sich die Tiere gegenseitig verletzten.[17] Die modifizierten Viehgatter sollten nun an der Talstation des Sessellifts Konflikte zwischen den Fahrgästen verhindern und helfen, die Beschleunigung der Skiläufer als Komfort wahrzunehmen.[18] Die Schranken wurden ab Mitte der 1980er-Jahre an die elektronische Erfassung der Skipässe gekoppelt, was die Kontrolle und Abrechnung der Skiliftkarten automatisierte.[19]

---

15   Ebenda.
16   Ebenda.
17   N. N., Der perfekte Schlepplift-Einstieg, S. 10.
18   Ebenda.
19   N. N., Austria's Skidata now represented in North America. In: ISR 32/2 (1989), S. 253–

Die Anschaffung der Technik wurde den Skiliftbetreibern schmackhaft gemacht, indem man weitere Rationalisierungsgewinne versprach; es hieß, die Lohn- und Betriebskosten würden sinken und damit den Betreibern ein Wettbewerbsvorteil verschafft.[20] Der mittels Schleusen, Schranken, Förderbändern und Magnetstreifenlesegeräten beschleunigte Zustieg zum Schlepplift erwies sich in der Praxis aber als zu komplex. Ungeübte Nutzer waren kaum mehr in der Lage, den Zustieg ohne zusätzliche, rasch entzifferbare Anleitungen zu bewältigen.[21]

Die Ingenieure entwickelten dafür ein weiteres Element, das sich über den Seh- und Hörsinn in einer für den Wintertourismus ganz neuen Art und Weise in die Körper der Fahrgäste einschreiben sollte. Phillip D. Savage hatte bereits 1976 vorgeschlagen, die Aufmerksamkeit der wartenden Fahrgäste im Einstiegsvorgang mit akustischen Signalen zu erhöhen.[22] In diesem erhöhten Aufmerksamkeitszustand sollte ihnen dann mittels farbiger Lichtsignale kommuniziert werden, ob sie warten oder sich in Bewegung setzen sollten. Mit diesem Kommunikationsmittel könnten die Skiliftbetreiber einen bedeutend erhöhten Durchsatz an Fahrgästen bewältigen und die Warteschlangen vor den Sesselliften verkürzen, so Savage.[23]

Seit den 1990er-Jahren zogen Skiliftingenieure dann Verhaltenspsychologen zu Rate, um ein besseres Bild von der Optimierbarkeit des menschlichen Körpers zu erhalten.[24] Dieser Trend zum *Human Engineering* spiegelte sich auch in der Transformation technischer Infrastrukturen. Bis dahin hatten die Ingenieure darauf fokussiert, die technische Logik der Sessellifte in die Bewegungsabläufe der Fahrgäste zu integrieren, um die Abfertigung zu beschleunigen. In den Köpfen der Ingenieure wurde die Menschenmasse zur Tierherde, die es zu bändigen und zähmen galt. Die Übertragung entsprechender Techniken auf den Seilbahnsektor sowie die Verwendung von Herdenmetaphern in einschlägigen Publikationen legt dies nahe.[25]

Skiliftentwickler, die sich der Konzepte des *Human Engineering* bedienten, hatten ein anderes Menschenbild als die fordistisch geprägten Ingenieure der 1950er- und 1960er-Jahre. Zwar lag auch ihr Fokus auf der Optimierung der Mensch-

---

256, hier S. 254.

20   N. N., Der perfekte Schlepplift-Einstieg, S. 10.
21   Ebenda.
22   Phillip D. Savage, Patent Nr. US 3981248, Timing gate for ski lifts, veröffentlicht beim United States Patent Office am 21.9.1976, Volltext und Abbildungen siehe URL: https://worldwide.espacenet.com/publicationDetails/biblio?CC=US&NR=3981248A&KC=A&FT=D# (7.8.2018).
23   Ebenda.
24   Alain Croses, Human engineering. In: ISR 33/3 (1990), S. 6–10.
25   Ebenda.

Maschine-Schnittstelle; allerdings verwendeten sie neurobiologische Modelle, die die Emotionalität der Menschen einbezogen. Neben dem Trend zur Biologisierung und Psychologisierung von Marketing und Management in den 1990er-Jahren verschärfte eine Absatzkrise auf dem Skiliftsektor den Wettbewerb und trug zu einer Neuorientierung bei.[26] Experten wurden dadurch angeregt, weitere neue technische Lösungen für das altbekannte Problem der Beschleunigung menschlicher Bewegungsabläufe an der Talstation zu entwickeln und zu vermarkten.

In der Praxis beobachteten Skiliftbetreiber, dass viele Gäste „erst mit Zeitversatz und entsprechendem Reaktionsvermögen überhaupt realisieren, dass die Einstiegsschranke freigeschaltet ist".[27] Die Erhöhung der Transportkapazität scheitere letztlich immer wieder am Faktor Mensch, so ein Ingenieur der Firma Doppelmayr. Er schlug vor, künftig die menschliche Reaktionszeit, also jene Zeit, die Menschen brauchten, um eine Aufforderungssymbolik in eine Handlung zu übersetzen, auf die Schleusen- und Schrankensysteme zu übertragen, die den Zustiegsstellen vorgelagert waren.[28] Während die Schranken nach wie vor mit der Sesselfolge getaktet waren, erschien die Aufforderungssymbolik um einen Moment früher. Die Zeitdifferenz entsprach der durchschnittlichen Reaktionszeit eines Menschen. „[D]urch Vorverlegung des Einstiegssignals [könne] eine bessere Ausnutzung des tatsächlich von der Einstiegsschranke vorgesehenen Einstiegszeitfensters"[29] erreicht werden, so der Entwickler. Diese Rationalisierungsmaßnahme erhöhte die Effizienz des Zustieg dadurch, dass die Eigenschaften der menschlichen Wahrnehmungs- und Verarbeitungsorgane in das Schleusen- und Schrankensystem integriert wurden. Dies sollte einer eventuell auftretenden, individuellen Stressreaktion der Fahrgäste vorbeugen, die die Handlungssequenzen der Menschen nicht beschleunigen, sondern eher blockieren würde. Der Blick auf die Entwicklung der verschiedenen Zustiegssysteme – vom adaptierten Viehgatter aus dem Schlachthaus hin zur Schranke, die auf menschliche Reaktionszeiten abgestimmt war – zeigt, dass die Ingenieure begonnen hatten, die Fahrgäste von den bekannten Nebenwirkungen der Rationalisierung, von Stress, Unbehagen und Konflikten, abzuschirmen.

Der erste Dreiersessellift Österreichs wurde 1973 auf der Trittalpe in Lech am Arlberg von der Firma Doppelmayr gebaut. Arthur Doppelmayrs Entscheidung, „solche Bahnen zu entwickeln und zu bauen war entscheidend für die

---

26 N. N., Is the ski industry in recession? In: ISR 33/4 (1990), S. 33.
27 Alfred Wyhnalek, Manfred Huber, Patent Nr. EP 2752350 A1, Einstiegssteuervorrichtung für Ski Liftanlagen, veröffentlicht beim Europäischen Patentamt am 9.7.2014, Volltext und Abbildungen siehe URL: https://worldwide.espacenet.com/publicationDetails/biblio?CC=EP&NR=2752350A1&KC=A1&FT=D# (7.8.2018).
28 Ebenda, S. 5.
29 Ebenda, S. 5.

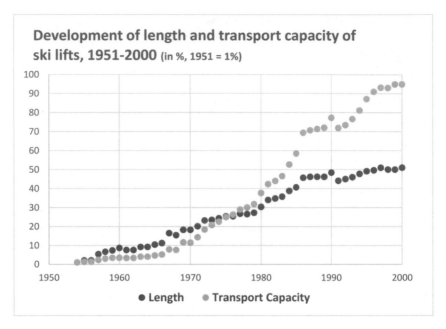

Abbildung 28: Entwicklung der Baulänge von Skiliften und deren Förderkapazität zwischen 1951 und 2000.

Weiterentwicklung"[30] des Unternehmens, das sich vermehrt auf dem Weltmarkt positionierte. Für die Skiliftbetreiber bedeutete der Umbau der Doppel- in Dreiersessellifte verdreifachte stündliche Förderkapazitäten,[31] aber auch höhere Anschaffungs- und Errichtungskosten. Die dreimal schnellere Abfertigung der Skiläufer an der Talstation erhöhte allerdings die Zahl der Skiläufer auf den Pisten entsprechend, was die Skiliftbetreiber zu deren Ausbau und intensiviertem Schneemanagement zwang. Ähnlich wirkte sich der Bau von Vierersesselliften ab Mitte der 1980er-Jahre aus. Damit erreichten die Skilifte Förderkapazitäten von 2000 Personen pro Stunde, was die Pistenbelastung entsprechend vergrößerte. Parallel dazu führte die Skiliftindustrie Förderbänder und die Fahrgastportionierung mit Schranken ein, um die Geschwindigkeit bestehender Anlagen beziehungsweise die Sicher-

---

30   Allgeuer, Seilbahnen und Schlepplifte, S. 107.
31   Der Doppelsessellift auf den Seekopf in Lech verfügte über eine stündliche Förderkapazität von etwa 600 Personen. Auf dem Dreiersessellift konnten 1973 etwa 1800 Personen transportiert werden. Die Verdreifachung resultierte einerseits aus dem größeren Fassungsvermögen der Sessel, andererseits aus der größeren Geschwindigkeit, mit der die neuen Sessellifte betrieben wurden. Siehe: Allgeuer, Seilbahnen und Schlepplifte, S. 109.

heit beim Zustieg in Dreier- und Vierersessellifte zu erhöhen. Das Diagramm in Abbildung 28 illustriert die Auswirkungen dieser Intensivierung auf die winter-touristischen Schauplätze in den wichtigsten Skigebieten Vorarlbergs.

Das Diagramm bildet die Länge der Skilifte am Boden sowie deren Förderka-pazität in Personen pro Stunde ab. Die Gegenüberstellung zeigt, dass das Skilift-netzwerk im Jahr 2000 etwa 50 mal so lang war wie 1951. Im selben Zeitraum nahm die Förderkapazität um das 100-fache zu. Aufschlussreich ist auch die Dyna-mik der beiden Größen. Sie entwickelten sich bis in die zweite Hälfte der 1970er-Jahre nahezu parallel. Seit 1975 fiel das Wachstum der Baulänge immer mehr hin-ter jenes der Förderkapazität zurück. Die wachsende Diskrepanz erklärt sich aus der technischen Beschleunigung durch die Entwicklung von immer effizienteren Skiliften, und aus der immer raffinierteren Disziplinierung der Körper, die deren technische Beschleunigung überhaupt erst ermöglichte. In den 1980er-Jahren war in Skigebieten eine neuartige Strategie aufgekommen. Wirtschaftliches Wachstum war nicht mehr das Resultat verlängerter Skiliftnetzwerke, sondern beschleunigter Umsatzraten auf bestehenden Trassen.

4.1   KUPPELBARE SKILIFTE ALS TRANSFORMATIONSBESCHLEUNI-GER ODER „[D]IE INDUSTRIE RUHT NICHT, DAS WOHLBEFIN-DEN DES GASTES, SO LANGE ER AM SEIL HÄNGT, WEITER ZU STEIGERN."[32]

Mitte der 1970er-Jahre brachte die Seilbahnindustrie Sessellifte auf den Markt, die alle bisher vorhandenen in den Schatten stellten. Ihre Transportkapazität wurde durch reversible Klemmen zwischen Förderseil und der Aufhängung der Sessel massiv vergrößert. Diese Technik war bei Lastenseilbahnen schon seit dem 19. Jahr-hundert zum Einsatz gekommen. Ihr Vorteil bestand darin, dass die Befüllung der Transportbehälter, der Transport selbst und der Entladevorgang räumlich und zeitlich voneinander entkoppelt erfolgen konnten. Im Unterschied zu fix geklemm-ten Seilförderanlagen zwangen die kuppelbaren den Arbeitern, die die Seilförder-anlage bestückten, kein Arbeitstempo auf. Die Transportbehälter konnten am Ter-minal befüllt und abgestellt werden. Ein Behälter nach dem anderen wurde dann an das Endlosseil gekuppelt, abtransportiert und an der Entladestelle wieder vom Förderseil genommen.

Die kuppelbaren Mechanismen existierten im 19. Jahrhundert sowohl für Trans-portbehälter der klassischen Materialseilbahn als auch bei Waggons, die auf Schie-

---

32   N. N., Sesselbetrachtungen. In: MiS 24/2 (1990), S. 44–47, hier S. 44.

nen geführt und von einem Endlosseil angetrieben wurden.[33] Skiliftfirmen arbeiteten vereinzelt bereits seit den 1950er-Jahren daran, die reversible Klemme auf die Skilifte zu übertragen. Die Verbreitung der Technik wurde in Österreich aber durch Karl Bittner, einen Beamten des zuständigen Bundesministeriums für Verkehr, verzögert, der 1973 argumentierte, dass reversible Klemmen nicht rutschsicher seien und die kuppelbaren Skilifte daher ein Sicherheitsrisiko darstellten.[34] Der Vorteil bestand darin, dass eine kuppelbare Aufstiegshilfe auf zwei Geschwindigkeiten laufen konnte. Die Sessel wurden an der Talstation vom Förderseil abgekuppelt und auf ein zweites Förderseil umgeleitet, das wesentlich langsamer war. Skiläufer konnten auf einem nahezu ruhenden Sessel Platz nehmen, anstatt von der fahrenden Bahn erfasst zu werden.[35] Kurz bevor die Sessel die Talstation verließen, wurden sie wieder auf das schnellere Förderseil umgeleitet. Der Vorgang wiederholte sich beim Aussteigen an der Bergstation. Das Förderseil konnte dadurch deutlich schneller umlaufen, als dies bei fix geklemmten Sesselliften der Fall war. Entsprechend hoffnungsvoll experimentierten die wichtigsten Seilbahnproduzenten[36] ab den 1970er-Jahren mit der reversiblen Klemme.[37] Die französische Firma „Poma" baute 1972 den ersten kuppelbaren Zweiersessellift, 1974 den ersten kuppelbaren Dreiersessellift, 1978 folgte der erste kuppelbare Viererssessellift. Im selben Jahr wurde in Österreich der erste kuppelbare Dreiersessellift auf das Kriegerhorn in Lech gebaut.[38] Sechs Jahre später wurde der erste gekuppelte Viererssessellift Österreichs auf die Jungernalm im Gasteinertal eröffnet.[39] Der erste kuppelbare Sechsersessellift wurde 1991 in Kanada errichtet. Drei Jahre später folgte dessen Österreichpremiere in Flachau. Durch die Kupplung waren seit 1997 auch Achtersessellifte realisierbar.[40]

---

33   N. N., Die Entwicklung der Sesselbahn, S. 5–12.
34   Allgeuer, Seilbahnen und Schlepplifte, S. 105.
35   Georg Wallmansberger, Die „Gondelbahn" in Europa und Übersee. In: ISR 14/7 (1971), S. 9.
36   Dies waren die Firmen Von Roll, Poma, Garaventa, Doppelmayr, Leitner, Städeli, Habegger, Montaz Mautino, Girak, Agamatic, Felix Wopfner, Skirail, Yan und Transporta Chrudim. Siehe: Felix Gross, Seilbahnlexikon, S. 105.
37   Gross bezeichnet die kuppelbaren Sessellifte, die ab den 1970er-Jahren gebaut wurden, als kuppelbare Lifte der zweiten Generation, da verschiedene Seilbahnbauer bereits in den 1940er-Jahren diese Technik verwendeten. Wegen der hohen Errichtungs- und Betriebskosten blieb die kuppelbare Sesselbahn aber bis in die 1980er-Jahre ein reines Nischenprodukt. Eine detaillierte Beschreibung der kuppelbaren Sessel- und Kabinenbahnen der ersten Generation findet sich bei: Gross, Seilbahnlexikon, S. 98–118.
38   N. N., Die Entwicklung der Sesselbahn, S. 9.
39   Ebenda.
40   N. N., 8 in einem Sessel. In: MiS 28/3 (1997), S. 14.

Die kuppelbaren Sessellifte waren zwar deutlich schneller und leistungsfähiger, aber viel teurer als die fix geklemmten. Angesichts des steigenden Konkurrenzdrucks auf dem wintertouristischen Markt versuchten Marketingexperten, die kuppelbare Sesselbahn als Luxus- und Prestigeobjekt zu positionieren, um so die Skigebietsbetreiber zur Anschaffung der neuen Technik zu bewegen.[41]

Tabelle 2 bietet eine Gegenüberstellung beider Techniken anhand der geplanten Vierersesselbahn auf das Nebelhorn in Oberstdorf/Deutschland, die 1996 in der Fachzeitschrift MiS publiziert wurde.

Tabelle 2: Rechenexempel. Gegenüberstellung einer fix geklemmten und einer kuppelbaren Sesselbahn

	Fahrge-schwindig-keit	Sessel-zahl	Abstand der Sessel	Stüt-zenzahl	Antriebs-leistung	Fahrzeit	Fül-lungs-grad
Fix geklemmt	2,4 m/s	102	14,4 m	10	172 kw/h	5,4 min	95 %
Kuppelbar	4 m/s	59	24 m	8	244 kw/h	3,21 min	98 %

Die Nebelhornbahn sollte als reine Wintersportanlage konzipiert werden und bei einer Länge von rund 750 Metern eine stündliche Förderkapazität von 2400 Personen erreichen. Die kuppelbaren Sesselbahnen waren rund ein Drittel schneller, wodurch sich die Fahr- und Wartezeit deutlich verringerte. Der Mechanismus der reversiblen Klemme wirkte sich zudem auf die Zahl der Sessel aus, die am Förderseil angebracht werden konnten. Tabelle 2 zeigt auch den durch die Beschleunigung gesteigerten Energieverbrauch. Zudem kalkulierte der verantwortliche Projektleiter, dass der Bau der kuppelbaren Sesselbahn rund 39 Prozent teurer wäre; etwa die Hälfte der zusätzlichen Kosten würde die aufwendigere Seilbahntechnik, knapp ein Drittel die erweiterten Fundamentbauten, vor allem für die Sesselgaragierungshallen, verursachen. Insgesamt hätte sich die Errichtung der kuppelbaren Sesselbahn auf 5,6 Millionen Mark belaufen, während die fix geklemmte 4,4 Millionen Mark gekostet hätte. Die Skigebietsmanager entschieden sich aus diesem Grund für die fix geklemmte Sesselbahn.[42]

Trotz erhöhter Errichtungs- und Betriebskosten für kuppelbare Sesselbahnen gab sich Artur Doppelmayr 1990 in einem Interview sehr zuversichtlich im Hinblick auf zukünftige Verkäufe. Er empfahl den kuppelbaren Sessellift jenen Mana-

---

41   N. N., Is the ski industry in recession? In: ISR 33/4 (1990), S. 33.
42   N. N., Rechenexempel. Vierersesselbahn fix oder kuppelbar? In: MiS 27/9 (1996), S. 22–23, hier S. 23.

gern, die stagnierende oder rückläufige Besucherzahlen verzeichneten. Die Skiläufer würden die kuppelbaren Bahnen lieben und diese trotz der höheren Fahr-
kartenpreise nachfragen. Diese Aussage beruhte auf empirischen Daten, deren
Erhebung von Doppelmayr in Auftrag gegeben worden war. [43] Bei immerhin
30 Prozent aller Neu- oder Umbauten von Sesselbahnen in den USA und Kanada
kam die neue Technik bereits 1990 zum Einsatz. Doppelmayr prophezeite, dass
dieser Anteil in Zukunft auf 60 Prozent steigen würde. Er beobachtete bereits seit
längerem die rückläufigen Skiläuferzahlen und betrieb mit Hilfe von Marketingexperten und Psychologen Ursachenforschung. Eine Befragung hatte ergeben, dass
Skiläufer den Sport unter anderem deswegen aufgaben, weil sie mit den Skiliften
nicht zurechtkamen. Manche hatten sich beim Einsteigen in den Skilift blamiert,
andere wurden von überlasteten Liftangestellten unfreundlich behandelt. Weitere
Befragte gaben an, dass sie Angst davor hätten, sich am Skilift ernsthaft zu verletzen, die Bügel nicht rechtzeitig öffnen zu können oder weil sie unter mehr oder
weniger starken Formen von Höhenangst litten. Ein weiteres Ergebnis der Untersuchung war, dass die Urlaubsgäste am Urlaubsort mehr Geborgenheit suchten,
als ihnen geboten wurde.[44] Doppelmayr argumentierte auf der Basis der Ergebnisse für eine Imagepolitur der Technik. In englischsprachigen Ländern lautete
die ursprüngliche Bezeichnung „detachable chairlift" (lösbar). Da diese Bezeichnung bei Fahrgästen „Horrorvisionen vom Aufprall am Boden und daher Angst
und Panik"[45] auslösen könnte, wurde sie auf „Express Lift" geändert. Dieser Vorschlag wurde von österreichischen Skigebietsbetreiber aufgegriffen. So verbirgt
sich heute hinter der Bezeichnung „Express" in aller Regel ein kuppelbarer Skilift.[46]

Viele Skigebietsbetreiber hatten sich in der zweiten Hälfte des 20. Jahrhunderts
Förderbänder, automatische Schleusen- und Schrankensysteme angeschafft, um
die Bewegungen der Fahrgäste und deren Sinneswahrnehmungen in die gewünschte Form zu bringen. Mitte der 1990er-Jahre argumentierten die nunmehr verhal-
tenspsychologisch geschulten Techniker dafür, die Disziplinierungelemente aus
den Skilifteinstiegen zu entfernen, da sie die Aufmerksamkeit zu stark beanspruchten und den Durchfluss der Menschen durch die Infrastruktur verlangsamten.[47]
Der kuppelbare Skilift würde diese Leitsysteme unnötig machen. So könnte die
Gestaltung der Wartebereiche dem Bedürfnis der Fahrgäste nach Wohlgefühl entgegenkommen. Idealerweise in einem sonnigen, aber stets schneebedeckten Bereich

---

43   N. N., Is the ski industry in recession?, S. 33.
44   Ebenda.
45   Croses, Human engineering, S. 6.
46   Ebenda.
47   Ebenda.

angelegt, sollten beim Bau einer kuppelbaren Sesselbahn mindestens 500 Quadratmeter Fläche geplant werden, um den Fahrgästen reichlich Raum zu geben. Damit wurde in Skigebieten der Flächenverbrauch durch die deutlich vergrößerten Stationsgebäude und die vorgelagerten Wartebereiche zugunsten der Kundenzufriedenheit erhöht. Falls die Skigebietsbetreiber die verhaltenspsychologischen Einsichten umsetzten, könnten die deutlich teureren, kuppelbaren Sesselbahnen einem in die Jahre gekommenen Skigebiet wirtschaftlich auf die Sprünge helfen, so Doppelmayr.[48]

Die in Abbildung 28 dargestellte Effizienzsteigerung ging seit den 1990er Jahren auch auf das Konto der kuppelbaren Sesselbahnen. Die Förderkapazität wurde bei fix geklemmten Sesselbahnen primär dadurch gesteigert, dass Menschenmassen am Einstieg diszipliniert, die Individuen in den Einstiegsbereichen kanalisiert und ihre Bewegungsabläufe beim Zustieg in den Sessellift beschleunigt wurden. Am kuppelbaren Sessellift führten Rationalisierung und Effizienzsteigerung zur Entschleunigung der Körper in genau jenem Teil der Fahrt, der von den Fahrgästen als unangenehm bis bedrohlich wahrgenommen wurde. Beschleunigt wurde hingegen die Fahrt selbst, in der die Fahrgäste ohnehin passiv im Sessel saßen und auf das Schauen reduziert waren. Doch auch die gesteigerte Fahrtgeschwindigkeit hatte Nebenwirkungen, die dazu führen konnte, dass auch eine kuppelbare Sesselbahn unter bestimmten Umständen rasch an Popularität verlieren konnte. Die Spirale der Intensivierung drehte sich zur Beseitigung dieser Nebenwirkungen nochmals weiter.

Mitte der 1960er-Jahre dauerte eine Sesselbahnfahrt in den österreichischen Alpen zwischen acht und zwölf Minuten. Geriet der reibungslose Durchfluss an der Einstiegsstelle ins Stocken, konnte sich die Fahrzeit auch verlängern.[49] Wind, Kälte und Niederschlag konnten eine bei Sonnenschein und Windstille durchaus komfortable Sesselbahnfahrt in ein unangenehmes, in extremen Fällen auch gesundheitsgefährdendes Ereignis verwandeln. Als Messgröße dafür ist der *Windchill* geeignet. Darunter versteht man, dass Wind die Temperatur an der Körperoberfläche stark absinken lässt.[50] Bei 0° Celsius und einer Windgeschwindigkeit von 20 Kilometern pro Stunde kühlt die Körperoberfläche auf -5,2° Celsius ab. Stärkere Winde lassen die *Windchill*-Temperatur selbst bei Sonnenschein und mäßiger

---

48 Ebenda.
49 N. N. Über die Entwicklung und Konstruktion einer neuartigen Sesselverkleidung für Sessellifte. In: ISR 4 (1960), S. 45.
50 Das Konzept des *Windchill* wurde erstmalig von den amerikanischen Streitkräften während des Zweiten Weltkriegs angewandet. Die Armeeexperten versuchten so, Soldaten für die kalten, europäischen Winter adäquat auszurüsten. Die Kleidung musste verhindern, dass körpernahe, warme Luft rasch abtransportiert wurde.

Umgebungstemperatur stark abfallen. Während die Seilschwebebahn die Fahrgäste in der geschlossenen Seilbahngondel isolierte, waren sie am Sessellift der Witterung ausgeliefert, zumal dann, wenn Fahrgäste in großer Höhe über baumfreies und daher windanfälliges Gelände bewegt wurden.[51] Die erhöhte Liftgeschwindigkeit führte aber bereits grundsätzlich zu mehr *Windchill*.

1958 meldete der US-Amerikaner Alexander McIlvain beim Patentamt eine aus Kunststoff geformte Ummantelung für Sesselliftsessel an, die bei Bedarf heruntergeklappt werden konnte und ein für Skiläufer angenehmes Mikroklima schuf.[52] Eine Halbkugel sollte Gesicht und Oberkörper der Fahrgäste vor dem *Windchill* schützen. Die schalenartige Struktur bestand aus zwei Teilen. Der obere Teil wurde aus transparentem Kunststoff erzeugt. Das Unterteil war aus Aluminium gefertigt.[53] Das Patent von McIlvain verbesserte das Mikroklima, Sessellifte wurden dadurch ähnlich komfortabel wie die Gondeln der Seilschwebebahnen, mit dem Vorteil, dass die Fahrgäste ihre Skier beim Zustieg anbehalten konnten.[54] Um am Markt erfolgreich zu sein, genügte es aber nicht, den Körper zu schützen, die Verkleidungen mussten außerdem den ästhetischen Vorstellungen ihrer Zeit sowie den kulturellen und psychologischen Bedürfnissen der Nutzer entsprechen, wie am Patent von Tony R. Sowder vom US-Skiliftgiganten „Riblet" deutlich gemacht werden kann.[55] Diese Verkleidung wurde 1969 beim US-amerikanischen Patentamt angemeldet und ist auf Abbildung 29 zu sehen.

Die Verkleidung bestand aus zwei schalenartigen, aus Aluminium gefertigten Halbkugeln, die mit frontalen Sichtfenstern ausgestattet waren. Im Gegensatz zu McIlvains Konstruktion, schützte dieses Modell die Körper der Skiläufer völlig vor den als störend wahrgenommenen Umwelteinflüssen.[56] Die Sichtfenster waren von zentraler Bedeutung für die Sesselliftverkleidung, denn sie gaben den Blick auf die vorbeiziehende Landschaft frei. Der Sessellift hatte seit seiner Erfindung große Bedeutung als Blickmaschine. Das zeigt sich an den verschiedenen Kontex-

---

51   Alexander McIlvaine, Patent Nr. US 3.008.761, Protective device for ski lift chairs, veröffentlicht durch das United States Patent Office am 14.11.1961, Volltext und Abbildungen siehe URL: https://worldwide.espacenet.com/publicationDetails/biblio?CC=US&N R=3008761A&KC=A&FT=D# (7.8.2018).

52   Ebenda.

53   Ebenda.

54   Ebenda.

55   Morten Lund, Kirby Gilbert, A History of North American lifts. In: Skiing Heritage (2003), S. 19–25, hier S. 24.

56   Tony R. Sowder, Patent Nr. US 3.596.612, Suspended spheroidal car, veröffentlicht beim United States Patent Office am 2.7.1969, Volltext und Abbildungen siehe URL: https:// worldwide.espacenet.com/publicationDetails/biblio?CC=US&NR=3596612A&KC=A& FT=D# (7.8.2018).

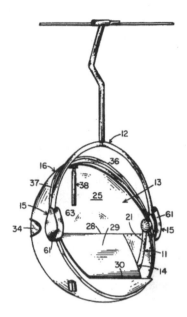

Abbildung 29: Patentskizze der Sesselverkleidung von Tony R. Sowder.

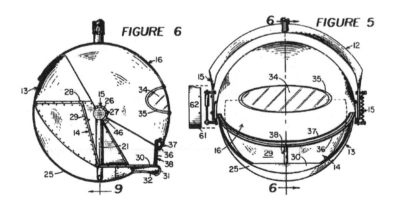

ten, in denen er zum Einsatz kam. In den 1950er- und 1960er-Jahren waren Sessellifte auf Gartenschauen sehr beliebt, um die gestalteten Gartenanlagen dynamisch mit Blick von oben zu inszenieren. In Deutschland wurden Sessellifte bei
der 1. Bundesgartenschau in Stuttgart 1950 und der Bundesgartenschau in Köln
1957 aufgebaut. Auch in Österreich setzte man in der Nachkriegszeit auf Sessellif-
tinszenierungen, so etwa bei der Wiener Internationalen Gartenschau 1964

(WIG 64). Die Fahrt mit dem Sessellift ermöglichte – so wie Seilbahnen, Eisenbahnen und Autos – neuartige, dynamische Varianten der sozialen Konstruktion von Landschaft. Darin, hier waren sich die Seilbahningenieure einig, bestand auch der Reiz der Sesselliftfahrt.[57] Sessellifte transportierten nicht nur, sondern fungierten auch als geradezu ‚magische‘ Brille, mit der sich die Fahrgäste durch eine wie auch immer beschaffene Umwelt bewegten. Die Sehfenster des nunmehr verkleideten Skilifts ermöglichten während der Sesselliftfahrt gleichzeitig, Sinn und Sinnlichkeit zu produzieren. Die Sesselbahn trat als Mediatorin der kulturellen Interpretation von Landschaft und deren Repräsentation zwischen Mensch und Natur.[58]

Kunden mit Höhenangst fürchteten die Sesselbahnen allerdings weiterhin.[59] Um selbst die Ängstlichsten anzusprechen, entwickelten die Ingenieure Sesselverkleidungen, die Geborgenheit vermitteln sollten. Die Formensprache der Verkleidung von Tony R. Sowder nahm dafür deutliche Anleihen am zeitgenössischen Möbeldesign. So hatte etwa zur selben Zeit der finnische Designer Eero Aarnio den *Globe Chair* patentieren lassen, der aus einer Plexiglaskugel bestand, die auf einer Seite angeschnitten und innen ausgepolstert war.[60] 1968 entwickelte Eero Aarnio den *Bubble Chair,* der aus einer halbierten, transparenten Plexiglaskugel bestand, die auf einem Stahlrahmen fixiert war.[61] In den 1960er-Jahren avancierten diese Entwürfe zu Klassikern des *Industrial Design.* Ihre Popularität erklärte sich unter anderem dadurch, dass diese Sessel den Sitzenden akustisch von der Umwelt abschirmten. Gleichzeitig verstärkte die Form sämtliche Geräusche, die ihren Ursprung innerhalb der Schale hatten: Atemgeräusche, Herzschlag oder Musik sollten ein Gefühl von Geborgenheit und Intimität erzeugen.[62] Die Marketingstrategen von Riblet griffen dieses Designprinzip auf. Sie bewarben die Wetterschutzhauben damit, dass Fahrgäste zwar auf die Landschaft blicken könnten, umgekehrt aber vor allzu neugierigen Blicken geschützt, allein oder paarweise eingekapselt seien.[63]

---

57   Vgl. Hans Dieter Schmoll, Die Carry Gross-Story. In: MiS „Jubiläumsausgabe 25 Jahre Motor im Schnee" 25 (1994), S. 36–38, hier S. 38.
58   Vgl. van Laak, Infra-Strukturgeschichte.
59   Croses, Human engineering, S. 6.
60   N. N., Ball Chair by Eero Aarnio 1963, siehe URL: http://www.eero-aarnio.com/8/Ball-Chair.htm (24.10.2016), Link nicht mehr abrufbar.
61   N. N., Bubble Chair, in: Wikipedia, die freie Enzyklopädie, siehe URL: http://en.wikipedia.org/wiki/Bubble_Chair (7.8.2018).
62   Vgl. Gijs Mom, Orchestrating automobile technology. Comfort, mobility culture, and the construction of the „family touring car", 1917–1940. In: Technology and Culture 55/2 (2014), S. 299–325, hier S. 300.
63   N. N., Neuartiger Witterungsschutz für Doppelsessel. In: ISR 17 „Sonderheft Technik im Winter" (1974), S. 257.

Hier wird erstmals explizit aus Industriesicht auf eine weitere Rahmenbedingung der Sesselliftfahrt hingewiesen. Fahrgäste blickten vom Sessellift aus nicht nur auf Landschaften, sondern auch auf andere Fahrgäste, Skiläufer oder Sonnenbadende. Touristen sind immer Gegenstand der Beobachtung durch andere Touristen, manipulierte und inszenierte Körper, die gleichermaßen beobachten und beobachtet werden.[64] Das dokumentiert auch die Beschreibung einer Sessellift-fahrt des österreichischen Journalisten Franz Ortner aus dem Jahr 1954:

> Nicht allein das Sitzen im Freien in einem Stuhl, der durch die Lüfte schwebt ist befrei-
> end und erhebend, auch die Fahrt Sessel für Sessel, in lustiger Gesellschaft, ist für den
> Neuling von hohem Reiz. Und erst die Begegnungen! Da fährt herauf oder hinunter
> eine Mutter mit einem Kind auf dem Schoß, ein Tourist mit einem Hund auf den
> Knien, an einem vorbei. Dann kommen wieder ein Supersportler, bestehend nur aus
> Kappe, Brille, Pullover, Keilhose und mächtigen Pistentretern oder ein herziges Schi-
> haserl und man schaut aneinander vorbei und weiß nicht recht, ob man sich eigent-
> lich nach dem Sessellift-Knigge zu grüßen hätte oder nicht?[65]

Hier wird die kommunikative Unsicherheit, die das neue Verkehrsmittel bewirkte, deutlich, eine Ambivalenz zwischen Amüsement und Peinlichkeit ist klar zu erkennen. Die Fahrgäste auf den offenen Sesseln begegneten einander, über Alpenlandschaften schwebend. Dabei waren sie mit Gegenverkehr konfrontiert, was nach neuen sozialen Ritualen oder der Vermeidung des Blickkontakts verlangte. Das gilt für viele moderne Verkehrsmittel. Schon 1907 hatte Georg Simmel bemerkt, dass moderne Verkehrsmittel Menschen dazu verpflichten, „sich minuten- bis stundenlang gegenseitig anblicken zu müssen, ohne miteinander zu sprechen".[66] Die räumliche Anordnung lieferte die Reisenden einander aus und damit auch „der Verworrenheit, Ratlosigkeit und Beunruhigung"[67]. Ortners Text belegt, dass sich die Fahrgäste etwas ratlos an älteren im Alpinismus verbreiteten „Ordnungen der Interaktion"[68] orientierten. Man begrüßte einander. Allerdings grüßten Alpinisten einander, um sich der etwaig notwendigen Unterstützung anderer Alpinisten zu versichern.[69] Der rituelle

---

64 Ebenda.
65 Franz Ortner, Auf dem Kapelljoch. In: Vorarlberger Nachrichten (27.3.1954), S. 4.
66 Georg Simmel, Soziologie. Untersuchungen über die Formen der Vergesellschaftung
     (Duncker & Humblot, Leipzig 1908), S. 650–651; zitiert nach: Schivelbusch, Eisenbahn-
     reise, S. 71.
67 Ebenda, S. 72.
68 Erving Goffman, The interaction order. In: American Sociological Review 48/1 (1983),
     S. 1–17.
69 Ebenda.

Gruß am Berg mobilisierte soziale Ressourcen, mittels derer die eigene Verletzlichkeit vermindert werden sollte.[70] Am Sessellift hingegen verlor das Grüßen diesen Sinn, war die körperliche Verletzlichkeit doch bereits durch den Sessellift kompensiert. Die soziale Verletzlichkeit hingegen wuchs infolge der räumlichen Fixierung im Sessellift. Bis zur Erfindung der Sessellifthaube gab es aus dieser Situation kein Entrinnen.

Die in Abbildung 29 gezeigte Konstruktion war also deutlich mehr als ein bloßer Wetterschutz. Sie schuf einen sozialen Rückzugsraum und schirmte vor neugierigen Blicken ab, ohne die landschaftsästhetischen und voyeuristischen Interessen des Fahrgasts zu stören. Sie erlaubte zudem die Konstruktion eines Mikroklimas allein oder zu zweit, weil die Fahrgäste nicht in Großgruppen in stickigen Seilbahngondeln zusammengepfercht wurden. Die Konstrukteure argumentierten, dass Skigebietsbetreiber, die die futuristisch geformten Schutzhüllen anschafften, vom Image der Fortschrittlichkeit und Modernität profitieren würden.[71]

Die Wetterschutzhauben, die die Firma Doppelmayr Anfang der 1970er-Jahre in Sessellifte einbaute, muteten im Vergleich zu Riblets Design eher archaisch an. 1973 stattete Doppelmayr einen Doppelsessellift im Skiort Sportgastein mit einer aus Aluminiumverbundplatten gefertigten Wetterschutzhaube aus.[72] Abbildung 30 a und b zeigt die ersten Wetterschutzhauben der Firma Doppelmayr in Vorarlberg Ende der 1970er-Jahre.

Ein Journalist würdigte zwar die Funktionalität der Wetterschutzhauben, kritisierte aber deren Ästhetik. Diese würden im Vergleich zu US-Modellen eher „Müllcontainern" gleichen.[73] Tourismusmanager forderten Anfang der 1980er-Jahre, der Wetterschutz eines Sessellifts müsse „formschön und exklusiv"[74] sein, nur so könnten Skigebietsbetreiber im globalen Wettbewerb bestehen.[75] Sesselliftnutzer gaben sich überdies nicht mehr mit kleinen Sehöffnungen zufrieden. Sie wünschten sich Wetterschutzhauben, die panoramatische Blicke freigaben. Die Rundumsicht verhindere ein Gefühl des „Eingesperrtseins und vermittelt mehr Sicherheit und Geborgenheit".[76]

---

70   Ebenda, S. 4.
71   N. N., Der Fahrkomfort an den Seilförderanlagen. In: ISR 13/2 (1970), S. 86–90, hier S. 86.
72   N. N., Seilbahnentwicklung in Österreich, siehe: URL: https://www.wko.at/Content.Node/branchen/oe/TransportVerkehr/Seilbahnen/entwicklung.pdf (18.9.2013), Link nicht mehr abrufbar.
73   N. N., Die Entwicklung der Sesselbahn, S. 11.
74   Ebenda.
75   Ebenda.
76   Ebenda, S. 13.

Abbildung 30a und b: Wetterschutzhauben der Firma Doppelmayr. Das linke Bild zeigt den Skilift am Sonnenkopf in Klösterle, das rechte den Lift auf das Hahnenköpfle in Mittelberg.

Das transparente Material musste allerdings hochalpinen Umwelteinflüssen standhalten. Es durfte nicht vergilben und die Oberfläche sollte möglichst glatt sein, um dem Wind keine Angriffsfläche zu bieten.[77] 1985 war die Entwicklung der 360° Panoramahaube bei Doppelmayr schließlich so weit fortgeschritten, dass der erste Vierersessellift in Vail/USA damit ausgestattet werden konnte.[78]

Mitte der 1980er-Jahre kämpften neben Doppelmayr drei weitere Firmen, nämlich Felix Wopfner, Girak und Leitner, um Marktanteile und übertrumpften einander mit Superlativen. Wopfners Sesselliftverkleidung bestand aus einem bauchigen Aluminiumunterteil, das den Unterkörper der Fahrgäste schützte, und einer rundumverglasten Kuppel. Die bauchigen, metallischen Teile produzierten anfangs noch störende Geräusche, da die Konstruktion als Resonanzkörper wirkte. Dieses Problem war lösbar, indem alle Teile der Sesselverkleidung flexibel statt starr mit dem Sessel verbunden wurden.[79] Die Firma Girak engagierte Designer des Auto-

---

77   Ebenda.
78   Ebenda, S. 11.
79   Ebenda.

bauers Porsche, um die Wetterschutzhaube dem Geschmack der Zeit anzupassen. Ein „veraltetes, einfallsloses, unkomfortables Fahrbetriebsmittel [würde] negative Assoziationen beim Fahrgast erweck[en], der sie [die negativen Assoziationen] auf das ganze Gebiet über[tragen würde]".[80] Die Designer rundeten Kanten des Sessels und der transparenten Wetterschutzhaube ab. Waren Kanten unvermeidlich, verschwanden sie unter Schaumgummipolsterungen.[81] Für den höchsten Punkt der transparenten Kuppel schlugen sie den Einbau einer Belüftung vor, die das Beschlagen der Scheiben verhindern sollte.[82]

Das Unternehmen Leitner testete seinen „Supersessel" samt Verkleidung gar in einem Windkanal des Entwicklungszentrums von Fiat in Turin, der eigentlich der Optimierung von Automobilkarosserien diente.[83] Zuvor hatten bereits Ingenieure an der Eidgenössischen Technischen Hochschule in Zürich erste Versuche im Windkanal unternommen, da Mitte der 1980er-Jahre ein Förderseil eines neu errichteten Sessellifts „infolge winderregter Schwingung eines Sessels"[84] abgerissen war. Gabor Oplatka und Thomas Richter vom Institut für Bau- und Transportmaschinen der ETH Zürich kamen bei den deswegen unternommenen Versuchen zum Ergebnis, dass schalenartige Sessel – zu denen man Wetterschutzhauben zählte – eine besonders große Angriffsfläche für Wind boten.[85] Um Skigebietsmanager von der Tauglichkeit und Sicherheit seiner neuen Sesselverkleidung zu überzeugen, simulierte Leitner die Wirkung starken Windes auf die Sesselverkleidung.[86] Die Tests ergaben, dass sich der Luftwiderstand massiv vergrößerte, wenn die Sesselverkleidung geöffnet war. Gleichzeitig sollten unbesetzte Sessel mit offener Haube fahren, damit die Fahrgäste bei den Stationen in die Sessel zusteigen konnten, denn sonst bedurfte es der Mitarbeit einer Hilfskraft, die die Verkleidung öffnete. Seilbahningenieure versuchten zunächst mit einem automatischen Öffnungs- beziehungsweise Schließmechanismus, den Josef Fürlinger im Auftrag der österreichischen Seilbahnfirma Swoboda Anfang der 1980er-Jahre entwickelt hatte, dem Problem von Luftwiderstand beziehungsweise Arbeitsaufwand zu begegnen. Der Mechanismus stellte sicher, dass die Sesselverkleidungen beim Verlassen der Talstation automatisch geschlossen wurden und während der Fahrt auch geschlossen

---

80   Ebenda, Ergänzungen durch den Autor.
81   Ebenda.
82   N. N., Leitner testet den neuen Vierersessel mit Haube im Windkanal. In: MiS 21/2 (1990), S. 46–48, hier S. 46.
83   Ebenda.
84   Gabor Oplatka, Thomas Richter, Verhalten der Sessel von Sesselbahnen im Wind. In: Schweizer Ingenieur und Architekt 104/29 (1986), S. 706–710, hier S. 706.
85   Ebenda, S. 706–710.
86   N. N., Leitner testet, S. 46.

blieben, selbst wenn böiger Wind auftrat, der die Verkleidungen bislang häufig geöffnet hatte.[87] Der Nachteil dieses Mechanismus war, wie Helmut Mayer von der Firma Doppelmayr 1992 schrieb, dass die Fahrgäste die Sesselverkleidung während der Fahrt nicht öffnen konnten, auch dann nicht, wenn die Sesselbahn wegen einer Störung länger stillstand. Das führte immer wieder zu panikartigen Situationen bei den Fahrgästen, die unter den ziemlich engen Verkleidungen festsaßen.[88] Helmut Mayer entwickelte für Doppelmayr eine andere Automatik, die aus einer Lichtschranke und einer flexiblen Schließschiene bestand. Mit der Schiene konnten die Fahrgäste selbst bestimmen, ob die Verkleidung geschlossen oder offen sein sollte.[89]

Seit dem Jahr 2002 wird die Produktion der Sesselverkleidungen von der Firma Doppelmayr dominiert. Die Doppelmayr/Garaventa Group hält einen globalen Marktanteil von 60 Prozent. Seit den 1990er-Jahren wurden die Firmen Girak, Wopfner und Garaventa Teil des Konzerns. Dagegen ist die Firma Leitner im größten konkurrierenden Hersteller Poma aufgegangen.[90] Die Wetterschutzhauben Doppelmayrs verbesserten die Wahrnehmung dieser Technik nicht zuletzt dank einer Inseratenkampagne in den Fachzeitschriften, in der die Marketingfachleute von Doppelmayr dem Wetterschutz ein spielerisches, leichtes Image verpassten. Diese Symbolik hält sich bis in die Gegenwart. Es kam auch zu einer Umwertung des zunächst eher respektlosen Begriffs *Bubble* für die Hauben.[91] So ist 2014 auf der Webseite des Sesselliftproduzenten zu lesen, dass „unter dem leichten und windabweisenden *Bubble* aus UV-beständigem Polykarbonat in Standard, Orange, Blau oder Gelb der Fahrgast den verzerrungsfreien Blick auf die Winterwelt [genießt]".[92]

---

87 Josef Fürlinger, Patent Nr. CH 645 855 A5, Betätigungsvorrichtung für die Klapptüren von Seilbahngondeln, veröffentlicht durch das Eidgenössische Bundesamt für geistiges Eigentum am 31.10.1984, Volltext und Abbildungen siehe URL: https://worldwide.espacenet.com/publicationDetails/biblio?CC=CH&NR=645855&KC=&FT=E&locale=en_EP# (7.8.2018).

88 Helmut Mayer, Patent Nr. 0 510 357 A1, Automatische Verriegelungseinrichtung für eine Wetterschutzhaube einer Sesselbahn oder die Tür einer Gondelbahn, veröffentlich durch das Europäische Patentamt am 28.10.1992, Volltext und Abbildungen siehe URL: https://worldwide.espacenet.com/publicationDetails/biblio?FT=D&date=19921028&DB=&locale=&CC=EP&NR=0510357A1&KC=A1&ND=1# (7.8.2018).

89 Ebenda, S. 4.

90 Gross, Seilbahnlexikon, S. 14.

91 N. N., Die Entwicklung der Sesselbahnen, S. 11.

92 N. N., Komfort auf höchstem Niveau. Warm gepolstert und gut geschützt ins Schneevergnügen, siehe URL: http://www.doppelmayr.com/produkte/kuppelbare-sesselbahnen/ (7.8.2018).

Auch die farbige Gestaltung der transparenten Wetterschutzhauben gehört zum Aufgabenspektrum. Dieses geht weit über Wind- und Niederschlagsschutz hinaus. Getönte Materialien verstärken die Bildkontraste und werten so die winterlichen Berge bei bedecktem Himmel oder Nebel ästhetisch auf. Die Tendenz geht nach wie vor dahin, die Schutzfunktion zu nutzen, um die Umweltwahrnehmung zu strukturieren.

Die Wetterschutzhauben machen deutlich, dass die hochalpinen Umweltbedingungen Form und Funktion der Skilifte beeinflussten. Die von der körperlichen Arbeit durch Skilifte entlasteten Skiläufer kühlten umso stärker aus, je größer die Temperaturdifferenz zwischen Umgebungsluft und Körper ausfiel. Der Fahrtwind, entwaldete Bereiche, tiefe Temperaturen, große Höhen oder starke Winde stellten eigentlich Ausschlusskriterien für längere Sessellifte dar.

Die Einsatzgrenzen der Sessellifte zeigten sich aber vielerorts erst im Betrieb, daher setzten sich nur jene Schutzhauben durch, die auch nachträglich eingebaut werden konnten und keinen völligen Umbau einer Anlage voraussetzten.[93] Die wirtschaftlichen Zwänge, in denen sich Skiliftbetreiber aufgrund der großen Verschuldung befanden, wurden durch die dynamischen Umweltbedingungen verschärft, sodass Skiliftbetreiber begannen, die Wetterschutzhauben nachzufragen. Deren Produzenten machten aus dem Management der Nebenwirkungen technischer Beschleunigung ein Geschäftsfeld und passten die Sessellifte an die hochalpinen Bedingungen an. So schrieb sich nicht nur die Umwelt in den Sessellift ein und transformierte diesen, sondern auch die von Ingenieuren antizipierten psychologischen Bedürfnisse der Fahrgäste und deren ästhetische Werthaltungen wirkten gestaltend auf das techno-natural-soziale Hybrid Sessellift.

4.2   BAUEN UND BEGRÜNEN

In den 1950er-Jahren gab es keine markierten und präparierten Skipisten. Wie fanden Skiläufer zu dieser Zeit ihren Weg zurück zur Talstation? Lag Neuschnee, so setzten die Liftarbeiter, die das Gelände in der Regel wie ihre Westentasche kannten, die erste Spur in den Schnee, der die Gäste folgten.[94] Seit den 1960er-Jahren markierten Liftbetreiber, um die steigende Zahl der Skifahrer räumlich zu disziplinieren und zu kanalisieren. Die ersten markierten Skirouten bauten auf Erfahrungswerten und Gewohnheiten der Skifahrer auf. Als die Betreiber began-

---

93   McIlvaine, Patent Nr. US 3.008.761, S. 1.
94   Wolfang Friedl, Grundsätze für den Bau von Schiabfahrten. In: ISR 13/3 (1970), S. 140–146, hier S. 141.

nen, Pisten mechanisch zu präparieren, mussten sie die materielle Eigenlogik der
Pistenraupe berücksichtigen, wenn sie eine Skipiste anlegten. Der Einsatzbereich
von Pistenraupen war auf Geländebereiche beschränkt, die eine gewisse Neigung
nicht überschritten, deren Oberfläche nicht zu stark aufgeraut war und die breit
genug waren. Ebenso galt es, die Eigendynamik der hochalpinen Umwelt einzukalkulieren. Lag eine Piste südseitig, war die Präparierung schwieriger, da der
Schnee schneller auftaute. Die Raupenfahrer mussten dann den Schnee aus der
Höhe nach unten schieben, um die ausgeaperten Stellen zu bedecken.[95] Süd-
beziehungsweise südwestexponierte Skipisten vereisten durch die hohen
Temperaturunterschiede zwischen Tag und Nacht sehr viel schneller, was nicht nur
ein Sicherheitsrisiko für Skiläufer darstellen, sondern auch den Einsatz der
Pistenraupe blockieren konnte.[96] Eine präparierte Skipiste ist daher als Kombina-
tion technischer Eigenschaften der Pistenraupe und dynamischer, hochalpiner
Umwelteinflüsse zu verstehen.

Diese Umweltfaktoren konnten, falls sie in der Pistenplanung nicht sorgsam
berücksichtigt wurden, die Betriebskosten der Skigebiete empfindlich steigern.
Am wichtigsten war die kluge Auswahl jener Geländeabschnitte, die präpariert
werden sollten. Ingenieure empfahlen, den Weg der Sonne und schattenspenden-
de Faktoren wie Wald oder gegenüberliegende Berge bereits bei der Planung des
Skilifts einzukalkulieren, um die langfristigen Kosten der Pistenpräparation möglichst niedrig zu halten.[97] In Gebieten, wo dies nicht möglich war, empfahlen die
Planer Bodenprofilanalysen, um herauszufinden, ob der Boden Geländearbeiten
zuließ. War der Boden „tiefgründig bearbeitungsfähig",[98] gaben Skigebietsplaner
grünes Licht: Indem der Neigungswinkel der Skipiste und damit der Einfallswin-
kel der Sonneneinstrahlung mit Schubraupen optimiert wurde, sollte der Schnee
auf den Pisten konserviert und das Mikroklima so verbessert werden, dass es den
Ansprüchen des Skiliftbetriebs entsprach.[99]

Auch Bodenwellen wurden aufgrund der immer wieder auftretenden Phasen
von Schneeknappheit zum Problem. Die Skiläufer trugen den Schnee von den Kuppen ab und verfrachteten ihn in die Mulden, von wo er mit der Pistenraupe wieder
auf die Kuppen verschoben werden musste. Dies war zeitaufwendig und teuer.
Felsblöcke, Steine und Baumstümpfe ließen die Skipiste rascher ausapern und
konnten die teuren Maschinen beschädigen.[100] Die mechanische Pistenpräparati-

---

95   Schleuniger, Bericht, S. 92.
96   Krasser, Schnee und Pistenpflege, S. 137.
97   Friedl, Grundsätze, S. 143.
98   Ebenda.
99   Ebenda.
100 Zbil, Fragen der Sicherheit, S. 54.

on setzte einen möglichst ebenen Untergrund voraus.[101] Skifahrer hingegen liebten kleine Bodenwellen, die die Geschicklichkeit forderten.[102] Daher rieten die Skigebietsplaner dazu, die Schubraupenfahrer vor Ort zu begleiten, um deren Wissen in das Gelände zu integrieren und eine möglichst abwechslungsreich gegliederte Skipiste zu konstruieren.[103] Vorbilder für Geländeumformungen waren unter anderem die im Zuge der X. Olympischen Winterspiele 1968 in Grenoble/Frankreich gebauten Skipisten. Dort wurden 60 Tonnen Sprengstoff eingesetzt und 300.000 Kubikmeter Erde bewegt.[104] Auch Skigebiete ohne prestigeträchtige Großevents begannen zu bauen. Zeitgleich zu Grenoble liefen etwa in Zell am See die Baumaschinen „auf vollen Touren".[105] Hier wurde großflächig gerodet, um mehr Platz für die Skiläufer zu schaffen.[106] Freilich machen die Geländearbeiten deutlich, dass im Zuge des immer umfangreicheren Einsatzes von fossilenergetisch betriebenen Baumaschinen auch der Anteil an versteckten CO_2-Emissionen sukzessive in die Höhe kletterte.

Das im Alpenraum häufig vorkommende Trogtal war eine besondere Herausforderung. Diese Geländeform ist durch einen ebenen Talboden charakterisiert, der von steilen, bewaldeten Talflanken umrahmt ist, die erst weiter oben am Hang in sanft gerundete Hänge übergehen.[107] Während die oberen Hänge ideales Skigelände darstellten, überbrückten „künstliche Skistraßen"[108] die Steilflanken. Diese mussten präpariert werden, da ihr unteres Ende häufig schneefrei war, selbst wenn oben noch beste Bedingungen herrschten.[109] Die Trassen durften keine steilen Passagen aufweisen, damit die Pistenraupen nicht abrutschten.[110] Skistraßen waren zudem berüchtigte Erosionsherde.[111] Als die Skigebietsbetreiber in den 1970er-Jahren die ersten Skistraßen anlegten, merkten sie sehr bald, dass jeder

101 Friedl, Grundsätze, S. 144.
102 Müller, Die Verwendung von Drahtschotterkörben, S. 174.
103 N. N., Anlage von Schiabfahrten – Grundsätze und Erfahrungen. In: ISR 16/2 (1973), S. 241–242, hier S. 242.
104 N. N., Die Alpinen Pisten bei den X. Olympischen Winterspielen. In: ISR 11 „Sonderausgabe Grenoble" (1968), S. 3.
105 N. N., Weiterer großzügiger Pistenausbau in Zell am See. In: ISR 11 „Sonderausgabe Grenoble" (1968), S. 22.
106 N. N., Schmittenhöhen AG steigert die Förderkapazität. In: ISR 12/4 (1969), S. 142.
107 Müller, Die Verwendung von Drahtschotterkörben, S. 174.
108 Ebenda.
109 Ebenda, S. 175.
110 Ebenda.
111 Erich Hanausak, Standpunkt der Wildbach- und Lawinenverbauung zur Anlage von Schiabfahrten. In: ISR 14 „Sondernummer Alpine Skiweltmeisterschaften" (1971), S. 21.

Starkniederschlag das aufgeschüttete Material wegschwemmte.[112] Mauern waren wenig zweckmäßig, da diese das zu Tal fließende Grundwasser aufgestaut und aufwendige Drainage nach sich gezogen hätten. Daher baute man sogenannte Holzwuhren auf, die das Erdreich stabilisierten und wasserdurchlässig waren. Oberhalb der Waldgrenze stabilisierte man die Skistraßen mit Drahtschotterkörben,[113] die im Erosionsmanagement der Wildbach- und Lawinenverbauung erprobt worden waren.[114]

Die Geschichte der Skipistenbauten ist begleitet von Nebenwirkungen, die daraus resultierten, dass Skiliftbetreiber versuchten, die dynamischen Schneeverhältnisse durch immer stärkere Eingriffe an die immer weiter beschleunigten Skilifte anzupassen.[115] Diese Interventionen erlaubten den reibungslosen Durchfluss von immer mehr Skiläufern, was sich positiv auf das Image und die Betriebsergebnisse auswirken sollte. Mit zunehmender Eingriffsintensität wurden die gerodeten, planierten und aufgeschütteten Geländebereiche aber immer erosionsanfälliger. Die Nebenwirkungen bescherten den Skigebietsbetreibern, von denen viele Anfang der 1980er-Jahre rote Zahlen schrieben, über viele Jahre, mitunter sogar Jahrzehnte, stetigen Arbeitsaufwand und hohe Kosten. Die ersten Geländebauten in den technisch fortschrittlichen Skigebieten verursachten daher unvorhergesehene wirtschaftliche Belastungen. Im Laufe der 1980er-Jahre begannen Landschaftsplaner, Skigebietsbetreiber, Ökologen, Düngemittelexperten, Botaniker und Vertreter der Wildbach- und Lawinenverbauung, neue Formen des Erosionsmanagements zu diskutieren und praktisch umzusetzen. Diesem Lernprozess ist der nächste Abschnitt gewidmet.

4.2.1   Planieren, „Schiechteln" und auf Wiederbegrünungstagungen von Experten lernen

In der Aufbruchstimmung des Wiederaufbaus der Nachkriegsjahre entwickelte sich Mayrhofen in Tirol in eine Richtung, die für österreichische Dörfer in der alpinen Peripherie typisch war. Zuerst wurde in den 1950er-Jahren die sogenannte Penkenbahn errichtet, eine durch das ERP finanzierte Seilbahn.[116] Der Lebensstandard der Bewohner von Mayrhofen stieg und schon Mitte der 1960er-Jahre reichten die Förderkapazitäten der Penkenbahn nicht mehr aus.[117] Die Mayrhofe-

---

112 Müller, Die Verwendung von Drahtschotterkörben, S. 174.
113 Ebenda.
114 Ebenda.
115 Rosa, Beschleunigung S. 104.
116 ÖSTA/AdR, Sammlung Verkehr, ERP Kredite für Seilbahnen.
117 N. N., Begehung der Skiabfahrt Ahorn Mayrhofen/Tyrol/Austria. In: ISR 4/4 (1971), S.

ner schlossen sich zusammen, um 40 Millionen Schilling zum Bau einer neuen Seilbahn, der Ahornbahn, aufzubringen.[118] 1968 eröffnete man die leistungsfähige, moderne Ahornbahn mit Glanz und Gloria. Dadurch strömten noch mehr Skifahrer herbei, die noch schneller ins Skigebiet transportiert wurden. Es kam, wie es kommen mußte. Die vorhandenen Pisten waren dem Andrang nicht mehr gewachsen. Der örtliche Skischulleiter Ernst Spiess schritt zur Tat. Er sichtete das Gelände, markierte mehrere Trassenverläufe und engagierte schließlich den österreichweit bekannten Skipistenplaner Wolfgang Friedl, um eine neue Skiabfahrt zu anzulegen. Der Bau wurde Landschaftsarchitekten übertragen, die eine neun Millionen Schilling teure Lösung für Mayrhofen erarbeiteten. Doch die Piste wurde letztlich deutlich teurer, da man die Wirkmächtigkeit der Berge – wie so oft – falsch eingeschätzt hatte.[119]

Im Sommer 1969 begannen die Arbeiten. Neun Schubraupen rückten an, rissen das Gelände auf und schließlich wurde noch ein Sprengtrupp eingesetzt. Die Arbeiten zogen sich über das Frühjahr und den Sommer 1970. 500.000 Kubikmeter Boden wurden bearbeitet und 50.000 Kubikmeter Felsen gesprengt, um 23 Hektar Skipiste zu gewinnen. Bis zum Sommer 1970 verliefen die Bauarbeiten nach Plan, doch dann setzten die Nebenwirkungen ein. Ein starker Regenfall, der einen Erdrutsch auslöste, verwüstete die planierte Piste.[120] Die Auftraggeber mussten weitere drei Millionen Schilling in Aufräumarbeiten, Befestigungen und Wassergräben investieren. Im Winter 1970/71 erfolgte der Skibetrieb direkt auf dem offenen Boden, was eine ganze Reihe von Problemen nach sich zog. Der Neuschnee haftete schlecht[121] und das frühjährliche Schmelzwasser wusch beträchtliche Erosionsrinnen aus. Im Frühjahr mussten Arbeiter ausrücken, um eine Feinplanie durchzuführen.[122] Danach brachte man 11,5 Tonnen eines Gemisches aus Kunstdünger und Grassamen aus, die mit einer Mischung aus Stroh und Bitumen abgedeckt wurden. Dieses Verfahren war vom Hochbauingenieur und Botaniker Hugo Schiechtl beim Bau der Brennerautobahn Ende der 1950er-Jahre entwickelt worden.[123] Es erhielt später den Namen Schiechtl-Verfahren, umgangssprachlich verballhornt zu „schiechteln". Das klebrige Bitumen sollte das Stroh stabilisieren, das im Zuge seiner Verrottung Nährstoffe und Wärme freisetzen würde. Ziel war ein für die

---

198.

118 Ebenda.
119 Ebenda.
120 Ebenda.
121 Friedl, Grundsätze für den Bau, S. 145.
122 N. N., Begehung der Skiabfahrt, S. 198.
123 Hugo Meinhard Schiechtl, Die Begrünung von Schiabfahrten. In: ISR 14 „Sondernummer Alpine Skiweltmeisterschaften" (1971), S. 21.

Grasdecke vorteilhaftes Mikroklima, das die jungen Pflanzen, die häufig nicht an das hochalpine Klima angepasst waren, vor sommerlichen Kälteeinbrüchen schützen würde. Diese Praktik sollte den Erfolg der Begrünung positiv beeinflussen.[124] Die Begrünung kostete weitere 1,5 Millionen Schilling.[125] Doch die Flächen benötigten laufend Düngerzufuhren. Zudem musste mehrfach nachgesät werden, da manche Pflanzenarten nicht aufgingen, andere verschwanden nach einem Jahr wieder, wodurch erosionsanfällige Lücken entstanden.

Die in Mayrhofen angewandte Praktik der Stroh-Bitumenbegrünung ist eine Abwandlung der Anspritzbegrünung. Im Gegensatz zu herkömmlichen Anspritzbegrünungen kam bei Schiechtl eine zusätzliche Lage Stroh zum Einsatz. Für beide Verfahren sprach ohne Zweifel dessen Effizienz. Die Anwender mussten nur Saatgut, Wasser, Dünger und Bindemittel in einer Tonne anrühren und dieses Gemisch mit einer Spritze über die zu begrünende Fläche verteilen. In den 1960er-Jahren wurden die Arbeiter noch mit zwölf Liter fassenden Handpumpen ins Gelände geschickt.[126] Anfang der 1970er-Jahre war bereits ein Aufsatz für geländegängige Fahrzeuge auf dem Markt. Dieser Aufsatz vereinte Tank, Rührwerk und Umlaufpumpen und war mit einem Stahlrohr versehen, mit dem die Begrünungslösung in einem Umkreis von 40 Metern aufgebracht werden konnte.[127] Besonders große Exemplare, die vor allem beim Straßen- und Eisenbahnbau eingesetzt wurden, fassten bis zu 10.000 Liter, verfügten über Pumpen, mit denen die Begrünungsflüssigkeit mehrere hundert Meter aufwärts gepumpt werden konnte und erreichten Wurfweiten bis zu 75 Metern.[128]

Die Veranstalter der VIII. Olympischen Winterspiele in Innsbruck begrünten mit diesem Verfahren 1964 die Geländebauten in der Axamer Lizum und am Patscherkofel,[129] was das Schiechteln unter Skigebietsbetreibern populär machte.[130] Als die Nachfrage aus den Bergen in den 1970er- und 1980er-Jahre zunahm, reagierten die Begrünungsunternehmen, schnitten die Anspritzmaschinen auf die Anwen-

---

124 Helmut Sterzinger, Erste österreichische Erfahrungen mit der Böschungsbegrünung nach dem Verfahren von Ing. H. Schiechtl. In: Schweizerische Zeitschrift für Vermessung, Kulturtechnik und Photogrammetrie/Revue technique suisse des mensurations, du génie rural et de la photogrammétrie 62/1 (1964), S. 10–12, hier S. 10.

125 Ebenda.

126 Ebenda.

127 N. N., Hydrogreen. Umweltfreundliche Spritztour in Grün! In: ISR 16 „Sonderheft Technik im Winter" (1973), S. 23.

128 Winfried Lackner, Maschineneinsatz bei der humuslosen Begrünung bzw. Re-kultivierung. In: Unveröffentlichtes Transkript der 4. Tagung der Hochlagenbegrünung, Lech (6.–7.10.1984), S. 49–60, hier S. 53–54.

129 Ebenda.

130 Schiechtl, Die Begrünung von Schiabfahrten, S. 21.

dung mit Pistenraupen zu und schickten ihre Verkaufsvertreter aus.[131] Auf diese Weise setzte sich die rationelle und vermeintlich billige Begrünung im großen Stil durch. Die Wiederbegrünungsindustrie wurde so zum Wegbereiter der Geländearbeiten.[132] Dies gelang vor allem, indem ihre Vertreter Kunden auf Verkaufsschauen das Gefühl vermittelten, dass die Nebenwirkungen des Skipistenbaus technisch und zu einem günstigen Preis in den Griff zu bekommen wären.[133]

Doch dies traf etwa im Fall der Axamer Lizum nicht zu. Trotz aufwendiger Begrünungen kam es dort 1983 zu einem Murenabgang, der im Zentrum der Wintersportgemeinde Axams Schäden von 30 bis 40 Millionen Schilling anrichtete. Eine unabhängige Untersuchung durch die Bodenkundlerin Irmentraud Neuwinger ergab, dass die großflächige Verdichtung des Bodens durch die Geländearbeiten in einem hochwasserwirksamen Einzugsgebiet maßgeblich zur Katastrophe beigetragen hatte.[134] An eine solche langfristige Nebenwirkung hatte beim Pistenbau niemand gedacht. Die ausführenden Landschaftsingenieure legten den Fokus in den 1960er-Jahren primär auf das Vermeiden von Erosion durch rasche Wiederbegrünung.

Das auf den ersten Blick günstige Anspritzverfahren konnte langfristig sehr große Kosten verursachen. Für Hugo Schiechtl waren die Kosten eine Frage der richtigen Ausführung: „Die Kunst ist es, eine solche Berasung hinzubringen, die nicht nur dauernd erhalten bleibt, sondern auch in ihrer Funktion dauernd stärker und besser wird."[135] Schiechtl verstand die Wiederbegrünung als Management einer ökologischen Sukzession. Die alltägliche Begrünungspraxis verlief allerdings oft anders. Immer wieder berichteten Skiliftbetreiber, die Begrünungsfirmen beauftragten, dass die Fläche im ersten Jahr im schönsten Grün erstrahlte, aber bereits im folgenden Sommer der Großteil der Pflanzen abgestorben war. Für Schiechtl lag dies daran, dass – aufgrund mangelnder Erfahrung – beim Saatgut gespart wurde, das den wichtigsten Kostenfaktor darstellte.[136] Häufig setzten sich solche Wiesen aus drei bis vier Grasarten zusammen, die permanenten Arbeits-, Energie- und Düngemittelaufwand erforderten.[137] Schiechtl empfahl hingegen besonders

---

131 Ebenda.

132 Manhart, Oral History Interview, S. 10–11.

133 Lackner, Maschineneinsatz bei der humuslosen Begrünung, S. 50.

134 Irmentraud Neuwinger, Helga Frischmann, Martina Stadler-Emig, Auswirkungen von Schipisten auf Speicherung und Abfluß des Bodenwassers. In: Erich Gnaiger, Johannes Kautzky (Hg.), Umwelt und Tourismus (Thaur, Wien u. a. 1992), S. 175–176, hier S. 174.

135 Hugo Schiechtl, Bitumen-Stroh-Begrünungsverfahren. In: Unveröffentlichtes Transkript der 2. Tagung der Hochlagenbegrünung, Lech (3.– 4.9.1980), S. 10–26, hier S. 11.

136 Ebenda, S. 14.

137 Ebenda, S. 11.

artenreiche Saatgutmischungen,[138] die aber im Handel nicht erhältlich waren. Prüfungen der Landesanstalt für Pflanzenzucht und Samenprüfung in Innsbruck ergaben, dass nur zehn Prozent der Arten, die in gängigen Saatgutmischungen verwendet wurden, in den hochalpinen Lagen überhaupt keimfähig waren.[139]

Luftstickstofffixierende Leguminosen wie Klee waren der Hauptbestandteil der Begrünungsmischung von Schiechtl. Wird neu ausgesät, müssen Knöllchenbakterien im Boden vorhanden sein, damit die Symbiose mit den Pflanzen funktionieren kann. Außerdem folgt ihre Wachstumsdynamik einem zeitlichen Ablauf, den die kommerziellen Wiederbegrüner entweder nicht kannten oder aus Kostendruck ignorierten. Pistenflächen wurden meist so tiefgehend planiert, dass kein Mutterboden mehr vorhanden war. Da die knöllcheninduzierenden Bakterien im Mutterboden leben, verschwanden diese bei der Bodenbearbeitung.[140] Das Saatgut musste daher vor der Aussaat mit Bakterien geimpft werden. Andernfalls ging es zwar auf, starb aber bald wieder ab, was die gesamte Begrünung gefährdete.[141] Ob sich die Symbiose etablierte, hing wesentlich vom richtigen Zeitpunkt ab. Leguminosen, die nach der Sommersonnenwende angesät wurden, entwickelten sich deutlich schlechter als im Frühjahr ausgebrachte.[142] In der Regel wurden die Bauarbeiten aber erst im Herbst abgeschlossen und die Flächen sofort wiederbegrünt, um die Erosion durch die folgende Schneeschmelze zu reduzieren. Schiechtl empfahl eine Herbst- und eine Frühjahrssaat, um ein möglichst breites Artenspektrum auf die Flächen zu bringen.[143] Wurde das Eigenleben der Knöllchenbakterien aus wirtschaftlicher Kurzsichtigkeit oder Unwissenheit ignoriert, durchzogen bald Erosionsherde die begrünte Fläche. Dem ließ sich durch die regelmäßige Gabe von Stickstoffdünger zwar begegnen, die Skigebietsbetreiber setzten sich damit aber einem langfristigen Zwang aus, dem Boden permanent Stickstoffdünger zuzuführen, was kaum das Ziel einer teuren Wiederbegrünung sein konnte, so argumen-

---

138 Ebenda.

139 Leonhard Köck, Veränderungen des Pflanzenbestandes rekultivierter Skiflächen in Abhängigkeit des Einsaatalters und des Standortes. In: Unveröffentlichtes Transkript der 4. Tagung der Hochlagenbegrünung, Lech (6.–7.10.1984), S. 18–47, hier S. 41.

140 Vgl. Aline López-López, Marco A. Rogel, Ernesto Ormeno-Orrillo, Julio Martínez-Romero, Esperanza Martínez-Romero, Phaseolus vulgaris seed-borne endophytic community with novel bacterial species such as Rhizobium endophyticum sp. nov. In: Systematic and Applied Microbiology 33 (2010), S. 322–327; Henry S. Lowendorf, Factors affecting survival of rhizobium in soil. In: In Advances in Microbial Ecology 4 (1980), S. 87–124.

141 Hugo Schiechtl, Bitumen-Stroh-Begrünungsverfahren. In: Unveröffentlichtes Transkript der 2. Tagung der Hochlagenbegrünung, Lech (3.–4.9.1980), S. 10–26, hier S. 18.

142 Ebenda, S. 24.

143 Ebenda.

tierte zumindest Schiechtl.[144] Er kritisierte die ökonomischen Praktiken der einschlägigen Firmen, die in der Regel nur zwei Jahre Garantie gewährten, wobei sich erfahrungsgemäß[145] erst im dritten Jahr beurteilen ließe, ob eine Begrünung erfolgreich war. Die beauftragten Unternehmen spürten also keinen wirtschaftlichen Anreiz, nachhaltig zu begrünen, da sie nach zwei Jahren die Pflege an die Skiliftbetreiber übergaben. Diese seien gezwungen, nach Ablauf der Garantie sofort zu reagieren, aber aufgrund fehlenden Wissens seien sie dazu gar nicht in der Lage. Das habe zur Folge, dass sich im Laufe der Zeit immer größere Erosionsherde bildeten, was die Kosten sukzessive in die Höhe treibe.[146]

Skiliftbetreiber und Begrünungsfirmen behalfen sich in der Praxis mit mechanischen Bodenstabilisatoren – zunächst Drahtgeflechten –, um den Bodenverlust auf steilen Flächen zu vermindern. Diese wurden vor der Spritzbegrünung ausgelegt.[147] Die Geflechte wurden mit Haken und Nägeln im Erdreich verankert, begannen im Laufe der Zeit aber zu korrodieren und mussten von den Flächen entfernt werden.[148] Solange sich Drahtgeflechte auf den Pisten befanden, konnten diese im Sommer nicht beweidet werden, da sich Kühe, Schafe oder Ziegen am Draht verletzen konnten.[149] Auch hier hatte die Industrie Abhilfe zu bieten. Ein deutscher Ableger eines multinationalen Konzerns, der sich auf Chemiefasern spezialisiert hatte, suchte nach neuen Absatzmärkten, als die europäische Textilindustrie in den 1980er-Jahren zusammenbrach. Der Konzern gründete den Arbeitsbereich *Engineering with fibres*,[150] der einen Erosionsschutz aus Nylonfasern entwickelte und vermarktete. Der Erosionsschutz wurde als ökologisch unbedenklich beworben, da man die Nylonfasern selbst dazu verwenden könne, eine Operationswunde zu vernähen.[151] „[N]icht giftig" wurde vom Anbieter mit „ökologisch unbedenklich" gleichgesetzt,[152] ohne sich über die durch Abrieb verursachten möglichen Lang-

---

144   Ebenda.
145   Hugo Schiechtl hatte bis zum Zeitpunkt seines Vortrags laut eigenen Angaben 25–30 Millionen m² mutterbodenloser Fläche in ganz Europa begrünt. Siehe dazu: Ebenda, S. 13.
146   Ebenda, S. 15.
147   Michael Manhart, Diskussionsbeitrag. In: Unveröffentlichtes Transkript der 2. Tagung der Hochlagenbegrünung, Lech (3.–4.9.1980), S. 35.
148   Ebenda.
149   Elmar Schwendinger, Diskussionsbeitrag Wiederbegrünungstagung Lech. In: Unveröffentlichtes Transkript der 3. Tagung der Hochlagenbegrünung, Lech (15.–16.9.1982), S. 36–37.
150   Peter Flasche, Enkamat für Böschungsschutz und Hochlagenbegrünung. In: Unveröffentlichtes Transkript der 4. Tagung der Hochlagenbegrünung, Lech (6.–7.10.1984), S. 11–27, hier S. 13.
151   Ebenda.
152   Marina Fischer-Kowalski, Wie erkennt man Umweltschädlichkeit? In: Marina Fischer-

zeitfolgen des erdölbasierten Produkts Gedanken zu machen. Das Nylongewebe war jedenfalls relativ teuer und Bauern befürchteten, dass das Vieh daran ersticken könnte.[153]

Als Skiliftbetreiber begannen, in Reaktion auf erhöhte Transportkapazitäten der Aufstiegshilfen Pisten zu präparieren und zu planieren, stiegen die Betriebskosten. Dabei war das Gegenteil intendiert, Pistenmanagement sollte die Zeit, in der Schnee verfügbar war, den Betriebszeiten des Skilifts annähern und damit Gewinne steigern. Die Skigebietsplaner und Wiederbegrünungsfirmen versprachen einfache, rasch wirksame und daher kostengünstige Lösungen, um Schnee und Sicherheit zu bieten, riefen aber langfristige Nebenwirkungen hervor, die für die Beteiligten überraschend waren. Kaum jemand bedachte, dass Pistenplanierungen die Bodenhydrologie und Abwasserregimes dermaßen verändern würden, dass eine Skipiste ein Jahrzehnt später einen Murenabgang auslösen konnte, der ein ganzes Dorf verwüsten sollte. Kaum jemand aus dem Kreis der Planer bedachte, dass die Eigendynamik von Bodenorganismen die Stabilität des Bodens beeinflusste. Dass eine Schiechtl-Begrünung, die nicht fachmännisch ausgeführt wurde, einen Skiliftbetreiber über Jahrzehnte zu bestimmten Pflegepraktiken zwingen würde, wurde ebenso wenig berücksichtigt, wie die Tatsache, dass die Euphorie für Kunststoffe die Weltmeere im 21. Jahrhundert in Mülldeponien verwandeln würde. Die Akteure antizipierten diese komplexen Zusammenhänge nicht und setzten wegen der steigenden Kosten auf schnell wirksame Lösungen. Auf dringlich wahrgenommene Probleme musste rasch reagiert werden. Kuriert wurden aber nur Symptome, die Ursachen blieben unbehandelt und würden zur weiteren Intensivierung der Eingriffe führen.

Als Skiliftbetreiber begannen, das hochalpine Gelände den Erfordernissen des beschleunigten Aufstiegs anzupassen, wurden sie von Planern angeleitet, die den Boden als formbares Baumaterial auffassten. In den 1980er-Jahren kämpften die Skigebietsbetreiber nach wie vor gegen die Nebenwirkungen der auf einem solchen Naturbild aufbauenden Eingriffe. Sie bildeten dabei immer öfter Allianzen mit Wissenschaftlern, von denen sie sich Anregungen erhofften, um Biodiversität und Bodenqualität zu verbessern. Das große Problem solcher Expertisen war deren Übertragbarkeit. Die Ökologie arbeitet auf kleinräumig abgegrenzten Versuchsflächen. Die Standortbedingungen variierten in der Praxis aber sehr stark. Eine Maßnahme, die auf einer Fläche erfolgreich war, konnte nur schwer auf Flächen

---

Kowalski et al., Gesellschaftlicher Stoffwechsel und Kolonisierung. Ein Versuch in sozialer Ökologie (Fakultas, Amsterdam 1997), S. 13–21.

153 Elmar Schwendinger, Diskussionsbeitrag Wiederbegrünungstagung Lech. In: Unveröffentlichtes Transkript der 3. Tagung der Hochlagenbegrünung, Lech (15.–16.9.1982), S. 36.

in anderen Gebieten übertragen werden. Skigebietsbetreiber und Begrünungsfirmen setzten zunächst noch auf Globallösungen, erlebten aber häufig das Scheitern solcher Maßnahmen. Von den Wissenschaftlern wurde erwartet, die Skigebietsbetreiber ökologisch zu schulen, um den Erfolg von Begrünungen längerfristig sicherzustellen.

Dieser letztlich transdisziplinäre Wissenstransfer fand auf den Hochlagenbegrünungstagungen in Lech statt, die Michael Manhart zwischen 1978 und 1998 organisierte. Dabei spielten Vertreter der Saatgut- und Düngemittelindustrie ebenso wie staatliche Prüfstellen wichtige Rollen. Die Grenze zwischen Wissenschaft und Industrie war in diesem Wissenstransfer sehr durchlässig geworden. Angesehene Universitätsprofessoren testeten industriell erzeugte Düngemittel und referierten ihre Erkenntnisse vor den Skigebietsbetreibern. Saatgutproduzenten integrierten das Wissen aus der betrieblichen Alltagspraxis der Skigebiete in ihre Produktion, um den Umgang mit der Erosion zu optimieren. Das wohl wichtigste Verdienst der wissenschaftlichen Experten war die Sensibilisierung der Skigebietsbetreiber für das prozessuale Denken in langen Zeiträumen, das für die Ökologie charakteristisch war. Das Konzept der Sukzession war bereits durch Hugo Schiechtl in die Wiederbegrünungspraktiken integriert worden, ebenso die Aufmerksamkeit für die Rolle von Bodenbakterien und -pilzen, der Transfer wurde durch solche Pioniere unterstützt.

Ein von Experten heiß umkämpftes Feld ist die mit der Wiederbegrünung untrennbar verbundene Düngung. Die Hersteller mineralischer Düngemittel beanspruchten seit den 1930er-Jahren Deutungshoheit und hatten die Vertreter organischer Düngepraktiken marginalisiert.[154] Die Unterscheidung zwischen mineralischen und organischen Düngern beruhte primär auf deren Wirkung im Boden. Damit organischer Dünger seine Wirkung entfalten konnte, musste er zunächst von Bodenmikroben zersetzt werden, während der Mineraldünger direkt für die Pflanzen verfügbar war. Mineralische Dünger basieren auf industriellen Syntheseverfahren (Stickstoff) oder bestehen aus Substanzen, die durch den großmaßstäblichen Abbau von Gesteinsmaterial (Kalium, Phosphor, Calcium) gewonnen wurden. Organische Dünger hingegen waren entweder Wirtschaftsdünger aus der Viehzucht oder Nebenprodukte der industrialisierten Lebensweise, fielen etwa bei der

---

154 Vgl. Frank Uekoetter, Know your soil. Transitions in farmer's and scientist's knowledge in Germany. In: John R. McNeill, Verena Winiwarter (Hg.), Soils and societies. Perspectives from Environmental History (White Horse Press, Isles of Harris 2006), S. 323–340.

Produktion des Medikaments Penicillin an[155] oder in Kläranlagen (Klärschlamm).[156] Skigebietsbetreiber setzten alle Düngerarten ein; Wirtschaftsdünger bezogen sie von den ansässigen Bauern.[157] Der Kampf der Experten um Deutungshoheit spiegelt sich in den Debatten um den Königsweg der Skipistendüngung. Die Mineraldüngemittelindustrie versuchte, ihren Einfluss durch das Angebot chemischer Bodenanalysen abzusichern – mit dem Zweck, chemische Wachstumslimitierungen aufzudecken und diese durch spezifische Düngermischungen zu kompensieren.[158] In der Praxis scheuten die Skiliftbetreiber solche Analysen und griffen lieber auf mineralische Handelsdüngermischungen zurück, die ein möglichst breites Nährstoff- und Spurenelementespektrum abdeckten.[159]

Der billige mineralische Dünger stellte die Inhaltsstoffe innerhalb von 48 Stunden zur Verfügung.[160] Dies führte dazu, dass in regelmäßigen Abständen gedüngt werden musste, da die Nährstoffe in regenreichen Gebieten rasch ausgewaschen wurden.[161] Obwohl der schnell wirksame Dünger laufend Material- und Arbeitskosten verursachte, priesen ihn Verkaufsvertreter mit dem Argument an, dass sich mit seiner Hilfe die Sukzession der Vegetation gezielt steuern lasse. Einerseits unterliege das Nährstoffangebot im Boden einer ständigen Veränderung, was sich auf die Wachstumsbedingungen der Pflanzen auswirke. Andererseits wirke die Pflanzendecke zurück auf die Nährstoffzusammensetzung im Boden. Durch Sukzession verändere sich diese Rückkopplung und damit auch die Nährstoffzusammensetzung im Boden.[162] Diese Wechselwirkung aus Sukzession und Nährstoffangebot gelte es durch engmaschige Boden- und Vegetationsanalysen und Dün-

---

155 Herbert Insam, Die Wirkung verschiedener Dünger und Begrünungstechniken auf die Mikroorganismen im Boden. In: Unveröffentlichtes Transkript der 4. Tagung der Hochlagenbegrünung, Lech (6.–7.10.1984), S. 104–110, hier S. 105.

156 Stephan Naschberger, Diskussionsbeitrag Hochlagenwiederbegrünung Lech. In: Unveröffentlichtes Transkript der 4. Tagung der Hochlagenbegrünung, Lech (6.–7.10.1984), S. 61.

157 Michael Manhart, 1984, Diskussionsbeitrag Hochlagenwiederbegrünung Lech. In: Unveröffentlichtes Transkript der 4. Tagung der Hochlagenbegrünung, Lech (6.–7.10.1984), S. 142.

158 Walter Eschlböck, Diskussionsbeitrag Hochlagenwiederbegrünung Lech, Unveröffentlichtes Transkript der 3. Tagung der Hochlagenbegrünung, Lech (15.–16.9.1982), S. 29.

159 Hugo Schiechtl, Bitumen-Stroh-Begrünungsverfahren. In: Unveröffentlichtes Transkript der 2. Tagung der Hochlagenbegrünung, Lech (3.–4.9.1980), S. 10–26, hier S. 20.

160 Horst Windholz, Diskussionsbeitrag Hochlagenwiederbegrünung Lech, Unveröffentlichtes Transkript der 3. Tagung der Hochlagenbegrünung, Lech (15.–16.9.1982), S. 73.

161 Stephan Naschberger, Diskussionsbeitrag Hochlagenwiederbegrünung Lech, Unveröffentlichtes Transkript der 3. Tagung der Hochlagenbegrünung, Lech (15.–16.9.1982), S. 115.

162 Ebenda.

gergaben zu kontrollieren.[163] Die Skigebietsbetreiber favorisierten hingegen einfache, kostengünstige und wenig arbeitsaufwendige Lösungen. Die Düngemittelindustrie reagierte darauf und propagierte einen mineralischen Dünger mit „Puffer". Eine einmalige Düngung versorge die Pflanzen über drei bis vier Jahre.[164] Der Dünger war zwar deutlich teurer, die höheren Beschaffungskosten würden sich, so hieß es, aber über die Jahre amortisieren.[165]

Die Langzeitdünger legten die Biodiversität über einen längeren Zeitraum auf die Pioniervegetation fest, weil die Pflanzenvielfalt stark von den Düngepraktiken abhängig ist. Unabhängig von der Wahl des Saatguts bestimmte das Verhältnis der Bodennährstoffe, welche Pflanzen aufgingen und welche nicht. Zudem konnte ein Überschuss eines bestimmten Nährstoffes die Einwanderung einer standortgerechten Art verhindern, da diese zumeist mit deutlich weniger Nährstoffen auskamen.[166] Dies stand im Widerspruch zu den Zielen ökologisch motivierter Wiederbegrünungsexperten, für die eine mit Gräsern bewachsene Skipiste nur ein Übergangsstadium zur standortgerechten Vegetation darstellte. Mineralische Langzeitdünger würden eine solche verzögern.[167] Organischer Dünger stelle laut dem Ingenieurbiologen Florin Florineth einen Mittelweg zwischen mineralischen Lang- und Kurzzeitdüngern dar. Er weise grundsätzlich andere Eigenschaften auf. Der organische Dünger sollte bereits vor der Begrünung auf den Flächen ausgebracht werden, löse sich im Verlauf von drei bis vier Monaten auf und stelle daher die Nährstoffe in der für Jungpflanzen wichtigsten Wachstumsphase bereit. Mineralische Dünger seien hingegen sofort wirksam, was unnötig sei, da das ausgebrachte Saatgut in den ersten Wochen gar keiner externen Nährstoffzufuhr bedürfe. Der langfristig wirksame Mineraldünger hingegen setze die Nährstoffe zu spät frei.[168]

Die Vertreter der mineralischen Düngemittelindustrie widersprachen Florineth vehement. Ihre Kritik fokussierte auf das Zusammenspiel von Bodenmikroben und organischem Dünger. Der organische Dünger sei für die Nährstofffreigabe auf die Aktivität temperaturabhängiger Bodenmikroben angewiesen und daher kaum zu kontrollieren. Ein rascher Wechsel von Warm- und Kaltphasen könne dazu führen, dass organischer Dünger seine Nährstoffe freisetze. Bei kühlem Wetter habe die Vegetation aber überhaupt keinen Nährstoffbedarf und Dünger würde einfach ausgewaschen werden. Der teure organische Dünger würde dann einzig

---

163 Insam, Die Wirkung verschiedener Dünger, S. 110.
164 Eschlböck, Diskussionsbeitrag, S. 29.
165 Windholz, Diskussionsbeitrag, S. 75.
166 Siehe: N. N., Diskussionsbeitrag Hochlagenwiederbegrünung Lech. In: Unveröffentlichtes Transkript der 3. Tagung der Hochlagenbegrünung, Lech (15.–16.9.1982), S. 120.
167 Florineth, Die Verwendung standortgerechten Saatgutes, S. 85.
168 Ebenda.

und allein zur Eutrophierung der Gewässer beitragen.[169] Der mineralische Dünger wäre hingegen „sympathischer",[170] da er punktgenauer einsetzbar sei und sich eine Überdüngung daher eher vermeiden lasse.[171] Ein Vertreter einer Biochemiefirma mischte sich in diesen Disput ein und schlug sich auf die Seite Florineths. In seiner Argumentation bezog er sich auf die metabolischen Raten der Bakterien, die über die Umgebungstemperatur mit dem Metabolismus der Pflanzen synchronisiert seien. Diese Synchronisation von Bodenmikroben, Vegetation, Wetter und sozial erwünschtem Ergebnis wurde in der Folge zum wichtigsten Argument der organischen Düngemittelindustrie im Wettbewerb mit den Anbietern der billigeren mineralischen Dünger.[172] Als weitere Argumente führten die Vertreter organischer Dünger ins Feld, der Mineraldünger sei zwar im Einkauf billiger, die notwendige langfristige Überwachung des Bodens würde die anfängliche Einsparung aber bald verringern. Beim organischen Dünger hingegen erledigten die Bodenmikroben die Arbeit für die Skigebietsbetreiber, was sich letztlich in deren Bilanzen niederschlagen könne.[173]

Organische Dünger würden zudem das Wachstum der Bodenorganismen – wie Bakterien und Pilze – beschleunigen. Manche Pilze hatten auf Skipisten eine wichtige Rolle. Die sogenannten Mykorrhizen besiedelten die Pflanzenwurzeln[174] und bildeten weitläufige Netzwerke.[175] Die unterirdischen Pilzfäden würden, so wurde argumentiert, lose Bodenpartikel zu festen Klumpen aggregieren, was den Boden weniger anfällig für Erosion mache.[176] Der von Schubraupen devastierte Boden nach einer Skipistenplanierung hemme das Wachstum der Mykorrhizen. Diese schlechten Umweltbedingungen konnten durch falsches Düngen weiter verschlechtert werden. In Versuchen auf hochalpinen Flächen hätten die Proponenten organischer Dünger herausgefunden, dass der Mineraldünger die Pilze bei unsachgemäßer Verwendung sogar abtötete.[177]

Die Düngerfrage war mit der Frage des künftigen Zustands und der Nutzung der Ökosysteme auf Skipisten verknüpft. Darüber herrschte Uneinigkeit. Als sich

---

169 Windholtz, Diskussionsbeitrag, S. 114.
170 Ebenda.
171 Ebenda.
172 Insam, Die Wirkung verschiedener Dünger, S. 107.
173 Ebenda.
174 Kurt Haselwandter, Einfluß verschiedener Dünger und Begrünungsmaßnahmen auf Bodenmikroorganismen. In: Unveröffentlichtes Transkript der 4. Tagung der Hochlagenbegrünung, Lech (6.–7.10.1984), S. 101–114, hier S. 101–104.
175 Ebenda.
176 Ebenda, S. 104.
177 Ebenda, S. 106.

ein Vertreter der Chemie Linz AG 1978 auf die Seite eines Tiroler Skigebietsbe-
treibers stellte, dessen langfristiges Ziel keine standortgerechte Vegetation, sondern eine hochproduktive Graslandschaft war, wurde dieser Konflikt offenkun-
dig.[178] Hugo Schiechtl sprach den Vertreter auf diese Aussage an: „Woher beziehen
Sie ihre Meinung, daß die Rasen, die wir schaffen, unbedingt 70 % Gräser enthalten müssen?"[179] Der Vertreter verwies auf den Leiter der „Landesanstalt für Pflanzenzucht und Samenprüfung" in Innsbruck.[180] Ohne „zielgerichtete, bewußte
Düngung",[181] sei dieser Zustand weder zu erreichen noch dauerhaft zu erhalten.[182]
Schiechtl konterte, dass die Landwirtschaft sich im hochalpinen Raum aus der Flächenbewirtschaftung zurückgezogen habe. Daher seien solche produktionsorien-
tierten Ziele um landschaftsästhetische, ökologische und erosionstechnische Ziele zu erweitern.[183] Der beste Schutz gegen Erosion sei immer noch ein großer Anteil
unterirdischer Biomasse, der bei der naturnahen Alpenflora um ein 25-faches über
jener von Gräsern liege.[184] Daher sei die Düngung so auszurichten, dass auch Alpen-
rosen, Heidelbeeren und Erika wieder wachsen könnten.[185] Bis 1986 hatte sich dieser Konflikt zugunsten der Skiliftbetriebe verschoben: Eine künstliche Begrünung
sei zwar immer nur eine Übergangslösung, man dürfe sich aber nicht der Illusion
hingeben, dass sich auf solchen Flächen Zwergsträucher etablieren sollten, nachdem diese Pistenraupen- und Skifahrer gleichermaßen behinderten.[186]

Das Ziel der Wiederbegrünung war Ende der 1980er-Jahre ein Ökosystem, das
dauerhaft in der gewünschten Sukzessionsstufe verharrte. Die Artenzusammen-
setzung sollte im Sommer den Anschein einer standortgerechten, alpinen Flora
vermitteln, durfte den Einsatz der Pistenraupen im Winter aber nicht behindern.
Eine ausschließlich aus produktiven Gräsern bestehende Fläche würde diesen
Zweck nur bedingt erfüllen, da Gräser die Bodenhaftung des Schnees reduzieren
und so die Pistenpräparation erschweren. Ein zu hoher Anteil an Zwergsträuchern

---

178 Horst Windholtz, Hydrosaat-Verfahren unter Verwendung von Torboflor und Mineral-
     dünger. In: Unveröffentlichtes Transkript der 2. Tagung der Hochlagenbegrünung, Lech
     (3.–4.9.1980), S. 73–100, hier S. 82.
179 Schiechtl, Diskussionsbeitrag, in: Ebenda, S. 86.
180 Windholtz, Hydrosaat-Verfahren, S. 86.
181 Ebenda.
182 Ebenda, S. 82.
183 Ebenda, S. 87.
184 Gräser würden höchstens 200 g/m² liefern, hingegen betrüge die Wurzelmasse bei den
     klassischen Almweiden um die 5000 g/m², siehe: Schiechtl, Diskussionsbeitrag, S. 88.
185 Ebenda.
186 Stefan Naschberger, Die Düngung von Skipisten und Forstkulturen – neueste Forschungs-
     ergebnisse. In: Unveröffentlichtes Transkript der 5. Tagung der Hochlagenbegrünung,
     Lech (3.–4.9.1986), S. 100–109, hier S. 101.

würde den Arbeitseinsatz erhöhen, da diese im Herbst zurückgeschnitten werden mussten. Begrünung sollte eine Landschaft schaffen, die auf die saisonal variierende Nutzung abgestimmt war. Die Skigebietsbetreiber erkannten bald, dass die neu kreierten Graslandschaften neben der Düngung weiterer Pflege bedurften, ansonsten schritt die Sukzession der Flächen fort. Wurde die Sukzession nicht behindert, bildete sich zuerst eine Strohschicht aus, auf der der Schnee leicht abglitt, was die mechanische Pistenpräparation erschwerte. Später rückten Büsche und Bäume nach. Auf traditionell bewirtschafteten Flächen verhinderten Kühe, Schafe oder Ziegen die Sukzession. Mitte der 1980er-Jahre zogen sich die Bauern wegen der schlechten Qualität des Heus aber immer häufiger aus der Bewirtschaftung der präparierten Skipisten zurück, da die Bewirtschaftung unrentabel war.[187] Erfolgte keine landwirtschaftliche Flächenbewirtschaftung, mussten Skiliftbetreiber Mitarbeiter für das sommerliche Pistenmanagement abstellen. Problematisch wurde es oberhalb von 2000 Metern, wo keine traditionelle Hochalpenbewirtschaftung mehr stattfand. Dort waren Skigebietsbetreiber zumindest einmal im Jahr zur mechanischen Grünflächenpflege gezwungen, was technisch schwierig, arbeitsintensiv und teuer war.[188]

Die in diesem Abschnitt geschilderten Meinungsverschiedenheiten zwischen den Experten bieten nur einen kleinen Einblick in die Diskussionen, die jenen Lernprozess begleiteten, den die Nebenwirkungen der Pistenplanierungen in Gang setzten. Die hier rekonstruierten Konfliktlinien zeigen aber deutlich, wie intensiv sich Skiliftbetreiber mit den Nebenwirkungen der Pistenbauten beschäftigen und welche Praktiken sie im Umgang mit der völlig unterschätzten Eigendynamik des Bodens und der Vegetation einsetzen mussten. Dieser Lernprozess wurde durch den Konflikt zwischen der mineralischen und organischen Düngemittelindustrie um Deutungshoheit keineswegs vereinfacht; sie präsentierten ihre Produkte als einander ausschließende Optionen. Mineraldünger wurden eingesetzt, um den Mangel eines Nährstoffs auszugleichen, während organischen Substanzen eine wichtige Rolle für langfristige Bodenverbesserung zukam. Die langfristigen, über Materialität vermittelten disziplinierenden Effekte von nach kurzfristigen Kriterien getroffenen Entscheidungen über das Pistenmanagement zeigen sich besonders deutlich an der Frage der Wiederbegrünung. Setzten die Skiliftbetreiber hierbei auf die falsche Strategie, konnte sie dies über Jahrzehnte dazu nötigen, Arbeits-

---

187 Winfried Hofinger, Diskussionsbeitrag Hochlagenwiederbegrünung Lech. In: Unveröffentlichtes Transkript der 4. Tagung der Hochlagenbegrünung, Lech (6.–7.10.1984), S. 49.

188 Leonhard Köck, Veränderungen des Pflanzenbestandes rekultivierter Skiflächen in Abhängigkeit des Einsaatalters und des Standortes. In: Unveröffentlichtes Transkript der 4. Tagung der Hochlagenbegrünung, Lech (6.–7.10.1984), S. 18–47, hier S. 43.

kraft, Material, Energie und Kapital für das Management des wintertouristischen Schauplatzes abzustellen.

4.2.2   Rasensoden und die Begrünungsindustrie

Walter Krieg, der Leiter der „Vorarlberger Naturschau", Gast auf der zweiten Tagung zur Hochlagenbegrünung in Lech 1980, gab zu bedenken, dass es ökonomisch rentabel wäre, auf ökologische Prinzipien zu setzen, denn die „Ökologie sei nichts anderes als Langzeitökonomie".[189] Krieg warnte, den vermeintlich günstigen und erfolgversprechenden Verfahren der Begrünungsindustrie zu vertrauen. Sein Appell verhallte zunächst ungehört;[190] erst im Laufe der Jahre sollte er verstanden werden:

> Ja wir waren stolz auf unseren großen ‚Hobel' [eine 32 Tonnen schwere Planierraupe, R. G.] [...] Wir waren auch stolz auf unseren weltberühmten Pistenplaner, Hofrat Friedl Wolfgang, den liebenswerten Tiroler aus Niederösterreich. Es herrschte damals die Philosophie der Skiautobahn, die Mode ‚Lizum' und ‚Sapporo'[191] der sechziger Jahre. [...] Die Menschen wurden wieder einmal schneller tüchtig als weise.[192]

Was hier als ‚Mode' bezeichnet wird, könnte auch einseitiges Vertrauen auf Expertisen genannt werden. Naturschutzexperten propagierten schon längere Zeit schonendere Verfahren, waren allerdings nicht in der Lage, ihre Position in ein für Skigebietsbetreiber glaubhaftes, ökonomisch untermauertes Argument zu übersetzen. Daher vertrauten die Skigebietsbetreiber nahezu blind selbsternannten Experten wie Wolfgang Friedl, die in der ganzen Welt Pisten planten und die Verfahren der Wiederbegrünungsindustrie propagierten.

Erst als sich andere, durchaus anerkannte Experten aus dem Forstwegebau zu Wort meldeten,[193] wie Hofrat Karl Splechtna, wurden die Skigebietsbetreiber aufmerksam. Splechtna transferierte die Praktik des Ausstechens von Rasensoden aus dem Forstwegebau in den Skipistenbau, was dessen Kostenstruktur änderte. Beim alten Verfahren mit Schubraupen wurden rund 55 Prozent für die Planie, zehn Prozent für Sprengungen und 35 Prozent für das Wiederbegrünen und Düngen ausgegeben. Dagegen konzentrierten sich die Kosten beim Pistenbau mit Baggern

---

189 Walter Krieg, Hochlagenbegrünung aus Sicht der Landschaftsschutzbehörde. In: Unveröffentlichtes Transkript der 2. Tagung der Hochlagenbegrünung, Lech (3.–4.9.1980), S. 41–73, hier S. 54.

190 Ebenda, S. 72.

191 Austragungsorte von olympischen Winterspielen im 20. Jahrhundert.

192 Krieg, Hochlagenbegrünung aus Sicht der Landschaftsschutzbehörde, S. 72.

193 Ebenda.

zu 72 Prozent auf die Planie, 20 Prozent auf die Sprengungen und gerade einmal acht Prozent auf die Wiederherstellung einer grünen Wiese.[194] Splechtna meinte: „Heute sind 95 % aller notwendigen Skiabfahrten gebaut. […] Unsere Weisheit kommt zu spät. Wer den Unterschied so hautnah erlebt hat – der kann nur weinen!"[195] 2015 bestätigte Michael Manhart die Worte Splechtnas: „[M]an [ist] sehr schnell draufgekommen, dass das [die Wiederbegrünung, R. G.] ein Schuss ins eigene Knie war."[196] „Und dann hat man gelernt, […] dass man eben mit Bagger die Vegetation abhebt und den Humus wegtut, und dann kann man aufführen was man will."[197] Die abgehobene Vegetation wurde nach erfolgten Geländearbeiten wieder aufgelegt, dieses Verfahren war wesentlich erfolgreicher.

Naturschauleiter Krieg versuchte, das Ausstechen von Rasensoden zu propagieren, da es keinen langfristigen Zwang zur permanenten Intervention in die Fläche durch Düngung, Saatgut und Beweidung erzeugte.[198] Als praktisches Beispiel führte Krieg den Bau der Großglockner-Hochalpenstraße in den 1930er-Jahren an. Dort wurden bei Baubeginn Rasenstücke, sogenannte Soden, ausgestochen, während der Bauarbeiten gelagert und anschließend auf den veränderten Flächen eingesetzt.[199] In den frühen 1950er-Jahre wurden beim Bau von Skiliften oder der Anlage von Schlepplifttrassen vereinzelt Rasensoden ausgestochen, da keine alternativen Verfahren der Erosionsbekämpfung verfügbar waren.[200] Als in den 1970er- und 1980er-Jahren Pisten in großem Stil gebaut wurden, war das Verfahren aufgrund der hohen Arbeitskosten nicht mehr konkurrenzfähig. Das preisgünstigere Anspritzverfahren wurde favorisiert.

Ende der 1970er-Jahre bot die Industrie komplette Wiederbegrünungspakete an. Sie umfassten Produkte und Dienstleistungen: Saatgut, Dünger, Bodenanalyse, Expertise, Ausführung, die entsprechenden Maschinen sowie Werkzeuge. Der rasch auftretende Preiskampf zwischen den Firmen führte dazu, dass die Industrie ihre Marketingexperten zu den Skigebietsbetreibern schickte. Das Gros der Skigebietsbetreiber schenkte den billigeren Lösungen der Wiederbegrünungsfirmen mehr Vertrauen als dem altmodischen, technisch nicht besonders anspruchsvollen Verfahren. Das Ausstechen der Rasensoden setzte Fingerspitzengefühl, Augenmaß und die Bereitschaft voraus, anfänglich deutlich höhere Kosten in Kauf zu nehmen. Selbst als Skigebietsbetreiber zu erkennen begannen, dass ihnen die

---

194 Ebenda, S. 62.
195 Ebenda.
196 Manhart, Oral History Interview, S. 8.
197 Ebenda.
198 Krieg, Hochlandbegrünung, S. 53.
199 Ebenda.
200 Manhart, Oral History Interview, S. 24.

Wiederbegrünung eine ganze Reihe langfristiger Probleme bescherte, setzten sie auf Lösungen aus der Saatgut- und Düngemittelindustrie.[201] Die Deutungshoheit der Wiederbegrünungsexperten und die Tatsache, dass sich das Ausstechen der Rasensoden nur schwer professionalisieren ließ, drängte diese erfolgreiche Praktik für einige Jahrzehnte aus dem Wahrnehmungshorizont der Akteure.

Universitätsprofessor Florin Florineth griff die fast vergessene Praktik auf und ließ das Rasensodenverfahren 1982 von Dissertanten untersuchen, um Belege für dessen Wirksamkeit zu sammeln. Im Fokus standen anwendungsorientierte Fragen: Wie lange ließen sich die Rasensoden lagern? Wie hoch konnten die ausgestochenen Rasenteile übereinandergestapelt werden? Welche Rasentypen waren dafür am geeignetsten?[202] Ab 1984 wurde das Stechen der Rasensoden auch dadurch wieder breiter diskutiert. Dabei zeigte sich, dass sich das Verfahren abseits des Einflussbereichs der Industrie bereits zu etablieren begonnen hatte. Der Landschaftsplaner Hans Zaugg berichtete, dass der „Landschaftsschutzverein Kleinwalsertal" schon 1979 einen ersten Versuch mit Rasensoden am Walmendingerhorn gestartet hatte, um eine erodierte Skipiste zu stabilisieren. Dieser sei vielsprechend verlaufen.[203] Leonhard Köck von der Landesanstalt für Pflanzenzucht und Samenprüfung in Tirol hatte einen Skigebietsbetreiber ermutigt, die abgehobene Rasenfläche auf einer Skipistenplanie anzubringen, anstatt eine Wiederbegrünung durchzuführen. Die Rasensoden seien über den Sommer wunderbar angewachsen, sodass eine zusätzliche Begrünung unnötig geworden sei.[204] Auch die Ergebnisse von Florineths Dissertanten waren vielversprechend: Die abgehobene Grasdecke ließ sich ohne weiteres den ganzen Sommer lagern und bis zu einem Meter hoch stapeln, ohne größeren Schaden zu nehmen. 90 Prozent der Vegetation überstand die Behandlung schadlos und die Ausfälle seien durch Einsaat von Heublumen leicht zu kompensieren.[205] Michael Manhart hingegen hatte andere Erfahrungen: In Lech hatten die Rasenziegel nur zwei Wochen überlebt.[206] Der Grund dafür war die starke mikrobielle Aktivität, die dazu führte, dass sich der aufgetürmte Rasen stark

---

201 Florineth, Die Verwendung standortgerechten Saatgutes, S. 101.
202 Ebenda.
203 Zaugg, Wissenskonzentrat, S. 82.
204 Köck, Veränderungen des Pflanzenbestandes, S. 18–47.
205 Anna Mair, 1984, Diskussionsbeitrag Hochlagenwiederbegrünung Lech. In: Unveröffentlichtes Transkript der 4. Tagung der Hochlagenbegrünung, Lech (6.–7.10.1984), S. 92.
206 Michael Manhart, Diskussionsbeitrag Hochlagenwiederbegrünung Lech. In: Unveröffentlichtes Transkript der 4. Tagung der Hochlagenbegrünung, Lech (6.–7.10.1984), S. 92.

erhitzte.[207] Die Lecher richteten infolge die Arbeit an der Aktivität der Bodenmikroben aus. Anstatt den gesamten Rasen abzutragen, die Pistenplanie durchzuführen und den Rasen wieder anzubringen, hoben die Bagger jeweils so viel Rasenfläche ab, wie innerhalb kurzer Zeit planiert werden konnte. Bei kühlem Wetter blieb den Baggerfahrern etwas mehr Zeit, brannte die Sonne auf die Rasensoden, galt es, den Arbeitsvorgang zu beschleunigen.[208] Die Geschwindigkeit der Bauarbeiten wurde den metabolischen Raten der Bodenorganismen angepasst. Doch selbst wenn die Rasensoden durch die Hitze, die durch die Vergärung entstand, von innen heraus „zerkocht" wurden, pflanzte man sie noch ein, um den Humus zu erhalten.[209]

Das Ausstechen von Rasensoden diente in Lech auch zur Renaturierung von mit der Spritzmethode wiederbegrünten Flächen. Erste Versuche erfolgten 1986. Manhart ließ im Abstand von etwa einem Meter Rasensoden von unbearbeiteten, artenreichen Flächen ausstechen. Diese wurden anschließend in Skipisten mit artenarmer Rasenvegetation eingepflanzt. Im Gegenzug transplantierten die Skiliftangestellten die Rasenziegel der artenarmen Flächen in die artenreiche Wiese. Auf diese Weise wurden die Pflanzengesellschaften mosaikartig auf einer Gesamtfläche von 2000 Quadratmetern ausgetauscht, um herauszufinden, ob sich dadurch der Zustand der artenarmen Flächen verbessern würde. Schon nach einigen Wochen zeigte sich der Erfolg. Die Rasensoden waren gut angewachsen und hatten tiefe Wurzeln ausgebildet. Längerfristig ging man davon aus, dass sich die transferierten Pflanzengesellschaften der artenreichen Flächen über die Rhizome in den artenarmen Flächen verbreiten würden und umgekehrt. Das Ziel dieses Versuches war, die Einwanderung der standortgerechten Vegetation in die zwar schön grünen, aber artenarmen Graslandschaften zu beschleunigen. Wie Manhart formulierte: „Wenn wir nichts tun, dann geht es auch, allerdings erheblich langsamer, wenn die Natur von der Seite her wieder diese umgedrehten Flächen zurückerobern soll."[210]

Im Laufe der 1980er-Jahre wurde immer offensichtlicher, dass Rasensoden zur Erosionsvermeidung und hinsichtlich der Biodiversität günstiger waren als die bis dato üblichen Wiederbegrünungen. Mehrere Boden- und Vegetationsuntersuchungen hatten gezeigt, dass die Rasensoden rasch tiefgründige Wurzeln ausbil-

---

207 Kurt Schönthaler, Diskussionsbeitrag Hochlagenwiederbegrünung Lech. In: Unveröffentlichtes Transkript der 4. Tagung der Hochlagenbegrünung, Lech (6.–7.10. 1984), S. 93.

208 Manhart, Diskussionsbeitrag, S. 92.

209 Ebenda.

210 Michael Manhart, Diskussionsbeitrag Hochlagenwiederbegrünung Lech. In: Unveröffentlichtes Transkript der 5. Tagung der Hochlagenbegrünung, Lech (3.–4.9.1986), S. 27.

deten. Diese verbanden die Soden mit dem Untergrund, was der Oberfläche der Geländeplanie große Stabilität verlieh.[211] Der Unsicherheitsfaktor Saatgut konnte durch das Verfahren völlig eliminiert werden. Die Flächen mussten zwar anschließend weiterhin gepflegt werden, die Pflege war aber deutlich weniger intensiv und konnte früher beendet werden. Trotz der praktischen Erfolge des Verfahrens wurde kaum darüber berichtet. Erst 1993 erschien in der Fachzeitschrift MiS ein kurzer Artikel dazu, in dem davon die Rede war, dass man diese Vorgehensweise vereinzelt praktiziere.[212] Ein Grund für das Schweigen um das Verfahren in MiS lag womöglich darin, dass das Stechen von Rasensoden im Gegensatz zur Anspritzbegrünung nicht von Firmen angeboten wurde, die in der Zeitschrift inserierten. Das neue Verfahren wurde von lokalen Baufirmen unter Aufsicht der Skiliftbetreiber durchgeführt.

Die Berücksichtigung längerer Zeiträume im Skipistenbau wurde von Naturschützern eingefordert, zunächst aber ohne Resonanz. Erst als einzelne Skigebietsbetreiber in Österreich anhand von Beispielen aus der Praxis und mittels Zahlen glaubhaft machen konnten, dass höhere Anfangsinvestitionen, die durch die biodiversitätsschonenden Praktiken entstanden, in längerer Perspektive wirtschaftliche Vorteile brachten, überzeugte dies andere Betreiber. Die prekäre wirtschaftliche Situation, in der sich viele Liftunternehmen in Österreich befanden, brachte sie dazu, ihre Baupraktiken stärker an die ökologischen Gegebenheiten im Hochgebirge anzupassen. Das Schiechtl-Verfahren setzte am blankliegenden Boden an, wo es den Grundstock für die Sukzession in ein Grasökosystem lieferte. Das Verfahren war aufgrund der kurzen Reproduktionszyklen im hochalpinen Gelände zeit-, arbeits-, material- und letztlich kostenintensiv. Der steigende Kostendruck und die Allianz von Wissenschaft und Industrie führten dazu, dass mit dem Verpflanzen von Rasensoden ein bereits existierendes, aber in Vergessenheit geratenes Verfahren wieder eingesetzt wurde.

Parallel zur Ökologisierung der Wiederbegrünung beschleunigte sich allerdings die Verbreitung der Pistenplanien, wie die Aufzeichnungen der Naturschutzanwaltschaft Vorarlberg aus Lech und Zürs, St. Gallenkirch und Gaschurn sowie Damüls zeigen. Zwischen 1981 und 1990 verzeichnete man 20 bearbeitete Anfragen für Pistenbauten (= 13 % aller Ansuchen).[213] In der folgenden Dekade stieg die Anzahl auf 31, etwa 15,4 Prozent aller Ansuchen. Nach 2000 nahm die Zahl dramatisch zu. 120 Mal suchten Skiliftbetreiber um eine Bewilligung für Skipis-

---

211 Ebenda.
212 Josef Mannhart, Pflanzensoziologische Aspekte der Skipistenbegrünung aus Alpwirtschaftlicher Sicht. In: MiS 1 (1993), S. 52–56, hier S. 55.
213 Gezählt wurden Skiliftbauten, Skipistenbauten, Güter- und Forstwege sowie die Errichtung oder Änderung an Schneeanlagen.

tenbauten an; das entspricht 46 Prozent aller Ansuchen aus den betreffenden Gemeinden Lech und Zürs, St. Gallenkirch und Gaschurn sowie Damüls.[214] Ebenso sprunghaft stieg die Zahl der Beschneiungsanlagen. Ein für effizienzsteigernde Maßnahmen typischer, zweifacher Rebound-Effekt ist zu konstatieren. Die ökologischere und billigere Praktik des Pistenbaus mit Rasensoden führte zu einer sprunghaften bis heute anhaltenden Zunahme der Pistenbauten. Die Gewissheit, die Nebenwirkungen der Pistenplanie zu langfristig sinkenden Kosten beherrschen zu können, gab den Skiliftbetreibern außerdem die Möglichkeit, Beschneiungsanlagen zu bauen.

Wie in diesem Kapitel gezeigt, ebnete die Schiechtl-Begrünung den Weg, die Nebenwirkungen von Pistenplanien, die vielerorts eine intensivere Pistenpräparierung überhaupt erst ermöglichten, einzudämmen. Ende der 1990er Jahre hatten die Skiliftbetreiber genügend Erfahrung mit diesem Verfahren gesammelt, um dessen langfristige Kosten zu beurteilen. Parallel dazu etablierte sich die Praktik des Rasensodenstechens, die bei einer Kosten-Nutzen-Analyse deutlich besser abschnitt, vorausgesetzt, man berücksichtigte die langfristigen Kosten. Skiliftbetreiber konnten den praktischen Aufwand, der erforderlich war, um die Sukzession auf den Flächen zu stabilisieren, nun deutlich besser einschätzen. Dieses Wissen schuf Freiräume für weitere Transformationen der wintertouristischen Schauplätze durch Beschneiungsanlagen, die ihrerseits den Wert des Schnees veränderten. Technisch produzierter Schnee ist ein teures Gut, das die ihrerseits teuren, aber mittlerweile beherrsch- und kalkulierbaren Geländearbeiten rechtfertigte. Beschneiungsanlagen selbst sind als eine der Reaktionen auf die Beschleunigung des Aufstiegs durch mechanische Aufstiegshilfen zu interpretieren. Wie sie etabliert wurden und zu welchen neuen Risiken und Konflikten dies führte, wird im nächsten Abschnitt diskutiert.

4.3   „SCHNEIZWANG WEGEN ERHÖHTER FÖRDERLEISTUNG"[215] DER SKILIFTE?

Schneearme Zeiten waren in den Alpen keineswegs außergewöhnlich. Der 1837 in Feldkirch geborene Volkskundler, Kulturhistoriker und Reiseschriftsteller Ludwig Hörmann von Hörbach bereiste an der Wende vom 19. zum 20. Jahrhundert

---

214 Naturschutzanwaltschaft Vorarlberg, Aufstellung der Bewilligungsansuchen für Skilifte, Beschneiungsanlagen und Geländebauten für die Gemeinden Lech, St. Gallenkirch, Gaschurn und Damüls, unveröffentlichte Statistik der Naturschutzanwaltschaft Vorarlberg. Mit freundlicher Genehmigung der Naturschutzanwaltschaft Vorarlberg.
215 N. N., Schneien in Österreich. In: MiS 3 (1991), S. 45–46, hier S. 45.

weite Teile der Alpen und verfasste eine Reihe volks- und landschaftskundlicher Aufsätze. Diese erschienen vor allem in deutschnational orientierten Tageszeitungen und in den „Mitteilungen des deutschen und österreichischen Alpenvereins".[216] 1920 beobachtete er, dass Talbewohner in der Regel davon ausgingen, dass der Winter in den Bergen noch viel schlimmer sein müsse als der im Tal, der bereits sehr ungemütlich sei. Er trat dem entgegen:

> Dem ist aber keineswegs so. Und so kann es sein, dass sich der Winter an bestimmten Orten bis in den Jänner hinein als sonnig und mild gestaltet. Auch wenn es schon Anfang Dezember einschneit, sind Föhnwetterlagen, die den Schnee sehr schnell regelrecht ‚auffressen' und längere Schönwetterperioden keine Seltenheit. Bei den Bewohnern sind diese milden und vor allem aperen Winter unbeliebt, da sie den Holztransport erschweren und der Schutz für die Wintersaat fehlt. Es fehlt an Feuchtigkeit und kommt zur Ausbreitung von Schädlingen.[217]

Hörmanns Text zeigt, wie dynamisch der Winter in den Bergen verlaufen konnte und wie wenig die Bewohner es goutierten, wenn sich der Winter nicht an die gewohnten Rhythmen hielt, da bergbäuerliche Praktiken auf tiefe Temperaturen und das Vorhandensein von Schnee abgestimmt waren.

Für die Skiläufer der späten 1940er-Jahre stellte Schneemangel wohl ein lästiges, aber kein unlösbares Problem dar. Michael Manhart erinnert sich, dass es auch in Lech in seiner Kindheit in den 1940er-Jahren bereits längere schneefreie Zeiten gab,

> [...] vor allem auf den Südhängen, sprich vom Schlegelkopf abwärts. [...] Da hat ein Lecher Skilehrer, der Eugen Zier, seine Gäste geschnappt, ist zu Fuß von Lech ins Weibermahd hinauf, [...] eineinhalb Stunden gelaufen, und hat dort auf den schattigen Nordhängen auf dem Raureif Schiunterricht erteilt. [...] Die meiste Zeit ist mit Skitragen draufgegangen, und Schwätzen, und Stories erzählen. Und alle waren glücklich.[218]

Die Skifahrer waren zu jener Zeit, als der Skilift noch nicht das Rückgrat des Skisports darstellte, unabhängig in der Wahl ihrer Abfahrtsstrecke. Das ermöglichte einen flexiblen Umgang mit den dynamischen Wetterverhältnissen im Alpenraum.

---

216 Österreichisches Biographisches Lexikon (ÖBL) 1815–1950, Bd. 2. Lfg. 9, 1959, S. 366–367. Abrufbar unter: URL: http://www.biographien.ac.at/oebl (7.8.2018).
217 Ludwig von Hörmann, Der Winter in den Alpen. In: Feierabend (15. Julmond 1920), S. 249–251.
218 Manhart, Oral History Interview, S. 3.

Die Skifahrer folgten der Expertise von Skilehrern und der lokalen Bevölkerung, die jene Flecken im Dorf kannten, wo selbst in warmen Wintern ein wenig Schnee lag. Diese Flexibilität kam dem Skilauf abhanden, als Skilifte gebaut wurden, die den Strom der Skiläufer auf klar definierte Geländeabschnitte fixierten. Wer einen Skilift betrieb, mußte regelmäßig neuen Schnee beschaffen. Die Technik dafür hatte man den Bergbauern abgeschaut, die Mist oder Heu seit Jahrhunderten mit Schlitten transportierten, die mittels eines Transportseils über eine Umlenkrolle bergwärts gezogen wurden. Die Liftarbeiter wurden angewiesen, Schnee aus den schattigen Tobeln und Schluchten per Pferdeschlitten zu den Skiliften zu bringen, um ihn dort auf den Skirouten und vor allem den Schleppliftspuren auszubringen.[219] Diese „Heiden-Schinderei"[220] wurde erleichtert, als die Lecher Bauern Traktoren angeschafft hatten und damit Schnee transportieren konnten.[221] Dieser Schneeimport ermöglichte den Betrieb der Skilifte auch bei sehr wenig Schnee, so Manhart.

Die technische Beschleunigung skiläuferischer Praktiken durch mechanische Aufstiegshilfen zwang also nicht nur den Skifahrern bestimmte raumzeitliche Verhaltensmuster auf, sie disziplinierten auch die Liftbetreiber zu einem neuen Umgang mit dem Schnee, um die Umweltdynamik wenigstens ein Stück weit den betriebswirtschaftlichen Erfordernissen anzupassen. Die regelmäßig auftretende, wetterbedingte Schneeknappheit auf Skipisten wurde durch die von mechanischen Aufstiegshilfen beschleunigten Aufstiegs- und Abfahrtszyklen verstärkt. Bereits in den 1960er-Jahren beschäftigte der Schneekonsum durch Massenabfahrtsskilauf die Skigebietsbetreiber. Messungen zeigten, dass ein einziger Skiläufer durchschnittlich bis zu einer Tonne Schnee pro Tag talwärts schob. Je stärker Skiliftbetreiber die Skiläufer räumlich konzentrierten, desto beanspruchter waren die Pisten.[222] Schneemangel in Skigebieten sollte daher primär als ein von den Betreibern und der Industrie verursachtes Problem verstanden werden, das Pistenmanagement zwar kompensierte, aber bis zur Einführung von Beschneiungsanlagen nicht beseitigte. Jede Steigerung der Förderkapazität disziplinierte dazu, das Verhältnis zum Schnee rationeller zu gestalten.

Dass Intensivierung nötig wurde, zeigt sich deutlich in der Gegenüberstellung der Förderkapazität der mechanischen Aufstiegshilfen und der Pistenflächen in St. Gallenkirch, Gaschurn, Lech und Damüls (Abb. 31 auf S. 236).

---

219 Ebenda.
220 Ebenda.
221 Ebenda.
222 Manhart, Oral History Interview, S. 21.

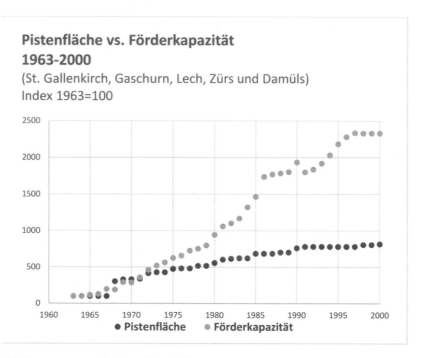

Abbildung 31: Pistenfläche und Förderkapazität.

Das Diagramm zeigt die durch Intensivierung bewirkte zunehmende Vulnerabilität der Skiliftbetreiber. Die Transportkapazität wuchs zwischen der Einführung der Pistenraupen im Jahr 1963/64 und dem Jahr 2000 um etwa das 25-fache; die Fläche der präparierten Skipisten vergrößerte sich aber nur um das achtfache. Pistenflächen konnten wegen rechtlicher Einschränkungen seit Mitte der 1970er-Jahre, wie beispielsweise durch Flächenwidmungspläne und Natur- und Landschaftsschutzgebiete, nicht mehr stark erweitert werden. Das Zusammentreffen einer innovationsorientierten Industrie, die effizientere Skilifte auf den Markt brachte, mit der großzügigen Vergabe von Fördergeldern für diese ermöglichten das große Wachstum. Betrachtet man Fläche und Förderkapazität gemeinsam, lässt sich das Ausmaß der Intensivierung auf den Skipisten erahnen, das durch Verdichtung der Skiläufer auf den Skipisten und eine stärkere Belastung des Schnees sprunghaft anwuchs. Dieses Phänomen beschränkte sich keineswegs auf die in Abbildung 31 gezeigten Skigebiete. Als in den späten 1980er- und frühen 1990er-Jahren eine Serie außergewöhnlich warmer, schneearmer Winter auftrat, sah sich das österreichische Bundesministerium für Verkehr sogar dazu gezwungen, die Überfüllung auf österreichischen Skipisten, die sich aus verknappten Schneeflächen bei gleichzeitig erhöhten Förderkapazitäten ergab, als Gefährdung der öffentlichen Sicherheit zu deklarieren. Ähnliches hatte bis dahin nur für die Gefährdung von Skifahrern durch Lawinen gegolten.[223] Die an der Beschneiungstechnik interessierten Akteure erhöhten den Druck auf die Verwaltung, Beschneiung in Österreich nicht einzuschränken. Der Beitrag der Kunstschnee-Technik zur Beschleunigung der Berge ist eine nähere Betrachtung wert.

4.3.1 Techniktransfer als Transfer von Nebenwirkungen?

Die Technik der Schneeerzeugung hat ihren Ursprung in den Orangenhainen der USA. Die „Larchmont Engineering Company" (LEC) aus Lexington, die Bewässerungssysteme für landwirtschaftliche Großbetriebe produzierte, experimentierte Ende der 1940er-Jahre mit einem System, das künstliche Wolken erzeugen sollte. Der Erfinder, Joseph C. Tropeano, meinte, dass Wolken die Bildung von Tau beschleunigen und so die Orangenpflanzen vor Frost und die Farmer vor Ernteverlusten schützen würden.[224] Tropeano versprühte ein Wasser-Luftgemisch, übersah dabei aber, dass sich dieses bei der Kompression erwärmte. Als er zu sprühen begann, kühlte sich das Wasser aufgrund des Druckausgleichs ab. Winzige gefrorene Wassertropfen fielen zu Boden.[225] Das thermodynamische Verhalten des Wasser-Luftgemisches machte die Technik unbrauchbar, um Orangenplantagen in künstliche Wolken einzuhüllen. Die LEC erkannte aber das Potenzial der Technik für andere Zwecke. 1949/50 testeten Techniker von LEC gemeinsam mit der „Tey Manufacturing Company" die ersten Schneekanonen in Connecticut und Pennsylvania. Der US-amerikanische Ingenieur Wayne M. Pierce entwickelte die Technik weiter und ließ seinen Schneeerzeugungsapparat 1954 patentrechtlich schützen.[226] Vermarktet wurden die ersten Beschneiungsanlagen von der LEC. Vor allem Unternehmer an der US-amerikanischen Ostküste versprachen sich von den Beschneiungsanlagen Wettbewerbsvorteile gegenüber den schneereichen Westküstenskigebieten.[227] Abbildung 32 (S. 238) zeigt den ersten Apparat zur Erzeugung von künstlichem Schnee.

223 VLA, AVLR, Abt. VIIa, 341.10, Aufstiegshilfen allgemein Bd. 2, 29.1.1990, BMfV an den Bundesfachverband für Seilbahnen, Beförderungspflicht auf öffentlichen Seilbahnen, S. 1.
224 P. Alford, N. H. Franconia, Beat von Allmen, Kunstschnee-Erzeugung in Nordamerika. In: ISR 15/4 (1972), S. 245–246, hier S. 245.
225 Bernard Mergen, Snow in America (Smithsonian Institute Press, Washington u. a. 1997), S. 108.
226 Ebenda.
227 Ebenda, S. 109.

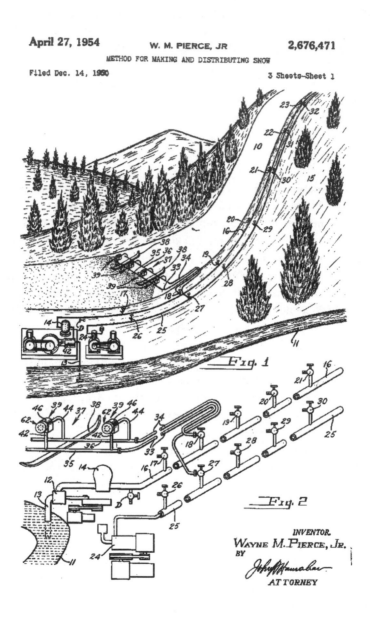

Abbildung 32: Skizze der ersten Beschneiungsanlage.

Skigebietsbetreiber zwischen Alabama und Saskatchewan schafften sich die Technik an, um die Skisaison früher zu beginnen. Selbst in Skigebieten, die starke Schneefälle verzeichneten, installierte man die Systeme, da es billiger war, zu beschneien, als die Skipisten mechanisch zu bewirtschaften. Die LEC bewarb die Anlagen mit Schneesicherheit, Pistenqualität und Verlängerung des Winters.[228] Mit der rapiden Verbreitung der Technik bekamen die Anwender jedoch bald deren Nebenwirkungen zu spüren. Bereits 1963 warnte Tropeano, dass der massive Einsatz der Beschneiungsanlagen in manchen Gebieten zu ernsthafter Wasserknappheit geführt habe. Daher müsse bereits bei der Planung einer Beschneiungsanlage auf rigorose Wasserbewirtschaftung geachtet werden, andernfalls wären zukünftige Verteilungskonflikte zwischen Wassernutzern nicht auszuschließen.[229] Die Berichte über die Technik in europäischen Fachzeitschriften klammerten die Frage der möglichen Wasserverknappung in Skigebieten allerdings aus. Hier diskutierten Fachleute technische Details. An erster Stelle stand die Anpassung der Technik an die wärmeren und feuchteren Umwelten in europäischen Skigebieten.[230]

Die amerikanischen Schneekanonen zeigten in Europa einen deutlich schlechteren Wirkungsgrad. Der Transfer der Technik in die Alpen stellte damit die bis dahin geltende Erklärung in Frage, dass die Eisbildung ein Resultat des erwähnten thermodynamischen Effekts sei. Denn wäre dies der Fall, dann wäre der Gefriervorgang von der Umgebungsluft unabhängig. F. Jakob vom deutschen Konzern Linde AG hielt die niedrige Umgebungstemperatur für die Bildung der Eiskügelchen verantwortlich[231] und schloss daraus, dass man den Wirkungsgrad von Schneekanonen erhöhen könnte, wenn man die Zeitspanne verlängere, die ein Wassertropfen in der Luft war.[232] Als die Linde AG 1967 ihre ersten Beschneiungsanlagen auf den Markt brachte, verzichteten die Ingenieure auf das bis dahin verwendete Prinzip der Hochdruckkanone, die auf Pressluftkompressoren und Druckluftleitungen angewiesen war, und spezialisierten sich auf Niederdruckkanonen. Ein zusätzliches Gebläse verlängerte die mittlere Verweildauer des versprühten Wassertropfens in der Luft. Dies vergrößerte die Schneeausbeute gegenüber den Hochdruckkanonen, so die Anbieter.[233] Die Anpassung der Technik an die wärmeren und feuchteren Skigebiete Europas machte die Schneekanone nicht nur effizienter,

---

228 Alford et al., Kunstschnee-Erzeugung in Nordamerika, S. 266.
229 Ebenda, S. 110.
230 F. Jakob, Anwendung und Erzeugung von künstlichem Schnee. In: ISR 11/2 (1968) S. 80–82, hier S. 81.
231 Ebenda.
232 N. N., Zur Geschichte der mechanischen Schnee-Erzeugung. In: MiS „Historische Ausgabe" (1992), S. 54–57, hier S. 57.
233 Ebenda.

sondern den Schnee auch billiger, da die Maschinen weniger Strom verbrauchten und ihr Aufbau wesentlich einfacher war. Eine Steckdose und ein Wasserschlauch sollten genügen, um eine Schneekanone in Betrieb zu nehmen.[234]

Die Vermarktung der Technik in Europa knüpfte Anfang der 1970er-Jahre rhetorisch an die wachsende wirtschaftliche Vulnerabilität der Skigebietsbetreiber an.

> Wenn sich auch die Errichtung einer neuen Liftanlage heutzutage verhältnismäßig einfach bewerkstelligen läßt, so ist hiermit noch lange nicht das erwartete Geschäft gesichert, wenngleich das ausgewählte Einzugsgebiet noch so günstig liegt. Denn um eine Skipiste zum Geldverdiener zu machen, muß diese erst einmal mit Schnee bedeckt sein. Und hier kommen wir zum Kernproblem, an dem heute mehr als genug Skizentren leiden. Bleibt diese weiße Pracht nämlich einmal aus, speziell vor Jahresende, so ist das überaus einträgliche Weihnachts- und Neujahrsgeschäft mit der dazwischen liegenden, fast schon traditionellen, Urlaubswoche dahin und die damit verbundenen Einnahmen unwiederbringlich verloren.[235]

Dieses Schreckensszenario war den meisten Skiliftbetreibern wohlbekannt. Sie hatten Millionenkredite von Banken, Investoren oder der öffentlichen Hand erhalten, um Skipisten zu bauen und Pistenraupen anzuschaffen, die die Abhängigkeit vom Schnee reduzieren sollten. Die Unbeherrschbarkeit des Winters und die große Abhängigkeit von Fremdkapital bot den Marketingabteilungen der aufkommenden Beschneiungsindustrie einen ausgezeichneten Angriffspunkt. Sie erklärten die „[k]ünstliche Schnee-Erzeugung [zu] eine[r] Notwendigkeit unserer Zeit".[236]

Im Winter 1972/73 unternahm Michael Manhart eine längere Studienreise in Skigebiete der Vereinigten Staaten und kam erstmals mit Beschneiungsanlagen in Berührung.

> Dort gab es einen künstlichen Hügel. Da hat einer in der Ebene einen See ausgehoben und mit dem Material vom See einen Hügel aufgetürmt. Dort hat er einen Lift hinaufgebaut. Und der See war im Sommer Sommerparadies und im Winter war es der Schneiteich [...], von dort hat [man] Grundwasser [...] hinaufgepumpt und geschneit. Und ich sehe da die Schneekanonen und war sehr beeindruckt von dem weißen Zeug was da die Schneekanone produziert hat. [...] Also das hat mich beeindruckt.[237]

---

234 Jakob, Anwendung und Erzeugung, S. 82.
235 N. N., Künstliche Schnee-Erzeugung — eine Notwendigkeit unserer Zeit. In: ISR 4/4 (1971), S. 196–197, hier S. 196.
236 Ebenda.
237 Manhart, Oral History Interview, S. 13.

Als Manhart von seiner Reise heimkehrte, hatte er eine Schneekanone im Gepäck, um die Verantwortlichen in Lech von der Technik zu überzeugen. Die Reaktionen der Gemeindemitglieder fielen anfänglich spöttisch bis negativ aus. Manhart ließ sich aber von seinem Plan, in Lech eine Beschneiungsanlage zu installieren, nicht abbringen. Er organisierte zwei weitere Schneekanonen, grub Wasserleitungen, Druckluftleitungen und Stromkabel im Boden ein und nahm 1973 eine der ersten Beschneiungsanlagen Österreichs in Betrieb.[238]

Doch Manhart brachte auch die Nebenwirkungen der Schneekanonen auf den Arlberg. Aspen/Colorado war in den 1960er-Jahren in die Schlagzeilen geraten, nachdem in dem beliebten Wintersportort eine Durchfallepidemie ausgebrochen war. Der Grund dafür war eine defekte Abwasserausleitung, die die Wasserversorgung der Beschneiungsanlage verseuchte.[239] Ein ähnliches, wenn auch technisch lösbares Problem trat bald auch in Lech auf. Das Wasser für die Beschneiungsanlage kam aus dem Lech, in den auch die Abwässer aus der Kläranlage eingeleitet wurden. Wenn die Kläranlage durch die hohen Gästezahlen überfordert war, landeten die Abwässer zeitweise ungeklärt im Lechfluss. Als Manhart die Beschneiungsanlage im Winter 1973 in Betrieb nahm, pumpte diese daher zeitweise ungeklärte Abwässer auf die Skipisten. Die Mitarbeiter, die die Schneekanonen permanent überwachen mussten, waren dem mit Fäkalien durchsetzten Wasser ungeschützt ausgesetzt und mussten mit spezieller Schutzkleidung ausgestattet werden. Gegen die Bakterien half eine weitere Intensivierung des Eingriffs, eine UV-Entkeimungsanlage, die das Wasser vor dem Versprühen sterilisierte.[240] Im Lauf der 1970er-Jahre wurde die Lecher Kläranlage den hohen Gästezahlen entsprechend ausgebaut. Von da an limitierte der Wasserbedarf der Kläranlage die zulässige Wasserentnahme für die Beschneiungsanlage.[241] Heute wird eine Vielzahl verschiedener Wasserquellen in das Beschneiungssystem eingespeist, darunter auch Wasser, das aus einem der zahlreichen Beschneiungsteiche stammt. Beschneiungsaffine Skiliftbetreiber blieben in Europa allerdings bis in 1980er-Jahre die Ausnahme.[242]

---

238 Der Tüftler Manhart gab sich damit nicht zufrieden. Er begann, selbst Schneekanonen zu entwickeln und nahm am Boom teil. Als die erste Larchmont-Druckluftschneekanonen in Lech in Betrieb ging, stellte sich heraus, dass sie extrem laut waren. Manhart modifizierte den Apparat und ließ das neue System als Arlberger-Jet patentieren. „Das war eine Druckluftkanone, mit der ich, in Österreich unbemerkt, exklusiv die Olympiade in Calgary beschneit habe. Alle Wettkampfstätten, aber gut." Manhart, Oral History Interview, S. 19.

239 Mergen, Snow, S. 111.

240 Manhart, Oral History Interview, S. 18.

241 Ebenda.

242 1980 waren in Österreich neun, in Deutschland vier, in der Schweiz eine und in Italien zwei Beschneiungsanlagen in Betrieb. Siehe: N. N., Motor im Schnee beginnt den Schnei-

Die Verbreitung der Beschneiungstechnik in Österreich ist durch Konflikte und schwierige Entscheidungen geprägt, die verständlich machen, warum sich ihre Einführung verzögerte.

4.3.2   Beraterfirmen: Politische Meinungsbildung und ökonomisches Interesse

Die zögerliche Akzeptanz der Beschneiungstechnik durch die Skigebietsbetreiber war europäischen Produzenten schon 1975 ein Dorn im Auge. Ein Vertreter der Linde AG monierte,

> daß die ‚Alte Welt' auf diesem Gebiet noch herzlich wenig von den Erkenntnissen der ‚Neuen Welt' übernommen hat. Man bedient sich zwar allerorts der Pistenraupen, Buckelhobel und anderer Pflegegeräte für die immer stärker beanspruchten Abfahrten, für die wichtigste Voraussetzung jedoch, den Schnee, scheint man auch nach fünf oder mehr schneearmen Wintern immer noch kein Geld ausgeben zu wollen.[243]

Und das, obwohl die Skigebietsbetreiber allerorts über sinkende Einnahmen aufgrund fehlenden Schnees klagten, wunderte man sich bei der Linde AG weiter und führte dies auf die europäische Kultur zurück. In den USA sei man es gewohnt, für alle Bereiche des Lebens zu bezahlen. Die Europäer hingegen könnten sich nicht mit dem Gedanken anfreunden, für den Schnee, der bisher kostenlos zur Verfügung stand, plötzlich Geld auszugeben. Dabei würde der Kunstschnee, viel verlässlicher als etwa die Pistenraupen, die Entkopplung der wirtschaftlichen Bilanzen von der unberechenbaren Dynamik des Winters ermöglichen und den Skiliftbetrieb auf ein tragfähigeres Fundament stellen, so ein Industrievertreter 1975.[244]

Die Schneekanonenproduzenten reagierten auf die von ihnen konstatierte Trägheit der europäischen Skiliftbetreiber, indem sie ihre Berater in die Skigebiete schickten. Diese sollten die Unternehmer zu einer kostenlosen Planung überreden und damit potenzielle Kunden lukrieren. Im Idealfall würden die Berater die Skigebietsbetreiber zur sofortigen Anschaffung bewegen – andernfalls würde wohl der nächste schneearme Winter die letzte Überzeugungsarbeit leisten. Wie sich bald herausstellte, agierten Anfang der 1970er-Jahre nicht alle Berater seriös, wie folgende Warnung eines anonymen Autors in der Internationalen Seilbahnrund-

---

Atlas Europa. In: MiS 3/86 (1986) S. 45–55.
243 W. Bröcker, Europas Stiefkind, die künstliche Schnee-Erzeugung. In: ISR (Sonderausgabe Seilbahnbuch) (1975), S. 120–121, hier S. 120.
244 Ebenda.

schau zeigt: „Käufer, sieh dich vor! Kein Geschäftsmann, sei es Lieferant oder Konsulent, gibt wirklich etwas gratis her."[245] Der Verfasser warnte davor, dass die von Schneekanonenherstellern beauftragten Berater keine neutrale Expertise abgeben würden. Immer mehr neue Produzenten drängten auf den bisher überschaubaren Markt, sodass selbst erfahrene Skigebietsbetreiber schnell den Überblick verlieren könnten.[246] Die Planung einer Beschneiungsanlage sei mit keiner der bislang verwendeten Techniken vergleichbar und Praxisbeispiele, die Orientierung böten, seien noch rar. Diese Situation werde von der Industrie ausgenutzt. Die firmeneigenen Berater redeten etwa alternative Beschneiungssysteme schlecht oder ignorierten sie, um an einen Auftrag zu kommen. Dies könnte für einen Skigebietsbetreiber sehr teuer werden, warnte der Autor.[247]

Der Artikel zeigt, dass die Produkterweiterung der aufstrebenden Beschneiungsindustrie nicht nur die Käufer überforderte. Sie stellte auch ein neues Geschäftsfeld für vermeintlich unabhängige Experten dar, die bereits im Skipistenbau und bei der Wiederbegrünung eine wichtige Rolle spielten. Zu dieser Gruppe zählte wahrscheinlich auch der Verfasser des Artikels, der dafür plädierte, dass nur ein unabhängiger Experte zur optimalen Lösung verhelfen könne. Ein solcher Experte agiere wie ein Assistent. Er eruiere etwa gemeinsam mit dem Skigebietsbetreiber die technischen Kompetenzen der Skiliftbediensteten, nachdem die Errichtung einer Beschneiungsanlage permanente Wartungsverpflichtungen mit sich bringe. Selbstverständlich sei eine solche unabhängige Expertise nicht kostenlos erhältlich. Eine vorab erstellte, unabhängig erbrachte Expertise spare aber langfristig Kosten.[248] Wie dem Autor bereits offensichtlich war, führte die Entscheidung für eine Beschneiungsanlage Skiliftbetreiber auf einen Entwicklungspfad, der langfristig ökonomische, ökologische und humane Ressourcen konzentrierte und kanalisierte.

Die Leistungsschauen, die seit 1977 regelmäßig veranstaltet wurden, boten eine günstige Gelegenheit, um Produzenten und potenzielle Kunden zusammenzubringen.[249] In Lech organisierte Michael Manhart 1983 aus Eigeninteresse ein erstes einschlägiges Seminar, die sogenannte „Lecher Schneiwoche". Er war ja mitt-

---

245 N. N., Planung von Kunstschneeanlagen – mit oder ohne Konsulent? In: ISR 16/3 (1973), S. 216–218, hier S. 216.
246 Als die Fachzeitschrift Motor im Schnee 1978 die erste „Schneivergleichsveranstaltung" durchführten, nahmen daran zwei Firmen mit einer handvoll Modellen statt. Zwei Jahre später wurden auf dieser Veranstaltung bereits 20 Modelle verglichen. Siehe: N. N., Zur Geschichte, S. 57.
247 N. N., Planung von Kunstschneeanlagen, S. 217.
248 Ebenda, S. 218.
249 Siehe: N. N., Zur Geschichte, S. 57.

lerweile selbst in die Entwicklung von Schneekanonen eingestiegen. Im Gegensatz
zu US-amerikanischen Skigebieten, die sich in der Regel in eher abgelegenen Gebieten befanden, lagen die zu beschneienden Skipisten in Österreich oft mitten in
Wohngebieten. Als Manhart die Larchmont-Hochdruckkanone in Betrieb nahm,
war diese „infernalisch laut, wie ein startender Düsenjet. Unmöglich. […] Also da
hast eine Stunde lang nichts mehr gehört, wenn du eine Weile neben der Kanone
gestanden bist."[250] Auch der damit produzierte Schnee überzeugte ihn nicht. Manhart modifizierte, wie beschrieben, das Gerät, ließ es patentrechtlich schützen und
brachte es als Arlberg-Jet auf den Markt.[251] Er lud eine Reihe von Konkurrenten
nach Lech ein und ließ deren Produkte mit dem Arlberg-Jet um die Wette schnei-
en.[252] Zulieferer, Produzenten, potenzielle Kunden, Journalisten und Behörden-
vertreter nutzten die Veranstaltung, um sich zu informieren, auszutauschen und
die Neuheiten auf dem Markt vorzustellen.[253]

Die von Skigebietsbetreibern, Schneekanonenherstellern und Beratern organisierten Informationsveranstaltungen förderten im Laufe der 1980er-Jahre den
Austausch von Wissen und Erfahrungen rund um die Beschneiungstechnik. Manhart begann in diesem Jahrzehnt auch wirtschaftlich von seiner Entwicklung zu
profitieren. Er stattete bei den XV. Olympischen Winterspielen in Calgary 1988
die Skipisten mit dem Arlberg-Jet aus. Stolz berichtete er, dass die Entscheidung
des Olympischen Komitees nicht durch das Versprechen von Sponsoringverträgen
beeinflusst worden sei. Das Olympische Komitee habe sich allein aufgrund der
Leistung des Arlberg-Jets entschieden und den vollen Preis bezahlt.[254] Im selben
Jahr lieferte die mit seinem Patent arbeitende Firma Leitner über 200 Kanonen
nach Japan. Zudem bot Manhart seine Dienste als Berater an, um Skigebietsbetreibern bei der Anschaffung von Systemkomponenten, wie etwa Pressluftkompressoren, behilflich zu sein.[255] Ende der 1980er-Jahre setzten auch Skigebietsplaner wie der aus Italien stammende Roberto Marocchi den Arlberg-Jet vermehrt
ein.[256] Manhart förderte außerdem die Bildung von Arbeitsgemeinschaften, die
Skigebietsbetreiber bei der Installation berieten, etwa die „Arbeitsgemeinschaft
für Schneeanlagenbau" (AGF).[257] Diese organisierte 1991 die „2. Schneiwoche" in
Lech. Manhart nutzte diese Bühne, um sein Wissen über Kunstschnee unter die

---

250 Manhart, Oral History Interview, S. 14.
251 Ebenda.
252 Hans Dieter Schmoll, Die Lecher Schneiwoche. In: MiS 1 (1984), S. 6–10, hier S. 6.
253 Ebenda, S. 7.
254 Hans Dieter Schmoll, Das große Snow-Special. In: MiS 5 (1988), S. 9–11, hier S. 10.
255 N. N., Compressor Collecting. In: MiS 5 (1988), S. 13–14, hier S. 14.
256 N. N., Silent Sufag für Südtirol. In: MiS 6 (1987), S. 32.
257 Hans Dieter Schmoll, 2. Schneischule in Lech. In: MiS 2 (1991), S. 22–27, hier S. 22.

Menschen zu bringen.[258] Sein Weggefährte Erwin Lichtenegger sollte anlässlich dieser Veranstaltungen in Radiointerviews von der ökologischen Unbedenklichkeit der Technik überzeugen.[259] Der noch sehr jungen AGF bot die Veranstaltung die Möglichkeit, einen gerade erledigten Auftrag, die Planung der Beschneiungsanlage in Damüls, öffentlichkeitswirksam in Szene zu setzen.[260]

Das Netzwerk aus Schneekanonenentwicklern und -herstellern, Beratungssowie Planungsbüros,[261] Skiliftbetreibern und der Bauindustrie verband das gemeinsame wirtschaftliche Interesse am Wintertourismus. Diese Akteure gerieten im Zuge der wachsenden Sensibilität gegenüber Eingriffen in die Hochgebirgsökologie Mitte der 1980er-Jahre medial und politisch immer stärker unter Beschuss.

Der Beschneiungsanlagenplaner Hans-Georg Wechsler erregte aufgrund seiner wirtschaftlichen Erfolge und seiner Streitlust mit Natur- und Umweltschutzorganisationen besonders großes Aufsehen. Wechsler hatte 1976 eine kleine Beschneiungsanlage im Skigebiet Silvretta Nova geplant.[262] Der Einstieg ins große Geschäft gelang, als er beauftragt wurde, die Ski-Weltmeisterschaft 1981 in Schladming künstlich zu beschneien.[263] 1984 plante Wechsler die bis dato größte Beschneiungsanlage Österreichs in St. Anton am Arlberg.[264] Drei Jahre später hatte er bereits in 26 Skigebieten einschlägige Planungen durchgeführt.[265] Wechsler profitierte von einer Aktion des Ministeriums für Handel, Gewerbe und Industrie, die die Diffusion der Technik vorantrieb. Anfang 1985 entschied man dort, dass Beschneiungsanlagen besonders förderungswürdig seien. 95 Millionen Schilling wurden für 1985 für die allgemeine Tourismusförderung, also für Hotels, Seilbahnen und Beschneiungsanlagen in Österreich, zur Verfügung gestellt.[266] Allein zwischen 1985 und 1987 wurden so acht neue Beschneiungsanlagen gebaut.[267] Weitere acht Projekte lagen zur Begutachtung bei den zuständigen Behörden.[268]

Neben den behördlich bewilligten Anlagen waren im April 1986 mindestens 20 weitere Anlagen ohne Bewilligung in Betrieb, wie eine Umfrage der Internationalen Alpenschutzkommission (CIPRA) ergab.[269] Die Studie zeigte außerdem

258 Ebenda.
259 Schmoll, 2. Schneischule, S. 25.
260 Schmoll, 2. Schneischule, S. 27.
261 Michael Manhart, Ingenieurgemeinschaft für Schneeanlagen. In: MiS 5 (1986), S. 54.
262 N. N., Wieder mehr Weiss durch Dr. Wechsler. In: MiS 6 (1987), S. 30.
263 Ebenda.
264 N. N., Schneeanlage in St. Anton am Arlberg. In: MiS 2 (1985), S. 51–52, hier S. 52.
265 N. N., Wieder mehr Weiss, S. 30.
266 N. N., Österreich. Staat hilft Schneien. In: MiS 2 (1985), S. 9.
267 Hans Dieter Schmoll, Das große Snow-Special. In: MiS 5 (1988), S. 9–11, hier S. 10.
268 N. N., Wieder mehr Weiss, S. 30.
269 Arthur Spiegler, Skipisten und Landschaftsschutz – ein Widerspruch? In: Unveröffent-

gravierende Ungereimtheiten in den Bewilligungsverfahren.[270] CIPRA-Vertreter Mario Broggi lehnte den weiteren Ausbau von Beschneiungsanlagen in den Alpen ab:

> Ähnlich wie die jetzt stark propagierten ‚Qualitätsverbesserungen‘ im Seilbahnbau, wirkt sich der Einsatz von Schneekanonen letztlich auf das Gesamtsystem belastend aus, weil mehr Skifahrer mehr Verkehr bringen, höhere Transportkapazitäten von Aufstiegshilfen mehr Infrastrukturflächen und Straßenausbauten bedingen usw.[271]

Broggi argumentierte, dass niemand derzeit in der Lage wäre, die langfristigen Nebenwirkungen abzuschätzen. Er plädierte für einen vorsorgeorientierten Ansatz, um längerfristige Probleme zu vermeiden.[272]

Die Forderungen der CIPRA verursachten Aufruhr in der Beschneiungsindustrie. Hans Georg-Wechsler startete einen Frontalangriff. Er warf Broggi mangelnde Wissenschaftlichkeit vor und verkündete, dass subjektive Eindrücke und Gefühle hier fehl am Platz seien. Sie würden nur Ängste und Vorurteile schüren.[273] Broggi konterte, dass die CIPRA den Problemkreis „nicht auf technisch-apparative Fragestellungen"[274] eingrenze, wie dies die Planer und die Industrie taten. Man dürfe keinesfalls die systemischen Konsequenzen der Technik aus den Augen verlieren.[275] Wechsler antwortete darauf erbost: Es handle sich „bei der Kampagne der CIPRA gegen Schneekanonen um eine Art Glaubenskrieg [...], bei dem Schneekanonen stellvertretend für alle technischen Erschließungsmöglichkeiten im Wintersport verurteilt"[276] würden. Wechsler störte sich vor allem am Vokabular, das Broggi einsetzte, um die Menschen für das Thema zu interessieren. Begriffe wie „Energiefresser, Lärmquellen, Wasserverschwender, Bachaustrockner und Vegetationsschädling"[277] seien völlig unberechtigt. Nach dem aktuellen Wissensstand überwögen die Vorteile die Nachteile deutlich überwiegen, so Wechsler. Er forderte von Broggi naturwissenschaftlich-quantifizierbare Gegenargumente,[278]

---

lichtes Transkript der 5. Tagung der Hochlagenbegrünung, Lech (3.–4.9.1986), S. 5–22, hier S. 16.
270 Ebenda.
271 Mario Broggi, CIPRA und Schneekanonen. In: MiS 6 (1987), S. 24.
272 Ebenda.
273 Hans Georg Wechsler, Antwort des Dr. Wechslers vom 29.12.1986. In: MiS 6 (1987), S. 24–27, hier S. 27.
274 Mario Broggi, CIPRA und Schneekanonen. In: MiS 6 (1987), S. 24.
275 Wechsler, Antwort, S. 27.
276 Ebenda.
277 Ebenda.
278 Ebenda.

die jener aber nicht liefern konnte, da es 1986 weltweit keine nach wissenschaftlichen Standards unabhängig durchgeführten Studien gab.[279] Auch Wechsler verfügte über keine solchen Studien; unabhängige Wissenschaftler widmeten sich erst
in den späten 1990er-Jahren diesem Thema. Wechsler und Broggi argumentierten
jeweils auf Basis subjektiver Gestaltungsinteressen an alpiner Landschaft. Wechsler, der eine technische Ausbildung absolviert hatte, berief sich auf seine Erfahrung
in der Planungs- und Bautätigkeit. Broggi hatte als Vertreter einer Naturschutzor-
ganisation den Auftrag, Öffentlichkeit und Verwaltung für die ökologischen Aspekte der Beschneiung zu sensibilisieren. Wechsler warf ihm vor, das Image der Technik zu beschädigen: „Natürlich haben die Attacken der CIPRA und einiger Medi-
en zunächst Politiker und einige Medien verunsichert, wir spüren das in jedem
Behördenverfahren."[280] Der Entwicklungsdynamik tat die Verunsicherung der
Behörden letztlich keinen Abbruch. Der Beschneiungsanlagenbau entwickelten
sich Anfang der 1990er-Jahre zu einem Millionengeschäft.[281]

4.3.3   Der Streit um den Kunstschnee

Die Forderung der CIPRA, die weitere behördliche Bewilligung von Beschneiungsanlagen so lange auszusetzen, bis deren langfristige ökologische Unbedenklichkeit erwiesen war, veränderte die Rolle von Planern wie Hans-Georg Wechsler.
Er publizierte 1986 einen Artikel mit dem Titel „Umweltverträglichkeit von Schneeanlagen – Erfahrungen und Argumente",[282] in dem er die Argumente der CIPRA
mit Statistiken zum Wasser- und Energieverbrauch der Anlagen zu widerlegen
versuchte. Zudem versuchte er als Vortragender die Behörden, die Kunden und
die Öffentlichkeit von der ökologischen Unbedenklichkeit der Anlagen zu überzeugen. Freilich musste auch er eingestehen, dass ein ökologisches Langzeitmoni-
toring bis dato ausstand. Beobachtungen von Skipisten, die bereits seit zehn oder
mehr Jahren beschneit wurden, zeigten zwar, dass der Kunstschnee später ausa-

---

279   Hier sind unabhängige Drittmittelgeber sowie Gelder gemeint, die im Rahmen laufen-
      der Forschungsprogramme (inkl. Kontrolle und Qualitätssicherung) vergeben wurden.
280   Hans Georg Wechsler, Schneeanlagen – Technik und Umwelt. In: MiS 5 (1989), S. 5–12,
      hier S. 12.
281   Der Schneekanonenproduzent SUFAG aus Vorarlberg vertrieb seit 1986 Niederdruck-
      schneekanonen. Ende der 1980er-Jahre bestückte das Unternehmen bereits weltweit Ski-
      gebiete mit seinen Produkten. Ein beachtlicher Anteil betraf völlige Neuerschließungen.
      Der Umsatz stieg zwischen 1986 und 1995 von 14 auf 80 Millionen Schilling, siehe: N. N.,
      30 % + bei Sufag. In: MiS „Sonderausgabe Swiss Alpina Technomont" (1991), S. 26; N. N.,
      Neue Schneeerzeuger Generation. Sufag Max. In: MiS 6 (1995), S. 33–34, hier S. 33.
282   VLA, AVLR, Abt. VIIIa.-155.06, Künstliche Schnee Erzeugung, Bd. 1, 3.3.1988 Gutach-
      ten Dr. Krieg, S. 3.

perte, aber auch, dass die Vegetation nicht darunter litt und die Bauern sich um beschneite Flächen regelrecht stritten, da dort das Gras grüner und saftiger denn je sei. Dies schrieb Wechsler der schützenden Funktion des Kunstschnees zu.[283] In einer europaweit durchgeführten Befragung des MiS-Chefredakteurs gaben die rund 30 Befragten an, dass sie auf beschneiten Flächen weniger Vegetationsschäden verzeichneten und die Beschneiung die Heuernte verbessert habe.[284] Daraus leiteten Wechsler und Schmoll die Unbedenklichkeit der Technik ab.

Auch Manhart suchte 1986 – angesichts des steigenden Drucks auf die Technik[285] – die Wissenslücke in Bezug auf die langfristigen Folgen der Beschneiung mit seiner Expertise zu füllen. Er holte den Landschaftsplaner Hans Zaugg ins Boot, um in einem langfristig angelegten Forschungsprojekt folgende Fragen zu beantworten:

> Ist die Erzeugung von Kunstschnee auf Skipisten als Störungsfaktor für den Boden und die Vegetation zu betrachten? Welche Auswirkungen auf die Vegetation sind mit der Erzeugung von Kunstschnee auf Skipisten zu erwarten? Wird der Futterwert und die Energieerzeugung der Biomasse auf der Skipiste durch das Anwenden von Kunstschnee beeinflußt? Hat der Kunstschnee einen Einfluß auf das Bodengefüge, die Bodenaktivität und den Wasserhaushalt?[286]

Lech hätte das ideale Forschungsfeld geboten, nachdem hier bereits seit 1973 Beschneiungsanlagen in Betrieb waren. Zudem verfüge man dort über eine große Zahl an Skipisten, die zu verschiedenen Zeitpunkten mit jeweils unterschiedlichen Techniken und in stark variierender Intensität bearbeitet worden seien, sodass eine große Zahl heterogener Versuchsflächen zur Verfügung stand.[287] Das ambitionierte Forschungsprojekt scheiterte an den dafür nötigen Mitteln.[288]

Mitte der 1980er-Jahre wurde der Universitätsprofessor Alexander Cernusca engagiert, um eine Beschneiungsanlage auf der Salzburger Schmittenhöhe zu

---

283 Wechsler, Schneeanlagen, S. 12.
284 Hans Dieter Schmoll, Diskussionsbeitrag Hochlagenwiederbegrünung Lech. In: Unveröffentlichtes Transkript der 5. Tagung der Hochlagenbegrünung, Lech (3.–4.9.1986), S. 66.
285 Michael Manhart, Diskussionsbeitrag Hochlagenwiederbegrünung Lech. In: Unveröffentlichtes Transkript der 5. Tagung der Hochlagenbegrünung, Lech (3.–4.9.1986), S. 68.
286 Hans Zaugg, Auswirkungen von mehrjährigem Schneemachen auf die Vegetation. In: Unveröffentlichtes Transkript der 5. Tagung der Hochlagenbegrünung, Lech (3.–4.9.1986), S. 60–71, hier S. 60.
287 Ebenda.
288 Michael Manhart, Diskussionsbeitrag Hochlagenwiederbegrünung Lech. In: Unveröffentlichtes Transkript der 5. Tagung der Hochlagenbegrünung, Lech (3.–4.9.1986), S. 148.

begutachten. Cernusca war im Gegensatz zu Manhart und Wechsler nicht von wirtschaftlichen Interessen motiviert.

Als die UNO Anfang der 1970er-Jahre Umweltthemen forcierte, hatten ihn Bruno Kreisky und Herta Firnberg nach Wien gebeten, um ein Konzept für einen Studiengang zur Ökosystemforschung in Österreich zu entwickeln. Cernusca konzipierte dafür eine Lehrveranstaltung für Dissertanten, in der eine Mähwiese an jedem Kurstag aus einer anderen Perspektive (Pedologie, Hydrologie, Botanik, Zoologie und menschliche Eingriffe) analysiert wurde; die Ergebnisse führten die Studierenden synthetisch zusammen.[289] Diese Vorgehensweise wandte der Ökologe auch bei der Begutachtung der Beschneiungsanlage auf der Schmittenhöhe an und verpflichtete die Skigebietsbetreiber, die Anlage über drei Jahre regelmäßig untersuchen zu lassen. Im Zuge dieser jährlichen Untersuchungen sammelte Cernusca Belege für die Nebenwirkungen der Beschneiungsanlage, die er laufend publizierte, was seinen Status als unabhängiger Experte stärkte.[290] Als Cernusca danach zur Begutachtung der geplanten Beschneiungsanlage am Patscherkofel eingeladen wurde, begannen Vertreter der Seilbahnindustrie, massiv Druck auf ihn und sein Team auszuüben. Cernusca stellte seine Gutachtertätigkeit ein, um die Studierenden, die ihm bei der Begutachtung assistierten, aus der Schusslinie zu nehmen.[291]

Wie die Vertreter der CIPRA kritisierte Cernusca vor allem die aus ökologischer Sicht völlig unzureichende behördliche Genehmigungspraxis: Erst wurde der Gesamttatbestand in sehr viele Einzeltatbestände zerteilt, gerade klein genug, dass sie unterhalb jenes Grenzwerts blieben, den das Naturschutzgesetz vorschrieb. Anschließend bewerteten mehrere Fachgutachten jeden Einzeltatbestand gesondert. Eine umfassende ökologische „Überprüfung sämtlicher denkbarer Auswirkungen [war unter diesen Umständen] gar nicht möglich", so die Position Cernuscas.[292] Umgangssprachlich nannte man dieses Vorgehen „Salamitaktik". Cernusca erinnerte sich im Interview, dass er seit Ende der 1980er-Jahre gefordert hatte, Beschneiungsanlagen systematisch einer Umweltverträglichkeitsprüfung zu unterziehen. Damit hätten nicht zuletzt die Behörden mehr Kontrolle über den großen Anteil der nicht bewilligten, häufig nach Gutdünken der Betreiber beliebig erweiterten Skipisten erhalten.[293] Anfangs schien es, als fielen Cernuscas Bemühungen um eine verbesserte Bewilligungspraxis auf fruchtbaren Boden. Das Verhandlungspaket anlässlich des EU-Bei-

---

289 Cernusca, Oral History Interview, S. 4.
290 Alexander Cernusca, Gesamtökologisches Gutachten über die Auswirkungen der projektierten Beschneiungsanlage Schmittenhöhe, Zell am See (Institut für Botanik, Innsbruck 1987).
291 Cernusca, Oral History Interview, S. 21.
292 Ebenda.
293 Ebenda, S. 9.

tritts sah vor, Beschneiungsanlagen Umweltverträglichkeitsprüfungen (UVP) zu unterziehen, was Cernusca als Erfolg der wissenschaftlichen Ökologie gegenüber der Industrie gewertet hätte. Die Tiroler Landesregierung habe aber unter dem Druck der tourismuswirtschaftlichen Vertreter eine Ausnahme der Beschneiungsanlagen von der UVP-Pflicht durchgesetzt.[294] Nachdem diese Entscheidung gefallen war, zog sich Cernusca von den Naturschutzagenden im Land Tirol zurück und widmete sich verstärkt der ökologischen Grundlagenforschung. Infolge seiner Arbeit für den amtlichen Naturschutz, erinnert er sich im Gespräch, sei seine Expertise parteipolitisch vereinnahmt worden, was er mit seinem Berufsethos als begeisterter Naturwissenschaftler immer weniger vereinbaren konnte.[295]

4.3.4 Wie eine Beschneiungsanlage in Lech zu einem Beschneiungskonzept für Vorarlberg führte

Im Laufe der 1980er-Jahre hatte Michael Manhart in Kooperation mit der Ingenieursgemeinschaft Hegland & Partner AG[296] eine weitere Beschneiungsanlage für Lech geplant. Manhart orientierte sich an einer Hochdruck-Beschneiungsanlage, die 1985 in Chamonix in Frankreich errichtet wurde. Dort beschneiten die Skigebietsbetreiber „im großen Stil. Das war [...] meines Wissens die erste große Schneeanlage in Europa überhaupt",[297] so Manhart. „Ich habe angefangen, zu planen [...] für den Schlegelkopf, aber wir haben vorsichtshalber schon das Kriegerhorn und die befreundete Konkurrenz Petersboden mitgeplant",[298] weil das Skigebiet zusammenhing, wie er erläutert. Denn er dachte zukunftsorientiert:

> Ich habe mir insgeheim überlegen müssen, was will ich eigentlich im Endausbau erreichen. [...] Also habe ich da ein Mords-Pumpgebäude unterirdisch am Schlegelkopf Talstation geplant. Und Hochspannungsversorgung und Niederspannungsversorgung, und damit der Platz gefüllt ist [...] habe ich da einen Kompressor hineingestellt. [...] Ganz wenige haben gewusst, warum das so großzügig ist.[299]

---

294 Ebenda.
295 Ebenda, S. 22.
296 Manhart, Oral History Interview, S. 14.
297 Ebenda.
298 Ebenda.
299 Ebenda.

Die Planung wurde in Form von insgesamt sieben Einzelprojekten eingereicht.[300] Eine ganze Reihe weiterer Projekte aus anderen Skigebieten lag zu dieser Zeit ebenfalls zur Begutachtung bei den zuständigen Bezirkshauptmannschaften. Angesichts dieser Ausbauwelle erlangte das Thema landespolitische Bedeutung[301], sodass die Abteilung für Raumplanung entschied, den Handlungsspielraum der Skigebietsbetreiber in Sachen Beschneiungsanlagen mittels eines raumplanerischen Gesamtkonzepts abzustecken.

Ziele dieses Konzepts waren die Vereinheitlichung der Bewilligungsverfahren und die Bereitstellung von Wissen für jene Instanzen, die erstmalig mit der Technologie konfrontiert waren.[302] Die zuständige Abteilung für Raumplanung der Vorarlberger Landesregierung sah sich der schwierigen Situation gegenüber, dass kaum unabhängig produziertes Wissen existierte. Gleichzeitig hatten sich schon Lager von Befürwortern und Gegnern gebildet.

Die Gegner warnten vor der Wettbewerbsspirale, die sich immer rascher drehe und die fragile und hochgradig vernetzte Natur unwiederbringlich zerstören könne. Sie versuchten, dem Vorsorgeprinzip gemäß, den praktischen Einsatz so lange aufzuhalten, bis alle möglichen Langzeitfolgen der Technologie wissenschaftlich untersucht waren. In der Abteilung für Raumplanung einigte man sich im Mai 1988 darauf, dass sich die Beschneiungsrichtlinien auf drei Dimensionen konzentrieren müssten: Erstens auf eine Zweckdimension, die handlungsanleitend Wissen bereitstelle, in welcher Intensität eine Beschneiung gesellschaftlich akzeptiert und ökonomisch sinnvoll sei. Zweitens müsse die Dimension der Konkurrenz einbezogen werden, da anzunehmen sei, dass der Einsatz der Technologie in Pioniergemeinden dazu führen werde, dass alle meinten, nachziehen zu müssen. Drittens war die behördliche Dimension, die zur Gleichbehandlung aller Antragsteller führen sollte, zu berücksichtigen. Hier ging es vor allem um die Frage einer etwaigen Vorprüfung von Fällen, die eine festzulegende Beschneiungsfläche überschritten.[303]

Die Skilifte Lech hatten das Beschneiungsanlagenprojekt in Lech im April 1988 eingereicht und erklärten sich bereit, auf eigene Kosten eine Umweltverträglichkeitsprüfung durchzuführen, um das Procedere zu beschleunigen.[304] Die Eingabe

---

300   VLA, AVLR, Abt. VIIa-155.06, 8.4.1988, Einsatz von künstlichen Beschneiungsanlagen (Schneekanonen) in Vorarlberg.
301   Ebenda.
302   Ebenda.
303   VLA, AVLR, Abt. VIIa-155.06, 31.5.1988, Aktenvermerk einer Besprechung, am 12.4.1988 im Landhaus Bregenz abgehalten, bez. der geplanten Beschneiungsanlage Lech-Kriegerhorn, S. 4.
304   VLA, AVRL, Abt. VIIa-155.06 19.7.1988 Dipl. Ing. Michael Manhart an Landeshauptmann Dr. Martin Purtscher, Betreff: Schneeanlage Kriegerhorn.

wurde vom Landesfremdenverkehrsverband unterstützt.[305] Für die Tatsache, dass die Frage der Beschneiungsanlagen mittlerweile alpenweit zu einem Politikum geworden war, zeigten weder der Landesfemdenverkehrsverband noch die Skiliftgesellschaft in Lech Verständnis. Beide drängten auf ein rasches Verfahren. Lech komme in Europa eine Vorreiterrolle zu und selbst die größten Skeptiker seien mittlerweile zur Einsicht gelangt, „daß kein renommiertes Skigebiet mehr ohne eigene Schneeerzeugung auskommt".[306] Die Abteilung für Raumplanung solle daher möglichst bald eine Grundsatzentscheidung treffen.[307]

Als sich die Raumplaner mit den Plänen der Skilifte Lech intensiver beschäftigten, erkannten sie rasch, dass diese Anlage nicht nur der Sicherung exponierter Stellen diente, um einen Minimalbetrieb bei Schneemangel zu sichern, sondern dass die Gesellschaft die Beschneiung ganzer Pisten oberhalb der Waldgrenze anvisierte. Sie schlossen, dass das dem Projekt – und darüber hinaus der Thematik insgesamt – eine völlig neue Dimension verleihe: Skiliftbetreiber würden versuchen, die Skipisten „winterunabhängig"[308] zu machen. Diese vermeintliche Unabhängigkeit vom Winter würde die Konkurrenz der Skigebiete innerhalb des Landes verschärfen. Dies bedeutete strukturpolitisch ein großes Risiko, da die ohnehin schwer verschuldeten Skiliftbetreiber über kurz oder lang Forderungen an die öffentliche Hand stellen würden. Dagegen sei ein Wettbewerbsnachteil einiger weniger Skigebiete – wie etwa Lech – verkraftbar.[309] Vor dem Hintergrund dieser Abwägungen entschieden sich die Raumplaner für eine restriktive Vorgangsweise. Bereiche zwischen 1000 Metern und der Waldgrenze auf 1800 Metern sollten zwischen 1. Dezember und 1. April beschneit werden dürfen. Auf Skipisten, die nicht mehr schneesicher waren, wurde die künstliche Beschneiung untersagt. Ebenso wollte man erreichen, dass die Saison nicht über den Winter hinaus verlängert wurde.[310]

Die vorläufigen Beschneiungsrichtlinien wurden im Dezember 1988 zur Begutachtung an die Interessensvertreter übermittelt. Bei Vertretern der Wirtschaft lös-

---

305 Mag. Sieghard Baier und LAbg. Walter Fritz an Michael Manhart. In: VLA, AVRL, Abt. VIIa-155.06, Beschneiungsrichtlinien, 19.7.1988, Dipl. Ing. Michael Manhart an Landeshauptmann Dr. Martin Purtscher, Schneeanlage Kriegerhorn.
306 VLA, AVRL, Abt. VIIa-155.06 19.7.1988 Dipl. Ing. Michael Manhart an Landeshauptmann Dr. Martin Purtscher, Betreff: Schneeanlage Kriegerhorn.
307 VLA, AVLR, Abt. VIIa-155.06, Beschneiungsrichtlinien, 15.12.1988, Bericht künstliche Schneeerzeugung, Probleme.
308 Ebenda.
309 Ebenda, S. 4.
310 VLA, AVLR, Abt. VIIa-155.06, Beschneiungsrichtlinien, 1.9.1988, Aktenvermerk künstliche Schneeerzeugung, Probleme, S. 5.

te das restriktive Vorgehen der Abteilung für Raumplanung großen Widerstand aus. Alpenweit seien bereits über 300 Beschneiungsanlagen installiert, das Beschneiungskonzept diskriminiere Vorarlberger Skigebiete systematisch. Wolle man Fehlinvestitionen vorbeugen, müsse man die betreffenden Skigebiete im Vorfeld gründlich durchleuchten. Außerdem werde sich die Verbreitung der Beschneiungsanlagen aufgrund des hohen Anschaffungspreises selbst regulieren. Die Vertreter der Wirtschaft forderten naturwissenschaftliche Fakten anstatt umweltethischer Argumente, wenn es darum ging, die Beschneiung oberhalb der Waldgrenze zu untersagen. Verschiedene Gutachten hätten ergeben, dass auch die Beschneiung über der Waldgrenze möglich sei und diese die Flächenproduktivität eher steigere als senke.[311]

Zu Beginn der Diskussionen um das Beschneiungskonzept konnten sich die Raumplaner noch darauf berufen, dass Vorarlberg ohnedies durch hohe Niederschlagsmengen und tiefe Temperaturen privilegiert sei. Für solche Regionen sei eine Beschneiungsanlage eher ein Luxus als wirtschaftliche Notwendigkeit.[312] Die warmen, schneearmen Winter Ende der 1980er-Jahre führten jedoch allen Akteuren vor Augen, dass man selbst in Vorarlberg keineswegs von Schneesicherheit sprechen konnte. Die Befürworter der Schneeanlagen nahmen die warmen Winter zum Anlass, die völlige Deregulierung der Beschneiung zu fordern. Allerdings banalisierten wichtige Vertreter der Seilbahnwirtschaft in Vorarlberg die Folgen des anthropogen verursachten Klimawandels bis in das Jahr 2015. Sie erklärten die Erwärmung mit natürlichen Schwankungen oder als das Resultat schwankender Sonnenaktivität. Eine Limitierung der Beschneiung solle ausschließlich durch das Klima und die ökonomische Selbststeuerung erfolgen,[313] nicht aber auf Basis politisch motivierter Richtlinien. Diese Argumente vermochten die Vertreter der Abteilung Raumplanung nicht zu überzeugen. Mehrere warme Winter hatten die Grenzen der Beschneiungstechnologie aufgezeigt;[314] selbst Hans Dieter Schmoll von MiS, der keine Gelegenheit ausließ, Beschneiungsgegner als „grüne Verhinderer" zu verunglimpfen, gab sich angesichts der neuen winterlichen Wärmerekorde nachdenklich.[315]

Das restriktiv formulierte Beschneiungskonzept traf Manharts Ausbaupläne am stärksten, weil es die Umsetzung der geplanten Großbeschneiungsanlage in Lech

311 Ebenda.
312 VLA, AVLR, Abt. VIIa-155.06, 22.7.1988, Materialien zum Schneedeckenverhalten in Lech und St. Gallenkirch.
313 VLA, AVLR, Abt. VIIa-155.06, Beschneiungsrichtlinien, 6.2.1989, DDr. Hubert Kinz an Dieter Grabher (AVLR), S. 3–4.
314 Ebenda.
315 Hans Dieter Schmoll, Schneien in einem schneelosen Winter. In: MiS 2 (1989), S. 58.

verhindert hätte. Die Vertreter der Raumplanung versuchten, die Lecher dazu zu bringen, sich dem Konsens anzuschließen, der sich in der Vorarlberger Landesregierung herausbildete. Manhart hingegen versuchte, sämtliche Beteiligten vom Lecher Modell zu überzeugen. Im Sinne der Argumentationsweise Hans-Georg Wechslers forderte Manhart naturwissenschaftliche Belege für die Begrenzung. Als diese nicht vorgelegt wurden, beauftragte Manhart auf eigene Faust Erwin Lichtenegger, eine Umweltverträglichkeitsprüfung durchzuführen. Lichtenegger kam zum Ergebnis, dass landwirtschaftliche Ertragsausfälle auf Skipisten vor allem eine Folge des intensiven Skibetriebs bei zu geringer Schneelage waren und durch eine sachgemäße Beschneiung zu verhindern seien.[316] Die immer wieder angeführte Biodiversitätsänderung sei zwar prinzipiell möglich, in Lech habe man diese aber nicht feststellen können.[317] Lichtenegger bescheinigte der Beschneiung Umweltverträglichkeit, nachdem sie weder Heuerträge noch Biodiversität oder Bodenstabilität negativ beeinflusse.[318] Die Umweltverträglichkeitsprüfung Lichteneggers wurde von Fachkollegen aus der Ökologie nicht anerkannt.[319] Er publizierte seine Ergebnisse nicht in Fachjournalen, sondern ausschließlich im Eigenverlag oder in Zeitschriften der Seilbahnwirtschaft.[320] Lichtenegger zählte allerdings deshalb zu den von Beschneiungsbefürwortern meistzitierten Wissenschaftlern. Die Seilbahnwirtschaft und die Kammer der gewerblichen Wirtschaft nutzten seine wissenschaftliche Expertise, um ihre ökonomischen Interessen gegenüber den Bedenken vieler durchzusetzen.

Im Juni 1990 gab die Vorarlberger Landesregierung die Beschneiungsrichtlinien heraus. Teile der Vorarlberger Seilbahnwirtschaft akzeptierten diese, wie die Medien berichteten.[321] In der Zeitschrift MiS war allerdings zu lesen: „Manhart […] versteht die Welt nicht mehr. Vor allem aber verzweifelt er an seinem Landeshauptmann Martin Purtscher […] [, der] mag offensichtlich das aus Kanonen geschossene Weiss nicht. […] Manharts hochfliegendes Ziel, 15 ha […] am Kriegerhorn in Lech zu beschneien, sei einfach gescheitert".[322] Diese Behauptung ist

---

316 VLA, AVLR, Abt. VIIa-155.06, Beschneiungsrichtlinien, Bd. 2, Dr. Erwin Lichtenegger. Mögliche Auswirkungen der technischen Beschneiung auf die Vegetation nach den bisherigen Erfahrungen mit Kunstschnee, S. 128.

317 Ebenda, S. 130.

318 Ebenda.

319 Cernusca, Oral History Interview, S. 20.

320 VLA, AVLR, Abt. VIIa-155.06, Beschneiungsrichtlinien, Bd. 2, 9.4.1990, Alexander Cernusca an Lothar Petter.

321 Marianne Mathis, Vorarlberg erhält ein Beschneiungskonzept. In: Vorarlberger Nachrichten (17.4.1991), zitiert nach: VLA, AVLR, Abt. VIIIa-155.06, Künstliche Schnee Erzeugung, Bd. 3.

322 N. N., Vorarlberg zieht die Schneibremse. In: MiS 5 (1990), S. 30.

stark übertrieben. Sie kam auch vom Journalisten einer Fachzeitschrift, der für ihre Polemiken gegenüber jeder Form administrativer Regulierung der Beschneiungstechnologie bekannt war. Die Beschneiungsrichtlinien legten lediglich fest, dass beim Einreichverfahren zukünftig nicht mehr unzählige Einzelprojekte eingereicht werden konnten, sondern ein Konzept zum mittelfristig geplanten Ausbau der Beschneiungsanlagen vorzulegen sei. Erst wenn dieses begutachtet sei, würden die zuständigen Stellen in den Bezirkshauptmannschaften die Einzelprojekte überprüfen.[323] Damit waren erstmals Richtlinien erlassen, die sicherstellten, dass Skigebiete vorarlbergweit nach einheitlichen Kriterien begutachtet wurden.

Gegenüber Vorarlberger Journalisten kritisierte Manhart, mittlerweile zum Fachgruppenvorstand der Seilbahnwirtschaft ernannt, vor allem die Politisierung des Themas durch die Naturschützer.[324] Er betonte aber, dass man sich dennoch auf einen guten Kompromiss geeinigt habe: „Die letzte der Richtlinien sagt ja, daß man neue Erkenntnisse sehr wohl in Änderungen wird einfließen lassen können."[325] Diesen Spielraum nutzte Manhart sehr bald und engagierte sich für eine Änderung der Richtlinien. Im April 1991 erklärte er in einem Presseinterview, dass „Vorarlberg im Vergleich mit anderen zivilisierten Wintersportländern ‚Schlußlicht' in der Beschneiung [sei]."[326] Besonders unzufrieden seien kleinere Skigebiete in tiefen Lagen, die aufgrund der Einschränkung der Beschneiung auf Flächen zwischen 1000 und 1800 Höhenmetern einen dringenden Nachholbedarf hätten. Man sei es einfach leid, in diesem Anliegen „mit dem Rücken zur Wand"[327] zu argumentieren, so Manhart.[328] Ende 1991 wurde der Abteilung für Raumplanung in Vorarlberg eine völlig revidierte Fassung der Richtlinien, mit der Aufforderung, die Abteilung möge dieses Schreiben begutachten, übergeben. Die Überarbeitung sah vor, dass Beschneiungsanlagen in jeder Höhenlage errichtet werden konnten, sofern der Skigebietsbetreiber die ökologische Unbedenklichkeit und die ökonomische Rentabilität belege.[329] Die klar definierte zeitliche Limitierung der Beschneiung sollte durch eine Art Augenmaß ersetzt werden. „Hierbei sind klimatische Verhältnisse während der sinnvollen Schneizeit beziehungsweise Betriebszeit der Piste, Situation und Exposition der zu beschneienden Fläche, deren Höhenlage, zur

---

323 VLA, AVLR, Abt. VIIa-155.06, Bd. 3, 28.6.1990, ORF Mittagslandesrundschau vom 23.6.1990.
324 Ebenda.
325 Ebenda.
326 Ebenda.
327 Mathis, Vorarlberger Nachrichten (17.4.1991).
328 Ebenda.
329 VLA, AVLR, Abt. VIIa-155.06, Beschneiungsrichtlinien, Bd. 3, 27.12.1991, Michael Manhart an AVLR, S. 7.

Verfügung stehende Wassermenge und -qualität sowie zur Verfügung stehende Energie zu berücksichtigen."[330] Der revidierten Version war ein weiteres Gutachten Lichteneggers beigefügt, das laut Manhart neue wissenschaftliche Erkenntnisse enthalte, die die Änderung der Richtlinien legitimierten.[331]

Als sich die Mitarbeiter der Abteilung für Raumplanung mit den überarbeiteten Beschneiungsrichtlinien und dem Gutachten von Lichtenegger beschäftigten, stellten sie fest, dass die Vertreter der Seilbahnwirtschaft ihren Appell, man möge in den Vorarlberger Tourismusgemeinden weniger auf Technologie, dafür mehr auf das Potenzial der Natur setzen, ignoriert hatten. Das Problem der Beschneiungsanlagen war aus ihrer Sicht nicht durch naturwissenschaftliche Unbedenklichkeitsnachweise zu lösen. Verantwortungsvolle Raumplanung bedeutete für sie, die gegenseitige Konkurrenz der Skigebietsbetreiber auf ein Mindestmaß zu reduzieren, anstatt die technologische Überformung der alpinen Landschaft in Vorarlberg, ohnehin bereits eine der am stärksten entwickelten im Alpenraum, weiter anzutreiben.[332] Vor diesem Hintergrund lehnten sie die vorgeschlagene Überarbeitung der Beschneiungsrichtlinien ab.

In der Zusammenschau über mehrere Jahrzehnte wird deutlich, dass die Antwort der Raumplaner auf die Frage der Beschneiung dem systemischen Charakter der technologisch überformten Alpen Rechnung trug, in dem Beschneiung nur ein Glied einer Kette von intensivierenden Eingriffen war. Die technische Beschleunigung des Aufstiegs durch Skilifte hatte bereits in den 1960er-Jahren zu einem neuen Umgang mit dem Schnee geführt. Auf den neu eingeführten Skipisten wurde er mit Pistenraupen widerstandsfähiger gegen Temperaturen über dem Gefrierpunkt und den Druck der unzähligen Skiläufer gemacht.

In den darauffolgenden Jahrzehnten griffen die Skiliftbetreiber für den Pistenbau immer häufiger und tiefer in die lokalen Ökosysteme ein. Eine ursprünglich raue Topografie musste planen Flächen weichen. Krautige und holzige Pflanzen wurden durch Gräser ersetzt, die den Pistengeräten weniger Widerstand boten. Ab Mitte der 1970er-Jahre bauten europäische Skiliftbetreiber an neuralgischen Punkten Beschneiungsanlagen auf. Das Management der Skipisten wandelte sich vom Konservieren zum Regenerieren von Schnee. Anfänglich bewarben Industrievertreter die Technik damit, dass Liftbetreiber auf die unberechenbaren Zyklen des

---

330 Ebenda, S. 2.
331 VLA, AVLR, Abt. VIIa-155.06, Beschneiungsrichtlinien, Bd. 3, Gutachten von Univ. Prof. Dr. Erwin Lichtenegger, Institut für angewandte Botanik der Universität für Bodenkultur, Wien.
332 VLA, AVLR, Abt. VIIa-155.06, Bd. 3, 3.11.1992, AVLR an die Handelskammer Vorarlberg Fachgruppe Seilbahnen. Reaktion auf den Vorschlag zur Änderung der Beschneiungsrichtlinien.

Schneefalls Einfluss nehmen und durch die Schneekanonen Schneezeiten und Saisonspitzen synchronisieren könnten. Das machte sie zunächst interessant für große Sportveranstaltungen. Doch auch abseits von Wettkämpfen konnten Skiliftunternehmer damit stark befahrene Fläche an Knotenpunkten des Skipistennetzwerks gegen Wärmephasen absichern.

Ökologisch sensibilisierte Akteure, wie die Vertreter des amtlichen sowie des nichtamtlichen Naturschutzes – z.B. von CIPRA oder dem ÖAV –, sahen das Potenzial der Beschneiung, den Skibetrieb vom Winter unabhängig zu machen. Das hätte zweifellos einen großen Wettbewerbsvorteil für beschneite Skigebiete bedeutet, doch waren die langfristigen Konsequenzen nicht absehbar und vorhandene Wissenslücken beträchtlich. Die Befürworter, die vom Geschäft mit den Schneekanonen profitierten, ließen keine Bedenken gelten.

Die Abteilung für Raumplanung der Vorarlberger Landesregierung beschritt angesichts der großen Unsicherheit einen vorsorgeorientierten Weg. Das Vorarlberger Beschneiungskonzept limitierte den Einsatz von Beschneiungsanlagen raumzeitlich. Innerhalb des legitimen Rahmens weiteten die Skiliftbetreiber die Beschneiung jedoch konsequent aus. Zwischen 1976 und 1992 stellten Skiliftbetreiber in Lech, Damüls, Gaschurn und St. Gallenkirch insgesamt 24 behördliche Ansuchen. Zwischen 1995 und 2011 waren es bereits 63 Ansuchen.[333] Der Löwenanteil der Beschneiungsanlagen wurde nach Inkrafttreten des Konzepts 1991 bewilligt und gebaut. Der raumordnungspolitische Erfolg blieb also beschränkt. Die für die Raumplanungspolitik in Vorarlberg typische Zonierung von Landschaften in Erschließungs- und Freihaltezonen führte zur punktuellen Verdichtung der technischen Transformation. Diesem Thema ist das abschließende Kapitel gewidmet.

---

333 Naturschutzanwaltschaft Vorarlberg, Aufstellung der Bewilligungsansuchen.

5.   Raumplanungspolitik als Entschleunigungspolitik?

Zwischen 1975 und 1992 beschritt das westlichste Bundesland innerhalb der österreichischen Raumplanung touristischer Regionen einen ‚Vorarlberger Sonderweg'. Raumplaner verstanden sich zu dieser Zeit als Wissensproduzenten, die das marktwirtschaftliche Potenzial von Landschaften ermittelten und kartografisch visualisierten. Die so gewonnene „Nützlichkeitsmatrix" einer Landschaft bildete die Basis der großen, flächendeckenden Pläne, die charakteristisch für die Planungseuphorie in fordistisch organisierten Wohlfahrtsstaaten waren. Eine in diesem Verständnis durchgeführte Raumplanung gliederte nationale Territorien in funktionale Teilräume, deren Zusammenspiel arbeitsteilig analog zur Fabrik konzipiert war. Entwicklungsunterschiede innerhalb der nationalstaatlichen Territorien sollten durch Transferleistungen kompensiert und so volkswirtschaftliches Wachstum beschleunigt werden.

Eine regionalen Interessen verpflichtete Planung war nicht vorgesehen. Doch in dieser Situation ergriff die Vorarlberger Talschaft Montafon die Initiative. Im Jahr 1975 wandten sich zehn Bürgermeister gemeinsam an die Vorarlberger Landesraumplanungsabteilung, weil im Tal umfangreiche Neuerschließungen und Skigebietserweiterungen geplant waren. Lokale Touristiker versuchten, die in der Schweiz ansässige Projektplanungs- und Finanzierungsgesellschaft „Finance, Development & Industrial Services Corporation" (FIDESCO) dafür zu gewinnen, in nur drei Jahren rund eine Milliarde Schilling in Skilifte, Seilbahnen, Großhotels und Golfplätze in den bis dahin unerschlossenen Regionen des Montafon zu investierten. Die außergewöhnlich hohe Investition hätte die regionale Transformation vormals landwirtschaftlich geprägter Schauplätze in technisierte Wintersportgebiete deutlich beschleunigt. FIDESCO scheiterte daran, die Summe aufzubringen und den notwendigen Rückhalt in der Bevölkerung zu finden.[1]

Die Projekte polarisierten die Bevölkerung in einer neuen Art und Weise: Sie weckten den Wunsch nach schnellerem Wachstum bei Seilbahnbetreibern und Hoteliers. Technikkritische und kulturkonservative Zeitgenossen hingegen nahmen die FIDESCO-Planungen zum Anlass, ab 1975 eine stärkere Regulierung des touristischen Wachstums durch die Vorarlberger Landesregierung zu fordern. 1977 beauftragte die Abteilung für Raumplanung das Österreichische Institut für Raum-

---

1   N. N., Einladung ins Montafon. In: Trend 11 (1973), S. 27–32, hier S. 28.

planung (ÖIR) mit der Erstellung eines Konzepts, das 1980 unter dem Titel „Untersuchung raumbezogener Probleme der Fremdenverkehrsentwicklung im Montafon" publiziert wurde. Das Konzept war rechtlich nicht verbindlich. Das Amt der Vorarlberger Landesregierung (AVLR) wies aber nach der Veröffentlichung alle Landesdienststellen an, „bei der Erlassung von Bescheiden, soweit dies gesetzlich möglich ist, auf das Konzept Bedacht zu nehmen".[2]

Den Anstoß zur Untersuchung gab der Stand Montafon, der im Spätmittelalter gegründet worden war, um die Interessen der Bürger und Bauern der Region gegenüber den Landesherren zu vertreten.[3] Der Stand Montafon vereint die Bürgermeister von zehn Gemeinden;[4] er fungiert heute als Interessensvertretung der Talschaft gegenüber der Vorarlberger Landesregierung und wird nach außen von einem Standesrepräsentanten vertreten. Die Bedeutung des Standes Montafon beruht darauf, dass diese Institution die soziale Versorgung, Raumordnung, Bildung, Familienhilfe und kulturelle Förderung im Tal ebenso wie den Verkehr und den Tourismus koordiniert. Zudem ist der Stand Montafon Hauptaktionär einer lokalen Eisenbahn, der „Montafoner Bahn",[5] und in den wichtigsten Seilbahnbetrieben im Tal als Gesellschafter verankert.[6]

Der Stand Montafon ist allerdings keine Gemeinschaft, in der alle die gleichen Interessen vertreten. Die zehn Montafoner Bürgermeister waren hinsichtlich des FIDESCO-Projekts nicht einfach auf einen Nenner zu bringen, weil ökonomischer Nutzen und sozialökologische Nebenwirkungen des Wintertourismus ungleich verteilt waren. Der Kampf um eine gerechtere Verteilung des wirtschaftlichen Nutzens und der dafür in Kauf zu nehmenden Nachteile spaltete auch die Dorfgemeinschaften selbst, was zu Protestbewegungen in Form von Bürgerinitiativen führte.

Standortbedingungen spielten eine wesentliche Rolle, daher gilt es, zunächst den Schauplatz kennenzulernen. Das Montafon ist ein 39 Kilometer langes Tal in Vorarlberg, das von der Ill durchflossen und durch die Montafon-Bundesstraße erschlossen wird.[7] Die Talschaft ist in Abbildung 33 zu sehen.

---

2   Amt der Vorarlberger Landesregierung (Hg.), Grundlagen und Probleme der Raumplanung in Vorarlberg (Hechtdruck, Hard 1983), S. 14.

3   Siegmund Stemer, Stand Montafon. Ein einzigartiges Gebilde. In: Raum. Österreichische Zeitschrift für Raumplanung und Regionalpolitik 22 (1996), S. 17–19, hier S. 17.

4   Ebenda, S. 18.

5   Ebenda.

6   Ebenda.

7   Peter Strasser, Andreas Rudigier, montafon. 1906_2006. Eine Zeitreise in Bildern, siehe URL: http://activepaper.tele.net/vntipps/Sommerausstellung_Heimatschutzverein_Montafon.pdf (23.10.2016), Link nicht mehr abrufbar.

Abbildung 33: Der Talverlauf des Montafon, 1976.

Die Bundesstraße verbindet die Gemeinden mit der Bezirkshauptstadt Bludenz und dem vorgelagerten Walgau sowie indirekt mit dem bevölkerungsreichen Rheintal. Die nur im Sommer befahrbare Silvretta-Hochalpenstraße führt vom Montafon in das Tiroler Paznauntal. Im Winter wird das Tal daher zu einer Sackgasse. Während die im hinteren Montafon gelegenen Gemeinden Schruns, Tschagguns, Silbertal, St. Gallenkirch und Gaschurn durch einen Skilift-Zubringer mit jeweils einem der vielen Skigebiete verbunden sind, litten vor allem die Gemeinden im äußeren Tal, die keine eigenen Skigebiete hatten, unter dem stetig wachsenden Straßenverkehr, der an schneereichen Wintertagen regelmäßig kollabierte. Dies war seit den 1970er-Jahren einer der wichtigsten Konfliktherde im Montafon.

Als sich der Stand Montafon mit der Bitte um Unterstützung an das AVLR wandte, war die zuständige Abteilung für Raumplanung und Baurecht mit dem Juristen

Abbildung 34: Die Abteilung für Raumplanung und Baurecht der Vorarlberger Landesregierung bei der Arbeit. Hinter dem Zeichentisch auf der linken Seite mit grauem Sakko ist Helmut Feuerstein zu sehen; ihm gegenüber mit schwarzem Pullover Helmut Tiefenthaler (1976).

Helmut Feuerstein und dem Geografen Helmut Tiefenthaler gerade neu besetzt worden. Abbildung 34 zeigt Mitarbeiterinnen und Mitarbeiter der Abteilung bei der Arbeit.

Die Beamten verorteten sich im technikkritischen, kulturkonservativen Milieu, aus dem auch Natur- und Landschaftsschutz sowie die Denkmalpflege ihre Mitarbeiter rekrutierten.[8] Den jungen, wachstumskritischen Raumplanern standen nach der ‚quantitativen Revolution' in der Geografie und Raumplanung erstmals

---

8   Helmut Feuerstein, Heimatpflege und Ortsbild. In: Montfort 27/3 (1975), S. 428–440, hier S. 432.

EDV-gestützte Methoden zur Verfügung.[9] Raumplaner waren dadurch in der Lage, Modelle für ihr Untersuchungsobjekt aufzubauen und die Auswirkungen der Raumplanungspolitik mathematisch zu prognostizieren.[10] Feuerstein und Tiefenthaler lehnten die wachstumsorientierte Raumplanung mit der Begründung ab, dass diese ihren „Ordnungs- und Sicherungsfunktionen [...] nicht ausreichend gerecht werde[n]".[11] Über ihre damalige Arbeitsauffassung sagen sie heute: „Wir waren eigentlich am Beginn einer Ernüchterungsphase, wo sich die Frage stellte, wie bringen wir die Wende her."[12] Sie hatten die 1972 publizierte Studie „The Limits to Growth" (dt. Grenzen des Wachstums) gelesen, in der Mensch-Umwelt-Beziehungen völlig neu konzipiert wurden und die ein neues Bild der Natur prägte:[13] „Die Welt setzte sich nun aus komplexen, interdependenten ‚(Öko-)'Systemen zusammen, in denen ‚biologische Gleichgewichte' herrschten und sich ‚natürliche Kreisläufe' abspielten, die sich [...] auch als ‚rückgekoppelte Regelkreise' beschreiben ließen."[14] Die Triebfeder für die Beauftragung der Montafon-Studie war jedoch ein prä-ökologisch[15] motiviertes Naturschutzinteresse.[16] Der Versuch, wintertouristisches Wachstum durch raumplanerische Intervention zu bremsen, stellte Ende der 1970er-Jahre ein Novum dar, für das die wissenschaftliche Raumplanung keine Werkzeuge bereithielt. Die Raumplaner griffen auf Methoden zurück, die zu dieser Zeit in der Technikfolgenabschätzung und später bei Umweltverträglichkeitsprüfungen eingesetzt wurden.

---

9   Robert Musil, Geographie in der modernen Wissensproduktion – eine wissenschaftshistorische Betrachtung. In: Robert Musil, Christian Staudacher (Hg.), Mensch, Raum, Umwelt. Entwicklungen und Perspektiven der Geographie in Österreich (Österr. Geographische Gesellschaft, Wien 2009), S. 93–110.

10   Bruno Backé, Zur Methodologie praktischer sozialwissenschaftlicher Geographie. Auf dem Wege zur Praxisorientierung sozialwissenschaftlicher Geographie für das Anwendungsgebiet Regionalplanung. In: Berichte zur Raumforschung und Raumplanung 5/6 (1974), S. 9–21, hier S. 9.

11   Helmut Feuerstein, Raumplanung in Vorarlberg 1970–1995 (Amt der Vorarlberger Landesregierung, Bregenz 1996), S. 11.

12   Oral History Interview mit Helmut Feuerstein und Helmut Tiefenthaler, Projekt FIDESCO und die Rolle der Raumplanung, 19.5.2014, Wildeggstraße 4, 6900 Bregenz; Interview für diese Studie; Interviewer Robert Groß, digitale Aufzeichnung und Transkript im Besitz von Robert Groß.

13   Patrick Kupper, Die ‚1970er Diagnose'. Grundsätzliche Überlegungen zu einem Wendepunkt in der Umweltgeschichte. In: Archiv für Sozialgeschichte 43 (2003), S. 325–348, hier S. 338.

14   Ebenda.

15   Ebenda.

16   Helmut Tiefenthaler, Die kultur- und bevölkerungsgeographischen Wandlungen des Gargellentales (ungedr. geografische Seminararbeit, Innsbruck 1967), S. 77–79.

Feuerstein und Tiefenthaler lag wenig daran, mit diesen Methoden das Montafon umfangreich empirisch zu vermessen, wie dies die klassische Raumplanung
tat, wenn sich daraus keine politisch relevanten Handlungsspielräume ableiten
ließen, die von allen betroffenen Akteuren zumindest mittelfristig mitgetragen
würden.[17] Als Partner, der in der Lage war, die systemische Analyse der Kulturlandschaften im Montafon mit praxisrelevanten Kommunikationsprozessen zu
verknüpfen, wählten Feuerstein und Tiefenthaler das ÖIR. Dieses war 1957 von
der „Arbeitsgemeinschaft für Raumforschung und Planung" gegründet worden[18]
und wurde von einer Reihe von Gebietskörperschaften, Interessensvertretungen
und Forschungsinstituten finanziert.[19] Die Mitarbeiter des ÖIR und die Abteilung
für Raumplanung begannen, Raumplanung als demokratische Ermächtigungsar-
beit zu konzipieren. Tradierte Expertengläubigkeit sollte partizipativer Steuerung
räumlicher Entwicklung weichen.[20] Für eine derartige Praxis existierte aber keinerlei
rechtlicher Rahmen. Es gab im Grunde kein Gesetz, das den Bau von Skiliften
stoppte, außer die Skiliftbetreiber wollten diese in Naturschutzgebieten errichten.
Die Raumplaner nutzten dafür das Landschaftsschutzgesetz, das der Vorarlberger
Landtag 1973 erlassen hatte, um eine Lücke zwischen Baugesetz, Gewerbeordnung
und Naturschutzgesetz zu schließen.[21] Das Gesetz regelte jene baulichen Interventionen, die bis dato keiner Überprüfung hinsichtlich ihrer Landschaftsverträglich-
keit unterzogen worden waren.[22] Das Gesetz war österreichweit das erste seiner

17   Feuerstein und Tiefenthaler, Oral History Interview, S. 5.
18   Österreichisches Institut für Raumplanung (Hg.), Geschichte des ÖIR, siehe URL: http://
      oir.at/de/node/3 (7.8.2018).
19   Träger des Institutes wurden der Bund, die Bundesländer Niederösterreich, Oberöster-
      reich und Wien (später auch Burgenland, Salzburg, Steiermark und Tirol), der Österrei-
      chische Städtebund und der Österreichische Gemeindebund, die Bundeskammer der
      gewerblichen Wirtschaft, die Präsidentenkonferenz der Landwirtschaftskammern, der
      Österreichische Arbeiterkammertag, der Österreichische Gewerkschaftsbund, das Öster-
      reichische Institut für Wirtschaftsforschung und die 1954 gegründete Österreichische
      Gesellschaft zur Förderung von Landesforschung und Landesplanung (jetzt ÖGRR). In:
      Werner Jäger (Hg.), 15 Jahre Österreichisches Institut für Raumplanung. Überreichung
      zum Festakt am 19. Juni 1972 (Selbstverlag des ÖIR, Wien 1972), S. 7.
20   Ebenda, S. 14.
21   N. N., Vorarlberg bekommt Landschaftsschutzgesetz. In: St. Galler Tagblatt, Ausgabe
      Fürstenland (9.12.1972).
22   Dies umfasste beispielsweise Zäune, Starkstromleitungen, Staudämme, oberirdische
      Rohrleitungen, Steinbrüche, Tankstellen sowie Skilifte, Seilbahnen und Skipistenbauten.
      Siehe: VLA, PrsG, 1976, Sch. 136, Landschaftsschutzgesetz, 23.5.1973, Niederschrift über
      die gemeinsame Sitzung des Rechtsausschusses des volkswirtschaftlichen Ausschusses
      und des Kulturausschusses.

Art.[23] Die Raumplaner nutzten ihre institutionell legitimierte Handlungsmacht, um Zonen der Be- und Entschleunigung im Tal zu definieren. Da die Raumplaner durch eine top-down verordnete Zonierung den Zorn der Gebietskörperschaften auf sich gezogen hätten, delegierten sie den Prozess an externe Raumplanungsexperten, die EDV-gestützte Methoden einsetzten, um ein im Grunde simples Szenario der landschaftlichen Folgen des maximalen touristischen Wachstums auszuarbeiten, das die Folgen der Ausweitung und Beschleunigung aufzeigte. Die Ergebnisse wurden kartografisch visualisiert, in einem partizipativen Prozess den Akteuren vorgestellt und wirkten schließlich meinungsbildend.

Im zweiten Schritt entwickelten die Abteilung für Raumplanung und das ÖIR ein multikriterielles Bewertungsschema für alle in Planung befindlichen Skiliftprojekte im Montafon, indem sie die betriebswirtschaftliche Kosten-Nutzen-Analyse durch Befunde des amtlichen Naturschutzes und des Naturgefahrenmanagements ergänzten, um die Kosten bei Umsetzung der Projekte abschätzen zu können. Auf diese Weise identifizierten die Raumplaner Bereiche, in denen die technische Akzeleration geringe Nebenwirkungen haben und andere, in denen die Skiliftbetreiber agrarisch geprägte Landschaften tiefgreifend transformieren würden, ohne den politisch brisanten Begriff Zonierung bemühen zu müssen. Das Ergebnis war dennoch eine räumliche Segregation. Der durch das Konzept angestoßene Konzentrationsprozess rief in jenen Gemeinden, die raumplanungspolitisch zu agrarischen Entschleunigungsschauplätzen gemacht wurden und daher primär die sozialökologischen Nebenwirkungen des Wintertourismus zu spüren bekamen, ohne von den Vorteilen zu profitieren, Proteste hervor. Trotzdem kam es zur Konzentration.

Dieser räumliche Konzentrationsprozess der Wintertourismusindustrie, der das Antlitz der Alpen bis in die Gegenwart prägt, war keineswegs nur ein Resultat des Wirkens der sogenannten unsichtbaren Hand, wie der Kulturgeograf Werner Bätzing schreibt.[24] Auch die prä-ökologisch motivierten Verwaltungsbeamten trugen dazu bei. Es ist daher wichtig, ihre Motivation und Praktiken näher kennenzulernen, um die treibenden Kräfte der Beschleunigung zu verstehen.

---

23 Aschauer et al., Naturschutzgeschichte, S. 44.
24 Werner Bätzing, Der Stellenwert des Tourismus in den Alpen und seine Bedeutung für eine nachhaltige Entwicklung des Alpenraumes, siehe URL: http://www.geographie.nat. uni-erlangen.de/wp-content/uploads/2009/05/wba_publ_143_stellenwert.pdf (3.11.2016), Link nicht mehr abrufbar.

5.1   DIE MODELLIERUNG DER ZUKUNFT

Im August 1977 fanden erste Arbeitsgespräche zwischen Vertretern der Vorarlberger Raumplanungsstelle und dem ÖIR statt. Die räumliche Analyse baute auf Luftbildern, Kartierungen von Natur-, Landschafts- sowie Quellschutzgebieten und den Berichten zum Stand der Erarbeitung von Flächenwidmungsplänen auf, die durch bestehende Berichte über die Gefahrenzonen und Lawinenschutzmaßnahmen ergänzt werden sollten.[25] Ende 1977 präsentierte Diether Bernt vom ÖIR dem Arbeitsausschuss für Fremdenverkehrsfragen im Montafon den ersten Zwischenbericht der Untersuchung. Feuerstein und Tiefenthaler hatten in Kooperation mit dem ÖIR alle bestehenden und geplanten Projekte einander gegenübergestellt, um deren Einfluss auf die Kulturlandschaftsentwicklung zu modellieren. Die Prognose der Raumplaner beruhte auf zwei Zeitpunkten, zu denen die Anzahl und räumliche Verortung der Skilifte im Montafon verglichen wurde. Die Momentaufnahme von 1977 wurde um die modellierte zukünftige Situation des Jahres 1990 ergänzt. Die Raumplaner wählten die Förderkapazität der Skilifte (Personen/Stunde) für Modellierung und Szenarien als Indikator aus. Die Entwicklungsprognose beinhaltete auch eine Schätzung des Stroms an Skiläufern, der zukünftig durch die Landschaft zirkulieren würde, wenn alle geplanten Skilifte gebaut würden. Tabelle 3 zeigt eine Schätzung der Auswirkungen bei Umsetzung aller 1978 geplanten Projekte.

Tabelle 3: Auswirkungen der Umsetzung sämtlicher geplanter Projekte (Bernt, 1. Zwischenbericht, S. 17). P/h: Personen pro Stunde

Gemeinden	Skigebiet	best. Anlagen	P/h	Anlagen alt und neu	P/h neu	Differenz Anlagen	Differenz P/h
Vandans/ Tschagguns	Golm-Platzis	9	6.558	16	14.658	7	8.100
Bartholomäberg	Monteneu	-	-	3	4.200	3	4.200
Schruns/St. Gallenkirch/ Silbertal	Hochjoch-Grasjoch	6	4.070	14	13.370	8	9.300
Silbertal/ Dalaas	Kristberg-Muttjöchle	3	1.121	6	4.223	3	3.102

---

25   VLA, AVLR, Abt. VIe-853.031, Bd. II, Untersuchung über raumbezogene Probleme im Montafon, 18.8.1977, Aktenvermerk Dr. Tiefenthaler, S. 1.

Silbertal	Gretsch- und Gaflunaalpe	-	-	14	17.660	14	17.660
Gaschurn/St. Gallenkirch	Silvretta-Nova	20	19.193	36	41.953	16	22.760
St. Gallen-kirch	Gargellen	8	6.141	11	8.741	3	2.600
Gaschurn	Versal-Ver-bella	-	-	15	20.900	15	20.900
ges. Montafon		46	37.083	115	125.705	69	88.622

Im Montafon waren fünf Skigebiete mit insgesamt 46 Skiliften in Betrieb. Diese beförderten stündlich 37.083 Personen. In den folgenden zehn Jahren sollten weitere 69 Anlagen errichtet werden; die Gesamtzahl wäre auf 115 gestiegen.[26] Bei Verwirklichung wäre die Anzahl der Skiliftanlagen um das 2,5-fache angewachsen, die Förderkapazität um das 3,4-fache.[27] Diese Zahlen verdeutlichen die doppelte räumliche Wirksamkeit der technischen Beschleunigung wintertouristischer Schauplätze. Die Seilbahnindustrie entwickelte laufend leistungsfähigere Skiliftmodelle. Die Seilbahnbetreiber integrierten diese in die bestehenden Schauplätze, was die Belastung der Skipisten sowie steigenden Individualverkehr zur Folge hatte. Andererseits drängten neue Akteure auf den wintertouristischen Markt, die weiterhin unerschlossene Kulturlandschaften in technisierte, wintertouristische Schauplätze transformierten. Beide Formen der Erschließung wurden bis zur Verlautbarung des Landschaftsschutzgesetzes 1976 ausschließlich durch die Kapital- und Bodenverfügbarkeit, touristische Nachfrage und technische Machbarkeit reguliert.

Doch mit solch abstrakten Schätzungen ließ sich die Intensität der Transformation nicht politisch regulieren, das wussten die Raumplaner. Feuerstein, Tiefenthaler und die Mitarbeiter des ÖIR identifizierten fünf Teilsysteme, die durch die technische Beschleunigung des Aufstiegs in Resonanz geraten würden, nämlich

---

26 Es handelte sich dabei sowohl um Erweiterungen von bereits bestehenden Skigebieten als auch um Erschließung von Landschaften, die bis dahin Tourenskiläufern vorbehalten waren, wie etwa das Monteneu-Gebiet in Bartholomäberg, die Gretsch- und Gaflunaalpe im Silbertal sowie das Gebiet Versal-Verbella im Gaschurner Ortsteil Partenen.

27 Daraus wird ersichtlich, dass man annahm, dass die Förderkapazität deutlich stärker zunehmen würde als die Zahl der Skilifte. Dies ist darauf zurückzuführen, dass neue Skiliftmodelle in den 1980er-Jahren deutlich effizienter waren als noch in den 1970er-Jahren. Das zeigt auch der Vergleich der durchschnittlichen Förderkapazität der bestehenden und projektierten Skilifte. Der Mittelwert der Förderkapazität bestehender Anlagen betrug 806 P/h, während alle zukünftigen Anlagen eine mittlere Förderkapazität von 1093 P/h aufwiesen.

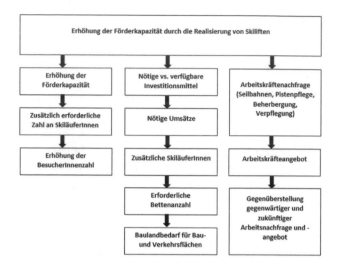

Abbildung 35: Modell der Wirkungsketten und Nebenwirkungen von Skilifterrichtungen.

Ökonomie, Soziales, Infrastruktur, Landschaft, Umwelt, sowie Flächennutzung und Landnutzungswandel.[28] Drei Wirkungsketten mit deren Hilfe sich der antizipierte Transformationsprozess angemessen modellieren lassen sollte, wurden der Studie zugrunde gelegt. Sie sind in Abbildung 35 dargestellt.

Die Wirkungsketten zeigen die Folgen des Baus von Skiliftanlagen im Montafon und machen deutlich, dass es sich um einen Transformationsprozess in mehreren Schritten handelt. Unter der Annahme gleichbleibender sozialer, ökonomischer und ökologischer Bedingungen würde sich im Montafon zunächst die Frage des nötigen Investitionskapitals stellen (mittlere Kette). Erst wenn das Kapital in Skiliften fixiert worden wäre, würden die zu erzielenden Umsätze realisiert werden. Dabei zeigte es sich, wie hoch die Zahl der zusätzlichen Touristen sein müsste, um die Rentabilität der Skilifte zu gewährleisten. Die Akteure des Beherbergungssektors würden sich zeitlich versetzt um die Erweiterung des Bettenangebots

---

28   Diether Bernt, 1. Zwischenbericht der Untersuchung raumbezogener Probleme der Fremdenverkehrsentwicklung im Montafon (Selbstverlag Österr. Institut für Raumplanung, Wien 1978), S. 34.

im Tal kümmern, was schließlich in den Verbrauch der Baulandreserven münden könnte. Mit diesen Prozessketten versuchten die Raumplaner, die von Skiliftbetreibern nicht berücksichtigten systemischen Nebenwirkungen der technischen Beschleunigung zu visualisieren und politisch verhandelbar zu machen.

Visuelle Prognosen waren ein wichtiges Werkzeug des „Montafon-Konzepts". Im Mittelpunkt stand die Darstellung der ganzen Talschaft, die acht Skigebiete mit 46 bestehenden und 69 geplanten Liften umfasste. Die offizielle Karte des Bundesamts für Eich- und Vermessungswesen im Maßstab 1:50.000 bildete die Grundlage dafür. Landkarten galten als objektive visuelle Repräsentation, der Blick von oben erlaube „eine umfassendere Erkenntnis der Wirklichkeit"[29] und dadurch sei eine bewusstere Gestaltung der Welt möglich.

Abbildung 36, siehe auch Farbtafel 3 auf Seite 315, zeigt, dass die Objektivierung der Landschaft durch kartografische Visualisierung jedoch durchaus interessensgeleitet erfolgte.

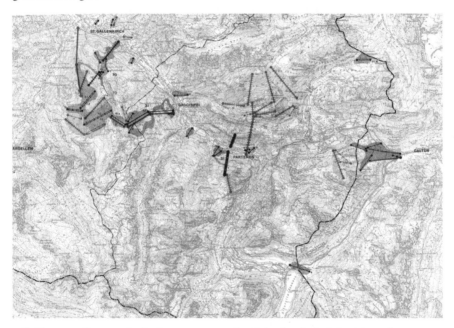

Abbildung 36: Kartografische Repräsentation der Kulturlandschaft des Montafon im Montafon-Konzept.

---

29 Detlef Siegfried, Kartierung der Welt. Das Luftbild in der Weimarer Republik. In: Adam Paulsen, Anna Sandberg (Hg.), Natur und Moderne um 1900. Räume, Repräsentationen, Medien (Transcript, Bielefeld 2013), S. 285–302, hier S. 285 und S. 302.

Der Ausschnitt zeigt die Gemeinden St. Gallenkirch, Gaschurn und den Ortsteil Partenen am Ende des Montafon. Zu sehen sind topografische Elemente wie Flüsse und Felsen, Höhenschichtlinien, Flur- und Ortsteilnamen, Besiedelung und verschiedene Formen von Versorgungs- und Transportinfrastruktur, auch Höhenangaben, Bergspitzen und Landnutzung. Die Topografie wurde durch eine einheitlich graue Färbung zugunsten realisierter und projektierter Seilbahnprojekte, Ortsgrenzen und der Grenze des Untersuchungsgebiets in den Hintergrund gelegt. In der Darstellung sind zwei verschiedene Typen von Grenzlinien zu sehen. Die Grenzen der politischen Gemeinden sind dünner gehalten als die Grenze des Untersuchungsgebiets und punktiert, was eine höhere Durchlässigkeit der Grenzen suggeriert. Die Grenze des Untersuchungsgebiets ist markanter und scheint weniger durchlässig. Damit wird ein hierarchisches Modell der Grenzziehung symbolisiert, welches das zeitgenössische Verständnis der überörtlichen Raumplanung und der Akteure Feuerstein und Tiefenthaler spiegelt. Die beiden hofften, dass sich durch überörtliche Raumplanung die von den dörflichen Eigeninteressen geprägte ‚Kirchturmpolitik‘ der Bürgermeister überwinden ließe. Betrachter wurden mit einer Darstellung konfrontiert, deren politischer Charakter sich in der Hierarchisierung der Grenzziehungen und der Repräsentation der Seilbahnen zeigte. Die eingezeichneten Seilbahntrassen und Skipisten waren nicht maßstabsgetreu, wobei die Vergrößerung der Trassen mit der Förderkapazität und dem Betriebstyp der jeweiligen Bahn korrelierte. Die reißverschlussartige Darstellung der Skilifte verstärkte deren Sichtbarkeit ebenso wie die Wahl der Signalfarbe Rot, die für Gefährdung, erhöhte Aufmerksamkeit, Aggression oder Erotik steht. Farb- und Formgebung der projektierten Anlagen wurde so gewählt, dass sie von Betrachtern kaum übersehen werden konnten.

Quantifizierung und Visualisierung der systemischen Wechsel- und Nebenwirkungen der technischen Akzeleration waren die Kernelemente des ersten Arbeitsberichts. Die Verwandlung des Montafon in eine Hochburg der Wintertourismusindustrie wurde von Akteuren angetrieben, die Sequenzen der transformierenden Alltagspraktiken häufig unhinterfragt und unreflektiert ausführten. Die Montafoner Unternehmer, die ihrer alltäglichen Arbeit nachgingen und versuchten, ein wirtschaftlich gutes Leben zu führen, waren daher vielfach gar nicht in der Lage, die langfristigen Konsequenzen der technischen Beschleunigung ihrer Lebenswelt zu erfassen. Die Raumplaner hielten der Selbstverständlichkeit der Alltagspraktiken den Spiegel der Quantifizierung und Visualisierung vor und versuchten, die Entscheidungsträger von der Gestaltbarkeit der Zukunft zu überzeugen. Im Gegensatz zur orthodoxen, verwissenschaftlichten Raumplanung, die allerhöchstens Empfehlungen für die Politik abgab, suchten Feuerstein und Tiefenthaler, die ein ausgesprochenes Interventionsinteresse zeigten, die Menschen emotional anzu sprechen, um ihnen die langfristigen Konsequenzen ihrer Entscheidungen vor Augen zu führen. Dabei bedienten sie sich eines „Horrorszenarios".

5.1.1   Das „Horrorszenario"

Ende des Jahres 1977 war die Untersuchung durch das ÖIR und die Raumplanungs-stelle der Vorarlberger Landesregierung so weit gediehen, dass die ersten Ergeb-nisse an den Arbeitsausschuss für Fremdenverkehrsaufgaben des Planungsträgers Stand Montafon kommuniziert werden konnten. Das „Horrorszenario", wie es Feuerstein selbst nannte, visualisierte eine Zukunft, in der alle vom Wintertouris-mus profitierenden Akteure auf maximales Wachstum setzten. Das „Horrorsze-nario" bildete ab, wie sehr die Zukunftsvorstellungen der verschiedenen Akteure auseinanderklafften. Zwar wünschte sich der Großteil der Montafoner eine „orga-nisch gewachsene Fremdenverkehrsentwicklung",[30] handelte in der Praxis aber so, dass die Raumplaner eine solche Entwicklung immer unwahrscheinlicher fanden. Nach ihren vorsichtigen Schätzungen werde durch die räumliche Erweiterung des Skiliftnetzwerks und die Effizienzsteigerungen die Arbeitskraftnachfrage um 300 bis 400 Prozent zunehmen, was den lokalen Arbeitsmarkt bei weitem überfordere. Zudem wäre eine Steigerung der Nächtigungskapazität um 1000 Prozent bis in das Jahr 1990 vonnöten.[31] Der Ende der 1970er-Jahre noch diversifizierte Arbeitsmarkt werde sich bis 1990 monostrukturell auf die Wintertourismusindustrie verengen. In einer solchen Zukunft würde das ,Bauernsterben' beschleunigt werden. Eine Reihe von kulturlandschaftserhaltenden Leistungen der Landwirtschaft wäre dann nicht mehr gewährleistet. Ein Gutteil der Generation zwischen 16 und 25 würde das Tal verlassen, weil sich ihre Berufs- und Ausbildungswünsche nicht mit dem regionalen Arbeitsangebot, das hauptsächlich aus Stellen im Hotel-, Gastgewerbe- und Skiliftsektor bestünde, verbinden ließen.[32] Dieses Szenario des maximalen Wachstums schrieb der touristischen Transformation irreversible Konsequenzen zu.

Bereits die erste Grobschätzung des „Horrorszenarios" konnte als klares Signal gegen die Verwirklichung sämtlicher Skiliftprojekte im Montafon aufgefasst wer-den. Gerade wegen der politischen Brisanz erschien es den Raumplanern notwen-dig, die vorläufigen Ergebnisse vor der Publikation einer internen Überprüfung durch erfahrene Akteure zu unterziehen. Sie etablierten die „Arbeitsgruppe Erfah-

---

30   VLA, AVLR, Abt. VIe-853.031, Bd. II, Untersuchung über raumbezogene Probleme im
      Montafon, 28.12.1977, Niederschrift der Sitzung des Arbeitsausschusses für Fremden-
      verkehrsaufgaben im Montafon, S. 4.
31   Ebenda.
32   Ebenda.

rungswerte", die das dem Szenario zugrunde liegende statistische Material vor dessen Veröffentlichung diskutieren sollte.[33] Diese Expertengruppe, bestehend aus den Raumplanern, touristischen Interessensvertretungen und Unternehmern trat zu Beginn des Jahres 1978 zusammen und debattierte die verschiedenen Annahmen des „Horrorszenarios".[34] Danach wurden systemische Sekundärwirkungen des „Horrorszenarios" modelliert. Das angenommene Investitionsvolumen für die Skilifte lag bei rund 1,06 bis 1,07 Millionen Schilling, was etwa dem Volumen der FIDESCO-Planungen entsprach. Dazu würden weitere 245 bis 250 Millionen für Skipisten und Pistenraupen kommen.[35] Durch diese Schätzungen wurde das tatsächliche Ausmaß der Interventionen klar, Tabelle 4 zeigt es in wichtigen Kenngrößen.

Tabelle 4: Modellierung von Folgewirkungen im Szenario des maximalen Wachstums im Montafon. (Bernt, 1. Zwischenbericht, S. 46–74).

Folgewirkung	1977	1990
nötiger Winterumsatz (Mio.) ATS	92	300
Winterbetten (Tsd.)	15,7	44,4-49,0
Skifahrerzahl Vollauslastung (Tsd.)	11,8-13,8	39,9
Flächenbedarf Gästeunterkünfte (ha)	120	222-245
Flächenbedarf PKW Abstellplätze (ha)	18	29-34
Nettosiedlungsfläche/Gast (ha)	?	400-441
Betriebspersonal Seilbahnen	117-131	295-590
Arbeitskräfte Beherbergung und Verpflegung	1500	7400-8200

Um bei einer Investitionssumme von rund 1,3 Milliarden Schilling rentabel zu wirtschaften, müssten der Umsatz, die Zahl der Skiläufer und das Angebot des Beherbergungssektors in rund zehn Jahren verdreifacht werden – mit massiven Konsequenzen für den Arbeitsmarkt und die Flächennutzung im Montafon. In den Saisonspitzen hätte sich die Arbeitskräftenachfrage auf das 6,6-fache erhöht. Rund 2900 talfremde Berufstätige hätten entweder als Tages- oder Saisonpendler

---

33   Ebenda, S. 5.
34   VLA, AVLR, Abt. VIe-853.031, Bd. II, Untersuchung über raumbezogene Probleme im Montafon, 3.1.1978, Österreichisches Institut für Raumplanung an das AVLR, Diskussionsgrundlage für das am 10.1.1978 in Schruns stattfindende Arbeitsgespräch mit Vertretern der Raumplanungsstelle des Amtes der Vorarlberger Landesregierung sowie des ÖIR.
35   Ebenda.

ins Montafon kommen müssen.[36] Außerordentlich groß war auch die benötigte Menge an Bauland, die die bisher verbaute Fläche um mehr als das 4-fache vergrößert hätte.[37] Durch diese Zahlen verfügten die Raumplaner nun über ein stichhaltiges, auf einer empirischen Erhebung basierendes und daher aus ihrer Sicht objektives Argument dafür, dass die Pläne wenig mit der allseits gewünschten „organischen Fremdenverkehrsentwicklung"[38] gemein hatten. Daher sei ein „s e l e k t i v e s V o r g e h e n unbedingt notwendig, das zielbezogen erfolgen [müsse] und sich am echten Bedarf sowie an den Engpaßfaktoren orientier[e]".[39]

Am 17. April 1978 wurden die Ergebnisse den Vertretern der Vorarlberger Landesregierung präsentiert. Als Landeshauptmann Herbert Keßler klar war, dass nur 25 Prozent der geplanten Projekte verwirklicht werden konnten, stellte er sich zunächst mit den Worten „[d]as halten die Leute nicht aus"[40] gegen die öffentliche Bekanntmachung des „Horrorszenarios". Der Finanzreferent des AVLR meinte aber, „[w]enn es das ist, müssen wir es den Leuten zeigen. Das [Ergebnis] muss hinaus!"[41] Zwei Tage später fand eine öffentliche Informationsveranstaltung im „Haus des Gastes" in Schruns statt. Landesrat Karl Werner Rüsch informierte.[42] 160 Personen waren gekommen, darunter Vertreter der Seilbahnindustrie, der Fremdenverkehrswirtschaft, der Gemeindevertretungen, des Raumplanungsbeirats sowie Zeitungs- und Radiojournalisten.[43] Die wichtigsten Tageszeitungen Vorarlbergs, die „Vorarlberger Nachrichten" (VN) und „Die neue Vorarlberger Tageszeitung" (NEUE) druckten am 21. April jeweils zwei Seiten lange Berichte, die die wachstumskritische Haltung der Vorarlberger Raumplanungsabteilung unterstützten.[44] Der VN-Redakteur machte Leser darauf aufmerksam, dass bis zur politischen Umsetzung der Wachstumsbeschränkung noch ein weiter Weg zurückzulegen sei, da damit „die Verteilung der noch möglichen Angebotserweiterung im Tal bzw. in den verschiedenen Orten [verbunden wäre]".[45] Erwin Vallaster, der Standesrepräsentant des Standes Montafon und Bürgermeister von Bar-

36 Bernt, 1. Zwischenbericht, S. 57.
37 Ebenda.
38 Ebenda.
39 Ebenda, S. 58; Hervorhebung im Original.
40 Feuerstein und Tiefenthaler, Oral History Interview, S. 6.
41 Ebenda.
42 Adolf Piccolruaz, Realisierung aller Projekte würde zu einem Chaos führen. In: Vorarlberger Nachrichten (21.4.1974), S. 4–5.
43 VLA, AVLR, Abt. VIe-853.031, Bd. II, Untersuchung über raumbezogene Probleme im Montafon, 22.3.1978, Niederschrift der am 15.3.1978 stattgefundenen Orientierungsgespräche bezüglich der Beschäftigungsstruktur im Montafon, S. 3.
44 Piccolruaz, Realisierung, S. 4.
45 Ebenda, S. 5.

tholomäberg, das wintertouristisch bisher nicht entwickelt worden war, nutzte die mediale Bühne, um für Verteilungsgerechtigkeit und damit für die Bevorzugung von „unterentwickelten Gebieten"[46] zu plädieren. Diese sollten gegenüber jenen Gemeinden, die bereits Skilifte hatten, vorrangig behandelt werden.[47]

Vallasters Ansicht macht deutlich, mit welchen Schwierigkeiten Feuerstein und Tiefenthaler konfrontiert waren. Zwar signalisierten die verschiedenen Akteure ihre grundsätzliche Bereitschaft, zur Entschleunigung der Ausbaudynamik beizutragen, ergab sich aber die Möglichkeit, Eigeninteresse über das Gemeinwohl zu stellen, war die Bereitschaft zur Entschleunigung dahin, so Feuerstein und Tiefenthaler.[48] Daher war die Operationalisierung des „Horrorszenarios" alles andere als einfach. Feuerstein und Tiefenthaler sahen in Ignaz Battlogg den alles entscheidenden Partner im Montafon. Er war Präsident des Standes Montafon, Bürgermeister des nicht im Wintertourismus engagierten Ortes St. Anton im Montafon und Abgeordneter zum Vorarlberger Landtag. Battlogg vertrat auf der politischen Bühne die Ziele der Raumplaner, während er gegenüber den Montafoner Bürgermeistern als starker Repräsentant des Regionalentwicklungsverbands Stand Montafon auftrat, der Konflikte rasch befriedete. Gleichzeitig agierte er als strategischer Berater, der die Lebensrealität und Interessen der Montafoner Bevölkerung sehr gut kannte und in der Lage war, die Reaktionen der betroffenen Akteure einzuschätzen. Die Allianz mit Battlogg verschaffte Feuerstein und Tiefenthaler einen strategischen, aber auch einen rhetorischen Vorsprung gegenüber den touristischen Akteuren, die auf maximales Wachstum setzten.[49]

5.1.2   Kosten-Nutzen-Analyse und Verteilungsgerechtigkeit

Die Bewertung von baulichen Interventionen durch Kosten-Nutzen-Analysen wägt Vor- und Nachteile monetär modelliert gegeneinander ab.[50] Diese Anfang des 19. Jahrhunderts entwickelte Methode spielte in der umweltpolitischen Praxis erst seit den 1930er-Jahren eine Rolle. Erstmals vorgeschrieben wurde eine solche Kosten-Nutzen-Analyse in den USA 1936, als der „Flood Control Act" erlassen wurde. Dieser enthielt einen Passus, der verordnete, dass bei sämtlichen wasserbaulichen Projekten der Nutzen die geschätzten Kosten übersteigen müsse.[51] Im Zuge der

---

46   Ebenda.
47   Ebenda.
48   Feuerstein und Tiefenthaler, Oral History Interview, S. 8.
49   Feuerstein und Tiefenthaler, Oral History Interview, S. 11.
50   Sven Ove Hansson, Philosophical problems in cost-benefit analysis. In: Economics and Philosophy 23 (2007), S. 163–183, hier S. 163.
51   David Pearce, Cost-benefit analysis in environmental policy. In: Oxford Review of Eco-

1969 erfolgten Verlautbarung des „National Environmental Policy Act" in den USA
übernahmen die Behörden die Kosten-Nutzen-Analyse für alle öffentlichen Maßnahmen, von denen signifikante Auswirkungen auf die Umweltqualität zu erwarten waren.[52] Mitte der 1970er-Jahre gehörte diese Bewertungsmethode zum Stan-
dardinventar von Experten. Feuerstein und Tiefenthaler verwendeten eine solche
Analyse, um jene Projekte zu identifizieren, deren sozialökologische Kosten den
monetären Nutzen deutlich überstiegen.

Eine der Schwachstellen der Kosten-Nutzen-Analyse bei der Anwendung in
Natur- und Umweltschutzagenden ist die Frage, welcher Geldwert dem Verlust
einer biologischen Art, einer unberührten Wildnis oder einer Kulturlandschaft
entspricht.[53] Ein weiterer, immer wieder angeführter Kritikpunkt ist das korrek-
te Ziehen von (1) räumlichen, (2) zeitlichen und (3) thematischen Systemgren-
zen.[54] Im Falle eines Skiliftprojekts hängt die Bewertung von Kosten und Nutzen
von drei Faktoren ab: (1) Zunächst geht es um eine räumliche Grenzziehung. Zu
fragen ist, für welchen Umkreis Folgewirkungen eines Skilifts durch den verstärkten Individualverkehr in die Rechnung einfließen sollen. Häufig macht ein erhöhtes Verkehrsaufkommen ja teure Straßenbauten notwendig. Auch eine System-
grenze ist bedeutsam: Sollten die Straßenbaukosten, die von der öffentlichen Hand
aufgebracht werden müssen, in die Kosten-Nutzen-Analyse eines Skiliftprojekts
einbezogen werden oder nicht? (2) Auch eine zeitliche Grenze ist ergebnisbestim-
mend: Bis zu welchem Zeitpunkt sollen Folgekosten und -nutzen einkalkuliert
werden, etwa, wenn Geräteteile abnuzungsbedingt ersetzt werden müssen oder die
Förderkapazitäten von Skiliften aufgrund steigender Nachfrage nicht mehr aus-
reichen? (3) Schlussendlich ist die Abgrenzung von Folgen für das Gemeinwohl
wichtig: Sollten die sozioökonomischen Folgekosten von Skiunfällen, beispielsweise in Form von Arztrechnungen und Arbeitsausfällen, in die Kosten-Nutzen-
Analyse eines Skigebiets einbezogen werden oder nicht? Wie lässt sich der Erho-
lungswert eines Skilifts beziffern? Diese Entscheidungsmaterien zeigen die Problematik der quantitativ-monetären Modellierung. Ein weiteres und schwierig zu
lösendes Problem der Kosten-Nutzen-Analyse ist die inter- und intragenerationa-
le Verteilungsgerechtigkeit sozialen Wohlstands.[55] Im Fall des Montafon zeichnete sich dieser Konflikt bereits bei der Veröffentlichung des ersten Zwischenbe-
richts ab. Die vermeintlichen Verlierergemeinden stiegen auf die Barrikaden, weil

---

nomic Policy 14/4 (1998), S. 84–100, hier S. 84.

52   Baruch Fischhoff, Cost benefit analysis and the art of motorcycle maintenance. In: Policy Science 8 (1977), S. 177–202, hier S. 177.
53   Pearce, Cost-benefit analysis, S. 84.
54   Hansson, Philosophical problems, S. 163–183.
55   Fischhoff, Cost-benefit analysis, S. 179.

sie sich um ihr Recht zur Tourismusentwicklung gebracht sahen. Dieses Problem versuchten ökonomische Theoretiker durch das „Kaldor und Hicks-Kriterium" zu lösen, das eine monetäre Kompensation der Gewinner an die Verlierer vorsieht.[56]

Doch auch hier bleibt eine prinzipielle Frage, ob nicht-monetarisierbare Verluste monetär kompensiert werden können. Im Montafon ging es bereits 1978 um die Entscheidung, welche Bergbauerngemeinden denn überhaupt in die tourismuswirtschaftliche Beschleunigung eintreten dürften. Damit verbanden die Akteure neben Hoffnung auf eine Verbesserung ihrer wirtschaftlichen Situation auch jene auf den sozialen Aufstieg vom Bauern zum Tourismusunternehmer. Grundlage der Kosten-Nutzen-Analyse ist die Annahme, dass individuelle Akteure mit allen ihnen zur Verfügung stehenden Möglichkeiten nach Profitmaximierung streben.[57] Daher sind Kompensationsmechanismen in aller Regel auf Geldtransfers aufgebaut. Ob damit ein individueller Statusverlust kompensiert werden kann, ist jedoch fraglich. In der Praxis behelfen sich Anwender häufig mit einer reduzierten Variante, in der man die Analyse auf ökonomische Größen, also Errichtungs- und Erhaltungskosten sowie die erwarteten Einnahmen reduziert. In der Montafon-Studie ergänzten die Raumplaner und das ÖIR die vereinfachte Kosten-Nutzen-Analyse mit Gutachten des Forsttechnischen Diensts der Wildbach- und Lawinenverbauung sowie der Naturschutzfachstelle, um damit die Folgewirkungen auf Natur und auf alpine Risiken in ein Bewertungsschema zu integrieren, das von den betroffenen Touristikern und der Öffentlichkeit akzeptiert werden konnte. Wie sah das Montafonkonzept aber im Detail aus? Dies lässt sich gut am ‚Gewinner' Silvretta Nova und am ‚Verlierer' Silbertal diskutieren.

5.1.2.1   „Gewinner" Silvretta Nova

Das Skigebiet Silvretta Nova verfügte 1977 über 20 Skilifte. 16 weitere standen zur Diskussion. Das vorläufige forsttechnische Gutachten der Wildbach- und Lawinenverbauung prognostizierte für eine geplante Doppelsesselbahn eine so starke Gefährdung, dass die nötigen Sicherungsmaßnahmen die Wirtschaftlichkeit der Bahn ausgeschlossen.[58] Sieben Schlepplifte lagen in sicheren Geländeteilen. Die Errichtung der übrigen Skilifte hätte Investitionen in Lawinenverbauungen in einer

---

56   Ebenda, S. 85.
57   Ebenda, S. 86.
58   VLA, AVLR, Abt. VIe-853.031, Bd. II, Untersuchung über raumbezogene Probleme im Montafon, 22.6.1978, Forsttechnischer Dienst der Wildbach- und Lawinenverbauung Bludenz an die Silvrettabahn Gaschurn, Lawinensicherheit der Skilifte.

Höhe zwischen 20,3 und 28,3 Millionen Schilling erfordert.[59] Das Landschaftsschutzgesetz, so hofften Feuerstein und Tiefenthaler, würde weitere Gründe für
die Reduktion der Projekte im Skigebiet Silvretta Nova liefern. Sie baten Walter
Krieg,[60] um eine Stellungnahme zu den 15 geplanten Skiliften. Krieg befand, dass
die frühe Transformation der Kulturlandschaften in einen wintertouristischen
Schauplatz diese bereits so stark technisch überformt habe, dass es aus naturschutz-
fachlicher Perspektive nichts mehr zu schützen gab.[61] Er fokussierte daher auf die
Resonanz, die der technisch beschleunigte Aufstieg in der hintersten Gemeinde
des Tals auf der einzigen Bundesstraße erzeugen würde.[62] Die ungleiche Verteilung
des wirtschaftlichen Nutzens und der Umweltlasten des Wintermassentourismus
würde, so führte er aus, damit verschärft.

In einem nächsten Schritt sollte eine Prioritätenliste der Baumaßnahmen im
Skigebiet Silvretta Nova erstellt werden. Die Raumplaner untersuchten mit den
Skigebietsbetreibern, wo im Gebiet Engpässe bei den Förderkapazitäten bestan-
den, die sich auf die Rentabilität des Skigebiets auswirkten. Der Schwachpunkt im
Skigebiet Silvretta Nova waren zwei Einersessellifte, die die Talorte Gaschurn und
St. Gallenkirch mit dem eigentlichen Skigebiet auf der Nova-Alpe verbanden.[63]
Diese Zubringerlifte erhielten daher eine höhere Priorität, während andere Skilif-
te, die ausschließlich der Angebotserweiterung dienten, nach hinten gereiht wur-
den.

Es gab noch weitere gute Gründe, mit einer Modernisierung bei diesen Liften
zu beginnen. Kurt Bitschnau von den Silvretta Bergbahnen begründete den Bedarf
damit, dass die bestehenden, sehr langsamen Einersessellifte über Nordhänge führten, weshalb die Fahrgäste an kalten Wintertagen unterkühlt im Skigebiet ankä-
men.[64] Die Silvretta Bergbahnen hatten seit 1976 versucht, den Einersessellift,
der stündlich etwa 850 Personen transportieren konnte, durch eine Einseilumlaufbahn zu ersetzen. Diese ‚Versettlabahn' war mit kuppelbaren Seilbahngondeln ausgestattet und wies eine Förderkapazität von 1400 Personen in der Stunde auf.[65]

---

59   Ebenda.
60   Leiter der Vorarlberger Naturschau.
61   VLA, AVLR, Abt. VIe-853.031, Bd. II, Untersuchung über raumbezogene Probleme im
      Montafon, 6.9.1978, Beurteilung der Erschließungsvorhaben im Montafon durch den
      Natur- und Landschaftsschutz, S. 4.
62   Ebenda.
63   Bernt, 1. Zwischenbericht, S. 28.
64   VLA, AVLR, Abt. VIe-853.031, Bd. II, Untersuchung über raumbezogene Probleme im
      Montafon, 29.9.1978, Kurt Bitschnau an Dr. Tiefenthaler, Projekt Einseilumlaufbahn von
      Galgenul ins Schigebiet Silvretta Nova.
65   Bernt, 1. Zwischenbericht, S. 28.

1978 hatte das forsttechnische Gutachten der Wildbach- und Lawinenverbauung Bludenz ergeben, dass die Trasse der geplanten Bahn an mehreren Stellen einen gefährlichen Lawinenstrich querte. Die notwendigen Sicherungen waren mit Kosten von 15 bis 20 Millionen Schilling beziffert und sollten 1985 von der Wildbach- und Lawinenverbauung errichtet werden.[66] Doch mehrere Grundbesitzer weigerten sich, die für den Skibetrieb nötigen Überfahrungsrechte an den Skiliftbetrieb abzutreten, was den Ausbau weiter zu verzögern drohte.[67] Schlußendlich änderte die Silvretta-Bergbahn ihre Ausbaustrategie und meldete der Raumplanungsabteilung, dass sie statt der Versettlabahn eine 3,4 Kilometer lange Einseilumlaufbahn von St. Gallenkirch ins Skigebiet Silvretta Nova bauen wolle.[68]

Um etwaige Kritik von Naturschützern an dieser ‚Valiserbahn' schon im Vorfeld zu entkräften, strich Bitschnau deren Naturschutzverträglichkeit heraus. St. Gallenkirch liegt einige Kilometer vor Gaschurn. Dank der neuen Bahn brauchten Gäste gar nicht bis nach Gaschurn zu fahren, sondern könnten ihre Autos bereits auf dem geplanten Parkplatz – mit immerhin 1400 Plätzen – stehen lassen.[69] Bitschnau versuchte den Naturschutzfachmann Krieg mit diesem Argument zu ködern, übersah aber, dass auch der Bau eines Großparkplatzes von den Naturschützern als Naturzerstörung beurteilt werden konnte. Walter Krieg stellte den Plänen prompt ein schlechtes Zeugnis aus, da für die Errichtung des Parkplatzes ein ökologisch wertvoller Schwemmkegel unwiederbringlich zerstört würde.[70] Feuerstein und Tiefenthaler hielten an dieser ungünstigen Beurteilung fest, was sie im Rahmen eines Arbeitsgesprächs im November 1978 auch kundtaten.[71] Die Anwesenden nahmen das Ergebnis der Vorbegutachtung „ohne wesentliche Einwände zur Kenntnis",[72] nutzten das Arbeitsgespräch aber auch dazu, die Raumplaner wissen

---

66   VLA, AVLR, Abt. VIe-853.031, Bd. II, Untersuchung über raumbezogene Probleme im Montafon, 22.6.1978, Forsttechnischer Dienst der Wildbach- und Lawinenverbauung Bludenz an die Silvrettabahn Gaschurn, Lawinensicherheit der Skilifte, S. 1.

67   Amt der Vorarlberger Landesregierung (Hg.), Konzept für den Ausbau der touristischen Aufstiegshilfen im Montafon (Hard 1980), S. 44.

68   VLA, AVLR, Abt. VIe-853.031, Bd. II, Untersuchung über raumbezogene Probleme im Montafon, 29.9.1978, Kurt Bitschnau an Dr. Tiefenthaler, Projekt Einseilumlaufbahn von Galgenul ins Schigebiet Silvretta Nova.

69   Ebenda.

70   VLA, AVLR, Abt. VIe-853.031, Bd. II, Untersuchung über raumbezogene Probleme im Montafon, 29.9.1978, Aktenvermerk Tiefenthaler, Grobbeurteilung der Zubringerbahn Silvretta Nova durch Dr. Walter Krieg.

71   In einer Besprechung am 29. November 1978, an der die Bürgermeister von St. Gallenkirch und Gaschurn, der Betriebsleiter der Silvretta Bergbahnen, Kurt Bitschnau, und Arnold Keßler, der Leiter des Verkehrsverbands Montafon, teilnahmen.

72   VLA, AVLR, Abt. VIe-853.031, Bd. II, Untersuchung über raumbezogene Probleme im

zu lassen, dass die Silvretta Bergbahnen neben dem Ausbau des Skigebiets Silvretta Nova auch darüber nachdachten, baldigst die Gletscher Vorarlbergs zu erschließen.[73] Die Raumplaner schlugen vor, mit diesen Plänen vorerst nicht an die Öffentlichkeit zu gehen, da man aufgrund der wachstumskritischen Haltung der Bevölkerung mit großen Widerständen zu rechnen habe.[74]

Zwei Monate später reichten die Silvretta Bergbahnen das Projekt der Zubringerbahn aus St. Gallenkirch trotz der negativen Bewertung durch die Raumplaner in vergrößerter Form als Valiserabahn beim Bundesministerium für Verkehr zwecks Erteilung einer Konzession ein.[75] Die auf 100 Millionen Schilling veranschlagten Gesamtkosten sollten zur Hälfte durch einen ERP-Kredit aufgebracht werden. Im Konzessionsantrag an das Bundesministerium betonten die Silvretta Bergbahnen die Vorteile der Valiserabahn und nannten unter anderem die Entschärfung des regelmäßig auftretenden Verkehrschaos in Gaschurn.[76] Als das Verkehrsministerium die Abteilung für Raumplanung um eine Stellungnahme zu dem Projekt bat, reagierte diese mit einer prinzipiellen Ablehnung, mit der Begründung, dass das Montafon-Konzept noch nicht vollständig ausgearbeitet vorliege.[77]

Im endgültigen Konzept wurde die von Bitschnau kurzfristig aus dem Hut gezauberte und eifrig betriebene Valiserabahn als Zubringer von St. Gallenkirch in der Priorität zurückgestuft[78] und dem eigentlich angestrebten Vollausbau des Skigebiets durch die geplanten 16 Skilifte eine Absage erteilt.[79] Hierfür gebe es weder einen Bedarf, noch stünden ausreichend Bauflächen im Tal zur Verfügung. Die von den Silvretta Bergbahnen erdachten Ausbaupläne könnten zudem durch die hohe Konzentration von Skiläufern eine nicht zu unterschätzende Verkehrsproblematik erzeugen, so die Ergebnisse von Feuerstein, Tiefenthaler und dem ÖIR.[80]

In der Gemeindevertretung von St. Gallenkirch lobte man die Arbeit der Raum-

Montafon, 5.12.1978, Aktenvermerk Besprechungsrunde bezüglich der vom ÖIR ausgearbeiteten Entwürfe, S. 4.

73   Ebenda.
74   Ebenda.
75   VLA, AVLR, Abt. VIe-853.031, Bd. III, Untersuchung über raumbezogene Probleme im Montafon, 8.2.1979, Montafoner Silvretta Bergbahnen „Einseilumlaufbahn Valisera" – Konzession.
76   Ebenda.
77   VLA, AVLR, Abt. VIe-853.031, Bd. III, Untersuchung über raumbezogene Probleme im Montafon, 12.2.1979, Montafoner Silvretta Bergbahnen „Einseilumlaufbahn Valisera" – Konzession, Aktenvermerk Tiefenthaler.
78   Diether Bernt (Hg.) Schlußbericht der Untersuchung raumbezogener Probleme der Fremdenverkehrsentwicklung im Montafon (Selbstverlag des OIR, Wien 1978), S. 32.
79   Ebenda, S. 33.
80   Ebenda, S. 50–51.

planer vor allem, weil sie den Skiliften im Ortsgebiet das bedeutendste Kontingent an Transportkapazität zusprach. Dennoch drängten die St. Gallenkircher, die Einseilumlaufbahn Valisera sofort errichten zu dürfen und die Benachteiligung der St. Gallenkirchner gegenüber den Gaschurnern zu überdenken.[81] Der Bürgermeister von Gaschurn hingegen, dem zwar weitere Entwicklungsmöglichkeiten zugestanden wurden, die Erschließung von Partenen hingegen versagt blieb,[82] sah überhaupt in jeder Einflussnahme durch die Raumplanung eine derartige Schädigung der Fremdenverkehrswirtschaft, dass bereits von „Existenzgefährdung gesprochen werden" könne.[83] Auch Kurt Bitschnau von den Silvretta Bergbahnen ließ klar erkennen, dass er zwar das Konzept für den Ausbau der touristischen Aufstiegshilfen im Montafon respektiere, an der betriebswirtschaftlichen Strategie, die Valiserabahn der Versettlabahn vorzuziehen, aber nichts zu ändern gedachte.[84] Unterstützer des „möglichst rasche[n], aber maßvollen Ausbau[s]"[85] der Förderkapazitäten fand Bitschnau auch in der Kammer der gewerblichen Wirtschaft Vorarlberg. Für die Kammer waren „im Einzelfall die Privatinitiative und das Unternehmerrisiko für die Investitionstätigkeit auf dem Seilbahnsektor"[86] ausschlaggebend und nicht „amtlich geführte Prioritätenlisten".[87] Daher plädierte die Kammer dafür, längerfristig nicht die Seilbahnförderkapazitäten zu limitieren, sondern den zusätzlich entstehenden Individualverkehr durch den Ausbau der Montafon-Bundesstraße und großzügige Umfahrungen der vorgelagerten Gemeinden zu bewältigen.[88]

5.1.2.2 „Verlierer" Silbertal

Das Skigebiet in der Gemeinde Silbertal bestand 1977 aus einer Standseilbahn und zwei Schleppliften im Bereich des Kristbergs. Bis ins Jahr 1990 wollte die Silber-

---

81   VLA, AVLR, Abt. VIe-853.031, Bd. II, Untersuchung über raumbezogene Probleme im Montafon, 14.11.1979, Gemeindevertretung St. Gallenkirch an AVLR, S. 2.
82   Die Erschließung eines Skigebiets in Partenen, einem Ortsteil von Gaschurn, wurde durch das Montafon-Konzept dauerhaft verhindert.
83   VLA, AVLR, Abt. VIe-853.031, Bd. II, Untersuchung über raumbezogene Probleme im Montafon, 14.11.1979, Gemeindevertretung St. Gallenkirch an AVLR, S. 2.
84   VLA, AVLR, Abt. VIe-853.031, Bd. II, Untersuchung über raumbezogene Probleme im Montafon, 20.11.1979, Silvretta Bergbahnen an AVLR.
85   VLA, AVLR, Abt. VIe-853.031, Bd. II, Untersuchung über raumbezogene Probleme im Montafon, 19.12.1979, Kammer der gewerblichen Wirtschaft für Vorarlberg an AVLR, S. 1.
86   Ebenda, S. 2.
87   Ebenda.
88   Ebenda.

taler Erschließungsgesellschaft 16 weitere Skilifte, bestehend aus einer Standseilbahn, zwei Einseilumlaufbahnen mit kuppelbaren Gondeln, drei Doppelsessellifften, einem Einersessellift und mehreren Schleppliften errichten.[89] Die ehrgeizigen Erschließungspläne waren die umfangreichsten des ganzen Montafons und hätten Silbertal in sehr kurzer Zeit zum zweitgrößten Skigebiet des Tals erhoben.[90] Im Gegensatz zu Gaschurn und St. Gallenkirch, die sich das bereits bestehende Skigebiet Silvretta Nova teilten, hätten die Projekte in Silbertal eine Landschaft transformiert, die bis dahin vom Wintertourismus kaum berührt war.[91] Die Gemeinde war Ende der 1970er-Jahre noch überwiegend bergbäuerlich geprägt.[92] Die Reserven an Bauflächen waren durch die Geländeverhältnisse, Naturgefahren sowie die nur rudimentär vorhandene Trinkwasserver- und Abwasserentsorgung eng begrenzt.[93] Der Anteil landwirtschaftlich Erwerbstätiger war hier mit 17 Prozent deutlich höher[94] als in Gaschurn oder St. Gallenkirch, wo 1976 nur noch 5,1 beziehungsweise 3,1 Prozent der Einwohner hauptberuflich einer bäuerlichen Tätigkeit nachgingen.[95] Umgekehrt lag der Anteil der im Beherbergungs- und Verpflegungssektor tätigen Bevölkerung mit 8,3 Prozent im Silbertal niedriger als in Gaschurn und St. Gallenkirch.[96] In Silbertal gab es auch weniger gewerbliche Betriebe. Der frühe Ausbau des Skigebiets Silvretta Nova hatte dazu geführt, dass dort ein Viertel der Bevölkerung hauptberuflich vom Tourismus lebte. Der Anteil gewerblicher Nächtigungs- und Verpflegungsbetriebe war dort für das Montafon überdurchschnittlich hoch. Abbildung 37 (auf S. 282) zeigt die Gemeinde Silbertal im Jahr 1976.

Das Silbertal weckte wegen seiner Unberührtheit vom Massentourismus bei so manchem Beobachter den Wunsch, dieses Kleinod zu bewahren. Erstmals wurde dies von Lothar Petter, dem Vorsitzenden des Alpenschutzverbandes formuliert, als bekannt wurde, dass das Silbertal in die FIDESCO-Planungen einbezogen worden war. Der Naturschützer Petter reagierte mit einem Gegenplan, nach dem das gesamte innere Silbertal unter Naturschutz gestellt werden sollte. Diese Idee löste bei Teilen der Bevölkerung Widerstand aus.[97] Die Ablehnung der Silbertaler gegen die Pläne der Naturschützer bekamen Feuerstein und Tiefenthaler zu spüren, als sie die Ergebnisse der naturschutzfachlichen Gutachten zu den geplanten Skilift-

---

89 Bernt, 1. Zwischenbericht, S. 22–24.
90 Ebenda, S. 120.
91 Ebenda.
92 Ebenda, S. 124.
93 Ebenda, S. 125.
94 Ebenda, S. 126.
95 Ebenda, S. 231.
96 Ebenda, Gaschurn S. 126, Silbertal S. 231.
97 Feuerstein und Tiefenthaler, Oral History Interview, S. 7.

Abbildung 37: Die Gemeinde Silbertal im Frühjahr 1976.

projekten im Silbertal präsentierten. Am Kristberg, auf den bereits eine Seilschwebebahn führte, attestierte Walter Krieg „großflächige, irreparable Schädigung des Naturhaushaltes und des Landschaftsbildes".[98] Für die Gretsch- und Gaflunaalpe, die ebenso in ein Skigebiet umgebaut werden sollten, fiel die Beurteilung durch Krieg nicht minder deutlich aus. Es war die Rede von „großen Landschaftswunden […] und völliger Denaturierung".[99] Als Feuerstein und Tiefenthaler das Ergebnis der Vorbeurteilung an die Silbertaler Erschließungsgesellschaft kommunizierten, bekamen sie zu hören: „Bittschön hört's auf! […] Von dem können wir nicht leben.

---

98   Bernt, 1. Zwischenbericht, S. 139.
99   Ebenda, S. 163.

Wir brauchen Bahnen, wir brauchen Wintersport, wir brauchen das!"[100]

Wie schon im Falle des Skigebiets Silvretta Nova ergänzten die Raumplaner die naturschutzfachlichen Gutachten durch Stellungnahmen des forsttechnischen Diensts der Wildbach- und Lawinenverbauung, um mittels Kosten-Nutzen-Analyse die Vor- und Nachteile des Projekts herauszuarbeiten. Die Landschaft, in der die neuen Skilifte und Skipisten gebaut werden sollten, war dafür wenig geeignet. Die Palette der Naturgefahren reichte von Staublawinen bis zu Steinschlag und Überschwemmungen.[101] Die Projekte hätten nur um den Preis eines sehr aufwendigen Naturgefahrenmanagements umgesetzt werden können, was den Bau der Skilifte massiv verteuert hätte. Dabei war zum Zeitpunkt der Erhebung noch nicht einmal geklärt, wie dieser Ausbau überhaupt hätte finanziert werden sollen.[102] Weitere Probleme kamen dazu. Der Beherbergungssektor wäre nicht in der Lage gewesen, die für eine ausgewogene Entwicklung notwendige Zahl an Wintergästen unterzubringen.[103] Die Talabfahrten vom Kristberg wie auch von der Gretsch- und Gaflunaalpe waren aus topografischen oder kleinklimatischen Gründen alles andere als ideal.[104]

Als die Raumplaner und die Vertreter des ÖIR im November 1978 mit den Montafoner Akteuren Arbeitsgespräche auf der Grundlage der bis dato erhobenen Ergebnisse führen wollten, ignorierten die Vertreter der Erschließungsgesellschaft Silbertal das Treffen.[105] Dort standen im Frühjahr 1979 alle Zeichen auf Konfrontation. Den Raumplanern wurde angedroht, dass die Silbertaler in Bussen nach Bregenz kommen würden, um gegen deren Vorgangsweise zu protestieren.[106] Als absehbar wurde, dass Silbertal – ohne jegliche finanzielle Entschädigung – zur Ruhezone erklärt werden sollte, hatte sich eine Bürgerinitiative gebildet, die 312 der 400 wahlberechtigten Silbertaler unterstützten.[107] Ein weiterer Grund für die Aufregung war der Bewilligungsstopp für das Montafon, den die Raumplanungsabteilung seit 1978 praktizierte und der in Silbertal als Bevormundung ausgelegt wurde. Zudem kritisierten die Meinungsführer der Bürgerinitiative das Demokratieverständnis im Stand Montafon. Dessen Entscheidungen wären von jenen Stan-

---

100 Feuerstein und Tiefenthaler, Oral History Interview, S. 7.
101 Bernt, 1. Zwischenbericht, S. 161–163.
102 Ebenda.
103 Ebenda.
104 Ebenda.
105 VLA, AVLR, Abt. VIe-853.031, Bd. II, Untersuchung über raumbezogene Probleme im Montafon, 5.12.1978, Aktenvermerk Besprechungsrunde bezüglich der vom ÖIR ausgearbeiteten Entwürfe, S. 5.
106 Feuerstein und Tiefenthaler, Oral History Interview, S. 11.
107 VLA, AVLR, Abt. VIe-853.031 Bd. III, Untersuchung über raumbezogene Probleme im Montafon, 16.3.1979, Seilbahn- und Entwicklungskonzept Silbertal.

desmitgliedern beeinflusst, die gleichzeitig als Gesellschafter bei den Silvretta Bergbahnen und anderen großen Skigebieten ein Interesse daran hätten, die Konkurrenz möglichst klein zu halten.[108] Unterstützung erhielten die Silbertaler von Bürgermeister Erwin Vallaster aus Bartholomäberg, das ebenfalls zum Ruhegebiet erklärt wurde.[109] Landesrat Werner Rüsch konterte, dass während des gesamten Prozesses der Dialog mit den verschiedenen Akteuren gesucht worden sei und niemand außer den Silbertalern die Objektivität der Studie anzweifle.[110]

Der Repräsentant des Standes Montafon, Ignaz Battlogg, sah die Sachlage etwas differenzierter. Er beobachtete mit Sorge, dass das Montafon seit den 1950er-Jahren aufgrund des Tourismusbooms immer größere Entwicklungsdisparitäten aufwies, die durch das Montafon-Konzept noch weiter verfestigt werden könnten. In einer Sitzung des Vorarlberger Landtags machte er deutlich, dass der Konflikt in Silbertal ursächlich mit der Frage zusammenhing, wie man den Wohlstand im Montafon gerecht verteilen könne. Battlogg war einige Jahre zuvor daran beteiligt gewesen, die Studie in Auftrag zu geben. Jetzt beharrte er aber darauf, dass die Verteilung der Entwicklungsmöglichkeiten in einem demokratischen Prozess von den Akteuren im Tal durchgeführt werden müsse. Sie dürfe weder den Raumplanungsexperten noch der Vorarlberger Landesregierung überlassen werden. Nur eine demokratische Vorgangsweise vermöge den allzu großen Einfluss der Seilbahngroßunternehmer auf die Ergebnisse der Studie einzuschränken, der sich nicht völlig leugnen ließe, so Battlog[111] und meinte weiter: „Es sollte nun einmal nicht so sein, daß die einen immer reicher werden und die anderen etwa auf dem Zustand bleiben, den sie bis jetzt eingenommen haben".[112]

5.1.3   „Der frühe Vogel fängt den Wurm"

Die Gegenüberstellung der Fälle Silbertal und Silvretta Nova macht die Schwächen der Kosten-Nutzen-Analyse deutlich. Feuerstein, Tiefenthaler und das ÖIR glaubten, damit ein objektives Entscheidungsinstrument anzuwenden, das, sofern es mög-

108 Ebenda.
109 VLA, AVLR, Abt. VIe-853.031, Bd. III, Untersuchung über raumbezogene Probleme im Montafon, 21.3.1979, Erwin Vallaster an die Montafoner Hochjochbahnen Schruns, Seilbahnerschließung des Silbertals, S. 1.
110 VLA, AVLR, Abt. VIe-853.031, Bd. II, Untersuchung über raumbezogene Probleme im Montafon, 22.3.1978, Niederschrift der am 15.3.1978 stattgefunden Orientierungsgespräche bezüglich der Beschäftigungsstruktur im Montafon.
111 N. N., Vorarlberger Landtag, Niederschrift der 2. Sitzung des XXII. Vorarlberger Landtages am 21.3.1979, S. 41–44, hier S. 42.
112 Ebenda, S. 43.

lichst transparent gehandhabt werde, zu einem regionalen Lernprozess führen und helfen würde, Verteilungskonflikte zu mindern. Doch der Glaube an die Objektivität der Prüfung mittels Kosten-Nutzen-Analyse wurde vor allem von den Akteuren, die sich als ‚Verlierer' wahrnahmen, nicht geteilt. Für den Soziologen Niklas Luhmann ist eine solche Haltung typisch. Er formulierte, dass Entscheidungen von denen als Willkür empfunden werden, die unter ihnen leiden.[113] Die vermeintlichen ‚Verlierer' äußerten ihren Unmut, indem sie den Raumplanern vorwarfen, dass diese bei den Prüfungen von falschen Grundannahmen ausgingen und von Eigeninteressen getrieben, agierten. Die St. Gallenkircher standen der Studie zwar in einigen Punkten kritisch gegenüber, konnten aber dank der mächtigen Position der Silvretta Bergbahnen gewünschte Entwicklungen umsetzen. Ausschlaggebend für die machtvollere Stellung der Silvretta Bergbahnen gegenüber der Silbertaler Erschließungsgesellschaft war vor allem auch der Faktor Zeit. Der wintertouristische Schauplatz Silvretta Nova war zu einer Zeit transformiert worden, in der große freie Flächen zur Verfügung standen, kaum behördliche Auflagen existierten und Naturschutz und Raumplanung eine geringe Rolle spielten. Zudem erreichte der Bau der Skilifte in den 1950er- und 1960er-Jahren aufgrund des niedrigeren Einsatzes von Baumaschinen sowie der kleineren Kapitalinvestitionen deutlich geringeren Umfang, als das Anfang der 1980er-Jahre der Fall war. Skigebiete, die bereits längere Zeit in Betrieb waren, hatten gegenüber später projektierten wesentliche Vorteile in der Kosten-Nutzen-Rechnung. Einerseits fielen die Naturschutzgutachten im Skigebiet Silvretta Nova deutlich günstiger aus als in Silbertal, weil das Gebiet bereits transformiert worden war. Andererseits ließen sich die Kosten aufgrund von Erfahrungswerten realistischer einschätzen und lagen insgesamt niedriger, da der Maschinenpark vorhanden war, Strom- und Wasserversorgung bestanden, Rodungen nur mehr erweitert und bestehende Gebäude anders genutzt werden mussten.

All dies geriet den Silbertalern zum Nachteil – da sie noch unberührte Natur aufzuweisen hatten, sollten sie an diese gebunden bleiben. Das relativiert die Objektivität einer solchen Abwägung und zeigt das Abgrenzungsproblem. Hätte man beispielsweise die anfallenden Kosten für den Ausbau der Montafon-Bundesstraße, der einige Jahre nach dem Ausbau des Skigebiets Silvretta Nova erfolgte, in die Kalkulation einbezogen, wäre die Bilanz möglicherweise deutlich günstiger für das Silbertal ausgefallen. Solche Kosten werden in Österreich von der öffentlichen Hand übernommen und galten daher in der projektbezogenen Überprüfung von Skige-

---

113 Niklas Luhmann, Disziplinierung durch Kontingenz. Zu einer Theorie des politischen Entscheidens. In: Stefan Hradil (Hg.), Differenz und Integration. Verhandlungen des 28. Kongresses der Deutschen Gesellschaft für Soziologie in Dresden 1996 (Opladen, Frankfurt a. Main 1997), S. 1075–1087, hier S. 1078.

bieten als externe Kosten. Die Subventionspraxis von Skigebieten durch Steuergelder wurde zwar von den Verlierern des Infrastrukturausbaus thematisiert, stieß aber bei den Raumplanern und dem ÖIR auf wenig Gehör. So fühlten sich die Verlierer erst recht benachteiligt. Daran wird die Unzulänglichkeit der Kosten-Nutzen-Analyse hinsichtlich der Integration externer Kosten deutlich.[114] Im Skigebiet Silvretta Nova setzte eine durch das Montafon-Konzept raumplanerisch befürwortete Transformation des wintertouristischen Schauplatzes auf Basis neuartiger Skilift- und Skipistentechniken ein, die das Wachstum merklich beschleunigten.

5.2   DIE RÜCKKEHR ZUM TOURISTISCHEN WACHSTUM IN DEN ERSCHLIESSUNGSZONEN

Die Ergebnisse der „Untersuchung raumbezogener Probleme der Fremdenverkehrsentwicklung im Montafon" wurden 1980 in einem Endbericht publiziert, der üblicherweise als „Montafon-Konzept" bezeichnet wird. Die Raumplaner Helmut Feuerstein und Helmut Tiefenthaler übertrugen in den folgenden Jahren Modelle und Methoden, die sie sich in der Kooperation mit dem ÖIR angeeignet hatten, auf andere wintertouristisch geprägte Regionen in Vorarlberg und arbeiteten eine Reihe weiterer Studien aus. Im Zuge der sogenannten Brandnertal-Studie rangen sich Touristiker, Naturschützer und Raumplaner beispielsweise zur Enthaltsamkeit in Sachen Gletscherskigebietserschließung in Vorarlberg durch.[115] Die intensive Zusammenarbeit zwischen Skigebietsmanagern und der Abteilung für Raumplanung stärkte das Vertrauen der ungleichen Akteure zueinander, was die Planungskultur veränderte. Die Raumplaner betrachteten Skilifte systemisch. Daher verlangten sie von Skigebietsbetreibern die Vorlage systemisch-integrierter Ausbaukonzepte, anstatt wie noch in den 1970er-Jahren Einzelprojekte zu begutachten.[116] Häufig wurden die Naturschutzfachstellen bereits im Vorfeld der Begutachtungsverfahren hinzugezogen, was bei einer Reihe von Skiliftprojekten zu „stillen Begräbnissen"[117] führte. Im Pionierplanungsgebiet Montafon war die touristische Entwicklungsplanung abgeschlossen, die über drei Jahre im Fokus der Abteilung für Raumplanung und des ÖIR gestanden hatte. Dort ging es ab 1980 durchaus konfliktgeladen um die Umsetzung.

Das Montafon-Konzept hatte den Austausch des Einersessellifts Versettla pri-

---

114 Hansson, Philosophical problems, S. 166.
115 Aschauer et al., Naturschutzgeschichte, S. 3.
116 Feuerstein und Tiefenthaler, Oral History Interview, S. 12.
117 Ebenda.

orisiert, der aus zwei Sektionen bestand und Gaschurn mit dem Skigebiet Silvretta Nova durch eine Einseilumlaufbahn verband. Die von St. Gallenkirch ausgehende Valiserabahn, ebenfalls eine Hochleistungseinseilumlaufbahn, sollte laut Konzept erst mittelfristig gebaut werden, weil der zeitnahe Bau beider Skilifte einen Verkehrskollaps auf der Montafon-Bundesstraße auslösen würde. Zudem zwinge der Vollausbau im Skigebiet Silvretta Nova andere Skigebiete, nachzuziehen, um keinen Wettbewerbsnachteil zu erleiden. Die Prioritäten der vorsorgeorientierten Raumplaner wurden von einer Skiliftgesellschaft, in der eine starke Persönlichkeit die Zügel fest in Händen hielt, bekämpft. Die Gemeinden Gaschurn und St. Gallenkirch hatten ursprünglich eigene Skiliftgesellschaften gegründet, die 1971 von Baumeister Walter Klaus unter dem Namen Silvretta Nova Bergbahnen AG fusioniert worden waren. Klaus war Mehrheitseigentümer dieser AG und engagierte sich intensiv im operativen Geschäft,[118] vertrat öffentlichkeitswirksam eine Expansionsstrategie und war bestrebt, wintertouristische Superlative ins Montafon zu bringen,[119] das bis dato stets im Schatten der Pioniergemeinde Lech gestanden hatte. Anstatt den wenig leistungsfähigen Versettla-Sessellift in Gaschurn gegen eine Hochleistungsbahn auszutauschen, wie im Montafon-Konzept empfohlen, forcierte Klaus den Neubau der Valiserabahn in St. Gallenkirch. Er begründete dies mit lokalem Widerstand. Weil in Gaschurn widerständige Grundbesitzer den Umbau der Versettlabahn verzögerten und der Bürgermeister zu wenig unternehme, diese entsprechend in die Pflicht zu nehmen, sei die Silvretta Nova Bergbahnen AG zu einem Strategiewechsel genötigt.[120] Die Behörden erteilten 1981 die Baubewilligung für den Neubau der Valiserabahn, die anschließend errichtet wurde.

Kaum war der positive Bescheid erlassen, ging eine Welle des Protests durch das Montafon. Die Bürgerinitiative „Lebenswertes Montafon" kritisierte die Landesregierung für ihr Umschwenken und betonte, dass die Landesbeamten „im Interesse einer gesunden Entwicklung im Montafon einfach den Mut haben [hätten] müssen",[121] die Valiserabahn zu verhindern.[122] Die Raumplanungsabteilung

---

118 Angelika Böhler, Walter Klaus, Sammler und Jäger. In: Vorarlberger Nachrichten (31.1.2003), S. 4, siehe URL: http://www.abkom.at/fileadmin/media/downloads/interviews/Klaus_Walter_Silvretta_Nova_Gruppe.pdf (2.12.2016), Link nicht mehr abrufbar.
119 Ebenda.
120 N. N., Versettlabahn allein wäre wesentliche Verschlechterung des Sportangebotes. In: Vorarlberger Nachrichten (16.6.1983), zitiert nach: VLA, AVLR, Abt. VIIa-251.03, Konzept für den Ausbau der touristischen Aufstiegshilfen im Montafon, Bd. VI.
121 N. N., Beispiel Ostschweiz. In: Vorarlberger Nachrichten (19.7.1981), zitiert nach: VLA, AVLR, Abt. VIIa-251.03, Konzept für den Ausbau der touristischen Aufstiegshilfen im Montafon Bd. VI.
122 Ebenda.

selbst orientierte sich in ihrer Einschätzung der Sachlage daran, dass für jedes zukünftige Projekt ein echter Bedarf nachgewiesen werden müsse. Dies sei bei der Planung geschehen. Die Bewilligung der Valiserabahn bewege sich dementsprechend im Rahmen des Montafon-Konzepts.[123] Landesrat Karl Werner Rüsch verteidigte die Vorgangsweise der Silvretta Nova Bergbahnen AG und der Raumplanungsabteilung und bezeichnete die Entscheidung der Landesregierung als konzeptkonform. Immerhin seien die Raumplaner zu dem Schluss gekommen, dass die Valiserabahn mittelfristig gebaut werden solle. Dass die Prioritätenliste ignoriert werde, sei dem Gaschurner Bürgermeister zu verdanken.[124]

Der Neubau der Valiserabahn verlagerte innerhalb sehr kurzer Zeit den Zustrom der Skiläufer dorthin und löste an dem bereits 1974 zum Zwillingsschlepplift ausgebauten Schwarzköpflelift[125] Wartezeiten aus. Hier hatte die Nachfrage um 46 Prozent zugenommen, was niemanden überraschen konnte, denn die Gefahr einer einseitigen Verlagerung der Skiläuferströme war bereits in der Ausarbeitungsphase der Montafon-Studie prognostiziert worden.[126] Die Bergbahnen AG reagierte auf die Engpässe im Skigebiet mit der Planung eines neuen Hochleistungsdoppelsessellifts.[127] Als diese Ausbaupläne an die Öffentlichkeit kamen, reagierten die Bürgermeister jener Gemeinden, die unter den Nebenwirkungen des Wintermassentourismus litten, verständnislos. Der Bau des Doppelsessellifts sei nicht mit der Grundidee des Montafon-Konzepts zu vereinbaren, die touristische Wachstumsdynamik zu entschleunigen. Mit dem Bau des Doppelsessellifts verliere das Regionalentwicklungskonzept jegliche Glaubwürdigkeit.[128]

Danach wurde es kurz ruhig um die Ausbaupläne im Montafon, doch bereits 1983 begann Walter Klaus, die Regionalpolitiker auf den Expansionskurs der Silvretta Nova Bergbahnen AG einzustimmen. Der Bau der „Versettlabahn allein wäre

---

123 AVLR, Abt. VIIa-251.03 Konzept für den Ausbau touristischer Aufstiegshilfen im Montafon Bd. V.
3.6.1981, Aktenvermerk, Abt. VIIa, Konzept für den Ausbau touristischer Aufstiegshilfen im Montafon, S. 1–2.
124 N. N., Die Montafonstudie war ihr Geld wert. Das Land hat sich daran gehalten. In: Vorarlberger Nachrichten (19.6.1981), S. 3.
125 N. N., Chronologie einer erfolgreichen Entwicklung, S. 2.
126 VLA, AVLR, Abt. VIIa-251.03, Konzept für den Ausbau der touristischen Aufstiegshilfen im Montafon Bd. VI, Gutachterliche Stellungnahme zu Ausbauprojekten im Schigebiet Silvretta Nova. Erstellt vom ÖIR im Auftrag der Vorarlberger Landesregierung. Bearbeiter Volker Fleischhacker.
127 Ebenda.
128 N. N., Sollten unterentwickelte Orte im Montafon Hilfe mit Ausgleichsfonds erhalten? In: Vorarlberger Nachrichten (20.3.1980), zitiert nach: VLA AVLR VIIa-251.03 Konzept für den Ausbau der touristischen Aufstiegshilfen im Montafon Bd. V.

[eine] wesentliche Verschlechterung des Sportangebotes",[129] verkündete er im Juni 1983 in den „Vorarlberger Nachrichten". Bei der Generalversammlung der AG im September 1983 erhöhte Klaus dann den Druck auf den Gaschurner Bürgermeister. Wenn in Gaschurn die Frage der widerständigen Grundbesitzer nicht bald gelöst würde, könnte er sich „in einem anderen Tal, in einem anderen Land, ja gar in einem anderen Staat (Italien)"[130] engagieren. Auf den Vorwurf, er würde Druck ausüben, reagierte Klaus abwiegelnd: „Von einem ‚Druckausüben' auf die Gaschurner kann überhaupt keine Rede sein, zumal wir aus wirtschaftlichen Gründen (noch 100 Millionen Schulden bei der Valiserabahn) eigentlich froh sein müßten, wenn dieses Bahnprojekt vorerst nicht kommen würde."[131] Klaus ließ nicht locker und pochte weiterhin darauf, beide Skilifte gegen den Widerstand der Grundbesitzer und vieler Talbewohner zu errichten. Die Gemeindepolitiker schlugen sich auf seine Seite. Sie stilisierten die Skigebietsbetreiber rhetorisch zum Heilsbringer, die das ganze Dorf „mit der Realisierung einer Gondelbahn ins Skigebiet [...] vor dem Schlimmsten" [132] bewahren würden. Der Bau beider Skilifte sei ein ausgesprochen großzügiger Akt der Silvretta Nova Bergbahnen AG, so die Gemeindevertretung. Immerhin würde „sich ihre Ertragslage durch eine Investition mit 130 Mill. S. sicher auf Jahre hinaus bedeutend verschlechtern".[133] Die Gaschurner Gemeindevertretung war sich ihrer wirtschaftlichen Abhängigkeit bewusst und fügte sich daher den Ausbauplänen von Klaus.

Für Klaus kam nur eine Vorgangsweise in Frage: Austausch des veralteten Sessellifts durch eine Hochleistungszweiseilumlaufbahn und des Schlepplifts am Schwarzköpfle durch eine Doppelsesselbahn. Als ein Journalist Klaus fragte, warum er trotz der Widerstände im Tal beide Skilifte gleichzeitig errichten wolle, berief er sich auf seine Verantwortung gegenüber den Skitouristen.[134] „Wir können doch nicht die Gäste einfach ins Skigebiet ‚pumpen' und sie dann dort ihrem ‚Warteschicksal' überlassen. Ein Bau eines neuen Zubringers auf die Versettla, ohne zuvor den Engpaß auf dem Schwarzköpfle zu beseitigen, kommt daher für uns nicht in Frage."[135] Die

---

129 N. N., Versettlabahn allein.
130 VLA, AVLR, Abt. VIIa-251.03, Bd. VI, Konzept für den Ausbau der touristischen Aufstiegshilfen im Montafon, 19.9.1983, Heinrich Sandrell an Landesrat Siegfried Gasser, Einseilumlaufbahn „Versettla" und Doppelsessellift „Schwarzköpfli", S. 1.
131 N. N., Versettlabahn allein.
132 N. N., Gaschurn/Partenen. Ohne Gondelbahn und Schwarzköpflelift sind Existenzen bedroht. In: Vorarlberger Nachrichten (24.4.1983), zitiert nach: VLA, AVLR, Abt. VIIa-251.03 Konzept für den Ausbau der touristischen Aufstiegshilfen im Montafon, Bd. VI.
133 Ebenda.
134 N. N., Versettlabahn allein.
135 Ebenda.

Zubringerkapazität der neu gebauten Versettlabahn sei im Verhältnis zur Sportbahnenkapazität „schon jetzt zu groß [...] und würde mit einem neuen Zubringer von Gaschurn noch größer".[136] Eine Reduktion der Zubringerkapazität kam für Klaus nicht in Frage. Das Ziel ungebrochenen Wachstums blieb unantastbar.[137] Die ablehnenden Bürgermeister warfen Klaus vor, dass er wirtschaftliche Partikularinteressen und die vermeintlichen Komfortansprüche der Gäste wichtiger nehme als die Lebensqualität der Montafoner Bevölkerung, die tagtäglich mit den sozialökologischen Nebenwirkungen des wachsenden Wintermassentourismus leben musste.[138]

Im Herbst 1983 hatte die Silvretta Nova Bergbahnen AG die Landesraumplaner dazu gebracht, eine Begehung des Gebiets durchzuführen, um das Bewilligungsverfahren für beide Skilifte in Gang zu setzen. Feuerstein und Tiefenthaler holten sich auch diesmal die Unterstützung des ÖIR. Während der Begehung ließ Kurt Bitschnau von der Bergbahnen AG durchblicken, dass diese neben der Errichtung der Einseilumlaufbahn Versettla und dem Doppelsessellift Schwarzköpfle nun auch noch ins Auge fasste, zwei zusätzliche Lifte im Skigebiet zu bauen.[139] Die Gesellschafter um Klaus waren es leid, dass die Vorarlberger Landesregierung „durch unnütze Verzögerungen im Bewilligungsverfahren"[140] die Expansionspläne durchkreuzte und so das wirtschaftliche Wohl der Montafoner Bevölkerung riskierte. Die Raumplaner und das ÖIR stimmten dem Bau der Versettlabahn und des Schwarzköpflelifts schließlich zu.[141]

Dass „eine [...] restriktive Politik [der Vorarlberger Raumplanungsstelle] auf lange Sicht kaum durchsetzbar sein [dürfte]",[142] hatte der Geograf Karl Stiglbauer schon 1979 vorausgesagt. Immerhin war es den Raumplanern gelungen, in der Zeit zwischen 1975 und 1980 das Wachstum wintertouristischer, mechanischer Aufstiegshilfen durch politische Einflussnahme massiv abzuschwächen und zudem

---

136 Ebenda.

137 Ebenda.

138 N. N., Sollten unterentwickelte Orte im Montafon Hilfe mit Ausgleichsfonds erhalten?

139 VLA, AVLR, Abt. VIIa-251.03, Bd. VI, Konzept für den Ausbau der touristischen Aufstiegshilfen im Montafon, 6.10.1983, Aktenvermerk – Konzept für den Ausbau der touristischen Aufstiegshilfen im Montafon, Ausbauprojekte Silvretta Nova – Begutachtung, S. 1.

140 VLA, AVLR, Abt. VIIa-251.03, Bd. VI, Konzept für den Ausbau der touristischen Aufstiegshilfen im Montafon, 19.9.1983, Heinrich Sandrell an Landesrat Siegfried Gasser, Einseilumlaufbahn „Versettla" und Doppelsessellift „Schwarzköpfli", S. 2.

141 VLA, AVLR, Abt. VIIa-251.03, Bd. VI, Konzept für den Ausbau der touristischen Aufstiegshilfen im Montafon, 6.10.1983, Aktenvermerk – Konzept für den Ausbau der touristischen Aufstiegshilfen im Montafon, Ausbauprojekte Silvretta Nova – Begutachtung, S. 2.

142 Ebenda.

eine Zonierung durchzuführen, die die räumliche Ausbreitung der Infrastrukturen kanalisierte. Die Beschränkung des infrastrukturellen Wachstums im Montafon war gerade weitgehend genug, dass sie als erster großer Erfolg der Raumplanungspolitik verkauft werden konnte, die ihre Rolle im föderalistischen Bundesstaat überhaupt erst definieren musste und dies unter Nutzung des Beispiels Montafon auch tat. Walter Klaus und die Silvretta Nova Bergbahnen AG emanzipierten sich in den 1980er-Jahren von der Raumplanungspolitik des Landes, die, weil sie Naturschutzanliegen ernst nahm, von wirtschaftsliberal eingestellten Skigebietsbetreibern vielfach als paternalistisch, wirtschaftsschädigend und wohlstandsgefährdend wahrgenommen wurde. Anstatt jedoch einfach gegen das Montafon-Konzept zu verstoßen und damit die Aktivitäten der Vorarlberger Landesregierung in Frage zu stellen, erwirkte Walter Klaus von den Silvretta Nova Bergbahnen AG eine zweimalige Änderung des Konzepts für seine Zwecke. Man könnte auch sagen: Klaus lernte, Landesbeamte unter Rückendeckung von Landespolitikern für eigene Zwecke zu instrumentalisieren. Es lohnt sich, die beiden Änderungen genauer zu betrachten.

5.2.1   1986: Die erste Änderung des Montafon-Konzepts

Wenige Tage nachdem das Ergebnis der Begutachtung des Skigebiets Silvretta-Nova durch das ÖIR öffentlich bekannt worden war, hingen auf den Bäumen entlang der Montafon-Bundesstraße „schwarze Fahnen".[143] Die Bürgerinitiative „Lebenswertes Montafon" demonstrierte in St. Anton, um auf die ungerecht verteilten Umweltlasten im Tal aufmerksam zu machen. „Wer im Montafon wohnt, weiß, was sich an schönen Wochenenden nicht nur auf den überfüllten Pisten, sondern auch auf den Straßen abspielt",[144] so die Demonstranten. Sie stellten mit Sprüchen wie „[w]illst du den Wald – Blechlawine halt"[145] oder „Politik kurzsichtig – Wald durchsichtig"[146] eine rhetorische Verbindung zwischen dem Waldsterben und der Belastung durch den Autoverkehr her.[147] Der Vorarlberger Landesfotograf Helmut Klapper dokumentierte durch Luftverschmutzung erzeugte Waldschäden im Walgau, der dem Montafon vorgelagert ist (Abbildung 38).

Bei vielen Urlaubsgästen stieß die Aktion auf Verständnis. Urlauber, die gerade

---

143 N. N., Demonstration im Montafon. Auf Bäumen hingen schwarze Fahnen. In: Vorarlberger Nachrichten (7.12.1983), zitiert nach: VLA, AVLR, Abt. VIIa-251.03 Konzept für den Ausbau der touristischen Aufstiegshilfen im Montafon Bd. VI.

144 Ebenda.

145 Ebenda.

146 Ebenda.

147 Ebenda.

Abbildung 38: Das Waldsterben in Vorarlbergs Alpentälern (1986).

mit dem Auto aus Marburg in Hessen anreisten, meinten, es „müsse wirklich alles dafür getan werden, um dem Waldsterben ein Ende zu setzen".[148] Am Thema Waldsterben kristallisierte sich in den 1980er-Jahren ein latent vorhandenes ökologisches Bewusstsein.[149] Es machte die vielzitierte ökologische Krise in Form von kahlen, braunen Zweigen und sterbenden Bäumen sichtbar.[150] An der marginalisierten Rolle von Naturschutzgutachten in Bauverhandlungen änderte das gewachsene ökologische Bewusstsein allerdings nichts.

Im März 1983 fanden die Bauverhandlungen für den Schwarzköpflelift und die

---

148 Ebenda.
149 Frank Uekötter, Deutschland in Grün. Eine zwiespältige Erfolgsgeschichte (Vandenhoek & Ruprecht, Göttingen 2015).
150 Roland Schäfer, Birgit Metzger, Was macht eigentlich das Waldsterben? In: Patrick Masius, Ole Sparenberg, Jana Sprenger (Hg.), Umweltgeschichte und Umweltzukunft. Zur gesellschaftlichen Relevanz einer jungen Disziplin (Universitätsverlag Göttingen, Göttingen 2009), S. 201–228.

Versettlabahn statt. Der Schwarzköpflelift wurde von allen Parteien mit Ausnahme des Amtssachverständigen für Natur- und Landschaftsschutz der Bezirkshauptmannschaft Bludenz, Hugo Müller, und des Vorarlberger Natur- und Landschaftsschutzanwalts, Hellfried Niederl, befürwortet. Müller kritisierte die durch die mit dem Vorhaben verbundenen Rodungen einhergehenden schwerwiegenden Veränderungen des Naturhaushalts und des Landschaftsbildes. Alpiner Schutzwald würde verlorengehen, die Verrohrung des Vermielbachs in den Wasserhaushalt eingreifen, die geplanten Geländeveränderungen sich auf die Landschaft negativ auswirken. Müller bezog sich in seiner Kritik auf die Montafon-Studie und die darin betonte „Bewahrung der Erholungslandschaft vor schädigenden Eingriffen bzw. Überbeanspruchung".[151] Für ihn bewies die Tatsache, dass die Silvretta Nova Bergbahnen AG nur vier Jahre nach der Fertigstellung des Konzepts umfangreiche Erweiterungen planten, dass jede Baumaßnahme mit zusätzlichen Sachzwängen einhergehe, wodurch sich die bereits ersichtliche Überbeanspruchung der Landschaft nur verschlimmere.[152] Der Amtssachverständige Hellfried Niederl lehnte das Projekt unter Verweis auf den zusätzlich zu erwartenden Autoverkehr auf der Montafon-Bundesstraße ab.[153]

Der Vertreter der Gemeinde St. Gallenkirch tat diesen Verweis auf die steigende Verkehrsbelastung als Fehleinschätzung ab. Der Schwarzköpflelift werde die Verkehrsbelastung nicht steigern, sondern reduzieren helfen, da die Gäste der hintersten Talgemeinden nun nicht mehr mit dem Auto in die scheinbar komfortableren Skigebiete in den äußeren Gemeinden des Montafon fahren müssten.[154] Niederl widersprach: Tagesgäste aus dem Rheintal verursachten den Großteil des Verkehrsaufkommens. Deren Zahl nehme mit der Beförderungskapazität zu.[155] Der Vertreter der Gemeinde St. Gallenkirch, Raimund Wächter, drohte mit massivem Widerstand, wenn der Skilift nicht gebaut würde. Immerhin beschäftigten die Silvretta Nova Bergbahnen AG 230 Personen, deren Existenzen bei Nichterrichtung bedroht seien.[156] Es wurde immer deutlicher, dass die Bergbahnen, um eine bessere Auslastung der Skilifte zu erzielen, auf eine Intensivierung des Tagestourismus aus dem Rheintal setzten. Eine befriedigende Auslastung eines Skigebiets

---

151 VLA, AVLR, Abt. VIIa-251.03, Bd. VI, Konzept für den Ausbau der touristischen Aufstiegshilfen im Montafon, 22.12.1983, Bürgermeister von St. Anton im Montafon an AVLR Abt. VIIb wegen B 188.

152 VLA, AVLR, Abt. VIIa-251.03, Bd. VI, Konzept für den Ausbau der touristischen Aufstiegshilfen im Montafon, 16.3.1984, Verhandlungsschrift ESU Versettla, S. 13.

153 VLA, AVLR, Abt. VIIa-251.03, Bd. VI, Konzept für den Ausbau der touristischen Aufstiegshilfen im Montafon, 16.3.1984, Verhandlungsschrift ESU Versettla, S. 6–7.

154 Ebenda, S. 10.

155 Ebenda, S. 11.

156 Ebenda, S. 10.

dieser Dimension schien anders gar nicht möglich.[157] Das war genau das Gegenteil der Empfehlungen der Montafon-Studie. Regionales Wachstum sollte laut Studie gerade nicht auf eine Ausweitung des Tagestourismus setzen, da diese mit massiven und ungleich verteilten sozialökologischen Nebenwirkungen, aber nur geringen wirtschaftlichen Multiplikatoreffekten einhergehe.

Das Urteil des Amtssachverständigen für Natur- und Landschaftsschutz gegenüber der Einseilumlaufbahn Versettla fiel zunächst noch recht milde aus.[158] Das änderte sich, als der Bürgermeister von Gaschurn bekanntgab, dass die Gemeinde sich dafür einsetzen werde, den bestehenden Einersessellift Versettla keinesfalls abzureißen, sondern ihn parallel zur geplanten Einseilumlaufbahn zu betreiben. Er sollte bei Kapazitätsengpässen im Winter die Einseilumlaufbahn ergänzen und im Sommer als beschauliche Attraktion für ältere Wanderer dienen.[159] Unterstützend verwiesen die Silvretta Nova Bergbahnen AG darauf, dass der Sessellift erst neun Jahre zuvor von Grund auf erneuert worden und noch sehr gut erhalten war. Außerdem wären Einseilumlaufbahnen sehr windanfällig und müssten daher oft stillgelegt werden. Die Aufzählung der Gründe für den Erhalt des Einersessellifts, der davor jahrelang als veraltet und abbruchreif bezeichnet wurde, endete mit einer Feststellung der Bergbahnen AG, die keinen Zweifel an deren Intentionen ließ. Wenn der Einersessellift abgerissen würde, wäre die Seilbahngesellschaft gezwungen, die Einseilumlaufbahn mit Sechser- anstatt mit Vierergondeln auszustatten, um so die Förderkapazität der zukünftig erwarteten Nachfrage anzupassen. Diese Variante wäre deutlich teurer und somit im Sommer noch unwirtschaftlicher.[160] Die Natur- und Landschaftsschutzbeauftragen zeigten für diese Argumente kein Verständnis. Die Bewilligung der Einseilumlaufbahn Versettla sei unumstößlich an den Abbruch des Einersessellifts zu binden, anderenfalls würden Niederl und Müller eine positive Stellungnahme verweigern.[161]

Von Mitte April bis Anfang Mai 1984 intervenierten Vertreter der Silvretta Nova Bergbahnen AG und der Gaschurner Bürgermeister sowohl bei der Bezirkshauptmannschaft Bludenz als auch bei der Vorarlberger Landesregierung massiv, um die beiden Skiliftprojekte gegen die Natur- und Landschaftsschutzgutachten durch-

---

157 VLA, AVLR, Abt. VIIa-251.03, Bd. VI, Konzept für den Ausbau der touristischen Aufstiegshilfen im Montafon, 5.3.1984, Abt. IVd an VIIa; Begutachtung der Ausbauprojekte in Gaschurn, S. 3.

158 VLA, AVLR, Abt. VIIa-251.03, Bd. VI, Konzept für den Ausbau der touristischen Aufstiegshilfen im Montafon, 16.3.1984, Verhandlungsschrift ESU Versettla, S. 13.

159 Ebenda, S. 12.

160 Ebenda, S. 15.

161 Ebenda, S. 16.

zusetzen.[162] Am 26. Mai 1984 lenkte die Vorarlberger Landesregierung ein und stimmte in einer Sitzung des Landesparlaments für eine Änderung des Konzepts für den Ausbau der touristischen Aufstiegshilfen im Montafon. Die Einseilumlaufbahn Versettla und der Sessellift Schwarzköpfle wurden in das geänderte Konzept aufgenommen.[163] Anfang August 1984 erteilte die Bezirkshauptmannschaft die natur- und landschaftsschutzfachliche Bewilligung für die Versettlabahn, mit der Einschränkung, dass der Einersessellift Versettla spätestens ein Jahr nach deren Fertigstellung abgetragen und die freiwerdenden Flächen aufgeforstet werden müssten.[164] Um den Interessen aller Parteien gerecht zu werden, nutzte die Vorarlberger Landesregierung eine Eigenschaft der Anlage, über die bislang nicht debattiert worden war: Der alte Sessellift Versettla bestand aus zwei Teilen, sogenannten Sektionen. Bei den Verhandlungen im Landesparlament einigte man sich darauf, dass die Silvretta Nova Bergbahnen AG nur die erste Sektion abreißen und rückbauen musste, während die zweite bestehen bleiben konnte.[165]

Eine Bereitschaft zur Begrenzung des Wachstums war bei den Silvretta Nova Bergbahnen AG nicht zu erkennen. Durch die Montafon-Studie war es zwar gelungen, das räumliche Wachstum von Infrastrukturen einzudämmen, indem Erschließungszonen und Freiräume definiert wurden. Doch damit wurden nur die von Ignaz Battlogg kritisierten innerregionalen Entwicklungsdisparitäten der Wintertourismusindustrie fortgeschrieben und Erholungsräume erhalten. Innerhalb der Erschließungszonen war der Wachstumsdynamik durch politische Steuerung kaum mehr beizukommen, weil das Konzept auf freiwilliger Selbstverpflichtung beruhte und keine

---

162 In dieser Zeit wurden folgende vier Schreiben verfasst: VLA, AVLR, Abt. VIIa-251.03, Bd. VI, Konzept für den Ausbau der touristischen Aufstiegshilfen im Montafon, 9.4.1984, Heinrich Sanderell an BH Bludenz, Abbruch der bestehenden Einsessel-Liftanlage; VLA, AVLR, Abt. VIIa-251.03, Bd. VI, Konzept für den Ausbau der touristischen Aufstiegshilfen im Montafon, 6.4.1984, Kurt Bitschnau an BH Bludenz, Ergänzende Stellungnahme zur Landschaftsschutzbewilligung für die ESU-Versettla; VLA, AVLR, Abt. VIIa-251.03, Bd. VI, Konzept für den Ausbau der touristischen Aufstiegshilfen im Montafon, 5.4.1984, Kurt Bitschnau an BH Bludenz, Stellungnahme zur Verhandlungsschrift vom 16.3.1984 über Landschaftsschutzbewilligung zur Dreisesselbahn Schwarzköpfli; VLA, AVLR, Abt. VIIa-251.03, Bd. VI, Konzept für den Ausbau der touristischen Aufstiegshilfen im Montafon, 27.4.1984, Kurt Bitschnau an AVLR; Stellungnahme zur Verhandlungsschrift vom 16.3.1984 über Landschaftsschutzbewilligung zur Dreisesselbahn Schwarzköpfli.

163 VLA, AVLR, Abt. VIIa-251.03, Bd. VI, Konzept für den Ausbau der touristischen Aufstiegshilfen im Montafon, 1.6.1994, Bericht des AVLR Konzeptänderung für den Ausbau der touristischen Aufstiegshilfen im Montafon.

164 VLA, AVLR, Abt. VIIa-251.03, Bd. VI, Konzept für den Ausbau der touristischen Aufstiegshilfen im Montafon, 1.8.1985, Bescheid BH Bludenz Errichtung der Einseilumlaufbahn „Landschaftsschutzbewilligung".

165 Ebenda, S. 11.

Sanktionen für jene Akteure vorsah, die ihm zuwiderhandelten. Die fehlende Sanktionsmöglichkeit definierte den legitimen Handlungsrahmen der Seilbahnbetreiber. Anstatt regulierend in das touristische Wachstum einzugreifen, fiel den Naturschutzorganisationen fortan das undankbare Management der sozialökologischen Nebenwirkungen einer auf Wachstumskurs befindlichen Tourismusindustrie zu.[166]

Beamteter Naturschutz, so wollte es die Vorarlberger Landesregierung, sollte auf Fragen der Landschaftsästhetik, des Arten- und Objekt- sowie des Bauensembleschutzes fokussiert sein. Das kam einer Fixierung der Naturschutzpraktiken auf den prä-ökologischen Bereich gleich, die Vorgaben für den Naturschutz seitens der öffentlichen Hand waren anachronistisch und nicht auf der Höhe der Zeit. Die von Feuerstein und Tiefenthaler initiierte Wachstumskritik, die mithilfe des Landschaftsschutzgesetzes und des Montafon-Konzepts sozial verbindlich wurde, wurde Mitte der 1980er Jahre eingeengt auf eine ästhetisch motivierte Kritik an der Wintersportlandschaft, die es durch Praktiken des Umweltmanagements ‚naturnäher‘ zu organisieren galt. Naturschutzagenden wurden auf betriebliches Umwelt- und Landschaftsmanagement beschränkt. Erosion, Biodiversität und Wiederbegrünung wurden auch in der Raumplanung mehr und mehr als technisch lösbare Probleme definiert, statt sie als sozialökologische Nebenwirkungen zu sehen und präventiv zu verhindern. Damit enttäuschten die Raumplaner wachstumskritische Zeitgenossen. Im Zuge der Anpassung des Montafon-Konzepts an die Ausbauwünsche einer einzigen Skiliftgesellschaft in Vorarlberg, der Silvretta Nova Bergbahnen AG waren sie ins Kreuzfeuer der Kritik geraten. Die Kräfteverhältnisse hatten sich umgekehrt: Die Bergbahnen AG bestimmte in diesen Jahren die Rahmenbedingungen der Kooperation zwischen Tourismus und Raumplanung, ähnlich wie dies zuvor, Anfang der 1970er-Jahre, Feuerstein und Tiefenthaler bei ihrem Eintritt in die Abteilung für Raumplanung getan hatten.

5.2.2   1992: Die zweite Änderung des Montafon-Konzepts

Der Baubescheid für den Bau der Einseilumlaufbahn Versettla und den Abriss der ersten Sektion des Einersessellifts wurde am 1. August 1985 ausgestellt. Sieben Jahre später war zwar die Einseilumlaufbahn errichtet, der Einersessellift aber noch immer nicht rückgebaut worden. Die neue Einseilumlaufbahn war damit ohne behördliche Bewilligung in Betrieb, weil diese an den Abbruch des Sessellifts gebun-

---

166   VLA, AVLR, Abt. VIIa-251.03, Bd. VI, Konzept für den Ausbau der touristischen Aufstiegshilfen im Montafon, 6.10.1983, Aktenvermerk – Konzept für den Ausbau der touristischen Aufstiegshilfen im Montafon, Ausbauprojekte Silvretta Nova – Begutachtung, S. 1.

den war.[167] Der Fall kam an die Öffentlichkeit, nachdem Landschaftsschutzanwalt Rudolf Öller von den Silvretta Nova Bergbahnen AG „des Erpressers- und Gängeltums bezichtigt und unter Druck"[168] gesetzt worden sei. Er sah sich dazu gezwungen, der Staatsanwaltschaft eine Sachverhaltsdarstellung zu übermitteln.[169] Bei der Staatsanwaltschaft erweckte diese den Verdacht, dass Beamte staatliche Interessen wissentlich verletzt und ihre Amtsgewalt missbraucht hätten, um den Silvretta Nova Bergbahnen AG einen Vorteil zu verschaffen.[170] Öllers persönlicher Eindruck war, „daß man im Fall Versettla einer mächtigen Liftgesellschaft aus Angst heraus eine Extrawurst braten wollte".[171]

Als die Ermittlungen begannen, sahen sich weder die Bezirkshauptmannschaft Bludenz noch die Vorarlberger Landesregierung für die Exekution des Abbruchbescheids verantwortlich.[172] Der Bludenzer Bezirkshauptmann Leo Walser verortete diese Pflicht bei der Landesregierung. Als der Staatsanwalt die Protokolle sichten wollte, war der Abbruchbescheid für den Versettla Sessellift verschwunden.[173] Nun zog die Causa immer größere Kreise und avancierte zum Kriminalfall.[174] Am 16. Juni 1992 wurde das Gelände nochmals begangen. Landschaftsschutzanwalt Hellfried Niederl bestand dabei auf den rechtmäßigen Abbruch des Skilifts.[175] Der Abgeordnete und spätere Verkehrsminister Hubert Gorbach wider-

---

167 VLA, AVLR, Abt. VIIa-420.22, Bd. VII, Konzept für den Ausbau der touristischen Aufstiegshilfen im Montafon, 3.2.1992, Aktenvermerk Silvretta Nova Bergbahnen – Ausbau der Sektion I der Versettla Bahn.

168 Tony Walser, Avanciert die Versettla zum Kriminalfall? In: Vorarlberger Nachrichten (9.6.1992), zitiert nach: VLA, AVLR, Abt. VIIa-420.22, Konzept für den Ausbau der touristischen Aufstiegshilfen im Montafon, Bd. VII.

169 Thomas Hechenberger, Versettla Lift. Ein Fall für den Staatsanwalt. In: Neue Vorarlberger Tageszeitung (8.8.1992), S. 1.

170 VLA, AVLR, Abt. VIIa-420.22, Bd. VII, Konzept für den Ausbau der touristischen Aufstiegshilfen im Montafon, 3.2.1992, Aktenvermerk Silvretta Nova Bergbahnen – Ausbau der Sektion I der Versettla Bahn.

171 Walser, Avanciert die Versettla zum Kriminalfall?

172 Hanno Settele, Kompetenzprobleme bei Versettla-Lift-Entscheidung. In: ORF-Mittagslandesrundschau (9.6.1992), zitiert nach: VLA, AVLR, Abt. VIIa-420.22, Konzept für den Ausbau der touristischen Aufstiegshilfen im Montafon, Bd. VII.

173 Ebenda.

174 N. N., Staatsanwaltschaft reagiert auf Stadler-Kritik. In: Vorarlberger Nachrichten (26.6.1992), zitiert nach: VLA, AVLR, Abt. VIIa-420.22 Konzept für den Ausbau der touristischen Aufstiegshilfen im Montafon, Bd. VII.

175 VLA, AVLR, Abt. VIIa-420.22, Bd. VII, Konzept für den Ausbau der touristischen Aufstiegshilfen im Montafon, 16.6.1992, Dr. Hellfried Niederl an BH Bludenz; Wiedererteilung der rechtsunwirksam gewordenen Bewilligung für die Errichtung der Einseilumlaufbahn „Versettla".

sprach dieser Forderung vehement.[176] Die Fronten schienen verhärtet. Doch Anfang September 1992 zeichnete sich eine Lösung für die illegal betriebene Einseilumlaufbahn Versettla ab, wie die Vorarlberger Nachrichten zu berichten wussten: „Per Regierungsbescheid soll der von vielen als ‚verschleppt' vermutete Abbruchbescheid für null und nichtig erklärt werden. Die Behörde hätte dann die Möglichkeit, beide Lifte doch noch stehen zu lassen."[177] Die Vorarlberger Landesregierung revidierte im Endeffekt ihre Entscheidung und bewilligte beide Skilifte. Überregionale Medien sahen diese Revision kritisch. „Daß sich der Landschaftsschutzanwalt unverändert für den Abbruch der alten Sesselbahn aussprach, fiel für das Land weniger ins Gewicht." Der Kurier zitierte im Anschluss Landesrat Hans Dieter Grabher: „Dies liege ‚in der Natur der Sache.'"[178]

Der Kurier blieb bei seiner kritischen Position: „Allein die FPÖ bejubelte in gewohnt populistischer Manier diese Entscheidung. Sie sei ein ‚Sieg der Vernunft'",[179] kommentierte die Zeitung, nachdem die Vorarlberger Landesregierung ihren Entschluss bekannt gegeben hatte. Das Blatt war mit seiner Einschätzung nicht allein. Die Entscheidung der Landesregierung wurde vielfach massiv kritisiert. Landesvolksanwalt Nikolaus Schwärzler bewertete die Kurskorrektur als „mehr als unerfreulich"[180] und sah in ihr einen „Bruch der Rechtstreue".[181] Landschaftsschutzanwalt Rudolf Öller gab infolge des Konflikts sein Amt auf. Auch Ella Fässler vom Vorarlberger Naturschutzbund sah die Institution der Landschaftsschutzanwaltschaft als gescheitert an. Deren Vertreter seien nichts anderes als „‚Alibi-Figuren' ohne Einspruchsrecht, deren Stellungnahmen praktisch nichts gälten, wenn auf der anderen Seite gewichtige Lobbys ein Projekt verwirklichen wollen".[182] Fässler kritisierte scharf, dass die Landesregierung einen „ungesetzlichen

---

176 N. N., Gorbach gegen Justament-Standpunkte beim Versettla-Lift. In: ORF-Frühlandesrundschau (19.6.1992), zitiert nach: VLA, AVLR, Abt. VIIa-420.22 Konzept für den Ausbau der touristischen Aufstiegshilfen im Montafon, Bd. VII.

177 Tony Walser, „Fall Versettla" geht in die Endphase. In: Vorarlberger Nachrichten, 11.9.1992, zitiert nach: VLA, AVLR, Abt. VIIa-420.22, Konzept für den Ausbau der touristischen Aufstiegshilfen im Montafon, Bd. VII.

178 Bernt Neumann, Sessel- und Kabinenbahn auf die Versettla bleiben. In: Kurier (16.9.1992), zitiert nach: VLA, AVLR, Abt. VIIa-420.22, Konzept für den Ausbau der touristischen Aufstiegshilfen im Montafon, Bd. VII.

179 N. N., 1500 Einsprüche: Nur einer wirkte. In: Kurier, Chronik Vorarlberg (17.9.1992), zitiert nach: VLA, AVLR, Abt. VIIa-420.22, Konzept für den Ausbau der touristischen Aufstiegshilfen im Montafon, Bd. VII.

180 Ebenda.

181 Ebenda.

182 Ella Fässler, Presseaussendung Vorarlberger Naturschutzbund vom 17.9.1992, zitiert nach: VLA, AVLR, Abt. VIIa-420.22, Konzept für den Ausbau der touristischen Auf-

Zustand nachträglich […] legalisiert"[183] habe. Auch Gottfried Waibel vom ÖVP-Umweltforum stimmte in die Kritik ein. Das Vorgehen sei mehr als ungeschickt, denn „Leute, die Bescheide einhalten, fühlen sich jetzt für dumm verkauft".[184] Er empfahl der Bevölkerung ironisch: „[A]lle von Bescheiden betroffenen Bürger sollen hinkünftig solange warten, bis Gras über die Sache gewachsen ist. Falls dann doch ein Beamter die Bescheideinhaltung fordere, könne der Betroffene immer noch zur Landesregierung schreiben und dort eine ‚Umänderung des Konzepts' verlangen."[185]

Der Sturm in den Medien verging. Sieger blieben die Befürworter von Ausbau und Beschleunigung. Die Silvretta Nova Bergbahnen AG und die Montafoner Bürgermeister hatten mithilfe von Landespolitikern die ihre Ziele unterstützende zweite Änderung des Montafon-Konzepts am 15. September 1992 durchgesetzt.[186] Die Raumplaner, in den 1970er-Jahren noch vielerorts kritisch oder hoffnungsvoll als ‚Verhinderer' tituliert, waren Ende der 1980er-Jahre zu ‚Erschließern' geworden, die von Naturschützern für ihre wachstumsaffine Haltung kritisiert wurden, so Feuerstein und Tiefenthaler heute.[187] Dieser Umschwung wurde von Naturschützern als Versagen der Raumplanungspolitik ausgelegt, deren Vertreter vor dem Seilbahnunternehmer Klaus eingeknickt seien.

Einen alternativen Erklärungsansatz bietet ein Konzept aus der Risikoforschung. Die sogenannte Risikokompensation, die nach dem Wirtschaftswissenschaftler Samuel Peltzman auch als „Peltzman-Effekt" bezeichnet wird, beschreibt ein paradoxes Phänomen. Maßnahmen, die die subjektive Sicherheit von Menschen erhöhen sollen, wie das Anschnallen bei Autofahrten, führen dazu, dass die Menschen riskanter handeln und sich daher schwerer verletzen.[188] Die Risikokompensation wird in der Umweltökonomie auch als psychologischer Rebound-Effekt bezeichnet, wobei hier der Fokus auf anderen Auswirkungen der Risikokompensation liegt. Effizienzsteigernde Techniken, wie etwa Energiesparlampen, lassen bei Nut-

---

stiegshilfen im Montafon, Bd. VII.

183 Ebenda.

184 N. N., Nachwehen des verschleppten Bescheides. In: Vorarlberger Nachrichten (17.9.1992), zitiert nach: VLA, AVLR, Zl. VIIa-420.22 Konzept für den Ausbau der touristischen Aufstiegshilfen im Montafon, Bd. VII.

185 Ebenda.

186 Amt der Vorarlberger Landesregierung (Hg.), Vorarlberger Landeskorrespondenz 185 (Sonderausgabe Einsesselbahn und Einseilumlaufbahn Versettla 15.9.1992), zitiert nach: VLA, AVLR, VIIa-420.22, Konzept für den Ausbau der touristischen Aufstiegshilfen im Monfaton, Bd. VII.

187 Feuerstein und Tiefenthaler, Oral History Interview, S. 12.

188 Sam Peltzman, The Effects of Automobile Safety Regulation. In: Journal of Political Economy 83/4 (1975), S. 677–726.

zern ein gutes Gewissen entstehen, wodurch sie das Licht (oft unbewusst) länger brennen lassen. Auf diese Weise führen vermeintlich gut gemeinte Sparmaßnahmen dazu, dass der Stromverbrauch nicht sinkt, sondern im Gegenteil steigt.[189] Beide Interpretationsansätze ähneln einander in der Feststellung, dass der Einsatz effizienzsteigernder Maßnahmen zu Ergebnissen führt, die der ursprünglichen Intention zuwiderlaufen.

Betrachtet man die Montafon Studie als einen Versuch, die Effizienz raumplanerischer Interventionen durch Zonierung zu steigern, war sie durchaus erfolgreich, führte aber zu langfristigen Nebenwirkungen. Skigebietsbetreiber wie Walter Klaus sahen sich angesichts der Tatsache, dass Freihalteflächen definiert worden waren, von der moralischen Verpflichtung entbunden, den Flächenverbrauch im eigenen Skigebiet gering zu halten. Dafür hatte das Montafonkonzept durch die Definition der Ruhezonen im vorderen Montafon, in Silbertal und Partenen gesorgt. Klaus und seine Mitstreiter im Montafon hatten sich während der Erstellung des Konzepts den Zonierungsregeln untergeordnet. Politisches Handeln, so Jens Ivo Engels, „dient dem Erreichen bestimmter *Ziele,* die aus *Interessen* resultieren."[190] Die Akteure der Montafoner Wintertourismusindustrie duldeten die Wachstumsbeschränkungen, die das Montafonkonzept mit sich brachten, ihre Ausbauziele und Wachstumsinteressen blieben davon aber unberührt.

Sozialpsychologische Studien zeigen, dass Menschen, nachdem sie sich über einen gewissen Zeitraum selbst normiert haben, dazu neigen, den vermeintlich erlebten Verlust anschließend übermäßig zu kompensieren.[191] Auch auf diese Weise können Rebound-Effekte auftreten, die im Montafon dazu führten, dass die Skiliftbetreiber, nach einer vom politischen Gegenspieler erzwungenen Ruhepause, größere, schnellere und bessere Skilifte bauten. Fragt man nach den Zielen und Interessen der Akteure, zeigt das Montafoner Beispiel, dass diese durch den Raumordnungsprozess nicht verändert wurden. Vielmehr eröffnete es den Skiliftbetreibern die Möglichkeit, sich kurzfristig als moralisch, verantwortungsvoll und gemeinwohlorientiert agierende Personen zu erleben. Längerfristig leiteten sie aber aus ihrer temporären Enthaltsamkeit während der Erarbeitung des Konzepts sowie

---

189 Tilman Santarius, Der Rebound-Effekt. Ein blinder Fleckt der sozial-ökologischen Gesellschaftstransformation. In: GAIA 23/2 (2014), S. 109–117, hier S. 111–112.

190 Jens Ivo Engels, „Politischer Verhaltensstil". Vorschläge für ein Instrumentarium zur Beschreibung politischen Verhaltens am Beispiel des Natur- und Umweltschutzes. In: Franz-Josef Brüggemeier, Jens Ivo Engels (Hg.), Natur- und Umweltschutz nach 1945. Konzepte, Konflikte, Kompetenzen. Reihe „Geschichte des Natur- und Umweltschutzes" Bd. 4 (Campus, Frankfurt a. Main), S. 184–203, hier S. 192.

191 Anna C. Merritt, Daniel A. Effron, Benoit Monin, Moral self-licensing. When being good frees us to be bad. In: Social and Personality Psychology Compass 4/5 (2010), S. 344–357.

der Akzeptanz der verordneten Ruhezonen das Recht ab, zukünftig anderswo umso stärker auszubauen. Diese Strategie ermöglichte es zwar den Raumplanern, die Konzepterstellung als Erfolg zu präsentieren. Das Konzept führte aber zu keiner Änderung grundlegender Ziele und Interessen bei den Skiliftbetreibern, sondern legitimierte diese, den erzwungenen Stillstand möglichst rasch wieder aufzuholen. So kann der Versuch, ein als entgrenzt wahrgenommenes, touristisches Wachstum zu regulieren, eine zu den Interessen der Raumplaner und Naturschützer gegenläufige Wirksamkeit entfalten.

6.   Resümee

Am 29. September 2016 schrieben die „Vorarlberger Nachrichten" dass die „Seilbahner unter großem Zeitdruck"[192] stünden. Anlass dazu war eine Großbaustelle in Lech. 200 Arbeiter versuchten, die Arbeiten an dem als „Megaprojekt"[193] bezeichneten Zusammenschluss der Skigebiete Lech, Oberlech, Stuben, Schröcken, Warth, St. Anton und St. Christoph noch vor dem Wintereinbruch abzuschließen. Insgesamt wurden 45 Millionen Euro investiert, um „das größte zusammenhängende Skigebiet in der Alpenrepublik"[194] zu verwirklichen. Trotz des Zeitdrucks – die Anlagen sollten am 2. Dezember 2016 in Betrieb gehen – gab sich Phillip Zangerl, Vorstand der Ski Zürs AG gegenüber den Medien Ende September optimistisch.[195] Die Bahn wurde pünktlich zum Start der Wintersaison 2016/17 eröffnet. Ein Ende der in dieser Arbeit seit den 1920er-Jahren verfolgten Beschleunigung der Berge ist also nicht in Sicht.

Die „Beschleunigung der Berge" war und ist, wie die Darstellung deutlich gemacht haben sollte, maßgeblich vom Wintertourismus angetrieben. Bergbauerndörfer, die nur auf Saumpfaden erreichbar waren, wurden zu international bekannten Skigebieten und liegen heute in von Infrastrukturen durchdrungenen Kulturlandschaften. Den mechanischen Aufstiegshilfen kam bei diesem Wandel eine besondere Rolle zu: Sie ermöglichten den sicheren, komfortablen und letztlich massenhaften Transport der Skiläufer, popularisierten so seit den 1940er-Jahren den Skilauf und ordneten das Verhältnis der Menschen zu den winterlichen Bergen grundlegend neu. Der saisonale Schwerpunkt der Erwerbstätigkeit hat sich für die große Zahl der Vorarlberger Dorfbewohner, die im Dienstleistungsgewerbe tätig sind, vom Sommer auf den Winter verlagert. Die Sommermonate, in denen zuvor alpine Landwirtschaft betrieben worden war, sind seit den 1950er-Jahren mit Arbeiten zur Anpassung des alpinen Geländes an die Erfordernisse des Wintertourismus gefüllt – mit Bauarbeiten, Flächenpflege auf Skipisten oder Wartungs- und Reparaturarbeiten der technischen Infrastruktur –, während die Berglandwirtschaft heute nur noch in subventionierten Nischen stattfindet. Der Winter ist

---

192   Anton Walser, Seilbahner unter großem Zeitdruck. In: Vorarlberger Nachrichten (29.9.2016), siehe: URL: http://www.vorarlbergernachrichten.at/lokal/vorarlberg/2016/09/28/seilbahner-unter-grossem-zeitdruck.vn#vnf1 (7.8.2018).
193   Ebenda.
194   Ebenda.
195   Ebenda.

die arbeitsintensivste Periode geworden. Die Unberechenbarkeit von (kurzfristi-gem) Wetter und (saisonaler) Witterung wird seit den 1970er-Jahren mittels tech-nischer Infrastruktur sukzessive abgefedert. Kunstschneeproduktion und Pisten-präparierung beginnen lange vor dem Saisonstart. Wenn erholungswillige Städter zu Abertausenden in die winterlichen Berge pilgern, um dem Wintersport zu frö-nen, läuft die Tourismusfabrik längst auf Hochtouren.

Wie aber lässt sich dieser Wandel von Bergbauerndörfern zu infrastrukturell durchdrungenen Wintersportlandschaften konzeptuell angemessen fassen? Wie lässt sich die eingangs aufgestellte Forderung, die Rolle von Natur in die Geschich-te des Wintertourismus zu integrieren, einlösen, ohne in einen Naturdeterminis-mus zu verfallen?

Dafür hat sich die gewählte interdisziplinäre Herangehensweise bewährt. Die Reflexionen des Phänomens Wintertourismus in verschiedenen wissenschaftli-chen Disziplinen erlaubten es, Wintertourismus als sozionaturales Konglomerat von juristischen, ökonomischen, technischen, kulturellen, ökologischen und kli-matischen Faktoren, mit Marcel Mauss gesprochen, als „totales Phänomen" zu verstehen, zu beschreiben und zu analysieren.[196]

Es gibt verschiedene Ansätze, sozionaturale Konglomerate konzeptuell zu fas-sen. Der Forschungsansatz des sozionaturalen Schauplatzes ist einer davon. Er entspricht der Forderung von Bruno Latour „nach Abschaffung der konzeptuellen Unterscheidung zwischen Natur und Gesellschaft".[197] Wintersportlandschaften sind als sozionaturale Schauplätze gleichermaßen natürlich wie sozial. Untersucht wurde, wie die verschiedenen Elemente einer Wintersportlandschaft, einerseits materielle Arrangements wie mechanische Aufstiegshilfen, Skipisten und Winter-touristen, andererseits Praktiken von Industrie, nationaler und föderaler Touris-muspolitik oder Versuche der politischen Regulation touristischen Wachstums jeweils miteinander verknüpft wurden und durch welche Faktoren diese Verknüp-fungen aufrechterhalten beziehungsweise transformiert wurden. Dies war nur möglich durch Verbindung einer Vielzahl unterschiedlicher Quellen sowie eine Kombination von qualitativen und quantitativen Methoden der Analyse und Inter-pretation.

Wintertouristische Schauplätze sind in Österreich als historisches Erbe der Indus-trialisierung und Urbanisierung Ende des 19. Jahrhunderts und auch des Zusam-menbruchs der k. u. k.-Monarchie am Ende des Ersten Weltkriegs zu verstehen. Die

---

196 Verena Winiwarter, Regionalgeschichte als „histoire totale". In: André Kirchhofer, Dani-el Krämer, Christoph Maria Merki, Guido Poliwoda, Martin Stuber, Nachhaltige Geschich-te. Festschrift für Christian Pfister (Zürich 2009), S. 271–283, hier S. 276.
197 Knoll, Die Natur, S. 98.

Industrialisierung ermöglichte in den touristischen Quellgebieten, den Zentren der Transformation, ausreichend Wohlstand und Freizeit für immer mehr Menschen, die auf den neu gebauten Eisenbahnstrecken immer weitere Strecken zu Vergnügungszwecken zurücklegen konnten. Industrialisierung und Urbanisierung führten in den Bergdörfern der Peripherie wegen der gleichzeitigen Krise der Landwirtschaft zu einer mehr und mehr als bedrohlich wahrgenommenen, relativen Verarmung und zu einem Bedarf an alternativen Einkommensquellen, wie schon die Vielzahl touristischer Betriebsgründungen in den 1920er-Jahren zeigt. Die kulturell entfachte, auch durch das neue Medium Film gesteigerte Begeisterung für die winterlichen Berge materialisierte sich infolge in Form von Hotels, Gaststätten und Pensionen in den Alpentälern, die die räumlichen Muster wintertouristischer Praktiken verstetigten.

Diese Territorialisierung der Wintertourismusindustrie wurde Ende der 1920er-Jahre durch eine nationale Tourismusförderung begünstigt. Sie beschleunigte die Transformation von Bergbauernregionen, führte aber zur Verschuldung vieler touristischer Akteure. Die Transformation der Dörfer in wintertouristische Schauplätze machte die Akteure dadurch verletzlich gegenüber den geopolitischen Ereignissen der 1930er-Jahre, die politische Radikalisierung und touristische Modernisierung gleichermaßen beförderten. Die praxistheoretische Analyse dieser Entwicklungen ergab, dass die als krisenhaft wahrgenommenen 1930er-Jahre, Transformationspotenziale aktivierten, die den Nachkriegstourismus maßgeblich prägten, wie im ersten Teil der Arbeit dargelegt wurde.

Im ersten Teil der Studie stand die Transformation skiläuferischer Praktiken an wintertouristischen Schauplätzen im Zentrum. Sie wurde vor dem Hintergrund der regionalwirtschaftlichen Umbrüche der 1930er-Jahre und dem damit verbundenen materiellen Wandel analysiert. Die technische Beschleunigung des Skilaufs durch körperliches Training, das zu einer rationellen räumlichen Organisation touristischer Körper führte, prägte den Skilauf schon vor der Einführung mechanischer Aufstiegshilfen tayloristisch und fordistisch. Die Mitte der 1930er-Jahre entwickelten Skilifte sind als materielle Ergebnisse der bereits etablierten Kultur der Beschleunigung im Skilauf zu interpretieren. Skilifte verstetigten die fordistischen Tendenzen des Skilaufs durch eine – für den Skitourismus völlig neue – Form der Körperdisziplinierung, die jener glich, die an den Förderbändern der Fabriken stattfand, um Arbeitsprozesse zu optimieren. Die körperliche Disziplinierung gelang allerdings nur dann, wenn die Touristen sie als Komfortsteigerung interpretierten, wie am Beispiel des Constam-Lifts und an der Entwicklung der Doppelsessellifte gezeigt werden konnte. Der historische Rückblick legt auch die für Modernisierungsvorgänge typischen Nebenwirkungen offen, die den Akteuren ein langfristiges, arbeits- und kostenintensives Management abverlangten.

Am alpinen Tourismus in Vorarlberg wurden auch Rebound-Effekte sichtbar. Sie traten überall dort auf, wo zeit- und arbeitsintensive Praktiken technisch beschleunigt wurden. Das Konzept des sozionaturalen Schauplatzes erlaubt, auf den sozial disziplinierenden Charakter von Arrangements, der als Voraussetzung und Resultat von technischer Transformation verstanden wurde, zu fokussieren, indem untersucht wird, wie Praktiken durch materielle Arrangements strukturiert werden.

Die empirische Analyse zeigte, dass die technische Beschleunigung skiläuferischer Praktiken mittels mechanischer Aufstiegshilfen die Skiläufer dazu disziplinierte, den Lift immer wieder zu benutzen, was in eine Überlastung der Förderkapazität der Anlagen mündete. Die Industrie münzte den auftretenden Rebound-Effekt in ein Argument um, das den Markteintritt neuer, leistungsfähigerer Skiliftmodelle legitimierte. Diese behoben jedoch nicht die Nebenwirkungen, sondern verschoben sie bloß.

Ausgeklügelte Disziplinierungsmechanismen erlaubten nach 1945 den Einsatz schnellerer Skilifte und damit die Steigerung des Durchflusses von Skiläufern zwischen Tal- und Bergstation. Die Diversifizierung der Skilifttypen und die räumliche Ausbreitung der Skiliftnetzwerke vergrößerte die wintertouristischen Schauplätze. Neue, hochgelegene und damit vermeintlich schneesichere Flächen wurden in Skigebiete integriert und der Strom der Skiläufer immer weiter verdichtet. Der Rebound-Effekt machte Skilifte zu zentralen Wirtschaftswachstumsmaschinen.

Der Bau von Skiliften und die Steigerung der Förderkapazitäten erforderten große Mengen an Kapital. Wie in Abschnitt zwei diskutiert, stammte dieses Kapital in der Regel von nationalstaatlichen Fördergebern, privatwirtschaftlichen Banken und Kapitalgesellschaftern. Die Analyse der Förderpraxis des European Recovery Program (ERP) belegt die raumgreifende Tendenz und Schwerpunktsetzung nationaler Tourismuspolitik. Am Skigebiet Lech wird der Einfluss des ERP besonders deutlich. Lech wurde von den verantwortlichen Akteuren zur Devisen-Produktionsstätte auserkoren, um den Wiederaufbau der österreichischen Nationalökonomie nach dem Zweiten Weltkrieg zu beschleunigen. Dabei wurde das Dorf zu einem Modell für andere Skigebiete, die einander immer stärker in Konkurrenz wahrnahmen, und zu einer tonangebenden Stimme in der Vorarlberger Tourismuspolitik. Doch diese Entwicklung führt auch die Nebenwirkungen der Transformation von Schauplätzen durch mechanische Aufstiegshilfen besonders eindringlich vor Augen. Nicht zufällig kam in Lech die erste Pistenraupe Vorarlbergs zum Einsatz, ebenso wurde hier der Präzedenzfall für die Änderung der Grundeigentumsrechte geschaffen. Beide Ereignisse werden im Licht der durch das ERP massiv beschleunigten Transformation der Schauplätze plausibel. Diese zwang den Skiliftbetreibern eine ökonomische Logik auf, die sie vulnerabel gegenüber so unterschiedlichen Faktoren wie dem Wetter und dem Eigensinn von Grundbesitzern machte. Die große Kapitalkonzentration (soziales, kulturelles und ökonomisches Kapital) verlieh den Lecher Akteuren aber genügend Einfluss, um solche Beharrungselemente in ihrem Sinne zu beseitigen und die eigene Krisenanfälligkeit immer wieder kurzfristig zu senken.

Doch längerfristig verursachte die Synchronisation der technischen Ausstattung der Skilifte mit der stark steigenden Nachfrage, die unabdingbar war, um den Verpflichtungen gegenüber den Kapitalgebern nachzukommen, eine neue Form der Verletzlichkeit. Warme Winter wie jener der Saison 1963/64 gefährdeten die Beschleunigung. Waren Skiläufer bis dato über wenig bearbeitete Skirouten talwärts geglitten, begannen Skiliftbetreiber nun, die Schneequalität mittels Pistenraupen an die betriebswirtschaftlichen Erfordernisse anzupassen. Zunächst war die markierte Skiabfahrt ein sicherheitssteigerndes Ordnungsprinzip gewesen. Sie erhielt nun zusätzliche Bedeutung als Geländeinfrastruktur, die den Umgang mit alpinen Agrarökosystemen strukturierte. Die präparierten Skipisten waren Voraussetzung für die Steigerung der Förderkapazitäten, abenso wie deren Resultat. Als Materialisierung der räumlichen Disziplinierung skiläuferischer Praktiken optimierte die Skipiste den Skiliftbetrieb. Daraus resultierte allerdings ein neuer Zwang, der Zwang zum rationellen Umgang mit der knapper werdenden Ressource Schnee. Der Blick auf die Verknüpfung von Skiliften und Skipisten macht die Wechselwirkung beider Arrangements fassbar. Jede weitere Verdichtung des Skiläufertransports auf den Pisten durch Beschleunigung der mechanischen Aufstiegshilfen gefährdete die Qualität des Erlebnisses und die Sicherheit. Das Fassungsvermögen der Skipisten musste daher ebenfalls erweitert werden, sei es räumlich durch Ausweitung des Skipistennetzwerks oder zeitlich durch schneekonservierende Praktiken wie den Einsatz von Pistenraupen oder den Geländebau. Der Bau mechanischer Aufstiegshilfen und die Ausweitung der Förderkapazitäten disziplinierten also nicht nur die Körper der Skiläufer, sondern auch die Skiliftbetreiber. Sie mussten Kapital in neue Techniken investieren, was die Eigenkapitalquote der Betriebe senkte und sie krisenanfälliger machte.

Der nunmehr ökonomisch unabdingbare Massenskibetrieb machte seit Mitte der 1960er-Jahre die möglichst weitgehende Emanzipation von Witterungs- und Wetterschwankungen nötig. In der Analyse wurde auf die Planung und den Bau von Skipisten im Gelände fokussiert, da hierbei die Einbettung von Infrastrukturen in Öko-, Hydro- und Pedosysteme – also deren Arrangementcharakter – besonders augenfällig wird. Skigebietsplaner und -betreiber versuchten, alpine Ökosysteme durch bauliche Interventionen auf die benötigte Effizienz zu trimmen, ohne aber ihre Eigendynamik zu berücksichtigen. Die Akteure betrachteten Boden und Vegetation als nahezu beliebig formbares Material, das sich freilich, wie gezeigt

werden konnte, der totalen Formbarkeit entzog. Erosion, Murenabgänge, Biodi-
versitätsverlust und die daran Anstoß nehmende Kritik von Naturschützern folgten. Die Akteure des Skitourismus ließen sich auf einen transdisziplinären Lernprozess ein; weniger aus ökologischen Gründen, als aufgrund der stark steigenden
Kosten für das Management der Nebenwirkungen von Geländebauten. Auch am
Skipistenmanagement zeigte sich deutlich, dass seine Notwendigkeit von der
Beschleunigung des Aufstiegs und der daraus resultierenden dichteren Bestockung
der Flächen mit Skiläufern herrührte. Eine dichter genutzte Piste wurde immer
dann zu einem akuten Problem, wenn Schneemangel sie bedrohte. Je wärmer ein
Winter, desto mehr Arbeit musste in die Pisten investiert werden, um sie befahr-
bar zu halten.

Die Eigendynamiken des Schnees, des Klimas, der Biodiversität, der Hydrologie und des Bodens wirkten sich an den wintertouristischen Schauplätzen stets auf
die Entscheidungen der Akteure aus, die mittels technischer Transformation versuchten, die Beschleunigung der Skiläufer weiterhin möglich zu halten. An der
Wiederbegrünung, die zunächst keinen anderen Zweck verfolgte, als möglichst
rasch den Anschein einer grünen Wiese herzustellen, zeigt sich diese Wechselwirkung besonders eindringlich. Das Scheitern der Wiederbegrünung und die daraus
resultierenden Kosten stießen einen weiteren transdisziplinären Lernprozess an,
der sich durch Rückkopplungsschleifen in der Saatgut-, Düngemittel-, Seilbahn-
und Bauindustrie stabilisiert wurde und den Skipistenbau nochmals grundlegend
transformierte.

Die Rückkopplung zwischen Geländebauten und der weiteren infrastrukturellen Durchdringung von Wintersportlandschaften manifestierte sich in der Durchsetzung von Beschneiungsanlagen, mit denen die teuren Geländebauten erst
gerechtfertigt werden konnten. Schnee selbst aber war zu einem teuren Einsatz-
stoff für die skitouristische Maschine geworden. Das veränderte die bisherige Pla-
nungslogik von Skipisten grundlegend. In den 1970er-Jahren sollten Geländebauten die Pisten sicherer und aufnahmefähiger machen. Parallel zur Einführung der
Beschneiungstechnik wurden das Gelände sowie die Sukzession in den Ökosystemen durch Düngung und Mahd nunmehr immer stärker an den steigenden Kostendruck angepasst. Zu Beginn war nicht einmal abschätzbar, welche Kosten anfal-
len würden. Praktisches Lernen ermöglichte im Laufe der Zeit schließlich eine
Kalkulation der langfristig zu erwartenden Kosten.

Die breite Einführung der Beschneiungstechnik erfolgte in Vorarlberg Ende der
1980er-Jahre, als eine Serie warmer, schneearmer Winter auftrat. Die folgende
Welle an Bewilligungsansuchen für Beschneiungsanlagen offenbarte die ungenügende und nicht-standardisierte Bewilligungspraxis der verantwortlichen Verwal-
tungsdienststellen. Die technischen Bemühungen, das fehlende Weiß durch Kunst-

schnee zu ersetzen, stießen nun einen Lernprozess in der Landesverwaltung an. Dieses Lernen der Akteure kann als ein konfliktbeladenes Ringen um legitime Expertise beschrieben werden. Die potenziellen Langzeitfolgen des Einsatzes der neuen Technik waren nicht geklärt. Die Mitarbeiter der Abteilung für Raumplanung der Vorarlberger Landesregierung suchten daher, einen Ausgleich zwischen den divergierenden Bildern von Natur bei den Befürwortern und Gegnern herzustellen.

Akteuren aus Lech kam hier eine doppelte Pionierrolle zu. Sie stießen durch die Planung einer großen Beschneiungsanlage den Nachdenkprozess an und versuchten, die Raumplaner mit ihrer durch den jahrelangen Einsatz von Schneekanonen gewonnenen Expertise zu einem möglichst deregulierten Umgang damit zu bewegen. Die Beschneiungspraktik wurde infolgedessen landesweit an Interessen der Lecher ausgerichtet – gegen den Willen eines Gutteils der Bevölkerung. In dieser schwierigen Situation stellte die Landesraumplanung den Interessensausgleich durch eine raumzeitliche Regulierung der Beschneiung her. Diese Regulierung half, Fehlentwicklungen zu vermeiden, indem sie den legitimen Grad der zukünftigen Transformation wintertouristischer Schauplätze festlegte, sie führte jedoch zu einer deutlichen Konzentration von Beschneiungsflächen. Es galt, divergierende Interessen sowohl im Bereich der Geländebauten als auch hinsichtlich der Ausweitung der Förderkapazitäten auszugleichen. Auch dies ist ein Anzeichen für die systemische Einbettung – also den Arrangementcharakter – von mechanischen Aufstiegshilfen und Skipisten, die ihrerseits einer stetigen Beschleunigung unterlagen.

Sowohl die Einführung von Pistenraupen in den 1960er-Jahren als auch die Verbreitung von Schneekanonen seit den späten 1980er-Jahren sind ein deutliches Zeichen dafür, dass „Natur" in Form von Wetter- und Klimazyklen für die Geschichte der Menschen in Wintertourismusregionen handlungsrelevant war und weiterhin ist. Im Gegensatz zu Naturkatastrophen wie Lawinen oder Murgänge, die unvermittelt über die Menschen hereinbrechen und Leib und Leben zu bedrohen imstande sind, wurde die Handlungsrelevanz des Winters primär über das Arrangement Skigebiet vermittelt. Hielt sich der Winter nicht an die in Sachen Schnee an ihn gestellten Erwartungen, wurde er für die Geschichte der untersuchten Skigebiete zu einem handlungsrelevanten Akteur. Die in dieser Umweltgeschichte diskutierten Ingenieure, Skiliftbetreiber, Bauern und Landschaftsarchitekten disziplinierten also nicht nur die alpine Umwelt, um Skigebiete effizienter zu machen, sondern wurden ebensosehr von dieser diszipliniert – sei es etwa durch die beschriebene Unverlässlichkeit von Niederschlag und Temperatur, die mittels technischer Hilfsmittel kompensiert werden musste oder durch das erratische Verhalten von Saatgut in hochalpinen Gebieten, das den Skipistenbau zu einem Glücksspiel mach-

te und dazu führte, dass eine eigenen Kongressreihe in Lech etabliert wurde. „Natur"
war hier keine passive Größe.

Wintertouristische Schauplätze sind auch sozionaturale Verflechtungen verschiedener Elemente, die miteinander in Resonanz stehen und sich zueinander
koevolutionär verhalten. Der daraus resultierende Wandel kann als deren Umweltgeschichte verstanden und beschrieben werden. Diese Perspektive soll aber nicht
zum Irrtum verleiten, dass menschliche Entscheidungen wenig oder keinen Einfluss auf den Verlauf der Transformation wintertouristischer Schauplätze hätten.

Die langfristige, kulturlandschaftliche Konsequenz politischer Meinungsfin-
dungsprozesse ist dementsprechend Thema des dritten Abschnittes dieser Studie.
Am Montafon konnte verdeutlicht werden, dass eine ökonomisch deterministische
Perspektive à la Adam Smith (die unsichtbare Hand) zu kurz greift, um die räumliche Ausbreitung wintertouristischer Schauplätze adäquat zu fassen. Wissensge-
nerierende, partizipative Raumplanungsprozesse können zu wirksamen Konzepten führen, die sich langfristig in die Materialität ganzer Talschaften einschreiben.
Die Transformation wintertouristischer Schauplätze kann also – wie gezeigt werden konnte – trotz ihrer koevolutionären Dynamik gesteuert werden. Die Analyse der Geschichte des Montafon-Konzepts zeigte jedoch, dass die Steuerbarkeit in
der Pionierphase am stärksten zutage tritt. Das im konkreten Fall angewandte
Werkzeug, nämlich eine um Naturschutzgutachten erweiterte Kosten-Nutzen-
Analyse, reagierte in dieser Phase am sensibelsten.

Tony Bennett und Patrick Joyce beschreiben die „stille Macht"[198] der Materialität von Schauplätzen. Die Materialität prägt den Wahrnehmungshorizont und
Handlungsspielraum der Akteure. Je weiter ein Skigebiet den Transformationspfad
schon beschritten hatte, desto weniger war (und ist) der amtliche Naturschutz
geeignet, regulierend einzugreifen. Die vorangegangene Transformation ließ zukünftigen Wandel ökonomisch rentabler erscheinen und entzog dem amtlichen Naturschutz die Argumentationsbasis, solange dieser auf die Erhaltung eines agrarro-
mantischen Idealtyps einer Kulturlandschaft ausgerichtet war.

Dies erklärt, warum amtliche Naturschutzaktivitäten in stark erschlossenen
Regionen häufig zahnlos erscheinen. Die Vorarlberger Naturschutzabteilung konnte zunächst Erschließungs- und Freihaltezonen definieren, sich in aller Regel in
der unmittelbaren Auseinandersetzung mit den Ausbauplänen von Skiliftbetreibern aber nicht durchsetzen.

Das Scheitern von Naturschutzaktivitäten in bereits erschlossenen Skigebieten
wird durch deren sozionaturalen Charakter verständlich. Interventionen in solche

---

198 Patrick Joyce, Tony Bennett, Introduction. In: Patrick Joyce, Tony Bennett (Hg.), Mate-
      rial powers. Cultural studies, history and the material turn (London 2010), S. 9.

Netzwerke beschränken sich nicht auf deren vermeintlich natürliche Aspekte. Sie müssen eine systemische Regulation anstreben, die in verschiedenen Teilsystemen Resonanz erzeugt. Wie die Ergebnisse aus Teil drei zeigen, müsste sich eine angemessene und langfristig wirksame Überprüfung zukünftiger Entwicklungsmöglichkeiten an technischen, sozialen und naturräumlichen Aspekten orientieren und in einen demokratischen Meinungsbildungsprozess münden, der von allen Beteiligten mitgetragen wird.

Wiewohl diese Arbeit den Anspruch erhebt, Skilauf als totales Phänomen der Vorarlberger Alpen und als Antriebskraft einer umfassenden Transformation ins Zentrum zu rücken, bleiben manche Aspekte dieses Phänomens unterbelichtet. Dies gilt insbesondere für nachfrageseitige Fragestellungen, wie etwa die Rolle der Tourismuswerbung, jene von touristischen Institutionen, des Wandels der Lebens- und Einkommensverhältnisse der Touristen oder der soziokulturellen Einbettung von Skitouristen rückten damit etwas aus dem Blick. Selbiges gilt für die Analyse des Beherbergungssektors. Auch auf die Analyse der Lebenswelten der Einheimischen und die Verschiebung lokaler und regionaler Macht- und Entscheidungsprozesse müsste in zukünftigen Untersuchungen mehr Augenmerk gelegt werden.

Die in dieser Studie unternommene Analyse wintertouristischer Schauplätze erweiterte den kulturwissenschaftlichen Blick auf die Berge, wie er etwa von Andrew Denning oder Bernhard Tschofen propagiert wird, um die materielle Dimension und versuchte, Materialität jenseits ihrer symbolischen Dimension als geschichtstreibende Kraft zu positionieren. Die Konzentration auf die Materiaät erlaubte es, eine neue Geschichte wintertouristischer Schauplätze zu erzählen. Es ist eine Geschichte vom Versuch, die Berge zu beschleunigen, eine Geschichte der Konflikte, der Lernprozesse und der ökologischen Langzeitfolgen dieses Versuchs. Die wintertouristische Transformation einstmals verschlafener Bergdörfer ist auch eine Geschichte des Credos der Moderne, eine Geschichte der Effizienzsteigerung. Die Effizienz der Schauplätze ließ sich steigern, indem natürliche Einflüsse sukzessive abgepuffert und Touristen diszipliniert wurden. Dabei gerieten Akteure unversehens in eine Spirale steigender ökonomischer Verletzlichkeit, die sie durch immer neue Interventionen in die Körper der Skiläufer und die alpinen Ökosysteme zu beherrschen versuchten. Doch Interventionen in Ökosysteme bleiben nie ohne Nebenwirkungen. Das Management dieser Nebenwirkungen erzwang neue Investitionen, um Skigebiete konkurrenzfähig zu erhalten.

Die Transformation ist weiterhin im Gang, mit ungewissem Ausgang. Sie ist Teil der durch fossile Energie möglichen Beschleunigung, die das Anthropozän kennzeichnet. Auch in den Vorarlberger Bergen werden Geologen künftiger Jahrtausende veränderte Sedimentationsmuster erkennen; sie werden auf Böden stoßen, die die langfristigen Folgen von Interventionen gespeichert haben und sie

werden die Folgen der wintertouristisch veränderten Hydrologie in ihren Bohr-
kernen und Aufschlüssen identifizieren. Denn die Beschleunigung der Berge ist
kein transitorisches Phänomen, sondern hat sich dauerhaft in diese eingeschrie-
ben.

Farbtafel 1: Prospekt mit Skiliftwerbung, angefertigt von
Heinrich C. Berann. Hg. vom Verkehrsverein Lech im Jahr
1938. In: Just, Ortner, Zwischen Tradition, S. 43 (mit
freundlicher Genehmigung von Birgit Heinrich, Gemeindearchiv Lech).

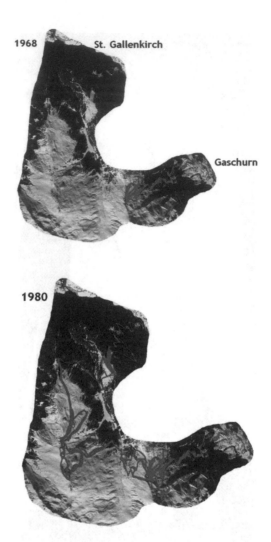

Farbtafel 2a–d: Gegenüberstellung der präparierten Skipisten in den Gemeinden St. Gallenkirch und Gaschurn 1968 und 2001. Eigene Darstellung auf der Basis der Winterluftbilder für die Jahre 1960 bis 2000 des Vorarlberg GIS, siehe URL: http://vogis. cnv.at/atlas/init.aspx?karte=adressen_u_ortsplan (6.8.2018) und Heinrich Sandrell, Expertenbefragung; GIS-Datenbank aufgebaut durch Horst Dolak.

1990

2001

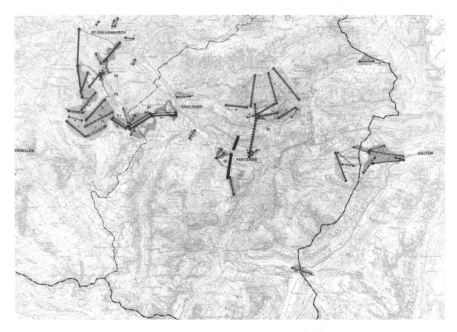

Farbtafel 3: Kartografische Repräsentation der Kulturlandschaft des Montafon im Montafon-Konzept. In: Bernt, 1. Zwischenbericht, S. 32 (mit freundlicher Genehmigung von
Roland Gaugitsch, Österreichisches Institut für Raumplanung).

7. Bibliografie

7.1 GEDRUCKTE MONOGRAFIEN, BEITRÄGE IN SAMMELBÄNDEN UND WISSENSCHAFTLICHEN FACHZEITSCHRIFTEN

Barbara Adams, Timescapes of modernity. The environment and invisible hazards (Routledge, London 1998).

Theodor Adorno, Max Horkheimer, Dialektik der Aufklärung. Philosophische Fragmente (Fischer, Frankfurt a. Main 1969).

Wolfgang Allgeuer, Seilbahnen und Schlepplifte in Vorarlberg. Ihre Geschichte in Entwicklungsschritten (Schriften der Vorarlberger Landesbibliothek 2, Graz 1998).

Amt der Vorarlberger Landesregierung (Hg.), Grundlagen und Probleme der Raumplanung in Vorarlberg (Hechtdruck, Hard 1983).

Amt der Vorarlberger Landesregierung (Hg.), Konzept für den Ausbau der touristischen Aufstiegshilfen im Montafon (Hechtdruck, Hard 1980).

Amt der Vorarlberger Landesregierung (Hg.), Verkehrskonzept Vorarlberg 2006 – Mobil im Ländle. In: Amt der Vorarlberger Landesregierung (Hg.) (Schriftenreihe Raumplanung Vorarlberg Band 26, Bregenz 2006), S. 19, siehe URL: http://www.vorarlberg.at/pdf/verkehrskonzcptvorarlberg.pdf (2.8.2018).

Maria Aschauer, Markus Grabher, Ingrid Loacker, Geschichte des Naturschutzes in Vorarlberg. Eine Betrachtung aus ökologischer Sicht, siehe URL: http://www.umg.at/umgberichte/UMGberichte6_Naturschutzgeschichte_2007.pdf (2.8.2018).

Erwin Auer, Das Kinderferienwerk der Vaterländischen Front (Selbstverlag des Kinderferienwerkes der Vaterländischen Front, Wien 1936).

Robert. U. Ayres, Allen. V. Kneese, Production, consumption and externalities. In: American Economic Review 59/3 (1969), S. 282–297.

Bruno Backé, Zur Methodologie praktischer sozialwissenschaftlicher Geographie. Auf dem Wege zur Praxisorientierung sozialwissenschaftlicher Geographie für das Anwendungsgebiet Regionalplanung. In: Berichte zur Raumforschung und Raumplanung 5/6 (1974), S. 9–21.

Werner Bätzing, Der Stellenwert des Tourismus in den Alpen und seine Bedeutung für eine nachhaltige Entwicklung des Alpenraumes, siehe URL: http://www.geographie.nat.uni-erlangen.de/wp-content/uploads/2009/05/wba_publ_143_stellenwert.pdf (3.11.2016). Link nicht mehr abrufbar.

Sieghard Baier, Tourismus in Vorarlberg. 19. und 20. Jahrhundert (Neugebauer, Graz/Feldkirch 2003).

Markus Barnay, Die Erfindung des Vorarlbergers. Ethnizitätsbildung und Landesbewußtsein im 19. und 20. Jahrhundert (Studien zur Geschichte und Gesellschaft Vorarlbergs 3, Vorarlberger Autorengesellschaft, Bregenz 1988).

Markus Barnay, Vorarlberg. Vom Ersten Weltkrieg bis zur Gegenwart (Haymon, Innsbruck/Wien 2011).

Werner Bätzing, Die Alpen. Geschichte und Zukunft einer europäischen Kulturlandschaft (C. H. Beck, München, 2015).

Andrä Baur, Entvölkerung und Existenzverhältnisse in Vorarlberger Berglagen (Beiträge zur Wirtschaftskunde der Alpenländer der Gegenwart, Teutsch, Bregenz 1930).

James R. Beniger, The control revolution. Technological and economic origins of the information society (Harvard University Press, Harvard 1986).

Diether Bernt, 1. Zwischenbericht der Untersuchung raumbezogener Probleme der Fremdenverkehrsentwicklung im Montafon (Selbstverlag Österr. Institut für Raumplanung, Wien 1978).

Diether Bernt, (Hg.) Schlußbericht der Untersuchung raumbezogener Probleme der Fremdenverkehrsentwicklung im Montafon (Selbstverlag des OIR, Wien 1978).

Sepp Bildstein, Skiläuferleben. In: Carl J. Luther (Hg.), Der deutsche Skilauf und 25 Jahre Deutscher Skiverband (Rother, München 1930), S. 86–92.

Mathias Binswanger, Technological progress and sustainable development. What about the rebound effect? In: Ecological Economics 36 (2001), S. 119–132.

Günter Bischof, Der Marshall-Plan und die Wiederbelebung des österreichischen Fremdenverkehrs nach dem Zweiten Weltkrieg. In: Günter Bischof, Dieter Stiefel (Hg.), 80 Dollar. 50 Jahre ERP-Fonds und Marshall-Plan in Österreich 1948–1998 (Ueberreuter, Wien 1991), S. 133–183.

Andrea Bonoldi, Andrea Leonardi, La Rinascita Economica Dell'Europa. Il Piano Marshall e l'area alpina (Franco Angeli, Milano 2006).

Mario F. Broggi, Georg Grabher, Biotope in Vorarlberg. Endbericht zum Biotopinventar Vorarlberg (Vorarlberger Verlagsanstalt, Dornbirn 1991).

Andrea D. Bührmann, Werner Schneider, Vom Diskurs zum Dispositiv. Eine Einführung in die Dispositivanalyse (Transcript, Bielefeld 2008).

Felix Butschek, Statistische Reihen zur österreichischen Wirtschaftsgeschichte. Die österreichische Wirtschaft seit der industriellen Revolution (Österreichisches Institut für Wirtschaftsforschung, Wien 1998).

Marco Casella, Bretton Woods. History of a monetary system (Simplicissimus Book Farm, 2015).

William R. Catton, Riley E. Dunlap, Paradigms, theories and the primacy of the Hep-Nep distinction. In: The American Sociologist 13/4 (1978), S. 256–259.

Alexander Cernusca, Gesamtökologisches Gutachten über die Auswirkungen der projektierten Beschneiungsanlage Schmittenhöhe, Zell am See (Institut für Botanik, Innsbruck 1987).

Alexander Cernusca, Zur Hydrologie von Wintersporterschließungen. In: Erich Gnaiger, Johannes Kautzky (Hg.), Umwelt und Tourismus (Thaur, Wien u. a. 1992) S. 157–168.

Alexander Cernusca et al., Auswirkungen von Schneekanonen auf alpine Ökosysteme. Ergebnisse eines internationalen Forschungsprojektes. In: Erich Gnaiger, Johannes Kautzky (Hg.), Umwelt und Tourismus (Thaur, Wien u. a. 1992), S. 177–199.

Juan Carlos Ciscar et al., Physical and economic consequences of climate change in Europe. Hans-Joachim Schellnhuber (Hg.). In: PNAS 108/7 (2011), S. 2678–2683.

Annie Gilbert Coleman, Ski style. Sport and culture in the Rockies (University Press of Kansas, Lawrence 2004).

Alain Corbin, Meereslust. Das Abendland und die Entdeckung der Küste (Wagenbach, Berlin 1994).

Tim Dant, Materiality and society (Open University Press, Maidenhead 2005).

Andrew Denning, Alpine modern. Central European skiing and the vernacularization of cultural modernism, 1900–1939. In: Central European History 46 (2014), S. 850–890.

Andrew Denning, From sublime landscapes to „white gold". How skiing transformed the alps after 1930. In: Environmental History 19 (January 2014), S. 78–108.

Andrew Denning, Skiing into modernity. A cultural and environmental history (University of California Press, Oakland 2015).

Sabine Dettling, Bernhard Tschofen, Gustav Schoder (Hg.), Spuren. Skikultur am Arlberg (Bertolini, Bregenz 2014).

William Diebold, East – west trade and the Marshall Plan. In: Foreign Affairs 26/4 (1948), S. 709–722.

Horst Dippel, Geschichte der USA (C. H. Beck, München 1996).

Dick Dorworth, High times at the Harriman. In: Skiing Heritage 17/1 (March 2005), S. 5–7.

Werner Dreier, Doppelte Wahrheit. Ein Beitrag zur Geschichte der Tausendmarksperre. In: Montfort 37/1 (1985), S. 63–71.

Stuart Elden, Vorwort zu: Henry Lefebvre, Rhythmanalysis. Space, time and everyday life (Continuum, London/New York 2004).

David W. Ellwood, Was the Marshall Plan necessary? In: Fernando Guiaro, Frances M. B. Lnych, Sigfrido M. Ramírez Pérez (Hg.), Alan S. Milward and a century of European change (Routledge, New York 2012), S. 240–254.

Ron Eyerman, Orvar Löfgren, Romancing the world. Road movies and images of mobility. In: Theory, Culture, Society 12/53 (1995), S. 56–57.

Jens Ivo Engels, „Politischer Verhaltensstil". Vorschläge für ein Instrumentarium zur Beschreibung politischen Verhaltens am Beispiel des Natur- und Umweltschutzes. In: Franz-Josef Brüggemeier, Jens Ivo Engels (Hg.), Natur- und Umweltschutz nach 1945. Konzepte,

Konflikte, Kompetenzen. Reihe „Geschichte des Natur- und Umweltschutzes" Bd. 4 (Campus, Frankfurt a. Main), S. 184–203.

David Feeny, Fikret Berkes, Bonnie J. McCay, James M. Acheson, The tragedy of the commons. Twenty-two years later. In: Human Ecology 18/1 (1990), S. 1–19.

Arnold Feuerstein, Damüls. Die höchste ständige Siedlung im Bregenzerwald (Geographischer Jahresbericht aus Österreich XIV/XV, Leipzig/Wien 1929).

Helmut Feuerstein, Heimatpflege und Ortsbild. In: Montfort 27/3 (1975), S. 428–440.

Helmut Feuerstein, Raumplanung in Vorarlberg 1970–1995 (Amt der Vorarlberger Landesregierung, Bregenz 1996).

Marina Fischer-Kowalski, Wie erkennt man Umweltschädlichkeit? In: Marina Fischer-Kowalski et al., Gesellschaftlicher Stoffwechsel und Kolonisierung. Ein Versuch in sozialer Ökologie (Fakultas, Amsterdam 1997), S. 13–21.

Marina Fischer-Kowalski, Karl-Heinz Erb, Core concepts and heuristics. In: Helmut Haberl et al. (Hg.), Social Ecology. Society-nature relations across time and space (Human-Environment Interactions 5, Springer International Publishing, Cham 2016), S. 29–61.

Marina Fischer-Kowalski, Helmut Haberl, Stoffwechsel und Kolonisierung. In: Marina Fischer-Kowalski et al. (Hg.), Gesellschaftlicher Stoffwechsel und Kolonisierung. Ein Versuch in sozialer Ökologie (Fakultas, Amsterdam 1997), S. 3–12.

Marina Fischer-Kowalski, Helga Weisz, Society as hybrid between material and symbolic realms. Toward a theoretical framework of society-sature interactions. In: Advances in Human Ecology 8 (1999), S. 215–251, hier S. 216.

Marina Fischer-Kowalski, Helga Weisz, The archipelago of Social Ecology and the island of the Vienna School. In: Helmut Haberl et al. (Hg.), Social Ecology. Society-nature relations across time and space (Human-Environment Interactions 5, Springer International Publishing, Cham 2016), S. 3–28.

Baruch Fischhoff, Cost benefit analysis and the art of motorcycle maintenance. In: Policy Science 8 (1977), S. 177–202.

Amy J. Fitzgerald, A social history of the slaughterhouse. From inception to contemporary implications. In: Human Ecology Review 17/1 (2010), S. 58–69.

Michel Foucault, The Incorporation of the hospital into modern technology. In: Jeremy Crampton, Stuart Elden (Hg.), Space, knowledge and power (Ashgate, Aldershot 2007), S. 141–151.

Michael Gehler, Vom Marshall-Plan bis zur EU. Österreich und die europäische Integration von 1945 bis zur Gegenwart (Studienverlag, Innsbruck 2006).

N. Georgescu-Roegen, The entropy law and the economic process (Harvard University Press, Cambridge 1970).

Siegfried Giedion, Mechanization takes command. A contribution to anonymous history (W. W. Norton & Company, New York 1948).

John Gimbel, The origins of the Marshall Plan (Stanford University Press, Stanford 1976).

Erving Goffman, The interaction order. In: American Sociological Review 48/1 (1983), S. 1–17.

Felix Gross, Seilbahnlexikon. Technik, Relikte und Pioniere aus 150 Jahren Seilbahngeschichte (Epubli, Berlin 2011).

Robert Groß, Damüls im Strom der Modernisierung. In: Michael Kasper, Andreas Rudigier (Hg.), Damüls. Beiträge zur Geschichte und Gegenwart (Damüls 2013), S. 247–285.

Robert Groß, Damüls, Vorarlberg: 100 years of transformation from meadows to ski-routes in an alpine environment. In: M. Lytje, T. K. Nielsen and M. O. Jørgensen (Hg.), Challenging ideas. Theory and empirical research in the social sciences and humanities, (Cambridge Scholars Publishing, Newcastle 2015), S. 178–198.

Robert Groß, Essentialisierung als Kritik? Rezension von Scheiber U. (2015), BERGeLEBEN. Naturzerstörung – Der Alptraum der Alpen. Eine Kritik des Tourismus im Tiroler Ötztal, Verlag Peter Lang, Frankfurt a. Main. In: Neue Politische Literatur. Berichte aus Geschichts- und Politikwissenschaft 61/1 (2016), S. 109–110.

Robert Groß, Die Modernisierung der Vorarlberger Alpen durch Seilbahnen, Schlepp- und Sessellifte. In: Montfort 2 (2012), S. 13–25.

Robert Groß, Wie das ERP (European Recovery Program) die Entwicklung des alpinen, ländlichen Raumes in Vorarlberg prägte. In: Social Ecology Working Paper 141 (2013), S. 1–24.

Robert Groß, Wie das 1950er Syndrom in die Täler kam. Umwelthistorische Überlegungen zur Konstruktion von Winterlandschaften am Beispiel Damüls in Vorarlberg (Roderer, Regensburg 2012).

Robert Groß, Zwischen Kruckenkreuz und Hakenkreuz. Tourismuslandschaften während der 1000-Reichsmark-Sperre. In: Montfort 2 (2013), S. 53–72.

Robert Groß, Verena Winiwarter, How winter tourism transformed agrarian livelihoods in an alpine village. The case of Damüls in Vorarlberg/Austria. In: Journal for Economic History and Environmental History, Special Issue History and Sustainability 11 (2015), S. 43–63.

Armin Grünbacher, Cold-War economics. The use of Marshall Plan counterpart funds in Germany, 1948–1960. In: Central European History 45 (2012), S. 697–716.

R. Gsponer, Schwermetalle in Düngemitteln. Ein Diskussionsbeitrag (Direktion der öffentlichen Bauten des Kantons Zürich, Amt für Gewässerschutz und Wasserbau, Fachstelle Bodenschutz, Zürich 1990), siehe URL: http://www.aln.zh.ch/content/dam/baudirektion/aln/bodenschutz/veroeffentlichungen/berichte_broschueren/Bericht%20Duengemittel.pdf (2.8.2018).

Robert Gugutzer, Soziologie des Körpers (Transcript, Bielefeld 2015).

Willy Haas, Ulli Weisz, Philipp Maier, Fabian Scholz, Human Health. In: Karl W. Steininger, Martin König, Birgit Bednar-Friedl, Lukas Kranzl, Wolfgang Loibl, Franz Prettenthaler (Hg.), Economic evaluation of climate change impacts. Development of a cross-sectoral framework and results for Austria (Springer, Cham u. a. 2015), S. 191–213.

Helmut Haberl, Method précis. Energy flow analysis. In: Helmut Haberl et al. (Hg.), Social Ecology. Society-nature relations across time and space (Human-Environment Interactions 5, Springer International Publishing, Cham 2016), S. 212–216.

Helmut Haberl, Marina Fischer-Kowalski, Fridolin Krausmann, Verena Winiwarter (Hg.), Social Ecology. Society-nature relations across time and space (Human-Environment Interactions 5, Springer International Publishing, Cham 2016).

Ernst Hanisch, Der Politische Katholizismus als Träger des „Austrofaschismus". In: Emmerich Tálos, Wolfgang Neugebauer (Hg.), „Austrofaschismus". Beiträge über Politik, Ökonomie und Kultur 1934–1938 (Verlag für Gesellschaftskritik, Wien 1984), S. 53–75.

Ernst Hanisch, Der lange Schatten des Staates. Österreichische Gesellschaftsgeschichte im 20. Jahrhundert (Ueberreuter, Wien 1994).

Sven Ove Hansson, Philosophical problems in cost-benefit analysis. In: Economics and Philosophy 23 (2007), S. 163–183.

Daniel Hausknost, Veronika Gaube, Willi Haas, Barbara Smetschka, Juliana Lutz, Simron J. Singh, Martin Schmid, ‚Society can't move so much as a chair!' – Systems, structures and actors in Social Ecology. In: Helmut Haberl et al. (Hg.), Social Ecology. Society-nature relations across time and space (Human-Environment Interactions 5, Springer International Publishing, Cham 2016), S. 125–147.

Aldous Huxley, Brave new world. A novel (Chatto & Windus, London 1932).

Wolfgang Ilg, Vorarlberg. Kleines Land mit großer Wirtschaftskraft. Ein Überblick über Aufbau und Leistungen der Vorarlberger Wirtschaft (Ruß, Bregenz 1972).

Werner Jäger (Hg.), 15 Jahre Österreichisches Institut für Raumplanung. Überreichung zum Festakt am 19. Juni 1972 (Selbstverlag des ÖIR, Wien 1972).

Marcel Just, Birgit Ortner, Zwischen Tradition und Moderne. Lech und Zürs am Arlberg 1920–1940 (Selbstverlag Museum Huber-Hus, Lech 2010).

Patrick Joyce, Tony Bennett, Material powers. Introduction. In: Tony Bennett, Patrick Joyce (Hg.), Material Powers. Cultural studies, history and the material turn (Routledge, London 2010), S. 1–21.

Geoffrey Klein, Yann Vitasse, Christian Rixen, Christoph Marty, Martine Rebetez, Shorter snow cover duration since 1970 in the Swiss Alps due to earlier snowmelt more than to later snow onset. In: Climatic Change, online first 21.9.2016, DOI: 10.1007/s10584-016-1806-y, S. 1–13.

Martin Knoll, Die Natur der menschlichen Welt. Siedlung, Territorium und Umwelt in der historisch-topografischen Literatur der frühen Neuzeit (De Gruyter, Berlin 2013).

Martin Knoll, Touristische Mobilitäten und ihre Schnittstellen. In: Ferrum 88 (2016), S. 54–93.

Wolfgang König, Bahnen und Berge. Verkehrstechnik, Tourismus und Naturschutz in den Schweizer Alpen 1870–1939 (Campus, Frankfurt a. Main/New York 2000).

Patrick Kupper, Die ‚1970er Diagnose'. Grundsätzliche Überlegungen zu einem Wendepunkt in der Umweltgeschichte. In: Archiv für Sozialgeschichte 43 (2003), S. 325–348.

Hansjörg Küster, Geschichte der Landschaft in Mitteleuropa. Von der Eiszeit bis in die Gegenwart (C. H. Beck, München, 2010).

Fridolin Krausmann, Helmut Haberl, Land-use change and socioeconomic metabolism. A macro view of Austria 1830–2000. In: Marina Fischer-Kowalski, Helmut Haberl (Hg.), Socioecological transitions and global change. Trajectories of social metabolism and land use (Edward Elgar Publishing, Cheltenham u. a. 2007), S. 31–59.

Aline López-López, Marco A. Rogel, Ernesto Ormeno-Orrillo, Julio Martínez-Romero, Esperanza Martínez-Romero, Phaseolus vulgaris seed-borne endophytic community with novel bacterial species such as Rhizobium endophyticum sp. nov. In: Systematic and Applied Microbiology 33 (2010), S. 322–327.

Henry S. Lowendorf, Factors affecting survival of rhizobium in soil. In: In Advances in Microbial Ecology 4 (1980), S. 87–124.

Niklas Luhmann, Disziplinierung durch Kontingenz. Zu einer Theorie des politischen Entscheidens. In: Stefan Hradil (Hg.), Differenz und Integration. Verhandlungen des 28. Kongresses der Deutschen Gesellschaft für Soziologie in Dresden 1996 (Opladen, Frankfurt a. Main 1997), S. 1075–1087.

Morten Lund, An editorial postscript. In: Skiing Heritage (Juni 1999), S. 27–28.

Morten Lund, Kirby Gilbert, A history of North American lifts. In: Skiing Heritage (Sept. 2003), S. 19–25.

Arnold Lunn, Mountains of youth (Oxford University Press, London 1925).

Alf Lüdke (Hg.), Herrschaft als Soziale Praxis. Historische und sozial-anthropologische Studien (Veröffentlichungen des Max-Planck-Instituts für Geschichte 91, Vandenhoeck & Ruprecht, Göttingen 1991).

Karl Marx (2010). Capital. A critique of political economy (Vol. I). E-Book siehe URL: www.marxists.org/ archive/marx/works/1867-c1/. (Originalausgabe von 1867, 2.8.2018).

Wilfried Mähr, Der Marshall-Plan in Österreich (Styria, Graz 1989).

John R. McNeill, Peter Engelke, The great acceleration. An environmental history of the anthropocene since 1945 (The Belknap Press of Harvard University Press, Cambridge 2014).

Heinz Meagerlein, Olympia 1960 Squaw Valley (Frankfurt a. Main 1960).

Wolfgang Meid, Die Kelten (Reclam, Stuttgart 2007).

Bernard Mergen, Snow in America (Smithsonian Institute Press, Washington u. a. 1997).

Anna C. Merritt, Daniel A. Effron, Benoit Monin, Moral self-licensing. When being good frees us to be bad. In: Social and Personality Psychology Compass 4/5 (2010), S. 344–357.

Erwin Meyer, Beeinflussung der Fauna alpiner Böden durch Sommer- und Wintertourismus in West-Österreich. In: Revue Suisse de Zoologie 100/3 (September 1993), S. 519–527.

Alan S. Milward, The reconstruction of Western Europe 1945–1951 (University of California Press, Berkeley/Los Angeles 1984).

Gijs Mom, Orchestrating automobile technology. Comfort, mobility culture, and the construction of the „family touring car", 1917–1940. In: Technology and Culture 55/2 (2014), S. 299–325.

Kathleen D. Morrison, Provincializing the Anthropocene. In: Seminar 673 (September 2015), S. 75–80.

Peter Murray, Marshall Plan technical assistance, The industrial development authority and Irish private sector manufacturing industry, 1949–52 (NIRSA Working Paper Series 34, o. O. Feb. 2008).

Robert Musil, Geographie in der modernen Wissensproduktion – eine wissenschaftshistorische Betrachtung. In: Robert Musil, Christian Staudacher (Hg.), Mensch, Raum, Umwelt. Entwicklungen und Perspektiven der Geographie in Österreich (Österr. Geographische Gesellschaft, Wien 2009), S. 93–110.

N. N., Neuartiger Skilift System Beda Hefti. In: Schweizerische Bauzeitung 11/13 (26. März 1938), S. 156–159.

Katrin Netter, Urlaubstraum Montafon. Zur 150-jährigen Geschichte des Tourismus im Tal. In: Norbert Schnetzer, Wolfang Weber (Hg.), Das Montafon in Geschichte und Gegenwart. Bevölkerung – Wirtschaft. Das lange 20. Jahrhundert (Eigenverlag Stand Montafon, Schruns 2012), S. 185–215.

Irmentraud Neuwinger, Helga Frischmann, Martina Stadler-Emig, Auswirkungen von Schipisten auf Speicherung und Abfluß des Bodenwassers. In: Erich Gnaiger, Johannes Kautzky (Hg.), Umwelt und Tourismus (Thaur, Wien u. a. 1992), S. 175–176.

Gabor Oplatka, Thomas Richter, Verhalten der Sessel von Sesselbahnen im Wind. In: Schweizer Ingenieur und Architekt 104/29 (1986), S. 706–710.

Jürgen Osterhammel, Die Verwandlung der Welt. Eine Geschichte des 19. Jahrhunderts (C. H. Beck, München 2009).

Gustav Otruba, A. Hitlers „Tausend-Mark-Sperre" und die Folgen für Österreichs Fremdenverkehr (1933–1938) (Linzer Schriften zur Sozial- u. Wirtschaftsgeschichte 9, Trauner, Linz 1983).

David S. Painter, Melvin P. Leffler, The international system and the origins of the Cold War. In: Melvyn P. Leffler, David S. Painter (Hg.), Origins of the Cold War. An International History (Routledge, London u. a. 1994), S.1–21.

Harald Payer, Helga Zangerl-Weisz, Paradigmenwechsel im Naturschutz. In: Marina Fischer-Kowalski et al., Gesellschaftlicher Stoffwechsel und Kolonisierung. Ein Versuch in sozialer Ökologie (Fakultas, Amsterdam 1997), S. 223–237.

David Pearce, Cost-benefit analysis in environmental policy. In: Oxford Review of Economic Policy 14/4 (1998), S. 84–100.

Sam Peltzman, The Effects of Automobile Safety Regulation. In: Journal of Political Economy 83/4 (1975), S. 677–726.

Christian Pfister, Das 1950er Syndrom – die Epochenschwelle der Mensch-Umwelt-Beziehung zwischen Industriegesellschaft und Konsumgesellschaft. In: GAIA 3/2 (1994), S. 71–90.

Michael Ponstingl, „Posen des Wissens". Zu einer fotografischen Kodierung des Skifahrens. In: Markwart Herzog (Hg.), Skilauf – Volkssport – Medienzirkus. Skisport als Kulturphänomen (Kohlhammer, Stuttgart 2005), S. 123–149.

Manfred Rasch, Manfred Toncourt, Jacques Maas (Hg.), Das Thomas-Verfahren in Europa. Entstehung – Entwicklung – Ende (Klartext Verlagsgesellschaft, Essen 2009).

Andreas Reckwitz, Grundelemente einer Theorie der Sozialen Praktiken. Eine sozialtheoretische Perspektive. In: Zeitschrift für Soziologie 32/4 (August 2003), S. 282–301.

Fritz Reheis, Entschleunigung. Abschied vom Turbokapitalismus (Riemann, München 2003).

Georg Rigele, Sommeralpen – Winteralpen. Veränderungen im Alpinen durch Bergstraßen, Seilbahnen und Schilifte in Österreich. In: Ernst Bruckmüller, Verena Winiwarter (Hg.), Umweltgeschichte. Zum historischen Verhältnis von Gesellschaft und Natur (Schriften des Institutes für Österreichkunde 63, Öbv & Hpt, Wien 2000), S. 121–150.

Hartmut Rosa, Beschleunigung. Die Veränderung der Zeitstrukturen in der Moderne (Suhrkamp, Frankfurt a. Main 2005).

David Rowan, A salute to the chairlift. In: Ski Area Management (May 1999), S. 76–77.

Robert Seethaler, Ein ganzes Leben (Hanser, Berlin/München 2014).

Roman Sandgruber, Die Entstehung der österreichischen Tourismusregionen. In: Andrea Leonardi, Hans Heiss (Hg.), Tourismus und Entwicklung im Alpenraum 18.–20. Jh. (Studien-Verlag, Innsbruck u. a. 2003), S. 201–226.

Tilman Santarius, Der Rebound-Effekt. Ein blinder Fleck der sozial-ökologischen Gesellschaftstransformation. In: GAIA 23/2 (2014), S. 109–117.

Theodore R. Schatzki, Nature and technology in history. In: History and Theory 42/4 (2003), S. 82–93.

Roland Schäfer, Birgit Metzger, Was macht eigentlich das Waldsterben? In: Patrick Masius, Ole Sparenberg, Jana Sprenger (Hg.), Umweltgeschichte und Umweltzukunft. Zur gesellschaftlichen Relevanz einer jungen Disziplin (Universitätsverlag Göttingen, Göttingen 2009), S. 201–228.

Wolfgang Schivelbusch, Geschichte der Eisenbahnreise. Zur Industrialisierung von Raum und Zeit im 19. Jahrhundert (Fischer, Frankfurt a. Main 1989).

Martin Schmid, Long-term risks of colonization. The Bavarian ‚Donaumoos'. In: Helmut Haberl et al. (Hg.), Social Ecology. Society-nature relations across time and space (Human-Environment Interactions 5, Springer International Publishing, Cham 2016), S. 391–410.

Hannes Schneider, Rudolf Gomperz, Skiführer für das Arlberggebiet und die Ferwallgruppe. (Skiclub Arlberg Selbstverlag, München 1925).

Rolf Peter Sieferle, Fortschrittsfeinde? Opposition gegen Technik und Industrie von der Romantik bis zur Gegenwart (C. H. Beck, München 1984).

Rolf Peter Sieferle, Rückblick auf die Natur. Eine Geschichte des Menschen und seiner Umwelt (Luchterhand, München 1997).

Rolf Peter Sieferle, Ulrich Müller-Herold, Überfluß und Überleben. Risiko, Ruin und Überleben in primitiven Gesellschaften. In: GAIA 5/3-4 (1996), S. 135–143.

Detlef Siegfried, Kartierung der Welt. Das Luftbild in der Weimarer Republik. In: Adam Paulsen, Anna Sandberg (Hg.), Natur und Moderne um 1900. Räume, Repräsentationen, Medien (Transcript, Bielefeld 2013), S. 285–302.

Georg Simmel, Soziologie. Untersuchungen über die Formen der Vergesellschaftung (Duncker & Humblot, Leipzig 1908).

Skilifte Lech Ing. Bildstein Gesellschaft (Hg.), 50 Jahre Skilifte Lech (Höfle, Dornbirn 1988).

Ski Zürs AG (Hg.), Die Geburtsstunde einer Skidestination. Von der Vision zu einem der schönsten Skigebiete der Welt (Holzer Druck und Medien GmbH & CoKg, Lech 2014).

Vaclav Smil, Made in the USA. The rise and retreat of American manufacturing (MIT Press, Cambridge 2013).

John Soluri, Accounting for taste. Export bananas, mass markets, and panama disease. In: Environmental History 7/3 (2002), S. 386–410.

John Soluri, Banana cultures. Agriculture, consumption, and environmental change in Honduras and the United States (University of Texas Press, Austin 2005).

Oswald Spengler, Der Mensch und die Technik. Beitrag zu einer Philosophie des Lebens (Rupprecht Presse, München 1933).

Hasso Spode, Fordism, mass tourism and the Third Reich. The ‚Strength Trough Joy' seaside resort as an index fossil. In: Journal of Social History 38/1 (2004), S. 127–155.

Rainer Sprung und Bernhard König, Das Recht zur Pistenpräparierung auf fremdem Grund. In: Mitteilungen des Österreichischen Instituts für Schul- und Sportstättenbau 2 (1981), S. 50–53.

Will Steffen, Wendy Broadgate, Lisa Deutsch, Owen Gaffny, Cornelia Ludwig, The trajectory of the Anthropocene. The Great Acceleration. In: The Anthropocene Review 2/1 (April 2015), S. 1–18.

Siegmund Stemer, Stand Montafon. Ein einzigartiges Gebilde. In: Raum. Österreichische Zeitschrift für Raumplanung und Regionalpolitik 22 (1996), S. 17–19.

Nicholas Stern, The economics of climate change. The Stern review (Cambridge University Press, Cambridge 2007).

Helmut Sterzinger, Erste österreichische Erfahrungen mit der Böschungsbegrünung nach dem Verfahren von Ing. H. Schiechtl. In: Schweizerische Zeitschrift für Vermessung, Kulturtechnik und Photogrammetrie/Revue technique suisse des mensurations, du génie rural et de la photogrammétrie 62/1 (1964), S. 10–12.

Dieter Stiefel: „Hilfe zur Selbsthilfe". Der Marschallplan in Österreich, 1945–1952. In: Ernst Bruckmüller (Hg.), Wiederaufbau in Österreich. Rekonstruktion oder Neubeginn? (Verlag für Geschichte & Politik, Wien u. a. 2006), S. 90–101.

Peter Strasser, Andreas Rudigier, montafon. 1906_2006. Eine Zeitreise in Bildern, siehe
URL: http://activepaper.tele.net/vntipps/Sommerausstellung_Heimatschutzverein_Mon-
tafon.pdf (23.10.2016). Link nicht mehr abrufbar.

Peter Streitberger, Zürs. Von der Alpe zum internationalen Wintersportplatz (Beiträge zur
alpenländischen Wirtschafts- und Sozialforschung 67, Wagner, Innsbruck 1969).

Georg Sutterlüty, Der Skitourismus und seine Bedeutung für die wirtschaftliche Entwicklung der Gemeinde Lech. In: Montfort 52/2 (2000), S. 200–225.

Michael Thompson, Understanding Environmental Values. A Cultural Theory Approach,
Carnegie Council on Ethics and International Affairs, presentation of October 12 (2002),
siehe: URL: https://www.carnegiecouncil.org/publications/articles_papers_reports/710.
html/_res/id=sa_File1/711_thompson.pdf (2.2.2017). Link nicht mehr abrufbar.

Karl Tizian, Bericht des Präsidenten. In: Jahresbericht des Landesverbands für Fremdenverkehr in Vorarlberg 1952/53 (Selbstverlag des Landesverbands für Fremdenverkehr in
Vorarlberg, Bregenz 1953), S. 5–8.

Colin R. Townsend, Michael Begon, John L. Harper, Ökologie, 2. Auflage (Springer, Berlin/
Heidelberg 2009).

Luis Trenker, Berge im Schnee. Das Winterbuch (Knaur, Berlin 1935).

Bernhard Tschofen, Berg – Kultur – Moderne. Volkskundliches aus den Alpen (Sonderzahl,
Wien 1999).

Bernhard Tschofen, Die Seilbahnfahrt. Gebirgswahrnehmung zwischen klassischer Alpenbegeisterung und moderner Ästhetik. In: Burkhard Pöttler (Hg.), Tourismus und Regionalkultur. Referate der Österreichischen Volkskundetagung 1992 in Salzburg (Buchreihe der Österreichischen Zeitschrift für Volkskunde 12, Selbstverl. d. Vereins für Volkskunde, Wien 1994), S. 107–128.

Frank Uekötter, Deutschland in Grün. Eine zwiespältige Erfolgsgeschichte (Vandenhoek &
Ruprecht, Göttingen 2015).

Frank Uekoetter, Know your soil. Transitions in farmer's and scientist's knowledge in Germany. In: John R. McNeill, Verena Winiwarter (Hg.), Soils and societies. Perspectives
from Environmental History (White Horse Press, Isles of Harris 2006), S. 323–340.

Karsten Uhl, Humane Rationalisierung? Die Raumordnung der Fabrik im fordistischen
Jahrhundert (Transcript, Bielefeld 2014).

John Urry, Jonas Larsen, The tourist gaze 3.0 (Sage, Los Angeles u. a. 2011).

Paul Valar, The wonders of the first T-bar. The lift that became skiing's mainstay was built
in Davos. In: Skiing Heritage 5/2 (1993), S. 1–3.

Dirk van Laak, Infra-Strukturgeschichte. In: Geschichte und Gesellschaft 27/3 (2001), S.
367–393.

Lucie Varga, Peter Schöttler (Hg.), Zeitenwende. Mentalitätshistorische Studien 1936–1939
(Suhrkamp, Frankfurt a. Main 1991).

Paul Virilio, Geschwindigkeit und Politik. Essays zur Dromologie (Merve, Berlin 1980).

Adelheid Von Saldern, Rüdiger Hachtmann, Das fordistische Jahrhundert. Eine Einleitung. In: Zeithistorische Forschungen 6 (2009), S. 174–185.

Fritz Weber, Wiederaufbau zwischen Ost und West. In: Reinhard Sieder (Hg.), Österreich 1945–1995. Gesellschaft, Politik, Kultur (Verlag für Gesellschaftskritik, Wien 1996), S. 68–80.

Hans Weiler, Kompetenzprobleme des Schilaufs. Zugleich eine Untersuchung zum Polizeibegriff der Bundesverfassung. In: Zeitschrift für Verkehrsrecht 11/4 (April 1966), S. 11–21.

Hubert Weitensfelder, Vom Stall in die Fabrik. Vorarlbergs Landwirtschaft im 20. Jahrhundert. In: Ernst Bruckmüller et al. (Hg.), Geschichte der österreichischen Land- und Forstwirtschaft im 20. Jahrhundert. Bd. 2 Regionen, Betriebe, Menschen (Ueberreuter, Wien 2003), S. 11–66.

Imanuel Wexler, The Marshall Plan revisited. The European recovery program in economic perspective (Greenwood Press, Westport 1983).

Anna Williams, Disciplining animals. Sentience, production, and critique. In: International Journal of Sociology and Social Policy 24/9 (2004), S. 45–57.

Verena Winiwarter, Gesellschaftlicher Arbeitsaufwand für die Kolonisierung von Natur. In: Marina Fischer-Kowalski et al., Gesellschaftlicher Stoffwechsel und Kolonisierung. Ein Versuch in sozialer Ökologie (Fakultas, Amsterdam 1997), S. 191–170.

Verena Winiwarter, Martin Knoll, Umweltgeschichte. Eine Einführung (Böhlau, Stuttgart/Köln 2007).

Verena Winiwarter, Martin Schmid (2008), Umweltgeschichte als Untersuchung sozionaturaler Schauplätze? Ein Versuch, Johannes Colers ‚Oeconomia‘ umwelthistorisch zu interpretieren. In: Thomas Knopf (Hg.), Umweltverhalten in Geschichte und Gegenwart. Vergleichende Ansätze (Attempto, Tübingen 2008), S. 158–173.

Sonja Wipf, Christian Rixen, Markus Fischer, Bernhard Schmid, Veronika Stoeckli, Effect of ski piste preparation on alpine vegetation. In: Journal of Applied Ecology 42 (2005), S. 306–316.

Robert E. Wood, From the Marshall Plan to the Third World. In: Melvyn P. Leffler, David S. Painter (Hg.), Origins of the Cold War. An International History (Routledge, London u. a. 1994), S. 239–250.

Donald Worster, A round table. Environmental History. In: Journal of American History 76/4 (1990), S. 1130–1131.

Donald Worster, The vulnerable earth. Toward a planetary history. In: Donald Worster (Hg.), The ends of the earth. Perspectives on modern environmental history (Cambridge University Press, Cambridge 1988), S. 3–22.

Mathias Zdarsky, Alpine (Lilienfelder) Skifahr-Technik. Eine Anleitung zum Selbstunterricht (Mecklenburg/Berlin 1908).

Bernhard Zehentmayer, Der alpine Schisport in Österreich: seine Entwicklung im 20. und

21. Jahrhundert im Spannungsfeld von Schifahrtechnik, -material, Tourismus und Seilbahnen (Dr. Müller, Saarbrücken 2009).

7.1.1   Artikel in technischen und sonstigen Fachzeitschriften

P. Alford, N. H. Franconia, Beat von Allmen, Kunstschnee-Erzeugung in Nordamerika. In: Internationale Seilbahnrundschau. Fachzeitschrift für Berg- und Seilbahnen, Sessel- und Schlepplifte mit den offiziellen Mitteilungen der zuständigen Behörden und Verbände (fortan ISR) 15/4 (1972), S. 245–246.

Karl Bittner, Richard Luft, Vorwort. In: ISR 2/1 (1959) S. 1.

Rudolf Bohmann, 20 Jahre ISR. In: ISR 3 (Sonderausgabe) (1977), S. 16.

Mario Broggi, CIPRA und Schneekanonen. In: Motor im Schnee. Internationale Zeitschrift für Berg- und Wintertechnik und bergtouristisches Management (fortan MiS) 6 (1987) S. 24.

W. Bröcker, Europas Stiefkind, die künstliche Schnee-Erzeugung. In: ISR (Sonderausgabe Seilbahnbuch) (1975), S. 120–121.

Alain Croses, Human engineering. In: ISR 33/3 (1990), S. 6–10.

E. Czitary, Über Schwingungen des Trag- und Zugseiles von Seilschwebebahnen. In: ISR (Sonderausgabe Seilbahnbuch) (1975), S. 27–34.

C. Dournon, Entwicklung und Vergleich der Sicherheitseinrichtungen der verschiedenen Bahnsysteme. In: ISR (Sonderausgabe Kongreßbroschüre 3) (1978), S. 132–143.

Wolfang Friedl, Grundsätze für den Bau von Schiabfahrten. In: ISR 13/3 (1970), S. 140–146.

Gilberto Greco, Internationale Seilbahnorganisation (O. I. T. A. F.). In: ISR 1/2 (1958), S. 119–122.

Erich Hanausak, Standpunkt der Wildbach- und Lawinenverbauung zur Anlage von Schiabfahrten. In: ISR (Sondernummer Alpine Skiweltmeisterschaften 14) (1971), S. 21.

Henry Hoek, Der Ski-Lift. In: Der Schneehase 12 (1938), S. 82.

F. Jakob, Anwendung und Erzeugung von künstlichem Schnee. In: ISR 11/2 (1968), S. 80–82.

L. F. Janisch, Motivation und Realisation der Seilbahnförderung in Österreich. In: ISR (Sonderausgabe Seilbahnbuch) (1975), S. 19–20.

Erich Jarisch, Die Gründung der O. I. T. A. F. In: ISR 2/1 (1959), S. 2–3.

Leo Krasser, Schnee und Pistenpflege. In: ISR 10/3 (1967), S. 134–138.

Hans Lamprecht, HDS zum 70.en. In: MiS (Historische Ausgabe) (1995), S. 12–13.

W. Langenfelder, Präparieren von Schiabfahrten. In: ISR 7/4 (1964), S. 122.

A. Lienhard, Erhöhung der Leistungsfähigkeit von Schleppliftanlagen. In: ISR 2/2 (1959), S. 52.

Arnold Lunn, Vierzig Jahre Skilauf. In: Der Schneehase 4/12 (1934) S. 5–16.

Michael Manhart, Ingenieurgemeinschaft für Schneeanlagen. In: MiS 5 (1986), S. 54.

Josef Mannhart, Pflanzensoziologische Aspekte der Skipistenbegrünung aus Alpwirtschaftlicher Sicht. In: MiS 1 (1993), S. 52–56.

H. Mayer, Bewältigung des Massenskisportes bezüglich Einstiegsstellen, Ausstiegstellen, Kälteschutz und automatische Anbügelvorrichtungen. In: ISR 4/4 (1971), S. 193.

H. Mayer, Die Geschichte des langen Schleppbügels. In: ISR (Sonderausgabe Kongreßbroschüre 2) (1978), S. 197.

H. Mayer, Hochleistungsschleppliftanlagen mit Selbstbedienung. In: ISR 18/1 (1975), S. 11.

Helmut Müller, Die Verwendung von Drahtschotterkörben zum Bau von Schipisten und Auffahrtsrampen für Pistenpräpariermaschinen. In: ISR 19/3 (1970), S. 174–176.

N. N., Alles Schreckgespenste in Sachen Treibhauseffekt. In: MiS 7 (1994), S. 80.

N. N., Anlage von Schiabfahrten – Grundsätze und Erfahrungen. In: ISR 16/2 (1973), S. 241–242.

N. N., Austria's Skidata now represented in North America. In: ISR 32/2 (1989), S. 253–256.

N. N., Begehung der Skiabfahrt Ahorn Mayrhofen/Tyrol/Austria. In: ISR 4/4 (1971), S. 198.

N. N., Bericht über den „1er Concours International de Materiel d'Entretien des Pistes de Ski". In: ISR 9/1 (1966), S. 25.

N. N., Compressor collecting. In: MiS 5 (1988), S. 13–14.

N. N., Der Fahrkomfort an den Seilförderanlagen. In: ISR 13/2 (1970), S. 86–90.

N. N., Der perfekte Schlepplift-Einstieg. In: Austria Ski 1 (1977), S. 10.

N. N., Die Alpinen Pisten bei den X. Olympischen Winterspielen. In: ISR „Sonderausgabe Grenoble" 11 (1968), S. 3.

N. N., Die Entwicklung des Seilbahnwesens in den USA. In: ISR „Sondernummer 20 Jahre ISR" 3 (1977), S. 20–21.

N. N., Die Entwicklung der Sesselbahn. Vom Einer zum Sechser. In: MiS (Historische Ausgabe) 9 (1992), S. 5–12.

N. N., Die neue Doppelmayr-Einziehvorrichtung. In: ISR 6/1 (1966), S. 153.

N. N., Die Seilbahnen Österreichs und ihre Auswirkungen auf die Wirtschaft. In: ISR 10/1 (1967), S. 83–84.

N. N., Doppelmayr 1957–1977. In: ISR „Sondernummer 20 Jahre ISR" 3 (1977), S. 62.

N. N., Entwicklungsgeschichte der mechanischen Pistenpräparierung. In: MiS „Historische Ausgabe" (1991), S. 60–72.

N. N., Gott sei Dank oder leider? In: Alpenvereins-Mitteilungen der Sektion Vorarlberg 4/3 (März 1952), S. 18.

N. N., Höhere Förderleistung bei Sesselbahnen. In: ISR 15/4 (1971), S. 221–224.

N. N., Hydrogreen. Umweltfreundliche Spritztour in Grün! In: ISR Sonderheft „Technik im Winter" 16 (1973), S. 23.

N. N., Inserat Motor im Schnee, MiS 1 (1984), S. 14.

N. N., Inserentenliste. In: MiS 2 (1988), S. 67.

N. N., Is the ski industry in recession? In; ISR 33/4 (1990), S. 33.

N. N., Keine Angst vor wärmeren Wintern. In: MiS 5 (1993), S. 81.

N. N., Künstliche Schnee-Erzeugung – eine Notwendigkeit unserer Zeit. In: ISR 4/4 (1971), S. 196–197.

N. N., Leitner testet den neuen Vierersessel mit Haube im Windkanal. In: MiS 2 (1990), S. 46–48.

N. N., Mitteilungen der Bundeskammer der gewerblichen Wirtschaft. In: ISR 14/4 (1974), S. 35.

N. N., Motor im Schnee beginnt den Schnei-Atlas Europa 1986. In: MiS 3 (1986), S. 45–55.

N. N., Neuartiger Witterungsschutz für Doppelsessel. In: ISR Sonderheft „Technik im Winter" 17 (1974), S. 257.

N. N., Neue Schneeerzeuger Generation Sufag Max. In: MiS 6 (1995), S. 33–34.

N. N., Österreichische Seilbahntagung 1958 auf dem Krippenstein in Obertraun. In: ISR 1/3 (1958), S. 127–128.

N. N., Österreich. Staat hilft Schneien. In: MiS 2 (1985), S. 9.

N. N., Planung von Kunstschneeanlagen – mit oder ohne Konsulent? In: ISR 16/3 (1973), S. 216–218.

N. N., RATRAC – used throughout the alpine countries for preparation and maintenance of skiing Areas. In: ISR „Sondernummer EXPO" (1967), S. 40.

N. N., Rechenexempel. Vierersesselbahn fix oder kuppelbar? In: MiS 27/9 (1996), S. 22–23.

N. N., Schmittenhöhen AG steigert die Förderkapazität. In: ISR 12/4 (1969), S. 142.

N. N., Schneeanlage in St. Anton am Arlberg. In: MiS 2 (1985), S. 51–52.

N. N., Schneien in Österreich. In: MiS 3 (1991), S. 45–46.

N. N., Seilbahntagung 1967. In: ISR 10/4 (1967), S. 184.

N. N., Selbstbedienung bei Schleppliftanlagen. In: ISR 16/3 (1972), S. 112–113.

N. N., Sesselbetrachtungen. In: MiS 2 (1990), S. 44–47.

N. N., Silent Sufag für Südtirol. In: MiS 6 (1987), S. 32.

N. N., Technischer Querschnitt 1978. In: ISR „Sonderheft Technik im Winter" (1978), S. 11–25.

N. N., Über die Entwicklung und Konstruktion einer neuartigen Sesselverkleidung für Sessellifte. In: ISR 1/2 (1958), S. 45.

N. N., Von der Pisten- zur Schneepflege. In: MiS 5 (1995), S. 23–25.

N. N., Vorarlberg zieht die Schneibremse. In: MiS 5 (1990), S. 30.

N. N., Weitere großzügiger Pistenausbau in Zell am See. In: ISR „Sonderausgabe Grenoble" 11 (1968), S. 22.

N. N., Wieder mehr Weiss durch Dr. Wechsler. In: MiS 6 (1987), S. 30.

N. N., Winterdienst der Berg- und Seilbahnunternehmen in der Bundesrepublik. In: ISR 16/1 (1973), S. 36.

N. N., Zur Geschichte der mechanischen Schnee-Erzeugung. In: MiS „Historische Ausgabe" (1992), S. 54–57.

N. N., 8 in einem Sessel. In: MiS 3 (1997), S. 14.

N. N., 30 % + bei Sufag. In: MiS „Sonderausgabe Swiss Alpina Technomont" (1991), S. 26.

Gabor Oplatka, Lieber HDS ... In: MiS „Historische Ausgabe" (1995), S. 7.

Kurt Ploner, Land der Seilbahnen: Vorarlberg. In: Alpenvereins-Mitteilungen der Sektion Vorarlberg 17 (Mai–Juni 1975), S. 5.

Henriette Prochaska, Von Seilbahnen und Skiliften. In: Der Winter 49/11 (1962), S. 723–724.

Erwin Riedl, Pistenkosten. In: ISR 15/1 (1972), S. 19.

Roland Rudin, Markierung von Schipisten. In: ISR „Sondernummer Alpine Skiweltmeisterschaften" 14 (1971), S. 21.

Anton Salzmann, Organisatorische Belange zur Bewältigung des Skimassenbetriebes an Skiliften. In: ISR 4/4 (1971), S. 189–192.

Hugo Meinhard Schiechtl, Die Begrünung von Schiabfahrten. In: ISR „Sondernummer Alpine Skiweltmeisterschaften" 14 (1971), S. 21.

Viktor Schlägelbauer, Die Entwicklung der Seilbahnen Österreichs seit Bestehen der Internationalen Seilbahnrundschau. In: ISR „Sondernummer 20 Jahre ISR" (1977), S. 37.

K. Schleuniger, Berichte aus der Schweiz. Sicherheit auf der Skipiste. In: ISR 9/3 (1966), S. 92–93.

Hans Dieter Schmoll, Das große Snow-Special. In: MiS 5 (1988), S. 9–11.

Hans Dieter Schmoll, Die Carry Gross-Story. In: MiS „Jubiläumsausgabe 25 Jahre Motor im Schnee" 25 (1994), S. 36–38.

Hans Dieter Schmoll, Die Lecher Schneiwoche. In. MiS 1 (1984), S. 6–10.

Hans Dieter Schmoll, King Arthur 65. In: MiS 7 (1987), S. 3.

Hans Dieter Schmoll, Prof. Dr. techn. Karl Bittner zum ehrenden Andenken. In: MiS 4 (1987), S. 62.

Hans Dieter Schmoll, Schneien in einem schneelosen Winter. In: MiS 2 (1989), S. 58.

Hans Dieter Schmoll, Schneeableiter für Moskau. In: MiS 2 (1985), S. 12.

Hans Dieter Schmoll, Was wollt ihr? Kunst oder Kanonen. In: MiS 4 (1986), S. 51.

Hans-Dieter Schmoll, Welt-Seilbahnkongress – Weltweite Seilbahnprobleme. In: MiS 5 (1993), S. 5.

Hans Dieter Schmoll, Weniger Modelle bei schrumpfendem Markt. In: MiS 4 (1991), S. 36–39.

Hans Dieter Schmoll, Wo enden Menschenrechte? In: MiS 7 (1987), S. 3.

Hans Dieter Schmoll, 2. Schneischule in Lech. In: MiS 2 (1991), S. 22–27.

Hans-Dieter Schmoll, 20 Jahrgänge Motor im Schnee oder einige Beiträge zur Seilbahngeschichte. In: MiS „Jubiläums-Sondernummer" (1986), S. 6–14.

Hans Dieter Schmoll, 25 Jahre. Ein Vierteljahrhundert Informationen, Anstösse und Kritik. In: MiS „Jubiläums-Sondernummer" 4 (1994), S. 6–13.

Walter Städeli, Werdegang eines Skilift-Baues. In: ISR 5/2 (1962), S. 73.

Struss, Aluminium bringt Schnee auf die Olympischen Pisten. In: ISR 7/4 (1964) S. 122.

Luis Trenker, Die ‚vorfabrizierte' Abfahrt. In: MiS 5 (1986), S. 7–8.

Th. Veiter, Die Schleppliftbauart Doppelmayr als ideale Winter Sportanlage. In: ISR 1/2 (1958), S. 66–68.

Georg Wallmansberger, Die „Gondelbahn" in Europa und Übersee. In: ISR 14/7 (1971), S. 9.

Hans Georg Wechsler, Antwort des Dr. Wechslers vom 29.12.1986. In: MiS 6 (1987), S. 24–27.

Hans Georg Wechsler, Schneeanlagen – Technik und Umwelt. In: MiS 5 (1989), S. 5–12.

Gottfried Wolfgang, Koordination zwischen seilbahn- und skitechnischen Problembereichen. In: ISR 18/4 (1975), S. 136.

F. Zbil, Fragen der Sicherheit, Kennzeichnung und Haftung auf Schipisten. In: ISR 13/1 (1970), S. 53–54.

7.1.2   Artikel in Tages- und Wochenzeitungen

Angelika Böhler, Walter Klaus, Sammler und Jäger. In: Vorarlberger Nachrichten (31.1.2003), S. 4, siehe URL: http://www.abkom.at/fileadmin/media/downloads/interviews/Klaus_Walter_Silvretta_Nova_Gruppe.pdf (2.12.2016). Link nicht mehr abrufbar.

Thomas Hechenberger. Alt-Landesrat Blank Versettla-Sündenbock? In: Neue Vorarlberger Tageszeitung (10.6.1992), S. 3.

Thomas Hechenberger. Versettla Lift. Ein Fall für den Staatsanwalt. In: Neue Vorarlberger Tageszeitung (7./8. 8. 1992), S. 1.

Henry Hoek, Skilauf und Rhythmus. In: Feierabend 13/49 (12. Julmond 1931), S. 21–23.

Ernst Janner, Einiges über den Skilauf. In: Feierabend 18/52 (24. Julmond 1936), S. 16.

Karl Luther, Wintersport in Vorarlberg. In: Feierabend 13/49 (12. Julmond 1931), S. 1–4.

Marianne Mathis, Vorarlberg hat ein Beschneiungskonzept. In: Vorarlberger Nachrichten (17.4.1991), zitiert nach: Vorarlberger Landesarchiv (fortan VLA), Amt der Vorarlberger Landesregierung (fortan AVLR), Abt. VIIIa-155.06, Künstliche Schnee Erzeugung, Bd. 3.

N. N., Arlberg wird Oesterreichs Sun Valley. In: Wiener Kurier (3.8.1950), S. 9.

N. N., Beispiel Ostschweiz. In: Vorarlberger Nachrichten (19.7.1981), zitiert nach: VLA, AVLR, Abt. VIIa-251.03, Konzept für den Ausbau der touristischen Aufstiegshilfen im Montafon Bd. VI.

N. N., Damüls. In: Feierabend 8/5 (24. Julmond 1938), S. 585.

N. N., Dauerfonds für Investitionen. In: Wiener Zeitung (14.10.1950), S. 8.

N. N., Demonstration im Montafon. Auf Bäumen hingen schwarze Fahnen. In: Vorarlberger Nachrichten (7.12.1983), zitiert nach: VLA, AVLR, Abt. VIIa-251.03 Konzept für den Ausbau der touristischen Aufstiegshilfen im Montafon Bd. VI.

N. N., Die Fremdenindustrie soll entschädigt werden. In: Vorarlberger Volksblatt (31.5.1933), S. 1.

N. N., Die Montafonstudie war ihr Geld wert. Das Land hat sich daran gehalten. In: Vorarlberger Nachrichten (19.6.1981), S. 3.

N. N., Die Tausendmarktaxe. In: Vorarlberger Tagblatt (2.6.1933), S. 4.

N. N., Einladung ins Montafon. In: Trend 11 (1973), S. 27–32.

N. N., 1500 Einsprüche: Nur einer wirkte. In: Kurier, Chronik Vorarlberg (17.9.1992), zitiert nach: VLA, AVLR, Abt. VIIa-420.22, Konzept für den Ausbau der touristischen Aufstiegshilfen im Montafon, Bd. VII.

N. N., Für den Fremdenverkehr. In: Vorarlberger Volksblatt (4.6.1933), S. 7.

N. N., Gastgewerbe in den USA. Sprechtag in ERP Angelegenheiten. In: Vorarlberger gewerbliche Wirtschaft 22 (1950), S. 4.

N. N., Gleiten ohne Flattern. In: Der Spiegel 7 (1965), S. 73.

N. N., Gorbach gegen Justament-Standpunkte beim Versettla-Lift. In: ORF-Frühlandesrundschau (19.6.1992), zitiert nach: VLA, AVLR, Abt. VIIa-420.22 Konzept für den Ausbau der touristischen Aufstiegshilfen im Montafon, Bd. VII.

N. N., Gaschurn/Partenen. Ohne Gondelbahn und Schwarzköpflelift sind Existenzen bedroht. In: Vorarlberger Nachrichten (24.4.1983), zitiert nach: VLA, AVLR, Abt. VIIa-251.03 Konzept für den Ausbau der touristischen Aufstiegshilfen im Montafon, Bd. VI.

N. N., Gaschurn um die Wintersaison besorgt. In: Vorarlberger Nachrichten (26.7.1979), S. 6.

N. N., Gegen die Grenzsperre. In: Vorarlberger Tagblatt (6.6.1933), S. 4.

N. N., Keine Verhandlungen zwischen Oesterreich und dem Deutschen Reich. In: Vorarlberger Tagblatt (10.6.1933), S. 2.

N. N., Nachwehen des verschleppten Bescheides. In: Vorarlberger Nachrichten (17.9.1992), zitiert nach: VLA, AVLR, Zl. VIIa-420.22 Konzept für den Ausbau der touristischen Aufstiegshilfen im Montafon, Bd. VII.

N. N., Staatsanwaltschaft reagiert auf Stadler-Kritik. In: Vorarlberger Nachrichten (26.6.1992), zitiert nach: VLA, AVLR, Abt. VIIa-420.22 Konzept für den Ausbau der touristischen Aufstiegshilfen im Montafon, Bd. VII.

N. N., Skipisten. Wiese ersessen. In: Der Spiegel 15 (1969), S. 150–152.

N. N., Sollten unterentwickelte Orte im Montafon Hilfe mit Ausgleichsfonds erhalten? In: Vorarlberger Nachrichten (20.3.1980), zitiert nach: VLA, AVLR, Abt. VIIa-251.03, Konzept für den Ausbau der touristischen Aufstiegshilfen im Montafon, Bd. V.

N. N., Versettlabahn allein wäre wesentliche Verschlechterung des Sportangebotes. In: Vorarlberger Nachrichten (16.6.1983), zitiert nach: VLA, AVLR, Abt. VIIa-251.03, Konzept für den Ausbau der touristischen Aufstiegshilfen im Montafon, Bd. VI.

N. N., Vom Wunder des Schneeschuhs. In: Feierabend 12/50 (13. Julmond 1930), S. 3–5.

N. N., Vorarlberg bekommt Landschaftsschutzgesetz. In: St. Galler Tagblatt, Ausgabe Fürstenland (9.12.1972).

Hans Nägele, Hervorragende Vorarlberger Skiläufer. In: Feierabend 12/1 (4. Hartung 1930) S. 19–23.

Hans Nägele, Pfingsten ohne Fremdenverkehr. In: Vorarlberger Tagblatt (6.6.1933), S. 6.

Bernt Neumann, Sessel- und Kabinenbahn auf die Versettla bleiben. In: Kurier (16.9.1992), zitiert nach: VLA, AVLR, Abt. VIIa-420.22, Konzept für den Ausbau der touristischen Aufstiegshilfen im Montafon, Bd. VII.

Franz Ortner, Auf dem Kapelljoch. In: Vorarlberger Nachrichten (27.3.1954), S. 4.

Adolf Piccolruaz, Realisierung aller Projekte würde zu einem Chaos führen. In: Vorarlberger Nachrichten (21.4.1974), S. 4–5.

Hans Werner Scheidl, Der Staatsvertrag: Erst Stalins Tod machte den Weg frei. In: Die Presse (14.5.2015), siehe URL: http://diepresse.com/home/politik/innenpolitik/4731548/Der-Staatsvertrag_Erst-Stalins-Tod-machte-den-Weg-frei (6.8.2018).

Herbert Sohm, Der Fremdenverkehr Vorarlbergs im Marshall Plan. In: Vorarlberger Volksblatt (26.9.1950), S. 8.

Ludwig von Hörmann, Der Winter in den Alpen. In: Feierabend 51 (15.7.1920), S. 249–251.

Anton Walser, Seilbahner unter großem Zeitdruck. In: URL: Vorarlberger Nachrichten (29.9.2016), siehe URL: http://www.vorarlbergernachrichten.at/lokal/vorarlberg/2016/09/28/seilbahner-unter-grossem-zeitdruck.vn#vnf1 (6.8.2018).

Tony Walser, Avanciert die Versettla zum Kriminalfall? In: Vorarlberger Nachrichten (9.6.1992), zitiert nach: VLA, AVLR, Abt. VIIa-420.22, Konzept für den Ausbau der touristischen Aufstiegshilfen im Montafon, Bd. VII.

Tony Walser, „Fall Versettla" geht in die Endphase. In: Vorarlberger Nachrichten, 11.9.1992, zitiert nach: VLA, AVLR, Abt. VIIa-420.22, Konzept für den Ausbau der touristischen Aufstiegshilfen im Montafon, Bd. VII.

Tony Walser, „Heißer" Aktenvermerk im Fall Versettla. In: Vorarlberger Nachrichten, 10.6.1992, zitiert nach: VLA, AVLR, Abt. VIIa-420.22, Konzept für den Ausbau der touristischen Aufstiegshilfen im Montafon, Bd. VII.

7.2   INTERNETQUELLEN

American Steel & Wire Company – Wire rope, catalogue of tables – price lists, March 1930, siehe URL: https://archive.org/stream/AmericanSteelWireCompanyWireRope/AmericanSteelWireCoWireRope0001#page/n1/mode/2up (6.8.2018).

American Steel & Wire Company, siehe URL: http://www.ohiohistorycentral.org/w/American_Steel_and_Wire_Company?rec=841 (6.8.2018).

Amt der Vorarlberger Landesregierung (Hg.), VoGIS Sommer- und Winterluftbilder für die Jahre 1960 bis 2000, siehe URL: http://vogis.cnv.at/atlas/init.aspx?karte=adressen_u_ortsplan (6.8.2018).

Bundesamt für Eich- und Vermessungswesen (Hg.), Sommer- und Winterluftbilder von Lech, Damüls, St. Gallenkirch und Gaschurn, Aufnahmen von 1950 und 2000 im VoGIS, siehe URL: http://vogis.cnv.at/atlas/init.aspx?karte=adressen_u_ortsplan (6.8.2018).

Gordon H. Bannerman, M. James Curran, H. Glen Trout, Patent Nr. US 2152235 A, Aerial ski tramway, eingetr. 29.3.1938, Volltext und Abbildungen siehe URL: https://www.google.com/patents/US2152235?dq=aerial+ski+tramway&ei=tFhzVOXqGYLfPaXYgMAP (6.8.2018).

Ernst Constam, Patent Nr. US 2087232 A, Traction lines for ski-runners and other passengers, eingetr. beim United States Patent Office am 21.2.1935, Volltext und Abbildungen siehe URL: https://worldwide.espacenet.com/publicationDetails/biblio?II=1&ND=3& adjacent=true&locale=en_EP&FT=D&date=19370720&CC=US&NR=2087232A&KC =A# (6.8.2018).

Doppelmayr/Garaventa Group (Hg.), Die Doppelmayr/Garaventa Group, siehe URL: https://www.doppelmayr.com/unternehmen/ueber-uns/ (6.8.2018).

Konrad Doppelmayr & Sohn, Patent Nr. D 2011358, Schleppseilfördereinrichtung, eingetragen beim Deutschen Patentamt am 10.3.1970, Volltext und Abbildungen siehe URL: https://worldwide.espacenet.com/publicationDetails/biblio?DB=EPODOC&II=28&ND=3&adjacent=true&locale=en_EP&FT=D&date=19701019&CC=SE&NR=329642B &KC=B# (2.12.2016). Link nicht mehr abrufbar.

Gerald Dworkin, „Paternalism", The Stanford Encyclopedia of Philosophy (Winter 2016 Edition), Edward N. Zalta (ed.), siehe URL: http://plato.stanford.edu/archives/win2016/ entries/paternalism/ (6.8.2018).

Josef Fürlinger, Patent Nr. CH 645 855 A5, Betätigungsvorrichtung für die Klapptüren von Seilbahngondeln, veröffentlicht durch das Eidgenössische Bundesamt für geistiges Eigentum am 31.10.1984, Volltext und Abbildungen siehe URL: https://worldwide.espacenet.com/publicationDetails/biblio?CC=CH&NR=645855&KC=&FT=E&locale=en_EP# (6.8.2018).

Gletscherbahnen Kaprun AG (Hg.), Kitzsteinhorn Geschichte, siehe URL: http://www.kitzsteinhorn.at/de/unternehmen/geschichte/das-erste-gletscherskigebiet (6.8.2018).

Samuel Sterling Huntington, Patent Nr. US 2.582.201, Ski lift, veröffentlicht beim United States Patent Office am 8.1.1952, Volltext und Abbildungen siehe URL: https://worldwide.espacenet.com/publicationDetails/biblio?CC=US&NR=2582201A&KC=A&FT =D# (6.8.2018).

Gerry Jones, Frank Gilbreth, Lillian Gilbreth, siehe URL: http://www.managers-net.com/ Biography/biograph4.html (6.8.2018).

Harry Kelber, AFL-CIO's dark past. U. S. labor secretly intervened in furope, funded to fight pro-communist unions, siehe URL: http://www.laboreducator.org/darkpast3.htm (6.8.2018).

Everett F. Kircher, Patent Nr. US 3401643, Ski lift control mechanism, United States Patent Office, veröffentlicht durch das United States Patent Office am 17.9.1968, Volltext und Abbildungen siehe URL: https://worldwide.espacenet.com/publicationDetails/biblio?II=0&ND=3&adjacent=true&locale=en_EP&FT=D&date=19680917&CC=US&NR=3401643A&KC=A# (6.8.2018).

Helmut Klapper, Das Waldsterben in Vorarlbergs Alpentälern. Fotografie Helmut Klapper (1986), siehe URL: http://pid.volare.vorarlberg.at/o:63361 (6.8.2018).

Helmut Klapper, Die Abteilung für Raumplanung und Baurecht der Vorarlberger Landesregierung bei der Arbeit. Fotografie Helmut Klapper (1976), siehe URL: http://pid.volare.vorarlberg.at/o:62717 (6.8.2018).

Helmut Klapper, Die Gemeinde Silbertal im Frühjahr. Fotografie Helmut Klapper (1976), siehe URL: http://pid.volare.vorarlberg.at/o:62418 (6.8.2018).

Helmut Klapper, Luftbild Montafon. Fotografie Helmut Klapper (1976), siehe URL: http://pid.volare.vorarlberg.at/o:62271 (6.8.2018).

Jeff Leich, Chronology of selected ski lifts. Notes for 2001 exhibit, New England Ski Museum. http://newenglandskimuseum.org/wp-content/uploads/2012/06/ski_lift_timeline.pdf (6.8.2018).

Angus Maddison, Historical statistics of the world economy. 1–2008 AD. Per capita GDP levels, 1 AD–2008 AD, siehe URL: http://www.ggdc.net/Maddison/content.shtml (6.8.2018).

Helmut Mayer, Patent Nr. 0 510 357 A1, Automatische Verriegelungseinrichtung für eine Wetterschutzhaube einer Sesselbahn oder die Tür einer Gondelbahn, veröffentlich durch das Europäische Patentamt am 28.10.1992, Volltext und Abbildungen siehe URL: https://worldwide.espacenet.com/publicationDetails/biblio?FT=D&date=19921028&DB=&locale=&CC=EP&NR=0510357A1&KC=A1&ND=1# (6.8.2018).

Alexander McIlvaine, Patent Nr. US 3.008.761, Protective device for ski lift chairs, veröffentlicht durch das United States Patent Office am 14.11.1961, Volltext und Abbildungen siehe URL: https://worldwide.espacenet.com/publicationDetails/biblio?CC=US&NR=3008761A&KC=A&FT=D# (6.8.2018).

René Montagner, Patent Nr. US 4223609 A, Method and installation for loading passengers on a mobile suspender carrier, veröffentlicht beim United States Patent Office am 23.9.1980, Volltext und Abbildungen siehe URL: https://worldwide.espacenet.com/publicationDetails/biblio?CC=US&NR=4223609A&KC=A&FT=D# (6.8.2018).

N. N., Bubble chair, in: Wikipedia, die freie Enzyklopädie, siehe URL: http://en.wikipedia.org/wiki/Bubble_Chair (6.8.2018).

N. N., Eintrag Yalta Conference in Encyclopaedia Britannica, siehe URL: http://www.britannica.com/EBchecked/topic/651424/Yalta-Conference (6.8.2018).

N. N., Eintrag Bretton-Woods-Conference in Encyclopaedia Britannica, siehe URL: http://www.britannica.com/EBchecked/topic/78994/Bretton-Woods-Conference (6.8.2018).

N. N., Komfort auf höchstem Niveau. Warm gepolstert und gut geschützt ins Schneevergnügen, siehe URL: http://www.doppelmayr.com/produkte/kuppelbare-sesselbahnen/ (6.8.2018).

N. N., Ball chair by Eero Aarnio 1963, siehe URL: http://www.eero-aarnio.com/8/Ball-Chair.htm (24.10.2016). Link nicht mehr abrufbar.

N. N., Seilbahnentwicklung in Österreich, siehe URL: https://www.wko.at/Content.Node/branchen/oe/TransportVerkehr/Seilbahnen/entwicklung.pdf (18.9.2013). Link nicht mehr abrufbar.

N. N., 100 Milestone Documents. Truman Doctrine (1947), siehe URL: http://www.ourdocuments.gov/doc.php?flash=true&doc=81 (6.8.2018).

N. N., Bundesgesetzblatt für die Republik Österreich. 207 ERP-Fonds Gesetz, siehe URL: https://www.ris.bka.gv.at/Dokumente/BgblPdf/1962_207_0/1962_207_0.pdf (6.8.2018).

N. N., Klimawandel verkürzt die Dauer der Schneebedeckung wegen früherer Schmelze, siehe URL: http://www.slf.ch/dienstleistungen/news/paper_rebetez/index_DE (23.10.2016). Link nicht mehr abrufbar.

N. N., Milestones 1945–1952. The Truman Doctrine, 1947, siehe URL: https://history.state.gov/milestones/1945-1952/truman-doctrine (6.8.2018).

N. N., Procédé „Thomas – Gilchrist" Process, siehe URL: http://www.industrie.lu/Thomas_Gilchrist.html (6.8.2018).

N. N., Ski- und Sessellift der Oehler-Werke. Der Siegeszug eines modernen Transportmittels, siehe URL: http://www.jacomet.ch/themen/skilift/album/displayimage.php?album=89&pos=2 (6.8.2018).

N. N., Schani, in: Duden, siehe URL: http://www.duden.de/suchen/dudenonline/Schani (6.8.2018).

N. N., Euro-Informationen, Berlin, siehe URL: http://www.eu-info.de/euro-waehrungsunion/5007/5221/5178/ (6.8.2018).

N. N., Der Goldene Skiliftbügel, Liftomat 3000, siehe URL: http://www.skiliftbuegelgeber.ch/goldener_buegel.php (6.8.2018).

N. N., Geschichte & Philosophie Ihres 4*-Hotels am Arlberg, siehe URL: http://www.tannbergerhof.com/hotel/geschichte-philosophie.html (6.8.2018).

Dieter Niketta, Einige Bemerkungen zum heißen Sommer 2003 (Beiträge des Instituts für Meteorologie der Freien Universität Berlin zur Berliner Wetterkarte 3.9.2003), siehe URL: http://wkserv.met.fu-berlin.de/Beilagen/2003/sommer03.pdf (6.8.2018).

Österreichisches Institut für Raumplanung (Hg.), Geschichte des ÖIR, siehe URL: http://oir.at/de/node/3 (6.8.2018).

Wayne M. Pierce, Patent Nr. US 2676471 A, Method for making and distributing snow, veröffentlicht beim United States Patent am 27.4.1954, Volltext und Abbildungen siehe URL: https://worldwide.espacenet.com/publicationDetails/biblio?CC=US&NR=2676471A&KC=A&FT=D# (6.8.2018).

Erwin A. Reschke und Robert Heron, Patent Nr. US 3 911 765, Ski lift bull wheel, veröffentlicht beim United States Patent Office am 26.10.1970, Volltext und Abbildungen siehe URL: https://worldwide.espacenet.com/publicationDetails/biblio?CC=US&NR=3911765A&KC=A&FT=D# (6.8.2018).

Risch-Lau, Constam-Schlepplift in Holzgau/Tirol. Bildpostkarte Risch-Lau (undatiert), siehe URL: http://pid.volare.vorarlberg.at/o:39607 (6.8.2018).

Risch-Lau, Alternatives Schleppliftmodell. Bildpostkarte Risch-Lau (undatiert), siehe URL: http://pid.volare.vorarlberg.at/o:35187 (6.8.2018).

Risch-Lau, Das Gasthaus Walisgaden. Bildpostkarte Risch-Lau (1939), siehe URL: http://pid.volare.vorarlberg.at/o:10740 (6.8.2018).

Risch-Lau, Das Hotel Tannberger Hof in Lech. Bildpostkarte aus der Sammlung Risch-Lau (1941), siehe URL: http://pid.volare.vorarlberg.at/o:42848 (6.8.2018).

Risch-Lau, Der Beschleunigungsbereich anhand des Beispiels des sogenannten Hoadllifts in Axams/Tirol. Foto Wilhelm Stempfle Innsbruck, Sammlung Risch-Lau (1965), siehe URL: http://pid.volare.vorarlberg.at/o:33235 (6.8.2018).

Risch-Lau, Die Bergstation des Sessellifts auf die Uga Alpe in Damüls. Bildpostkarte Risch-Lau (1963), siehe URL: http://pid.volare.vorarlberg.at/o:21961 (6.8.2018).

Risch-Lau, Fahrgast am Sessellift auf das Hochjoch in Schruns. Bildpostkarte Risch-Lau (1952), siehe URL: http://pid.volare.vorarlberg.at/o:43343 (6.8.2018).

Risch-Lau, Fahrgast am Sessellift auf der Seegrube in Innsbruck/Tirol. Bildpostkarte Risch-Lau (undatiert), siehe URL: http://pid.volare.vorarlberg.at/o:36108 (6.8.2018).

Risch-Lau, Liftwart an seiner Arbeitsstelle an der Talstation des Golmlifts in Brand/Vorarlberg. Bildpostkarte Risch-Lau (1967), siehe URL: http://pid.volare.vorarlberg.at/o:26253 (6.8.2018).

Risch-Lau, Pistenautobahn am sogenannten Gschwandtkopf in Seefeld in Tirol. Bildpostkarte Risch-Lau (undatiert), siehe URL: http://pid.volare.vorarlberg.at/o:30674 (6.8.2018).

Risch-Lau, Pistenraupe im Skigebiet Diedamskopf in Schoppernau/Vorarlberg. Bildpostkarte Risch-Lau (1967), siehe URL: http://pid.volare.vorarlberg.at/o:16292 (6.8.2018).

Risch-Lau, Schleppliftstudie I am Schlepplift Zürsersee. Foto Risch-Lau (undatiert), siehe URL: http://pid.volare.vorarlberg.at/o:28347 (6.8.2018).

Risch-Lau, Schleppliftstudie II am Schlepplift Zürsersee. Foto Risch-Lau (undatiert), siehe URL: http://pid.volare.vorarlberg.at/o:28348 (6.8.2018).

Risch-Lau, Schleppliftstudie III am Schlepplift Zürsersee. Foto Risch-Lau (undatiert), siehe URL: http://pid.volare.vorarlberg.at/o:28349 (6.8.2018).

Risch-Lau, Skifahrer beim Skiunterricht in Lech. Bildpostkarte Risch-Lau (undatiert), siehe URL: http://pid.volare.vorarlberg.at/o:6780 (6.8.2018).

Risch-Lau, Warteschlange vor der Talstation des Schlepplifts auf das Bödele in Dornbirn/Vorarlberg. Foto Rhomberg, Sammlung Risch-Lau (undatiert), siehe URL: http://pid.volare.vorarlberg.at/o:38257 (6.8.2018).

Johannes Schweikle, Piste frei für die Ski-Industrie, in: Greenpeace Magazin Ausgabe 2.04, siehe URL: https://www.greenpeace-magazin.de/piste-frei-f%C3%BCr-die-ski-industrie (6.8.2018).

Ski Club Arlberg, Geschichte Weißer Ring, siehe URL: http://www.derweissering.at/DWR010/frame_index.php?type=skirunde&language=de (6.8.2018).

Springer Gabler Verlag (Hg.), Gabler Wirtschaftslexikon, Stichwort: OEEC, siehe URL: http://wirtschaftslexikon.gabler.de/Archiv/54050/oeec-v6.html (6.8.2018).

Joseph Wenzig, Die Waldfrau, siehe URL: http://www.zeno.org/M%C3%A4rchen/M/Tschechien/Joseph+Wenzig%3A+Westslawischer+M%C3%A4rchenschatz/Die+Waldfrau (6.8.2018).

N. N., Schneekanonen trocknen die Alpen aus, siehe URL: http://www.welt.de/wissenschaft/article818483/Schneekanonen-trocknen-Alpen-aus.html (6.8.2018).

Österreichisches Biographisches Lexikon (ÖBL) 1815–1950, Bd. 2. Lfg. 9, 1959, S. 366 f., siehe URL: http://www.biographien.ac.at/oebl (6.8.2018).

Johannes Rauch, Anfrage des Abgeordneten zum Vorarlberger Landtag, Bregenz am 14.2.2011, siehe URL: http://suche.vorarlberg.at/vlr/vlr_gov.nsf/0/9D7CD31AA1780C1DC12578 370054A63A/$FILE/29.01.147.pdf (6.8.2018).

Phillip D. Savage, Patent Nr. US 3981248, Timing gate for ski lifts, veröffentlicht beim United States Patent Office am 21.9.1976, Volltext und Abbildungen siehe URL: https://worldwide.espacenet.com/publicationDetails/biblio?CC=US&NR=3981248A&KC=A&FT=D# (6.8.2018).

William R. Sneller, Patent Nr. US 3339496, Apparatus for loading passengers on a ski tow, veröffentlicht beim United States Patent Office am 5.9.1967, Volltext und Abbildungen siehe URL: https://worldwide.espacenet.com/publicationDetails/biblio?CC=US&NR=3981248A&KC=A&FT=D# (6.8.2018).

Tony R. Sowder, Patent Nr. US 3.596.612, Suspended spheroidal car, veröffentlicht beim United States Patent Office am 2.7.1969, Volltext und Abbildungen siehe URL: https://worldwide.espacenet.com/publicationDetails/biblio?CC=US&NR=3596612A&KC=A&FT=D# (6.8.2018).

Statistik Austria (Hg.), Der Blick auf die Gemeinde, siehe URL: http://www.statistik.at/web_de/services/ein_blick_auf_die_gemeinde/index.html (6.8.2018).

Edward M. Thurston, Patent Nr. US 3548753, A loading means for chair lift, veröffentlicht beim United States Patent Office am 22.12.1970, Volltext und Abbildungen siehe URL: https://worldwide.espacenet.com/publicationDetails/biblio?CC=US&NR=3548753A&KC=A&FT=D# (6.8.2018).

Charles van Evera, Patent Nr. US 3.112.710, Method for loading a ski-lift, veröffentlicht beim United States Patent Office am 3.12.1963, Volltext und Abbildungen siehe URL: https://worldwide.espacenet.com/publicationDetails/biblio?CC=US&NR=3112710A&KC=A&FT=D# (6.8.2018).

Wirtschaftskammer Österreich, Bundessparte Tourismus und Freizeitwirtschaft (Hg.), Tourismus in Österreich. Eine gesamtwirtschaftliche Betrachtung, siehe: URL: https://www.wko.at/Content.Node/branchen/oe/Tourismus_in_Oesterreich_2012.pdf (6.2.17). Link nicht mehr abrufbar.

Alfred Wyhnalek, Manfred Huber, Patent Nr. EP 2752350 A1, Einstiegssteuervorrichtung für Ski Liftanlagen, veröffentlicht beim Europäischen Patentamt am 9.7.2014, Volltext und Abbildungen siehe URL: https://worldwide.espacenet.com/publicationDetails/bib lio?CC=EP&NR=2752350A1&KC=A1&FT=D# (6.8.2018).

7.3   UNVERÖFFENTLICHTE SCHRIFTEN

Anton Baier, Der Marshallplan unter besonderer Berücksichtigung Österreichs (ungedr. wirtschaftswiss. Diss., Wien 1949).

Monika Böck-King, Bergflucht in Vorarlberg. Ist dieses Thema hier – unter besonderer Berücksichtigung der gesamten Bevölkerungsentwicklung noch aktuell? (ungedr. wirtschaftswiss. Diss., Innsbruck 1983).

Konrad Blank, Wintersport im Spannungsfeld zwischen Landwirtschaft, Natur- und Landschaftsschutz. In: Unveröffentlichtes Transkript der 5. Tagung der Hochlagenbegrünung, Lech (3.–4.9.1986), S. 22–33.

Bundesministerium für Verkehr und verstaatlichte Betriebe (Hg.), Eisenbahn- und Seilbahnstatistik der Republik Österreich, Berichtsjahre 1953–1956.

Bundesministerium für Verkehr und Elektrizitätswirtschaft (Hg.), Eisenbahn- und Seilbahnstatistik der Republik Österreich, Berichtsjahre 1957–1966.

Bundesministerium für Verkehr und verstaatlichte Unternehmungen (Hg.), Eisenbahn- und Seilbahnstatistik der Republik Österreich, Berichtsjahre 1967–1970.

Bundesministerium für Verkehr (Hg.), Eisenbahn- und Seilbahnstatistik der Republik Österreich, Berichtsjahre 1971–1984.

Bundesministerium für öffentliche Wirtschaft und Verkehr (Hg.), Eisenbahn- und Seilbahnstatistik der Republik Österreich, Berichtsjahre 1985–1996.

Bundesministerium für Wissenschaft, Verkehr und Kunst (Hg.), Eisenbahn- und Seilbahnstatistik der Republik Österreich, Berichtsjahre 1997–2000.

Werner Dittrich, Hochlagenbegrünung mit standort-heimischen Pflanzen. In: Unveröffentlichtes Transkript der 5. Tagung der Hochlagenbegrünung, Lech (3.–4.9.1986), S. 71–90.

Walter Eschlböck, Diskussionsbeitrag. In: Unveröffentlichtes Transkript der 4. Tagung der Hochlagenbegrünung, Lech (6. 7.10.1984), S. 29.

Peter Flasche, Enkamat für Böschungsschutz und Hochlagenbegrünung. In: Unveröffentlichtes Transkript der 4. Tagung der Hochlagenbegrünung, Lech (6.–7.10.1984), S. 11–27.

Florin Florineth, Die Verwendung standortgerechten Saatgutes, ein wesentlich bestimmender Faktor für den Begrünungserfolg. In: Unveröffentlichtes Transkript der 3. Tagung der Hochlagenbegrünung, Lech (15.–16.9.1982), S. 63–97.

Sylvia Gierlinger, Die langfristigen Trends der Material- und Energieflüsse in den USA in den Jahren 1850 bis 2005 (ungedr. sozialökolog. Dipl., Klagenfurt 2011).

Franz Greif, Land- und Forstwirtschaft – Geschädigter oder Nutznießer des Fremdenverkehrs? In: Unveröffentlichtes Transkript der 5. Tagung der Hochlagenbegrünung, Lech
(3.–4.9.1986), S. 109–122.

Robert Groß, Verena Winiwarter, Unveröffentlichter Endbericht an den FWF, Projekttitel
„How skiers' sensations shaped Alpine valleys during the 20th century. Alpine Skiläufer
und die Umgestaltung alpiner Täler im 20. Jahrhundert", Nr. P 24278-G18.

Kurt Haselwandter, Einfluß verschiedener Dünger und Begrünungsmaßnahmen auf Bodenmikroorganismen. In: Unveröffentlichtes Transkript der 4. Tagung der Hochlagenbegrünung, Lech (6.–7.10.1984), S. 101–114.

Luzi Hitz, Beda Hefti. Schweizer Skilift Pionier. Unveröffentlichtes Manuskript, S. 1–16.

Luzi Hitz, Ernst Gustav Constam, Erfinder des erfolgreichsten Skiliftsystems. Unveröffentlichtes Manuskript, S. 1–10.

Edmund Huber, Verwendungsmöglichkeiten der Hüls-Bodenfestiger. In: Unveröffentlichtes Transkript der 5. Tagung der Hochlagenbegrünung, Lech (3.–4.9.1986), S. 168–172.

Hydrographischer Dienst Österreich (Hg.), Schneedeckendaten der Messstelle Damüls
1895–2000, bereitgestellt vom Landeswasserbauamt Vorarlberg/Feldkirch.

Herbert Insam, Die Wirkung verschiedener Dünger und Begrünungstechniken auf die Mikroorganismen im Boden. In: Unveröffentlichtes Transkript der 4. Tagung der Hochlagenbegrünung, Lech (6.–7.10.1984), S. 104–110.

Leonhard Köck, Veränderungen des Pflanzenbestandes rekultivierter Skiflächen in Abhängigkeit des Einsaatalters und des Standortes. In: Unveröffentlichtes Transkript der
4. Tagung der Hochlagenbegrünung, Lech (6.–7.10.1984), S. 18–47.

Fridolin Krausmann, Dominik Wiedenhofer, Die Entwicklung des Konsums an technischer
Energie in Österreich. Zusammengestellt 2014, nicht veröffentlicht.

Walter Krieg, Hochlagenbegrünung aus Sicht der Landschaftsschutzbehörde. In: Unveröffentlichtes Transkript der 2. Tagung der Hochlagenbegrünung, Lech (3.–4.9.1980), 41–73.

Winfried Lackner, Maschineneinsatz bei der humuslosen Begrünung bzw. Re-kultivierung.
In: Unveröffentlichtes Transkript der 4. Tagung der Hochlagenbegrünung, Lech (6.–
7.10.1984), S. 49–60.

Karl Lang, Die Einwirkung der Industrialisierung auf die Vorarlberger Landwirtschaft
(ungedr. wirtschaftswiss. Diss., Innsbruck 1959).

Rolf Lenz, Über Einsatz von Rizinusschrot. In: Unveröffentlichtes Transkript der 5. Tagung
der Hochlagenbegrünung, Lech (3.–4.9.1986), S. 164–168.

Michael Manhart, Begrüßung und Einleitung. In: Unveröffentlichtes Transkript der 5. Tagung
der Hochlagenbegrünung, Lech (3.–4.9.1986), S. 1–5.

Naturschutzanwaltschaft Vorarlberg, Aufstellung der Bewilligungsansuchen für Skilifte,
Beschneiungsanlagen und Geländebauten für die Gemeinden Lech, St. Gallenkirch,
Gaschurn und Damüls, unveröffentlichte Statistik der Naturschutzanwaltschaft Vorarl-
berg.

N. N., Diskussionsbeiträge. In: Unveröffentlichtes Transkript der 2. Tagung der Hochlagenbegrünung, Lech (3.–4.9.1980).

N. N., Diskussionsbeiträge. In: Unveröffentlichtes Transkript der 3. Tagung der Hochlagenbegrünung, Lech (15.–16.9.1982).

N. N., Diskussionsbeiträge. In: Unveröffentlichtes Transkript der 4. Tagung der Hochlagenbegrünung, Lech (6.–7.10.1984).

N. N., Diskussionsbeiträge. In: Unveröffentlichtes Transkript der 5. Tagung der Hochlagenbegrünung, Lech (3.–4.9.1986).

N. N., Auszug aus dem European Recovery Program. Austria Country Study, Economic Cooperation Administration, Washington (1949).

N. N., Gutachten zum Endbericht des FWF-Projekts „How skiers' sensations shaped Alpine valleys during the 20th century", Projektnummer P24278-G18, übermittelt durch Monika Maruska an Verena Winiwarter am 26.9.2016, S. 1.

Stefan Naschberger, Die Düngung von Skipisten und Forstkulturen – neueste Forschungsergebnisse. In: Unveröffentlichtes Transkript der 5. Tagung der Hochlagenbegrünung, Lech (3.–4.9.1986), S. 100–109.

Silvretta Nova (Hg.), Chronologie einer erfolgreichen Entwicklung. Unveröffentlichte Zusammenstellung der Silvretta Nova Bergbahnen AG (2004).

Karl Partsch, Waldbauliche Übergangsstrategie zum Schließen von Lücken in Bann- und Schutzwäldern. In: Unveröffentlichtes Transkript der 5. Tagung der Hochlagenbegrünung, Lech (3.–4.9.1986), S. 90–100.

Johannes Pechfelder, Einsatzmöglichkeiten von Perlhumus. In: Unveröffentlichtes Transkript der 5. Tagung der Hochlagenbegrünung, Lech (3.–4.9.1986), S. 148–160.

Peter Rüf, Über Einsatz von Enkamat, Enkamat A und Enka Drain. In: Unveröffentlichtes Transkript der 5. Tagung der Hochlagenbegrünung, Lech (3.–4.9.1986), S. 140–148.

Gabi Rüth, Die Elemente und der Tod. Literarische Deutungsverschiebungen in der Moderne (ungedr. literaturwiss. Diss., Hagen 2007).

Hugo Schiechtl, Bitumen-Stroh-Begrünungsverfahren. In: Unveröffentlichtes Transkript der 2. Tagung der Hochlagenbegrünung, Lech (3.–4.9.1980), S. 10–26.

Arthur Spiegler, Skipisten und Landschaftsschutz – ein Widerspruch? In: Unveröffentlichtes Transkript der 5. Tagung der Hochlagenbegrünung, Lech (3.–4.9.1986), S. 5–22.

Helmut Tiefenthaler, Die kultur- und bevölkerungsgeographischen Wandlungen des Gargellentales (ungedr. geografische Seminararbeit, Innsbruck 1967).

Friedrich Wentz, Begrünungsmethoden des Wasserwirtschaftsamtes München und Weilheim. In: Unveröffentlichtes Transkript der 5. Tagung der Hochlagenbegrünung, Lech (3.–4.9.1986), S. 160–164.

Horst Windholtz, Hydrosaat-Verfahren unter Verwendung von Torboflor und Mineraldünger. In: Unveröffentlichtes Transkript der 2. Tagung der Hochlagenbegrünung, Lech (3.–4.9.1980), S. 73–100.

Verena Winiwarter, Historical studies in human ecology (ungedr. Habilitation, Wien 2002).

Hans Zaugg, Auswirkungen von mehrjährigem Schneemachen auf die Vegetation. In: Unveröffentlichtes Transkript der 5. Tagung der Hochlagenbegrünung, Lech (3.–4.9.1986), S. 60–71.

Hans Zaugg, Information über in Lech laufende Versuche betreffend Begrünungskomponenten. In: Unveröffentlichtes Transkript der 5. Tagung der Hochlagenbegrünung, Lech (3.–4.9.1986), S. 33–60.

Hans Zaugg, Wissenskonzentrat über Hochlagenbegrünung und Folgerung mit Statement zum bekannten Projekt Rekultivierung und Renaturierung von Hochlagenflächen/Skipisten. In: Unveröffentlichtes Transkript der 4. Tagung der Hochlagenbegrünung, Lech (6.–7.10.1984), S. 75–86.

7.3.1 Interviews

Experteninterview mit Gustav Türtscher, Rekonstruktion der präparierten Skipisten, 12.8.2014, Landhaus Trista, Uga 65, 6884 Damüls; Interview für diese Studie, Interviewer Robert Groß, schriftliche Aufzeichnung im Besitz von Robert Groß.

Experteninterview mit Michael Manhart, Rekonstruktion der präparierten Skipisten, 16.7.2014, Talstation Sessellift Schlegelkopf, 6763 Lech; Interview für diese Studie, Interviewer Robert Groß, schriftliche Aufzeichnung im Besitz von Robert Groß.

Experteninterview mit Heinrich Sandrell, Rekonstruktion der präparierten Skipisten, 13.6.2014, Obere Gosta, 6793 Gaschurn; Interview für diese Studie, Interviewer Robert Groß, schriftliche Aufzeichnung im Besitz von Robert Groß.

Oral History Interview mit Alexander Cernusca, Umweltverträglichkeit von Beschneiungsanlagen, 18.5.2014, Institut für Botanik, Universität Innsbruck, Innrain 52, 6020 Innsbruck; Interview für diese Studie; Interviewer Robert Groß, digitale Aufzeichnung und Transkript im Besitz von Robert Groß.

Oral History Interview mit Helmut Feuerstein und Helmut Tiefenthaler, Projekt FIDESCO und die Rolle der Raumplanung, 19.5. 2014, Wildeggstraße 4, 6900 Bregenz; Interview für diese Studie; Interviewer Robert Groß, digitale Aufzeichnung und Transkript im Besitz von Robert Groß.

Oral History Interview mit Michael Manhart, Historischer Umgang mit Schnee aus der Sicht des Seilbahnbetreibers, 15.6.2014, Talstation Sessellift Schlegelkopf, 6763 Lech; Interview für diese Studie; Interviewer Robert Groß, digitale Aufzeichnung und Transkript im Besitz von Robert Groß.

Oral History Interview mit Gustav Türtscher, Arbeiten am Skilift und mit der Pistenraupe, 12.5. 2014, Landhaus Trista, Uga 65, 6884 Damüls; Interview für diese Studie; Interviewer Robert Groß, digitale Aufzeichnung und Transkript im Besitz von Robert Groß.

7.3.2 Verwaltungsakten

Österreichisches Staatsarchiv (fortan ÖSTA)/Archiv der Republik (fortan AdR) – Bestands-
  gruppe 02 – BKA Sch. 109, Zl. 28.965/37.
ÖSTA/AdR – Bestandsgruppe 02 – BKA, Sch. 109, Zl. 67.742/37.
ÖSTA/AdR – Bestandsgruppe 02 – BKA, Sch. 115, Zl. 44.613/37.
ÖSTA/AdR – Bestandsgruppe 02 – BKA, Sch. 147, Zl. 1.563/38.
ÖSTA/AdR – Bestandsgruppe 02 – BKA, Sch. 335, Zl. 2.475.
ÖSTA/AdR, BMfHuW – FV 12/1949, Zl. 110.826-V/23b/49.
ÖSTA/AdR, BMfHuW – FV 12/1949, Zl. 98.834/V-23b/49.
ÖSTA/AdR, BMfHuW – FV 1946-48/K. 711/e., Zl. 160.286/46.
ÖSTA/AdR, BMfHuW – FV 12/1949, Zl. 106.648-V/23b/49.
ÖSTA/AdR, BMfHuW – FV 12/1949, Zl. 98.834/V-23b/49.
ÖSTA/AdR, BMfHuW – FV 12/1949, Zl. 98.974/V-23b/49.
ÖSTA/AdR, BMfHuW – FV 12/1949, Zl. 107.373/V-23b/49-1570.
ÖSTA/AdR, BMfHuV, Sch. 1583, Zl. 124.299-14/1933.
ÖSTA/AdR, BMfHuV, Sch. 1583, Zl. 125.157-14/1933.
ÖSTA/AdR, BMfHuV, Sch. 1583, Zl. 126.679-14/1933.
ÖSTA/AdR, BMfHuV, Sch. 1583, Zl. 133.400-14/1933.
ÖSTA/AdR, BMfHuV, Sch. 1584, Zl. 143.189-14/1933.
ÖSTA/AdR, BMfHuV, Sch. 1584, Zl. 170.339-14/1933.
ÖSTA/AdR, BMfHuV, Sch. 1584, Zl. 170.610-14/1933.
ÖSTA/AdR, BMfHuV, Sch. 1584, Zl. 172.609-14/1933.
ÖSTA/AdR, BMfHuV, Sch. 1586, Zl. 121.153-14/1934.
ÖSTA/AdR, BMfHuV, Sch. 1586, Zl. 126.048-14/1934.
ÖSTA/AdR, BMfHuV, Sch. 1586, Zl. 134.835-14/1934.
ÖSTA/AdR, BMfHuV, Sch. 1586, Zl. 135.133-14/1934.
ÖSTA/AdR, BMfHuV, Sch. 1587, Zl. 139.383-14/1934.
ÖSTA/AdR, BMfHuV, Sch. 1588, Zl. 127.557-14/1935.
ÖSTA/AdR, BMfHuV, Sch. 1588, Zl. 131.268-14G/1935.
ÖSTA/AdR, BMfHuV, Sch. 1588, Zl. 136.858-14G/1935.
ÖSTA/AdR, BMfHuV, Sch. 1589, Zl. 126.032-14G/1935.
ÖSTA/AdR, BMfV-Präs/10, Sch. 670, Zl. 10.074-I/3/61.
ÖSTA/AdR, BMfV/Präs/10, Zl. 666, Aktenvermerk Rückflußgebarung.
ÖSTA/AdR, BMfV/Präs/10, Zl. 666, ERP allg. Richtlinien.
ÖSTA/AdR, BMfV/Präs/10, Zl. 666, ERP allg. Richtlinien, 13.12.1960 Aktenvermerk Betr.
  ERP-Rückflußgebarung.
ÖSTA/AdR, BMfV-Präs/10, Zl. 667, ERP Kredite Listen nach Bundesländer 1964–66.
ÖSTA/AdR, BMfV-Präs/10, Sch. 679.

ÖSTA/AdR, Sammlung Verkehr, ERP Kredite für Seilbahnen.

ÖSTA/AdR, Protokolle des Ministerrates der Ersten Republik, Abt. V, 1933-06-23, S. 81.

ÖSTA/AdR, Protokolle des Ministerrates der Ersten Republik, Abt. V, 1927-01-05, S. 18.

ÖSTA/AdR, Protokolle des Ministerrates der Ersten Republik, Abt. V, 1934-07-30, S. 10.

Vorarlberger Landesarchiv (fortan VLA), Amt der Vorarlberger Landesregierung (fortan AVLR), Abt. VIa/1946/1/18.

VLA, AVLR, Abt. VIa/1947/1/199/1.

VLA, AVLR, Abt. VIa, Sch. 4, Zl. 4/222/2, 1948.

VLA, AVLR, Abt. VIa, Sch. 4, Zl. 491/1, 1948.

VLA, AVLR, Abt. VIa, Sch. 4, Zl. 52/1, 1948.

VLA, AVLR, Abt. VIa, Sch. 4, Zl. 52/2, 1948.

VLA, AVLR, Abt. VIa, Sch. 6, Zl. 6/85/1, 1949.

VLA, AVLR, Abt. VIa, Sch. 8, Zl. 8/31/6, 1950.

VLA, AVLR, Abt. VIa, Sch. 8, Zl. 1947-48/31/2, Postkraftwagenverkehr in Vorarlberg.

VLA, AVLR VIa, Sch. 10, Zl. 107/4, Dr.Sp/Au.

VLA, AVLR VIa, Sch. 10, Zl. 278/1950, Durchführungsbestimmungen.

VLA, AVLR, Abt. VIa, Sch. 10, Zl. 278/75.

VLA, AVLR, Abt. VIa, Sch. 18, Zl. 136/1, 17.2.1950, Ski-Lift-Gesellschaft Lech am Arlberg an AVLR z. Hd. Speckbacher.

VLA, AVLR, Abt. VIa, Sch. 18, Zl. 136/4, 1.6.1950, Ski-Lift-Gesellschaft Lech am Arlberg an AVLR z. Hd. Ulmer.

VLA, AVLR, Abt. VIa, Sch. 18, Zl. 424/10, 29.10.1950, Ski-Lift-Gesellschaft Lech am Arlberg an AVLR.

VLA, AVLR, Abt. VIa, Sch. 21, Zl. 445, 1952.

VLA, AVLR, Abt. VIa, Sch. 23, Zl. 166, 1953.

VLA, AVLR Abt. VIa, Zl. 1946/1/18.

VLA, AVLR, Abt. VIa, Zl. 278, ERP-Kredite für Fremdenverkehrsbetriebe.

VLA, AVRL, Abt. VIa, Sch. 23, Zl. 383/1951.

VLA, AVLR, Abt. VIe-853.031, Bd. II, Untersuchung über raumbezogene Probleme im Montafon, 18.8.1977, Aktenvermerk Dr. Tiefenthaler.

VLA, AVLR, Abt. VIe-853.031, Bd. II, Untersuchung über raumbezogene Probleme im Montafon, 28.12.1977, Niederschrift der Sitzung des Arbeitsausschusses für Fremden-verkehrsaufgaben im Montafon.

VLA, AVLR, Abt. VIe-853.031, Bd. II, Untersuchung über raumbezogene Probleme im Montafon, 3.1.1978, Österreichisches Institut für Raumplanung an das AVLR, Diskus-sionsgrundlage für das am 10.1.1978 in Schruns stattfindende Arbeitsgespräch mit Ver-tretern der Raumplanungsstelle des Amtes der Vorarlberger Landesregierung sowie des ÖIR.

VLA, AVLR, Abt. VIe-853.031, Bd. II, Untersuchung über raumbezogene Probleme im

Montafon, 22.3.1978, Niederschrift der am 15.3.1978 stattgefundenen Orientierungsgespräche bezüglich der Beschäftigungsstruktur im Montafon.

VLA, AVLR, Abt. VIe-853.031, Bd. II, Untersuchung über raumbezogene Probleme im Montafon, 22.6.1978, Forsttechnischer Dienst der Wildbach- und Lawinenverbauung Bludenz an die Silvrettabahn Gaschurn, Lawinensicherheit der Skilifte.

VLA, AVLR, Abt. VIe-853.031, Bd. II, Untersuchung über raumbezogene Probleme im Montafon, 6.9.1978, Beurteilung der Erschließungsvorhaben im Montafon durch den Natur- und Landschaftsschutz.

VLA, AVLR, Abt. VIe-853.031, Bd. II, Untersuchung über raumbezogene Probleme im Montafon, 29.9.1978, Kurt Bitschnau an Dr. Tiefenthaler, Projekt Einseilumlaufbahn von Galgenul ins Schigebiet Silvretta Nova.

VLA, AVLR, Abt. VIe-853.031, Bd. II, Untersuchung über raumbezogene Probleme im Montafon, 29.9.1978, Aktenvermerk Tiefenthaler, Grobbeurteilung der Zubringerbahn Silvretta Nova durch Dr. Walter Krieg.

VLA, AVLR, Abt. VIe-853.031, Bd. II, Untersuchung über raumbezogene Probleme im Montafon, 5.12.1978, Aktenvermerk Besprechungsrunde bezüglich der vom ÖIR ausgearbeiteten Entwürfe.

VLA, AVLR, Abt. VIe-853.031, Bd. II, Untersuchung über raumbezogene Probleme im Montafon, 14.11.1979, Gemeindevertretung St. Gallenkirch an AVLR.

VLA, AVLR, Abt. VIe-853.031, Bd. II, Untersuchung über raumbezogene Probleme im Montafon, 20.11.1979, Silvretta Bergbahnen an AVLR.

VLA, AVLR, Abt. VIe-853.031, Bd. II, Untersuchung über raumbezogene Probleme im Montafon, 19.12.1979, Kammer der gewerblichen Wirtschaft für Vorarlberg an AVLR.

VLA, AVLR, Abt. VIe-853.031, Bd. III, Untersuchung über raumbezogene Probleme im Montafon, 8.2.1979, Montafoner Silvretta Bergbahnen „Einseilumlaufbahn Valisera" – Konzession.

VLA, AVLR, Abt. VIe-853.031, Bd. III, Untersuchung über raumbezogene Probleme im Montafon, 12.2.1979, Montafoner Silvretta Bergbahnen „Einseilumlaufbahn Valisera" – Konzession, Aktenvermerk Tiefenthaler.

VLA, AVLR, Abt. VIe-853.031 Bd. III, Untersuchung über raumbezogene Probleme im Montafon,16.3.1979, Seilbahn- und Entwicklungskonzept Silbertal.

VLA, AVLR, Abt. VIe-853.031, Bd. III, Untersuchung über raumbezogene Probleme im Montafon, 21.3.1979, Erwin Vallaster an die Montafoner Hochjochbahnen Schruns, Seilbahnerschließung des Silbertals.

VLA, AVLR, Abt. VIe-853.031, Bd. III, Untersuchung über raumbezogene Probleme im Montafon, 22.3.1979, Landesrat Werner Rüscher an das Gemeindeamt Silbertal, Untersuchung raumbezogener Probleme der Fremdenverkehrsentwicklung im Montafon.

VLA, AVLR, Abt. VIIa-251.03, Bd. V, Konzept für den Ausbau touristischer Aufstiegshilfen im Montafon, 3.6.1981, Aktenvermerk Abt. VIIa.

VLA, AVLR, Abt. VIIa-251.03, Bd. VI, Konzept für den Ausbau der touristischen Aufstiegshilfen im Montafon.

VLA, AVLR, Abt. VIIa-251.03, Bd. VI, Konzept für den Ausbau der touristischen Aufstiegshilfen im Montafon, 19.9.1983, Heinrich Sandrell an Landesrat Siegfried Gasser, Einseilumlaufbahn „Versettla" und Doppelsessellift „Schwarzköpfli".

VLA, AVLR, Abt. VIIa-251.03, Bd. VI, Konzept für den Ausbau der touristischen Aufstiegshilfen im Montafon, 6.10.1983, Aktenvermerk – Konzept für den Ausbau der touristischen Aufstiegshilfen im Montafon, Ausbauprojekte Silvretta Nova – Begutachtung.

VLA, AVLR, Abt. VIIa-251.03, Bd. VI, Konzept für den Ausbau der touristischen Aufstiegshilfen im Montafon, 19.12.1983, Erwin Vallaster an Abt. VIIa; Ausbauprojekte im Gebiet
Silvretta-Nova – Stellungnahme des Standes Montafon.

VLA, AVLR, Abt. VIIa-251.03, Bd. VI, Konzept für den Ausbau der touristischen Aufstiegshilfen im Montafon, 22.12.1983, Bürgermeister von St. Anton im Montafon an AVLR
Abt. VIIb wegen B 188.

VLA, AVLR, Abt. VIIa-251.03, Bd. VI, Konzept für den Ausbau der touristischen Aufstiegshilfen im Montafon, 5.3.1984, Abt. IVd an VIIa; Begutachtung der Ausbauprojekte in
Gaschurn.

VLA, AVLR, Abt. VIIa-251.03, Konzept für den Ausbau der touristischen Aufstiegshilfen
im Montafon Bd. VI, Gutachtliche Stellungnahme zu Ausbauprojekten im Schigebiet
Silvretta Nova. Erstellt von ÖIR im Auftrag der Vorarlberger Landesregierung. Bearbeiter Volker Fleischhacker.

VLA, AVLR, Abt. VIIa-251.03, Bd. VI, Konzept für den Ausbau der touristischen Aufstiegshilfen im Montafon, 16.3.1984, Verhandlungsschrift ESU Versettla.

VLA, AVLR, Abt. VIIa-251.03, Bd. VI, Konzept für den Ausbau der touristischen Aufstiegshilfen im Montafon, 5.4.1984, Kurt Bitschnau an BH Bludenz, Stellungnahme zur Verhandlungsschrift vom 16.3.1984 über Landschaftsschutzbewilligung zur Dreisesselbahn
Schwarzköpfli.

VLA, AVLR, Abt. VIIa-251.03, Bd. VI, Konzept für den Ausbau der touristischen Aufstiegshilfen im Montafon, 6.4.1984, Kurt Bitschnau an BH Bludenz, Ergänzende Stellungnahme zur Landschaftsschutzbewilligung für die ESU-Versettla.

VLA, AVLR, Abt. VIIa-251.03, Bd. VI, Konzept für den Ausbau der touristischen Aufstiegshilfen im Montafon, 9.4.1984, Heinrich Sanderell an BH Bludenz, Abbruch der bestehenden Einsessel-Liftanlage.

VLA, AVLR, Abt. VIIa-251.03, Bd. VI, Konzept für den Ausbau der touristischen Aufstiegshilfen im Montafon, 27.4.1984, Kurt Bitschnau an AVLR; Stellungnahme zur Verhandlungsschrift vom 16.3.1984 über Landschaftsschutzbewilligung zur Dreisesselbahn
Schwarzköpfli.

VLA, AVLR, Abt. VIIa-251.03, Bd. VI, Konzept für den Ausbau der touristischen Aufstiegshilfen im Montafon, 1.6.1994, Bericht des AVLR Konzeptänderung für den Ausbau der
touristischen Aufstiegshilfen im Montafon.

VLA, AVLR, Abt. VIIa-251.03, Bd. VI, Konzept für den Ausbau der touristischen Aufstiegs-hilfen im Montafon, 1.8.1985, Bescheid BH Bludenz Errichtung der Einseilumlaufbahn „Landschaftsschutzbewilligung".

VLA, AVLR, Abt. VIIa-420.22, Bd. VII, Konzept für den Ausbau der touristischen Aufstiegs-hilfen im Montafon, 3.2.1992, Aktenvermerk Silvretta Nova Bergbahnen – Ausbau der Sektion I der Versettla Bahn.

VLA, AVLR, Abt. VIIa-420.22, Bd. VII, Konzept für den Ausbau der touristischen Aufstiegs-hilfen im Montafon, 16.6.1992, Dr. Hellfried Niederl an BH Bludenz; Wiedererteilung der rechtsunwirksam gewordenen Bewilligung für die Errichtung der Einseilumlauf-bahn „Versettla".

VLA, AVRL, Abt. VIIa-155.06, 19.7.1988, Mag. Sieghard Baier und LAbg. Walter Fritz an Michael Manhart und Michael Manhart an Landeshauptmann Dr. Martin Purtscher, Schneeanlage Kriegerhorn.

VLA, AVRL, Abt. VIIa-155.06, 19.7.1988, Dipl. Ing. Michael Manhart an Landeshauptmann Dr. Martin Purtscher, Schneeanlage Kriegerhorn, März 1988, Projektbeschreibung Schnee-anlage Kriegerhorn.

VLA, AVLR, Abt. VIIa, 341.10, Aufstiegshilfen allgemein Bd. 2, 29.1.1990, BMfV an den Bundesfachverband für Seilbahnen, Beförderungspflicht auf öffentlichen Seilbahnen.

VLA, AVLR, Abt. VIIa, Zl. 16.500, Bd. I, Richtlinien für die Planung, den Bau, die Erhaltung und die Pflege von Schiabfahrten.

VLA, AVLR, Abt. VIIa-155.06, 31.5.1988, Aktenvermerk einer Besprechung, am 12.4.1988 im Landhaus Bregenz abgehalten, bez. der geplanten Beschneiungsanlage Lech-Krie-gerhorn.

VLA, AVLR, Abt. VIIa-155.06, 8.4.1988, Einsatz von künstlichen Beschneiungsanlagen (Schneekanonen) in Vorarlberg.

VLA, AVLR, Abt. VIIa-155.06, 22.7.1988, Materialien zum Schneedeckenverhalten in Lech und St. Gallenkirch.

VLR, AVLR, Abt. VIIa-155.06, Beschneiungsrichtlinien, 15.12.1988, Bericht künstliche Schneeerzeugung, Probleme.

VLA, AVLR, Abt. VIIa-155.06, Beschneiungsrichtlinien, 1.9.1988, Aktenvermerk künstli-che Schneeerzeugung, Probleme.

VLA, AVLR, Abt. VIIa-155.06, Beschneiungsrichtlinien, Bd. 2, 9.4.1990, Alexander Cer-nusca an Lothar Petter.

VLA, AVLR, Abt. VIIa-155.06, Beschneiungsrichtlinien, Bd. 2, Dr. Erwin Lichtenegger. Mögliche Auswirkungen der technischen Beschneiung auf die Vegetation nach den bis-herigen Erfahrungen mit Kunstschnee.

VLA, AVLR, Abt. VIIa-155.06, Beschneiungsrichtlinien, Bd. 3, 27.12.1991, Michael Man-hard an AVLR.

VLA, AVLR, Abt. VIIa-155.06, Bd. 3, 28.6.1990, ORF Mittagslandesrundschau vom 23.6.1990.

VLA, AVLR, Abt. VIIa-155.06, Bd. 3, 3.11.1992, AVLR an die Handelskammer Vorarlberg Fachgruppe Seilbahnen. Reaktion auf den Vorschlag zur Änderung der Beschneiungsrichtlinien.

VLA, AVLR, Abt. VIIa-155.06, Beschneiungsrichtlinien, Bd. 3, Gutachten von Univ. Prof. Dr. Erwin Lichtenegger, Institut für angewandte Botanik der Universität für Bodenkultur, Wien.

VLA, AVRL, Abt. VIIa-155.06, Beschneiungsrichtlinien, 19.7.1988, Dipl. Ing. Michael Manhart an Landeshauptmann Dr. Martin Purtscher, Schneeanlage Kriegerhorn.

VLA, AVLR, Abt. VIIa-155.06, Beschneiungsrichtlinien, 6.2.1989, DDr. Hubert Kinz an Dieter Grabher (AVLR).

VLA, AVLR, Ab. VIIa-155.06, Beschneiungsrichtlinien, 15.12.1988, Bericht künstliche Schneeerzeugung, Probleme.

VLA, AVLR, Abt. VIIIa.-155.06, Künstliche Schnee Erzeugung Bd. 1, 3.3.1988 Gutachten Dr. Krieg.

VLA, BH Bregenz, Sch. 1047, Zl. 3404-1929.

VLA, BH Bregenz, Sch. 1102, Zl. II/951-1100-1933.

VLA, PrsG, 1968, Sch. 19, Sportgesetz, I. Teil, BMfHuW, Zl. 175.166-IV-25/64.

VLA, PrsG, 1968, Sch. 19, Sportgesetz, I. Teil, Zl. 306/16/1966.

VLA, PrsG, 1968, Sch. 19, Sportgesetz, I. Teil, Zl. 306/70/1968.

VLA, PrsG, 1968, Sch. 19, Sportgesetz, I. Teil, Zl. 306/70/1968; Gerold Ratz an Hubert Kinz.

VLA, PrsG, 1968, Sch. 19, Sportgesetz, I. Teil, Zl. 306/9/1966.

VLA, PrsG, 1972, Sch. 56, Sportgesetz, Antrag auf Vorlage an den Landtag, Gesetz über eine Änderung des Sportgesetzes.

VLA, PrsG, 1972, Sch. 56, Sportgesetz, Antrag auf Vorlage an den Landtag, Gesetz über eine Änderung des Sportgesetzes, Erläuterung.

VLA, PrsG, 1972, Sch. 56, Sportgesetz, 14.1.1970, Schiliftgesellschaft Elsensohn & Co an den Vorstand der Gemeinde Lech.

VLA, PrsG, 1972, Sch. 56, Sportgesetz, Zl. 306/93, 10.3.1970.

VLA, PrsG, 1972, Sch. 56, Sportgesetz, Zl. 306/14, 2.10.1970.

VLA PrsG 1972, Sch. 56, Sportgesetz, Zl. 306/14, 2.10.1970, Bürgermeister Lech an Landesstatthalter Gerold Ratz.

VLA, PrsG, 1972, Sch. 56, Sportgesetz, Zl. 306/109, 12.1.1971, Kammer der gewerblichen Wirtschaft Vorarlberg an AVLR.

VLA, PrsG, 1972, Sch. 56, Sportgesetz, Zl. 306.115, 1.7.1971, Stellungnahme Abt. VIa.

VLA, PrsG, 1972, Sch. 56, Sportgesetz, Zl. 306.122, 29.7.1971, Stellungnahme Landesverband für Fremdenverkehr.

VLA, PrsG, 1972, Sch. 56, Sportgesetz, Zl. 306.130, Stellungnahme des Landesverbands der Haus- und Grundbesitzer Vorarlberg.

VLA, PrsG, 1972, Sch. 56, Sportgesetz, Zl. 306.133, 3.9.1971.

VLA, PrsG, 1972, Sch. 56, Sportgesetz, Zl. 306.133, 10.9.1971, Stellungnahme der Seilbahn-fachgruppe am 3.9. 1971.

VLA, PrsG, 1972, Sch. 56, Sportgesetz, Zl. 306.124, 6.8.1971, Stellungnahme Landwirt-schaftskammer Vorarlberg.

VLA, PrsG, 1976, Sch. 136, Landschaftsschutzgesetz, 23.5.1973, Niederschrift über die gemeinsame Sitzung des Rechtsausschusses des volkswirtschaftlichen Ausschusses und des Kulturausschusses.

VLA, Sammlung FV, Sch. 28, Jahresberichte des LFV, 1928.

VLA, Sammlung FV, Sch. 28, Jahresberichte des LFV, 1934.

7.4   MISZELLEN

Amt der Vorarlberger Landesregierung (Hg.), Vorarlberger Landeskorrespondenz 185 (Son-derausgabe Einsesselbahn und Einseilumlaufbahn Versettla 15.9.1992).

Amt der Vorarlberger Landesregierung (Hg.), Vorarlberger Sportgesetz, LGBl. Nr. 9/1968.

Ella Fässler, Presseaussendung Vorarlberger Naturschutzbund vom 17.9.1992, zitiert nach: VLA, AVLR, Abt. VIIa-420.22, Konzept für den Ausbau der touristischen Aufstiegshil-fen im Montafon, Bd. VII.

N. N., Niederschrift der 2. Sitzung des XXII. Vorarlberger Landtages am 21.3.1979, S. 41–44.

Hanno Settele, Kompetenzprobleme bei Versettla-Lift-Entscheidung. In: ORF-Mittagslan-desrundschau (9.6.1992), zitiert nach: VLA, AVLR, Abt. VIIa-420.22, Konzept für den Ausbau der touristischen Aufstiegshilfen im Montafon, Bd. VII.

Vorarlberg Landesverband für Fremdenverkehr in Vorarlberg (Hg.), Werbeprospekt „Berg-bahnen, Sessellifte, Skilifte" (1955).

8. Abbildungen und Tabellen

8.1 ABBILDUNGEN UND ABBILDUNGSNACHWEIS

Sämtliche Fotografien des Bildpostkartenherstellers Risch-Lau und von Helmut Klapper wurden freundlicherweise von der Vorarlberger Landesbibliothek zur Verfügung gestellt. Auf Daten basierende Diagramme wurden vom Autor persönlich hergestellt. Der Autor hat sich bemüht, alle Abbildungsrechte zu klären. Sollte dies nicht in allen Fällen gelungen sein, bitte ich die Rechteinhaber, sich beim Verlag zu melden.

Abbildung 1: Seilbahntagung 1981 im Hotel Germania in Bregenz. Fotografie aus der Sammlung Helmut Klapper (1981), siehe: URL: http://pid.volare.vorarlberg.at/o:137752 (6.8.2018).

Abbildung 2: Sozialökologisches Interaktionsmodell. In: Verena Winiwarter, Martin Knoll, Umweltgeschichte. Eine Einführung (Stuttgart und Köln 2007), S. 129 (mit freundlicher Genehmigung von Verena Winiwarter und Martin Knoll).

Abbildung 3: Die Entwicklung des Konsums an technischer Energie in Österreich, zusammengestellt von Fridolin Krausmann und Dominik Wiedenhofer 2014.

Abbildung 4: Wintersporttage in Damüls in Prozent der gesamten Wintersaison von 1950–2000, siehe: Hydrographischer Dienst Österreich, Messstelle Damüls 1895–2000, bereitgestellt vom Landeswasserbauamt Vorarlberg/Feldkirch.

Abbildung 5: Hotels, Pensionen und Privathäuser mit Zimmervermietung in Vorarlberg 1925–1934, VLA, Sammlung FV, Sch. 28, Jahresberichte des LFV 1927–1937.

Abbildung 6: Verteilung der Gelder der Landesaktion auf die Bundesländer, AdR, BMfHuV 1584, Zl. 170.610-14/1933.

Abbildung 7: Die Eisbar vor dem Hotel Tannberger Hof in Lech. Bildpostkarte aus der Sammlung Risch-Lau (1941), siehe: URL: http://pid.volare.vorarlberg.at/o:42848 (6.8.2018).

Abbildung 8: Das Gasthaus Walisgaden vor seiner „Ernennung" zum Hotel. Bildpostkarte Risch-Lau (1939), siehe: URL: http://pid.volare.vorarlberg.at/o:10740 (6.8.2018).

Abbildung 9: Skifahrer beim Skiunterricht in Lech, Foto Risch-Lau (undatiert), siehe: URL: http://pid.volare.vorarlberg.at/o:6780 (6.8.2018).

Abbildung 10: Die Kraftübertragung am Constam-Lift. In: Dettling, Tschofen, Spuren, 2014, S. 229 (mit freundlicher Genehmigung von Bernhard Tschofen).

Abbildung 11a–c: Schleppliftstudien an Österreichs erstem Schlepplift Zürsersee in Lech. Fotos Risch-Lau (undatiert), siehe: URL: http://pid.volare.vorarlberg.at/o:28347; http://pid.volare.vorarlberg.at/o:28348; http://pid.volare.vorarlberg.at/o:28349 (6.8.2018).

Abbildung 12: Prospekt mit Skiliftwerbung, angefertigt von Heinrich C. Berann. Hg. vom Verkehrsverein Lech im Jahr 1938. In: Just, Ortner, Zwischen Tradition, S. 43 (mit freundlicher Genehmigung von Birgit Heinrich, Gemeindearchiv Lech).

Abbildung 13: Warteschlange vor der Talstation des Schlepplifts auf das Bödele in Dornbirn/Vorarlberg, Foto Rhomberg, angekauft von Foto Risch-Lau (undatiert), siehe: URL: http://pid.volare.vorarlberg.at/o:38257 (6.8.2018).

Abbildung 14: Materialseilbahn mit Umlaufbetrieb. 1930, unbekannter Ort. In: American Steel & Wire Company – Wire Rope, Catalogue of Tables – Price Lists.

Abbildung 15a und b: Links ein Fahrgast am Sessellift auf das Hochjoch in Schruns/Vorarlberg. Bildpostkarte Risch-Lau (1952), siehe: URL: http://pid.volare.vorarlberg.at/o:43343 (6.8.2018); rechts ein Fahrgast auf dem Sessellift auf die Seegrube in Innsbruck/Tirol. Foto Rhomberg, Sammlung Risch-Lau (undatiert), siehe: URL: http://pid.volare.vorarlberg.at/o:36108 (6.8.2018).

Abbildung 16a und b: Skigebiet Madloch vor und nach dem Bau eines Sessellifts. Beide in: Alleuger, Seilbahnen und Schlepplifte in Vorarlberg, S. 61 (mit freundlicher Genehmigung von Wolfgang Allgeuer).

Abbildung 17a und b: Links die ERP-Gesamtinvestitionen in den politischen Gemeinden Vorarlbergs; rechts die ERP Investitionen im Rahmen der Sanitäraktion. Eigene Darstellung, VLA, AVLR, VIa, Zl. 278, ERP-Kredite für Fremdenverkehrsbetriebe.

Abbildung 18a und b: Links ein Constam-Schlepplift in Holzgau/Tirol, rechts ist ein alternatives Modell zu sehen. Bildpostkarten Risch-Lau (undatiert), siehe: URL: http://pid.volare.vorarlberg.at/o:39607; http://pid.volare.vorarlberg.at/o:35187 (6.8.2018).

Abbildung 19: Sepp Bildstein und Betriebsleiter Haslinger beim Trassenaufbau des Schleppliftes Hexenboden in Zürs/Lech. In: Wolfgang Allgeuer, Seilbahnen und Schlepplifte in Vorarlberg, S. 46 (mit freundlicher Genehmigung von Wolfgang Allgeuer).

Abbildung 20: Liftwart an der Talstation des Golmlifts in Brand/Vorarlberg. Bildpostkarte Risch-Lau (1967), siehe: URL: http://pid.volare.vorarlberg.at/o:26253 (6.8.2018).

Abbildung 21: Skizze des Patents von Charles van Evera. In: Charles van Evera, method for loading a ski-lift, United States Patent Office, patentiert am 3. Dezember 1963, Nr. 3.112.710.

Abbildung 22: Der Beschleunigungsbereich des Hoadllifts in Axams/Tirol. Fotografie Wilhelm Stempfle Innsbruck, Sammlung Risch-Lau (1965), siehe: URL: http://pid.volare.vorarlberg.at/o:33235 (6.8.2018).

Abbildung 23: „Pistenautobahn" am Gschwandtkopf in Seefeld in Tirol. Bildpostkarte Risch-Lau, Vorarlberger Landesbibliothek (undatiert), siehe: URL: http://pid.volare.vorarlberg.at/o:30674 (6.8.2018).

Abbildung 24: Pistenraupe im Skigebiet Diedamskopf in Schoppernau/Vorarlberg. Foto Risch-Lau (1967), siehe: URL: http://pid.volare.vorarlberg.at/o:16292 (6.8.2018).

Abbildung 25: Die Bergstation des Sessellifts auf die Uga Alpe in Damüls. Bildpostkarte Risch-Lau (1963), siehe: URL: http://pid.volare.vorarlberg.at/o:21961 (6.8.2018).

Abbildung 26: Patentskizze des Apparats zur Beschleunigung des Zustiegs zum Sessellift von William Sneller. In: William R. Sneller, Patent Nr. US 3339496, Apparatus for loading passengers on a ski tow, United States Patent Office, veröffentlich am 5.9.1967.

Abbildung 27: Patentskizze des Stationsbeschleunigers von René Montagner. In: René Montagner, Method and installation for loading passengers on a mobile suspender carrier, United States Patent Office, veröffentlicht am 23.9.1980, Nr. US 4.223.609 A.

Abbildung 28: Entwicklung der Baulänge von Skiliften und deren Förderkapazität zwischen 1951 und 2000. Bundesministerium für Verkehr und verstaatlichte Betriebe (Hg.), Eisenbahn- und Seilbahnstatistik der Republik Österreich, Berichtsjahre 1953–1956; Bundesministerium für Verkehr und Elektrizitätswirtschaft (Hg.), Eisenbahn- und Seilbahnstatistik der Republik Österreich, Berichtsjahre 1957–1966; Bundesministerium für Verkehr und verstaatlichte Unternehmungen (Hg.), Eisenbahn- und Seilbahnstatistik der Republik Österreich, Berichtsjahre 1967–1970; Bundesministerium für Verkehr (Hg.), Eisenbahn- und Seilbahnstatistik der Republik Österreich, Berichtsjahre 1971–1984; Bundesministerium für öffentliche Wirtschaft und Verkehr (Hg.), Eisenbahn- und Seilbahnstatistik der Republik Österreich, Berichtsjahre 1985–1996; Bundesministerium für Wissenschaft, Verkehr und Kunst (Hg.), Eisenbahn- und Seilbahnstatistik der Republik Österreich, Berichtsjahre 1997–2000).

Abbildung 29: Patentskizze der Sesselverkleidung von Tony R. Sowder. In: Tony R. Sowder, Suspended spheroidal car, Patent Nr. 3.596.612, eingereicht am 2.7.1969 beim US-amerikanischen Patentamt.

Abbildung 30a und b: Wetterschutzhauben der Firma Doppelmayr. In: Allgeuer, Schlepplifte und Seilbahnen, S. 114 (mit freundlicher Genehmigung von Wolfgang Allgeuer).

Abbildung 31: Pistenfläche und Förderkapazität. (Pistenfläche: auf Basis von Sommer- und Winterluftbildern für die Jahre 1960 bis 2000, bezogen von: URL: http://vogis.cnv.at/atlas/init.aspx?karte=adressen_u_ortsplan (6.8.2018); Michael Manhart, Expertenbefragung; Gustav Türtscher, Expertenbefragung; Heinrich Sandrell, Expertenbefragung.

Abbildung 32: Skizze der ersten Beschneiungsanlage. In: Wayne M. Pierce, Method for making and distributing snow, veröffentlicht am 27.4.1954 vom US-amerikanischen Patentamt, Nr. US 2676471 A.

Abbildung 33: Das Montafon, Foto Helmut Klapper, Vorarlberger Landesbibliothek (1976), siehe: URL: http://pid.volare.vorarlberg.at/o:62271 (6.8.2018).

Abbildung 34: Die Abteilung für Raumplanung und Baurecht der Vorarlberger Landesregierung bei der Arbeit, Foto Helmut Klapper, Vorarlberger Landesbibliothek (1976), siehe: URL: http://pid.volare.vorarlberg.at/o:62717 (6.8.2018).

Abbildung 35: Modell der Wirkungsketten und Nebenwirkungen von Skilifterrichtungen. In: Bernt, 1. Zwischenbericht, S. 33–40 (eigene Darstellung).

Abbildung 36: Kartografische Repräsentation der Kulturlandschaft des Montafon im Montafon-Konzept. In: Bernt, 1. Zwischenbericht, S. 32 (mit freundlicher Genehmigung von Roland Gaugitsch, Österreichisches Institut für Raumplanung).

Abbildung 37: Die Gemeinde Silbertal im Frühjahr. Foto Helmut Klapper, Vorarlberger Landesbibliothek (1976), siehe: URL: http://pid.volare.vorarlberg.at/o:62418 (6.8.2018).

Abbildung 38: Das Waldsterben in Vorarlbergs Alpentälern. Foto Helmut Klapper, Vorarlberger Landesbibliothek (1986), siehe: URL: http://pid.volare.vorarlberg.at/o:63361 (6.8.2018).

8.2   FARBTAFELN

Farbtafel 1: Prospekt mit Skiliftwerbung, angefertigt von Heinrich C. Berann. Hg. vom Verkehrsverein Lech im Jahr 1938. In: Just, Ortner, Zwischen Tradition, S. 43 (mit freundlicher Genehmigung von Birgit Heinrich, Gemeindearchiv Lech).

Farbtafel 2a–d: Gegenüberstellung der präparierten Skipisten in den Gemeinden St. Gallenkirch und Gaschurn 1968 und 2001. Eigene Darstellung auf der Basis der Winterluftbilder für die Jahre 1960 bis 2000 des Vorarlberg GIS, siehe URL: http://vogis.cnv.at/atlas/init.aspx?karte=adressen_u_ortsplan (6.8.2018) und Heinrich Sandrell, Expertenbefragung; GIS-Datenbank aufgebaut durch Horst Dolak.

Farbtafel 3: Kartografische Repräsentation der Kulturlandschaft des Montafon im Montafon-Konzept. In: Bernt, 1. Zwischenbericht, S. 32 (mit freundlicher Genehmigung von Roland Gaugitsch, Österreichisches Institut für Raumplanung).

8.3   TABELLEN

Tabelle 1: Verteilung der Gelder der Landesaktion auf die Bundesländer, AdR, BMfHuV 1584, Zl. 170.610-14/1933.

Tabelle 2: Rechenexempel. Gegenüberstellung einer fix geklemmten und einer kuppelbaren Sesselbahn. In: N. N., Rechenexempel. Vierersesselbahn fix oder kuppelbar? In: MiS, 27/9 (1996), S. 22–23, hier S. 23.

Tabelle 3: Auswirkungen der Umsetzung sämtlicher geplanter Projekte. In: Bernt, 1. Zwischenbericht, S. 17.

Tabelle 4: Modellierung von Folgewirkungen im Szenario des maximalen Wachstums im Montafon. In: Bernt, 1. Zwischenbericht, S. 46–74.

9. Personen-, Sach- und Ortsindex